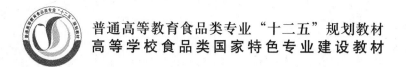

普通高等教育食品类专业"十二五"规划教材

高等学校食品类国家特色专业建设教材

谷物科学原理

GUWU KEXUE YUANLI

钟　耕◎主编

U0325869

郑州大学出版社

郑　州

内容简介

  本书对谷物原料的种类、子粒结构特点、化学组成、性质、营养价值和加工方法等进行了系统的介绍,对谷物储藏原理、方法和加工工艺进行了论述。本书主要适合各大专院校的食品科学与工程、农产品储藏与加工、粮食工程等相关专业本科生、研究生及教师使用,还可作为各科研院所、食品科技人员、食品单位相关人员的有效参考读本。

图书在版编目(CIP)数据

  谷物科学原理/钟耕主编. —郑州:郑州大学出版
社,2012.12
  普通高等教育食品类专业"十二五"规划教材
  ISBN 978-7-5645-0839-5

  Ⅰ.①谷… Ⅱ.①钟… Ⅲ.①谷物-高等学校-教材
Ⅳ.①S37

  中国版本图书馆 CIP 数据核字（2012）第 093036 号

郑州大学出版社出版发行
郑州市大学路 40 号   邮政编码:450052
出版人:王　锋   发行部电话:0371-66966070
全国新华书店经销
郑州市诚丰印刷有限公司印制
开本:787 mm×1 092 mm 1/16
印张:20
字数:473 千字
版次:2012 年 12 月第 1 版   印次:2012 年 12 月第 1 次印刷

书号:ISBN 978-7-5645-0839-5   定价:31.00 元

编写指导委员会

 本书作者

主　编　钟　耕

副主编　谢　宏　陈季旺

编写人员（按姓氏笔画排序）
王月慧　王洪伟　张伟敏
闵燕萍　陈季旺　赵学伟
钟　耕　谢　宏

序

近年来，我国高等教育事业快速发展，取得了举世瞩目的成就，为我国经济社会的快速、健康和可持续发展以及高等教育自身的改革发展作出了巨大贡献，但是，还不能完全适应经济社会发展的需要，迫切需要进一步深化高等学校教育教学改革，提高人才培养的能力和水平，更好地满足经济社会发展对高素质创新性人才的需要。为此，国家实施了高等学校本科教学质量与教学改革工程，进一步确立了人才培养是高等学校的根本任务，质量是高等学校的生命线，教学工作是高等学校各项工作的中心的指导思想，把深化教育教学改革、全面提高高等教育教学质量放在了更加突出的位置。

专业建设、课程建设和教材建设是高等教育"质量工程"的重要组成部分，是提高教学质量的关键。"质量工程"实施以来，在专业建设、课程建设方面取得了明显的成果，而教材是这些成果的直接体现，同时也是深化教学内容和教学方法改革的重要载体。为此，教育部要求加强立体化教材建设，提倡和鼓励学术水平高、教学经验丰富的教师，根据教学需要编写适应不同层次、不同类型院校，具有不同风格和特点的高质量教材。郑州大学出版社按照这样的要求和精神，在教育部食品科学与工程专业教学指导委员会的指导下，在全国范围内，对食品类专业的培养目标、规格标准、培养模式、课程体系、教学内容等，进行了广泛而深入的调研，在此基础上，组织全国二十余所学校召开了食品类专业教育教学研讨会、教材编写论证会，组织学术水平高、教学经验丰富的一线教师，编写了本套系列教材。

教育教学改革是一个不断深化的过程，教材建设是一个不断推陈出新、反复锤炼的过程，希望这套教材的出版对食品类专业教育教学改革和提高教育教学质量起到积极的推动作用，也希望使用教材的师生多提意见和建议，以便及时修订、不断完善。

编写指导委员会
2010 年 11 月

前言

　　谷物作为中国人的传统粮食,几千年来一直是老百姓餐桌上不可缺少的食物之一,在中国的膳食中占有重要的地位,被当作传统的主食。谷物主要是指禾本科植物的种子。它包括稻米、小麦、玉米等及其他杂粮,比如小米、黑米、荞麦、燕麦、薏米、高粱等。谷物科学在食品科学研究和应用领域中占有重要的地位,与人们的日常生活有密切的联系。随着科学技术的发展,谷物科学的内涵和外延也在不断深化和扩展。

　　科学技术日新月异的发展赋予了谷物科学这门古老学科新的生命力,本书是根据当前谷物科学领域的发展,人们对健康膳食营养的需求,谷物科学教学与科研的需要,收集近年来国内外相关领域大量的科技成果与文献资料,组织全国部分院校多年主讲的专业教师,结合多年来的科研与生产实践编写而成的。

　　全书共分10章,由西南大学钟耕任主编,沈阳农业大学谢宏、武汉工业学院陈季旺任副主编。参加编写人员的分工为:第1章(除1.7节)、第2章、第4章的4.5节、第9章由钟耕编写;第3章由陈季旺编写;第4章的4.2、4.3节、第6章由海南大学张伟敏编写;第5章、第10章由西南大学闵燕萍编写;第7章由郑州轻工业学院赵学伟编写;第8章由谢宏编写;第1章的1.7节由武汉工业学院王月慧编写;第4章的4.1节由西南大学王洪伟编写。

　　参加本书编写人员虽然有多年的教学和科研实践经验,且编写过程中倾注了大量心血,但由于时间仓促和编者水平所限,书中错误、不妥之处在所难免,衷心欢迎读者批评指正。

编　者

2011 年 5 月

目录

禾谷类(grass family)作物都属于单子叶的禾本科(Gramineae)植物,谷类主要是指禾本科植物的种子,它包括稻米、小麦、玉米等及其他杂粮。

第 **1** 章

谷物的结构与特性

禾谷类粮食作物属于绿色的高等植物,利用其发达的根、茎、叶从土壤中吸收水分和无机养料,同时利用太阳能在叶部进行光合作用,把二氧化碳和水合成糖和淀粉,把含氮的无机盐合成蛋白质等有机化合物。这些作物都进行有性繁殖,开花结果,每一株都能产生大量的果实和种子。植物生理学定义的果实是由花中雌蕊的子房发育而成的,种子是由子房内的胚珠发育而成的,包藏在由子房壁变成的果皮中,在农业生产上,种子则是指凡播种后能产生新一代的植物器官,在种子的胚乳或子叶中储有充足的养料可为人类和动物生活提供必需的营养素。禾谷类粮粒的果皮不发达,常与种皮相愈合不易分离,而不同种类的谷物籽粒,组织结构相近但不尽相同,不同组织的细胞所含的化学成分也有差异。如谷物籽粒的形状、大小、颜色各不相同,但其基本结构有共性,每粒种子都由三个主要部分组成:种皮(有时包括果皮)、胚和胚乳。胚是种子最重要的部分,一般由胚芽、胚根、胚轴和子叶四部分组成。种子萌发后,胚根、胚轴、胚芽分别形成植物的根、茎、叶和及其过渡区。种子胚部生命活动旺盛,也最易霉变劣化。胚乳是储存营养物质的组织,谷物类籽粒的胚乳特别发达。果皮和种皮是胚乳和胚外部的保护层,果皮和种皮的厚薄、色泽和层数因种类不同而异,种皮中有色素层,通常谷物籽粒的色泽由其所含色素决定,但也发现有整个胚乳带红色的稻谷品种,谷物的果皮中也有含色素层的情况。谷物的加工和储藏都要考虑其籽粒结构特点和化学成分,以便采取相应的加工工艺和储藏措施。

1.1 稻谷

稻谷是世界上最主要的粮食作物之一,人类食物热量有23%取自稻谷。亚洲是世界上主要的产稻区,其次是南美洲、非洲。稻谷在我国具有悠久的种植历史,种植面积大。经数千年的种植和选育,全国稻谷品种繁多,据不完全统计,达4万~5万个。我国是世界上最大的水稻生产国,总产量居世界首位。

稻谷是禾本科草本植物栽培稻的果实。我国国家标准稻谷(GB 1350—1999)规定,稻谷按其生长期、粒形和粒质分为早籼稻谷、晚籼稻谷、粳稻谷、籼糯稻谷、粳糯稻谷五类。

籼稻籽粒细而长,呈长椭圆形或细长形,米粒强度小,耐压性能差,加工时易产生碎米,米质胀性较大而黏性较小。粳稻籽粒短而阔,较厚,呈椭圆形或卵圆形,米粒强度大,耐压性能好,加工时不易产生碎米,米质胀性较小而黏性较大。在籼稻和粳稻中,根据其生长期的长短和收获季节的不同,又可分为早稻谷和晚稻谷两类,晚稻谷的品质优于早稻谷。糯稻谷米粒呈乳白色,不透明或半透明,黏性大,按粒形可分为籼糯稻谷和粳糯稻谷。

除了上述的普通稻谷,还有一类具有特定遗传性状和特殊用途的稻谷,称为特种稻谷(稻米),一般包括色稻米、香稻米和专用稻米。虽然其品种数量仅占水稻种植资源的10%左右,但由于其特殊的营养、保健和加工利用特点,受到国内外的重视。

色稻米是指糙米(颖果)带有色泽的稻米,由于花青素在果皮、种皮内大量积累,从而使糙米出现绿色、黄褐色、褐色、咖啡色、红色、红褐色、紫红色、紫黑色、乌黑色等颜色。通常,红米的红棕色素积聚在种皮内,紫米和黑米的色素积聚在果皮内。与白米比较,色米含有较丰富的蛋白质和氨基酸,较多的微量元素如铜、铁、锰、硒、锌、钙、钼、磷及维生素 B_1、维生素 B_2、维生素 B_6、维生素 B_{12}、胡萝卜素等。香稻米是指米粒含有香味的稻米,其谷粒、糙米和精米具有芬芳的香气,米饭清香可口。香稻中香气的主要成分是2-乙酰-1-吡咯啉,属羰酰基化合物,易挥发分解。香米蒸饭、煮粥,清香满屋,也可在普通大米中加入少量香米,制成混合香米,改善其风味。专用稻米是指专门用于食品加工业加工用的稻米,诸如用于酿酒的酒米(粳酒米和糯酒米,我国的酒米通常为糯米,而日本的酒米则为粳米)、用于制作米粉(线)的含高直链淀粉的大米、云南特有的一种籼型软米(其米饭质软而爽口,冷后不变硬,不回生,食用时冷热皆宜)等。

除用作口粮外,稻谷的深加工和综合利用是使稻谷增值、增效的有效途径。世界发达国家稻谷的深加工主要分米制食品和稻米深加工转化,使之成为多品种、专用化、系列化的产品,应用于食品、保健、医药、化工等工业生产中。

1.1.1 稻谷的结构

稻谷籽粒由颖(稻壳)和颖果(糙米)两部分组成,其形态如图1.1所示。

(1)颖 稻谷的颖包括内颖、外颖、护颖和颖尖(通称芒)四部分,外颖比内颖略长而大。颖的厚度为25～30 μm,粳稻颖的质量占谷粒18%左右;籼稻颖的质量占谷粒的20%左右。颖的表面粗糙,生有许多针状或钩状的茸毛。稻谷经砻谷后,内、外颖即脱落,脱下来的颖统称为稻壳。

内、外颖都具有纵向脉纹,外颖有5条,内颖有3条。外颖顶端尖锐,称为颖尖,或伸长为芒。芒多生于外颖,内颖一般无芒。护颖生长在内外颖基部的外侧,以托住稻谷籽粒,起护颖的作用。一般粳稻谷有芒,籼稻谷则大多无芒,即使有也是短芒。

颖的主要成分是纤维素,不能食用,在加工时需要将其脱除。一般情况下,颖及颖果之间的结合很松,在谷粒的两端,颖和颖果之间存在着一定的间隙,另外,在稻谷内外颖结合线的顶端比较薄弱,是有利于脱壳的内在条件。

(2)颖果 稻谷脱去内外颖便是颖果(糙米),由皮层、胚乳和胚三部分组成,其形态如图1.2所示。

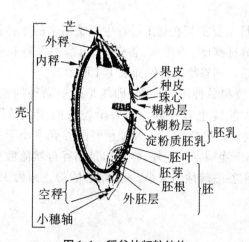

图1.1 稻谷的籽粒结构

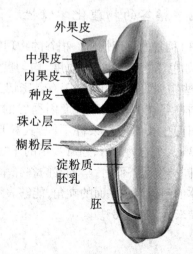

图1.2 颖果结构

1）皮层　颖果的皮层包括果皮（自外向内分为外果皮、中果皮和内果皮）、种皮、珠心层（又称外胚乳）和糊粉层，这四部分总称为糠层，糠层占稻米的5%～6%。果皮和种皮称为外糠层，珠心层和糊粉层称为内糠层。在碾米时被碾下的糠层和胚称为米糠，去皮的颖果则称为大米。

果皮、种皮是胚的保护组织，含纤维素和戊聚糖较多，少量脂肪、蛋白质和矿物质。糊粉层含有丰富的脂肪、蛋白质和维生素等，营养价值比果皮、种皮、珠心层高，但糊粉层的细胞壁较厚，不易消化。

2）胚乳　胚乳是稻谷最主要的组成部分，占颖果质量的90%左右，可供食用，在稻谷发芽和苗期作为营养源。

胚乳可以分为糊粉层、亚糊粉层和淀粉细胞。糊粉层为胚乳细胞组织的最外层，由排列整齐的近似方形的厚壁细胞组成，有1～5层细胞。糊粉层细胞比较大，胞腔内充满细小的粒状物质，叫糊粉粒，其富含蛋白质、脂肪、维生素和有机磷酸盐。紧靠着糊粉细胞内侧的一层细胞叫亚糊粉层，性质介于糊粉层细胞与内部淀粉细胞之间，形状略似糊粉细胞，其中含有较多的蛋白质、脂肪等，也储藏少量淀粉粒。淀粉细胞是由横向排列的长形薄壁细胞组成，其细胞比糊粉层细胞更大，而且愈进入组织内部，淀粉粒愈大。淀粉粒的间隙中填充着蛋白质类的物质，如果此类物质多，淀粉粒挤得紧密，则胚乳组织透明而结实，为角质胚乳；如果此类物质少，淀粉粒之间有空隙，则胚乳组织疏松而呈粉状，为粉质胚乳。米粒的腹白和心白就是胚乳的粉质部分。

3）胚　稻谷的胚很小，位于颖果腹部下端，占整个谷粒的2%～3.5%。胚由盾片和胚本部组成，胚本部包括胚芽、胚轴、胚根。盾片上皮层与胚乳相连接，发芽时分泌各种酶类，将胚乳中储藏的养分降解，供胚芽生长所需。

胚是谷粒生理活性最强的部位，其中含有较多的脂肪、蛋白质和维生素等，营养价值很高。但胚中含有大量易酸败的脂肪，且酶的活性很强，使大米不耐储藏。

碾米时脱落下来的胚混落在米糠中，如果经过提胚并提纯即为米胚，米胚是稻米的精华所在。

1.1.2　稻谷的物理化学特性

（1）稻谷的物理性质　稻谷的物理特性主要指其在加工过程中反映出来的多种物理属性，如色泽、气味、粒形、粒度、均匀度、相对密度、千粒重、谷壳率、出糙率及谷粒强度等，这些物理性质与稻谷加工有着密切关系。稻谷物理特性如表1.1所示。

稻谷谷粒的形状和粒度因稻谷的类型和品种不同而异，即使是同一品种的稻谷，由于田间生长的气候条件不同，其粒形和粒度也有差异。稻谷千粒重的变化范围是15～43 g，平均为25 g，通常粳稻的千粒重比籼稻略大。一般粳稻谷的谷壳率小于籼稻谷，就同类型稻谷而言，早稻谷的谷壳率小于晚稻谷。此外，静止角是稻谷自然流散形成圆锥体的斜边与水平面的夹角，能够表示稻谷散落性的大小，一般稻谷的静止角为35°～55°，糙米为27°～28°。

表1.1 稻谷的主要物理特性

特性指标	籼稻谷	粳稻谷
籽粒平均粒度 （长/mm×宽/mm×高/mm）	8.1×3.2×2.0	7.4×3.4×2.3
容重/(kg/m³)	584~780	560~800
千粒重/g	15~43	
相对密度	1.18~1.22	
米粒强度	籼稻谷< 粳稻谷	
谷壳率	籼稻谷> 粳稻谷	
静止角/(°)	35~55	
色泽和气味	鲜黄色(有色稻谷除外),无不良气味	

（2）稻谷的化学成分　稻谷的各种化学成分,不仅是稻米籽粒本身生命活动所必需的基本物质,也是人类生存所必需的物质。各种化学成分的性质及其在籽粒中的分布状况,直接影响到稻米的生理特性、耐储藏性和加工品质。

稻米的化学成分及其分布,随品种及生长条件不同而有差异。稻谷和其他谷物一样,以淀粉为主要的化学成分,还含有一定量的水分、糖类、蛋白质、脂肪、矿物质和维生素等。稻米籽粒各组成部分的化学成分的分布和含量很不相同且各有特点,如表1.2。

表1.2 稻谷籽粒各部分化学成分

名称	稻谷	糙米	胚乳	胚	米糠	稻壳
水分/%	11.68	12.16	12.40	12.40	13.50	8.49
粗蛋白质/%	8.09	9.13	7.60	21.60	14.80	3.56
粗脂肪/%	1.80	2.00	0.30	20.70	18.20	0.93
无氮抽出物/%	64.52	74.53	78.80	29.10	35.10	29.38
粗纤维/%	8.89	1.08		7.50	9.00	39.05
灰分/%	5.02	1.10	0.50	8.70	9.40	18.59

注:无氮抽出物——胚乳中主要是淀粉,米胚和皮层中不含淀粉,稻壳中主要是戊聚糖

稻谷蛋白质是易被人体消化吸收的谷物蛋白质,它的含量和质量反映该品种的营养品质的高低。稻谷中蛋白质含量极低,影响了稻谷籽粒强度的大小。米蛋白的组成中含赖氨酸高的碱溶性谷蛋白占80%,其赖氨酸含量比其他一些谷物种子高。

稻谷的脂类含量范围是0.6%~3.9%,包括脂肪和类脂,脂肪由甘油和脂肪酸组成,称为甘油酯。稻米主要部分是糙米,其中非极性脂含量高于极性脂,其非极性脂含量比大麦、小麦、小米、黑麦高很多,糙米粒各部分化学成分见表1.3。糙米非极性类包括甾醇酯、烃类、三酰甘油、双酰甘油、单酰甘油、游离甾醇和游离脂肪酸。

表 1.3 糙米粒各部分化学成分

成 分	糙米	果皮和种皮	糊粉层	胚乳
粗蛋白质/%	9.20	17.10	17.91	8.00
粗脂肪/%	2.71	13.70	18.30	0.41
全磷/%	3.56	17.90	21.70	1.44
灰分/%	1.42	6.20	7.10	0.45
B 族维生素/(mg/kg)	3.72	26.85	19.68	0.87

稻谷的维生素主要分布于糊粉层和胚中,多属于水溶性的 B 族维生素,如硫胺素、核黄素、烟酸、泛酸、叶酸、胆碱、肌醇、生物素等,但是含维生素 A 和维生素 D 很少,甚至不含。糙米所含维生素比白米高得多,其中维生素 B_1、维生素 B_2 最为重要,是人体许多辅酶的组成部分,有增进食欲、促进生长之功效。

稻谷中矿质元素有钾、钙、钠、镁、铁、锰、磷、硅、锌等,磷、钾、镁在糊粉层中的含量很高。

稻谷中的酶类主要有淀粉酶、蛋白酶、脂肪水解酶、脂肪氧化酶、谷氨酸脱羧酶、过氧化物酶、过氧化氢酶等。这些酶类不仅对稻米加工品质、种用品质、食用品质有一定影响,而且与储粮安全性有着密切关系。

1.2 小麦

小麦是自花授粉的禾本科小麦属一年或二年生草本植物,茎直立,中空,叶子宽条形,籽实椭圆形,腹面有沟。籽实供制面粉,是主要粮食作物之一。

小麦是世界上分布最广泛的粮食作物,其播种面积为各种粮食作物之冠,是重要的粮食之一。小麦的世界产量和种植面积,居于栽培谷物的首位,以普通小麦种植最广,占全世界小麦总面积的90%以上;硬粒小麦的播种面积为总面积的6% ~7%。种植小麦最多的国家有前苏联、美国、加拿大和阿根廷等。小麦在我国已有 5 000 多年的种植历史,目前主要产于河南、山东、江苏、河北、湖北、安徽等省。小麦按播种季节不同分为春小麦和冬小麦;按麦粒粒质可分为硬小麦和软小麦。

小麦是世界 1/3 人口的主要食物。麦粒碾去麸皮、胚芽等经筛理可得小麦粉,国标小麦粉(CCGF 101.2—2010)将小麦粉分为通用小麦粉和专用小麦粉。通用小麦粉包括特制一等小麦粉、特制二等小麦粉、标准粉、普通粉、高筋小麦粉、低筋小麦粉。专用小麦粉包括面包用小麦粉、面条用小麦粉、饺子用小麦粉、馒头用小麦粉、发酵饼干用小麦粉、酥性饼干用小麦粉、蛋糕用小麦粉、糕点用小麦粉等。这两大类面粉均属等级粉,通过小麦清理、润麦、研磨、筛理等工序加工而成,该面粉中去掉了小麦所含的绝大部分麸皮和胚芽,面粉的粗细度一般在 CB30 ~ CB42(70 ~ 110 目)之间,用其加工制作的面制食品色泽和适口性较好。然而,随着小麦麸皮和胚芽的去除,其中所含的绝大部分纤维素和一半以上的维生素、烟酸及钾、锰、铁、锌矿物质等对人体有益的营养成分也流失了。小麦粉的加工精度越高,其中所含的麸皮和胚芽越少,营养价值越低。要想提高小麦粉的营养价值,只能降低小麦粉的加工精度。

在小麦粉的加工过程中,如果将麸皮和胚芽一同粉碎成粉,获得90%以上的出粉率,或是将小麦麸皮和胚芽如数回添与面粉混合,此即为全麦粉。全麦粉是将整粒小麦粉碎后加工而成的面粉,它是全谷物加工品。与其他小麦粉相比,全麦粉含有小麦全部的营养成分。与普通精白面粉相比,全麦粉的保存货架期较短。由于麸皮胚芽中富含不饱和脂肪酸和活性酶,容易酸败而劣化风味和气味。因此全麦粉应及时使用,在正常储存情况下,全麦粉在货架期为 30 ~ 45 d,采取较低温度的储存可以延长其食用时间。

随着人们生活水平的提高,消费者对天然健康营养食品的重视,全麦粉食品必然会成为一日三餐的一个重要组成部分,全麦粉及其相关食品生产将会展现出一个广阔的前景。摆在我们面前的是如何尽快解决和改善全麦食品的口感和质量问题:一是发展更合理的全麦粉加工工艺和技术;二是加深麸皮粒度对面团特性及终端制品品质影响的研究,从而得到合理的麸皮粒度要求;三是加强对增筋添加剂应用和全麦粉食品新配方的研究,以改良食品品质和口感;四是要研究新的处理方法以延长全麦粉的货架期。

1.2.1　小麦的结构

小麦籽粒结构如图 1.3 所示,小麦籽粒形状近似于椭圆或长圆形,顶部有一簇茸毛,常称为麦毛;下端为麦胚,胚的长度为籽粒长度的 1/4 ~ 1/3。有胚的一面称为麦粒的背面,与之相对的一面称为腹面。腹面凹陷,有一沟槽,称之为腹沟。小麦籽粒由皮层、胚乳、胚三部分组成。

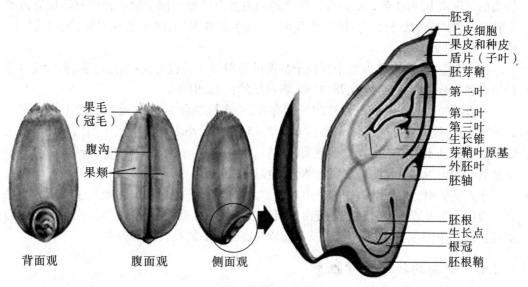

图 1.3　小麦籽粒结构

（1）皮层　小麦皮层亦称麦皮,其重量占整粒小麦的 14.5% ~ 18.5%。按其组织结构分为六层:由外向里依次为麦皮、外果皮、内果皮、种皮、珠心层、糊粉层。外五层统称为外皮层,因含粗纤维较多,口感粗糙,人体难以消化吸收,应尽量避免将其磨入面粉。小麦的最内层为糊粉层亦称外胚乳或内皮层。

表皮:为皮层的最外层,表面角质化,呈稻秆似的黄色,细胞为长形,纵向排列。

外果皮:小麦籽粒的第二层皮,颜色比表皮黄,细胞比表皮短。

内果皮:小麦籽粒的第三层皮,是一层横向排列的细胞。

以上三层总称为果皮,果皮占麦粒重量的3%～5%,容易吸水膨胀而与内层的结合力减弱,稍加摩擦就会脱落。

种皮:小麦籽粒的第四层皮,细胞呈斜长形,并含有色素,它决定了小麦的色泽,也称小麦色素层。

珠心层:是一层极薄的皮层,为小麦的第五层皮,细胞结构不很明显,其与种皮结合紧密,不宜分开,在50 ℃下不易透水。

种皮和珠心层占小麦籽粒重量的2.5%～3%。

糊粉层:为小麦皮层的最里边一层,即小麦的第六层皮,厚约13 μm,其重量占皮层重量的40%～50%,是一组整齐的大型厚壁细胞,富含蛋白质、维生素和矿物质,粗纤维含量较外皮层少,灰分较高,在磨制低等级粉时,为提高出粉率可将其磨入,但磨制高等级粉时,则不宜磨入。糊粉层中酶活性也比较高。

种皮、珠心层及糊粉层统称为种皮。种皮可作为膳食纤维,有一定的利用价值。皮层中营养成分占整个籽粒营养成分的百分比为:维生素 B_1 33%,维生素 B_2 42%,维生素 B_6 73%,烟酸86%,泛酸50%,蛋白质19%。

(2)胚   小麦胚主要由胚芽、胚轴及盾片组成。胚占籽粒重量的2.5%～3.5%,胚中含有丰富的蛋白质(25%),糖(18%),脂肪(6%～11%),灰分(5%)。它不含淀粉,但含较高的维生素 E,可达到500 μg/g。所含糖类主要为蔗糖和棉子糖。胚中营养成分占整个籽粒营养成分的百分比为:维生素 B_1 64%,维生素 B_2 26%,维生素 B_6 21%,蛋白质8%,泛酸7%,烟酸2%。

(3)胚乳   小麦胚乳占整个籽粒干基重量的81.6%。包含淀粉、蛋白质、糖以及少量纤维素和灰分,其中淀粉约占78.92%,蛋白质约占12.91%。

小麦籽粒中的淀粉以淀粉粒的形式存在,中央胚乳细胞内的淀粉颗粒平均长度为28～30 μm,最大的可达40 μm,小的直径2～3 μm。按小麦胚乳细胞中蛋白质和淀粉之间的结合强度不同可把小麦分为硬质和软质。硬质小麦中细胞内含物结合紧密,软质小麦胚乳细胞内蛋白质与淀粉之间的结合很容易破裂。

小麦胚乳中蛋白质对小麦的应用有非常大的作用,一般所说的面筋其主要成分就是胚乳蛋白中的麦醇溶蛋白和麦谷蛋白。面制食品之所以品种繁多,主要是小麦粉中的面筋质在起作用,因此面筋质的含量及其品质对面制食品的品质影响极大。

1.2.2   小麦的物理化学性质

(1)物理性质   小麦的物理性质有色泽、气味和表面状态、容重、千粒重、角质率、硬度等。正常小麦籽粒随品种的不同而具有特有的颜色与光泽。如硬麦的色泽有琥珀黄色、深琥珀色和浅琥珀色。正常小麦具有特殊的香味,如果气味不正常,说明小麦变质或吸附了其他有异味的气体。籽粒的表面状态对小麦的容重具有决定作用。粗糙的、表面有皱纹和褶痕的麦粒,容重要比表面光滑的麦粒小。

容重、千粒重、硬质率及硬度是评价小麦品质的主要指标。小麦容重为680～820 g·L^{-1}。我国小麦千粒重一般为17～47 g。角质率可以间接反映小麦胚乳蛋白质的含量,正常情况下,角质率与蛋白质含量和出粉率呈正相关。因此部分国家按角质率对小麦进行分类。我国在新的小麦硬度国家标准中规定,取消按角质率划分小麦硬度的规定,用抗粉碎指数(PRI)评价小麦硬度。小麦抗粉碎率指数与小麦硬度等级对应如下:

硬度等级	1	2	3	4	5
抗粉碎指数(PRI)	PRI<30%	30%≤PRI<40%	40%≤PRI<50%	50%≤PRI<60%	PRI≥60%

(2)化学性质 小麦的化学成分见表1.4。

表1.4 小麦籽粒各部分的化学组分(以干基计)

籽粒部分	质量比例/%	粗蛋白质/%	粗脂肪/%	淀粉/%	糖分/%	戊聚糖/%	纤维/%	灰分/%
全粒	100.00	16.07	2.24	63.07	4.32	8.10	2.76	2.18
胚乳	81.60	12.91	0.68	78.93	3.54	2.72	0.15	0.45
胚	3.24	37.63	15.04	0	25.12	9.74	2.46	6.32
糊粉层	6.54	53.16	8.16	0	6.82	15.64	6.41	13.93
果皮、种皮	8.93	10.56	7.46	0	2.59	51.43	23.73	4.78

由表1.4可以看出,小麦淀粉全部储存在胚乳中,占到全粒重的63.07%,是小麦淀粉的主要来源之一。小麦蛋白质主要集中在胚和糊粉层中,其次是胚乳中。小麦脂肪含量大约占全粒的2.24%,主要储存在胚里面,小麦籽粒含有较多的不饱和脂肪酸成分,亚油酸比例高达58%左右。小麦胚所含脂质多为磷脂,主要的脂肪酸成分有:亚油酸(42.2%)、软质酸(28.5%)、油酸(13.6%)。不饱和脂肪酸易氧化分解而酸败,因此,在小麦储藏中应尽量除去,以延长储藏期。

纤维素和半纤维素是小麦籽粒细胞壁的主要成分,为籽粒干物质总重的2.3%~3.7%。纤维素和半纤维素对人体无直接营养价值,但它们有利于胃肠的蠕动,能促进其他营养成分的吸收。

小麦籽粒中维生素A含量很少,几乎不含维生素C和维生素D。但小麦籽粒中富含水溶性B族维生素,主要集中在胚和糊粉层中;而脂溶性维生素E主要集中在胚内,一般100 g全麦粉约含3.9 mg维生素E,每100 g小麦脂质中约含200 mg维生素E,因此麦胚是提取维生素E的宝贵资源。

1.3 玉米

玉米,又名玉蜀黍、大蜀黍、棒子、苞米、苞谷、玉菱、玉麦、六谷、芦黍和珍珠米等,属禾本科玉米属,一年生禾本科草本植物。全世界玉米播种面积仅次于小麦、水稻而居第三位。玉米原产于中南美洲,现在世界各地均有栽培。主要分布在30°~50°纬度之间。栽培面积最大的是美国、中国、巴西、墨西哥、南非、印度和罗马尼亚。我国的玉米主要产区是东北、华北和西南山区。

玉米籽粒富含营养成分,蛋白质、脂肪和维生素含量都比较丰富,玉米除供人类食用外,还是饲料之王,籽粒是上等的精饲料,玉米的茎叶、穗轴、苞叶是营养相当丰富的干饲料,新鲜的苞叶可制作优良的青储饲料,玉米还可制成数百种有价值的工业品,即使雄穗和花丝也可供医药上应用。

玉米按照籽粒形态、胚乳性质与稃壳的有无可分为硬粒型、马齿型、半马齿型、粉质型、甜质型、甜粉型、蜡质型、爆裂型、有稃型 9 种类型。

1.3.1 玉米的结构

玉米籽实质上是果实,植物学上称为颖果,通常称之为"种子"或籽粒,成熟的种子由皮层、胚乳、胚和根冠等部分构成(图 1.4)。

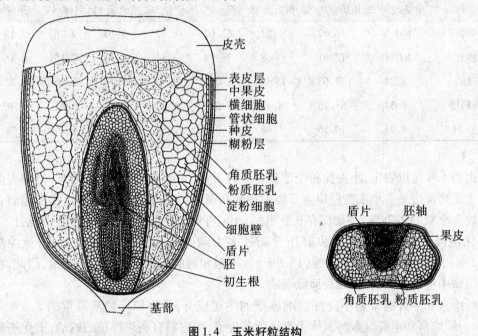

图 1.4 玉米籽粒结构

(1)皮层 玉米的皮层由果皮、种皮、糊粉层等部分组成。果皮结构紧密,有光泽,主要由纤维素和半纤维素组成,韧性大,不易破碎,但用水润湿后易剥除。种皮在播种前保护着种子,限制和防止真菌和细菌的侵入。种皮很薄,与果皮紧密结合,不易分离,果皮和种皮俗称玉米皮。果皮和种皮的里层是糊粉层,糊粉层主要成分是碳水化合物。皮层约占整个籽粒重量的 7%。

(2)胚乳 玉米的胚乳分角质和粉质两类,角质胚乳组织结构紧密,硬度大,透明而有光泽,剥皮时不易碎,适宜制糁,出糁率高。粉质胚乳的组织结构松散,硬度小,剥皮时易碎,宜于制粉。胚乳的重量大约相当于整个籽粒的 80%,胚乳的结构和蛋白质的含量及分布随玉米的品种而有很大的不同。

(3)胚 玉米的胚占种子重量的 10%～15%,胚将会发育成为玉米植株,由胚芽、胚轴、培根及盾片构成。胚芽中有 5～6 片胚叶,是叶的原始体,培根是根的雏形,盾片植物学上称之为子叶,含有大量脂肪和较多的维生素。

胚芽位于玉米籽粒一侧的下部,是玉米粒中营养成分含量最高的部分,且是玉米籽粒发育生长的起点,胚芽中集中了玉米粒中84%的脂肪,83%的无机盐,65%的糖和22%的蛋白质。玉米胚芽的成分随着品种的不同,有较大幅度的变化:粗蛋白17%~28%,脂肪35%~36%,淀粉1.5%~5.5%,灰分7%~16%,纤维素2.4%~5.2%。玉米胚芽油,国际称为保健油,不仅含有丰富的不饱和脂肪酸,而且含有比其他食用油更多的植物固醇(又称植物甾醇)。

(4)根冠 种子下端有一个尖冠即根冠与种皮连接,它使种子能够附着于穗轴上,并保护胚。脱粒时,尖冠常留着在种子上,若去掉尖冠则出现黑色覆盖物(黑色层),黑色层的形成,一般标志着籽粒已经成熟。

1.3.2 玉米的物理化学性质

(1)玉米的物理性质 玉米种子的形状、大小和色泽因类型和品种不同而不同,如硬粒型玉米种子呈圆形,透明而有光泽。色泽则有黄、白、紫、红、花斑等色,栽培上常见的多为黄色和白色。种子大小因品种和栽培水平而异,一般千粒重131~435 g,最小的只有50 g,最大的可达400 g以上。玉米的主要物理特性:籽粒平均粒度11 mm×8 mm×5 mm,千粒重131~435 g,密度1.2 g/cm³左右,容重625~675 g/L,孔隙度35%~55%,静止角28°~34°。

(2)玉米的化学成分 玉米粒各部分组成见表1.5,玉米的化学成分见表1.6。

表1.5 玉米粒各部分的组分

成 分	全粒	胚乳	胚芽	玉米皮	根冠
淀粉质量分数/%	71.0	86.4	8.2	7.3	5.3
蛋白质质量分数/%	10.3	9.4	18.8	3.7	9.1
脂肪质量分数/%	4.8	0.8	34.5	1.0	3.8
糖质量分数/%	2.0	0.6	10.8	0.3	1.6
矿物质质量分数/%	1.4	1.6	10.1	0.8	1.6

表1.6 玉米粒的化学成分

成分	含量范围	含量平均值	成分	含量范围	含量平均值
水分/%	7~23	15	灰分/%	1.1~3.9	1.3
淀粉/%	64~78	70	纤维/%	1.8~3.5	2.0~2.8
蛋白质/%	8~14	9.5~10	糖分/%	1.5~3.7	2.5
脂肪/%	3.1~5.7	4.4~4.7			

淀粉主要含在胚乳的细胞中,在胚里含量甚少,玉米淀粉粒较小,仅比大米淀粉稍大,比大麦、小麦淀粉的颗粒小,胚乳中的淀粉,其化学成分也不完全是纯净的,其中还含有0.2%灰分和0.9%五氧化二磷,0.03%脂肪酸。玉米淀粉按其结构可分直链淀粉和支链淀粉,支链淀粉的分子大约含有200个葡萄糖基,支链淀粉酶则有300~400个葡萄糖基。普通的玉米淀粉只含23%~27%的直链淀粉和73%~79%的支链淀粉,经人工培育

的玉米品种,可以获得直链淀粉80%以上。

玉米粒中的蛋白质主要是醇溶蛋白和谷蛋白,分别占40%左右,而白蛋白和球蛋白只有8%～9%,因此,从营养学角度考虑,玉米蛋白不是人类理想的蛋白质资源,唯独玉米的胚芽部分,其蛋白质中的白蛋白和球蛋白分别占30%,应该是一种生物学价值较高的蛋白质。在玉米籽粒胚和胚乳蛋白质中,其氨基酸种类多达19种,以谷氨酸、精氨酸的含量较高,而赖氨酸、色氨酸和蛋氨酸(人、畜营养中不可代替的必需氨基酸)含量不足,可通过定向选择和食用时掺入黄豆粉来解决。

玉米干物质中含有4.6%左右的脂肪,近代研究培育的新品种脂肪含量可以达到12%,玉米籽粒的脂肪主要存在于胚芽中,玉米的脂肪约有72%液态脂肪酸和28%的固态脂肪酸,其中有软脂酸、硬脂酸、花生酸、油酸、亚麻二烯酸等。玉米脂肪的皂化价一般为189～192,碘化价为111～130。玉米油是一种高质量的油,其中的亚油酸的比率较高,亚麻酸的比率较低。此外,玉米还含有物理性质和脂肪相似的磷脂,它们和脂肪同样均是甘油酯,但酯键处含有磷酸,玉米含磷脂0.28%左右。

一半以上的玉米纤维存在于种皮中,主要是由中性膳食纤维(NDF)、酸性膳食纤维(ADF)、戊聚糖、半纤维素、纤维素、木素、水溶性膳食纤维组成。其中NDF含量高达10%,ADF仅占4%左右,经加工、处理的玉米皮是很好的膳食纤维来源。

1.4 高粱

高粱属禾本科高粱属一年生栽培作物。高粱经过培育和选择形成许多变种和品种,按用途和花序、籽粒的形态不同分为四类:粒用高粱、糖用高粱、饲用高粱和帚用高粱。

高粱属有40余种,分布于东半球热带及亚热带地区。高粱起源于非洲,公元前2 000年已传到埃及、印度,后传入中国栽培。主产国有美国、阿根廷、墨西哥、苏丹、尼日利亚、印度和中国。中国主要种植区为西北、东北和华北,播种面积约占全国高粱总面积的2/3,常作主食。

高粱适生于有旱湿季节交替的区域,能耐热旱,抗逆性强,有较大生产潜力的高光效碳四植物,是综合利用价值大,可在干旱区发展的有前途作物。在世界许多地区,传统上可制作各种各样的食品,如稀粥、高粱饼、糕点等。高粱产量的60%用于酿造优质白酒。除酿造外,其余部分多作为饲料,食用比例越来越小。

1.4.1 高粱的结构

高粱籽粒是带壳的颖果,壳包括两片护颖和内、外颖,如图1.5所示。硬壳高粱的壳厚有光泽,上生茸毛,较难脱粒;软壳高粱壳无光泽,无茸毛或有短毛,较易脱粒。护颖因品种的不同而呈红、黄、褐、黑、白等颜色,颖果呈粉红、淡黄、暗褐或白色,有时在黄、白色籽粒上带有红、紫色斑点。这些颜色主要是种皮含有花青素的缘故。

高粱籽粒由皮层(果皮和种皮)、胚乳及胚等部分组成,其解剖图如图1.6所示。

(1)果皮(皮层和种皮)　果皮就是由原来的子房壁发育来的。成熟时的果皮细胞数目大约与受精时相同,只是细胞变得更大,壁已加厚。果皮包括外果皮,中果皮和内果

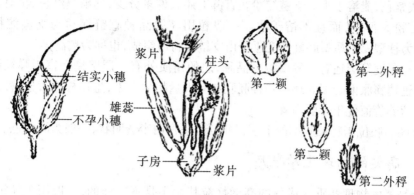

图 1.5　高粱的花和果实

皮。最外层的是外果皮,它由 2～3 层长方形或矩形细胞组成。细胞壁上具有许多单纹孔,其外有不均等增厚的角质层,有时含有色素。特别是当颖片颜色较深时,色素可透过外果皮渗到胚乳组织中。中果皮由数层大的、伸长的薄壁细胞组成。很多品种中果皮含有淀粉,但成熟时消失。一般来说,中果皮薄的品种,碾磨加工时,出米率和出粉率较高。再往里的内果皮由横细胞和管细胞组成。这些长而窄的横细胞与中果皮的薄壁细胞联结,其长轴与籽粒长轴垂直。管细胞宽约 5 μm,长 200 μm,横切时为圆形或椭圆形,细胞的长轴与籽粒的长轴方向一致。

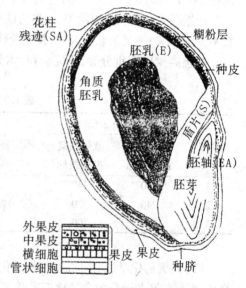

图 1.6　高粱籽粒解剖图

　　种皮是由内珠被发育来的。如果品种有种皮,通常是厚的,辐射状外壁以及很膨胀的内壁,并与果皮紧紧相连,很难分开。种皮沉积的色素以花青素为主,其次是类胡萝卜素和叶绿素。它们的含量因品种和环境条件而异。一般淡色种子花青素很少或没有。种皮里还含有另一种多酚化合物——单宁。种皮里的单宁既可以渗到果皮里使种子颜色加深,也可渗入胚乳中使之发涩。有的品种种皮极薄,不含色素,单宁含量也极低,食用品质优良。另一方面,单宁在抗种子收获前的穗发芽、耐储藏和抗虫等方面具有良好作用,也有些品种没有种皮。

　　(2)胚乳　胚乳分为糊粉层和淀粉层。糊粉层由规则的单层块状矩形细胞组成,内含丰富的糊粉粒和脂肪。淀粉层可分为胚乳外层,角质胚乳和粉质胚乳。胚乳外层由 2～6 层方形块状细胞组成,内含大量淀粉粒。往里为角质胚乳和粉质胚乳。这两种胚乳所含淀粉粒形态不同,前者为多角形式表面凹陷的多面体,后者为球形。角质胚乳中的蛋白质含量高于粉质胚乳。根据角质胚乳和粉质胚乳的相对比例可把胚乳分为角质型、粉质型和中间型。胚乳中的淀粉虽都由 α-葡萄糖分子缩合而成,但按分子结构又分为直链淀粉和支链淀粉。直链淀粉链长无分支,相对分子质量(10 000～50 000)较小,遇碘呈蓝色或紫色,能溶于水。支链淀粉在直链上还有许多分支,遇碘呈红色,相对分子质量比直链淀粉大得多,而且不溶于水。一般粒用高粱品种直链淀粉与支链淀粉之比为3:1,称为粳型。蜡质型胚乳却几乎全由支链淀粉所组成,也称为糯高粱。

此外,印度等国还有一种爆裂型品种,它的角质外有一层坚韧而富于弹性的胶状物质,遇热迅速膨胀而开裂。还有一种胚乳含有大量胡萝卜素,呈现柠檬黄色,称为黄胚乳高粱,其营养价值优于一般高粱。

(3)胚 胚位于籽粒腹部的下端,稍隆起,呈青白半透明状,一般为淡黄色。

1.4.2 高粱的物理化学性质

(1)高粱的物理性质 成熟的高粱籽粒其大小是不一样的,一般用千粒重来表示。千粒重在20.0 g以下者为极小粒品种;20.1～25.0 g为小粒品种;25.1～30.0 g为中粒品种;30.1～35.0 g为大粒品种;35.1 g以上者为极大粒品种。

根据高粱的粒质分为两类:一类为硬质高粱,粒质坚硬,角质部分占本粒1/2以上的颗粒不少于70%;一类为软质高粱,粒质松软,角质部分占本粒1/2以上的颗粒低于70%。

各类高粱以容重分等,不完善粒、水分、杂质为增减价项目,质量指标见表1.7。

表1.7 高粱质量指标

等级	容重/(g/L)		不完善粒	杂质	水分		色泽气味
	硬质高粱最低指标	软质高粱最低指标			九省、区	一般地区	
1	760	740					
2	740	720	3.0%	1.0%	14.5%	13.5%	正常
3	720	700					

(2)高粱的化学成分 高粱籽粒的化学成分与玉米的相似,其蛋白质的含量常常是更高些,而籽粒胚芽油分的含量比玉米低,淀粉含量却高得多。高粱的化学成分见表1.8。

表1.8 高粱籽粒的化学组分(占干质量)

籽粒部位			灰分/%	粗蛋白质/%	粗蜡质/%	油分[*]/%	淀粉/%
(1)全粒	西	地	1.67	13.2	0.29	3.5	72.3
	中	地	1.57	12.0	0.31	3.6	74.5
	柯	蒂	1.68	12.4	0.31	3.2	74.3
	粉红卡佛尔		1.67	12.3	0.44	3.9	73.0
	马	丁	1.57	11.5	0.24	3.7	75.1
	平	均	1.65	12.3	0.32	3.6	73.8
(2)胚乳(全部品种均值)			0.37	12.3	—	0.6	82.5
(3)胚芽(全部品种均值)			10.36	18.9	—	28.1	13.4
(4)糠(全部品种均值)			2.02	6.7		4.9	34.6

[*]油分包括蜡质

　　从上述表里的数字可以看出,高粱籽粒化学组分的变异性是很大的。从食用方面看,高粱籽粒最重要的成分之一是蛋白质,也表现出大量变异。这种变异不仅是由于品种的不同,而且还由于环境的效应。

1.5　大麦

　　大麦在分类上属于禾本科(Gramineae)、小麦族(Triticeae)、大麦属(Hordeum),是一年生或二年生草本植物。大麦属在全世界约 29 个种,但有经济价值的仅栽培大麦(hordeum sativum)一种。栽培大麦又可以分为多棱大麦、二棱大麦和中间型大麦三个亚种。为了实践需要,又把每一亚种划分成皮大麦(带壳)和裸大麦(无壳)两个变种。我国青藏高原是世界重要的大麦起源中心之一,是裸大麦的主要发源地。

　　大麦种植区域很广,遍及世界各国。在全世界各类作物中,大麦的总种植面积和总产量仅次于小麦、水稻、玉米,居第四位。从南纬 42°的新西兰到北纬 70°的前苏联北部等各个地区均有种植。我国大麦的分布也很广泛,栽培面积较大,居世界第二。几乎各个省市都有种植,主要分布在东南沿海盐碱地区,长江中、下游棉两熟或稻麦三熟地区以及青藏高原寒冷地区。大麦按种植季节又可分为冬大麦和春大麦两种。我国冬大麦产区集中在江苏、湖北、四川、河南、安徽、山东和浙江等省;春大麦区则主要分布在寒冷地区和半农、半牧地区,如内蒙古、新疆、青海、西藏以及东北地区。

　　大麦具有生育期短、成熟早、产量高、适应性强、营养价值高等特性,不仅是一种重要的粮食作物和饲料,在工业上,它也是酿造啤酒和酒精的重要原料;在轻工业上,大麦秸秆也是重要原料,用来制作草席、玩具等,也是造纸原料。

1.5.1　大麦的结构

　　大麦种籽实质是颖果或籽实,大致是一个两头尖,呈锥形的纺锤体,腹面具浅沟,有两类:一类裸粒,另一类带稃。裸粒形体较小,长 6 ~ 8 mm,表面比较光滑,与小麦种子相似,但顶端无冠毛;带稃的种子,长 8 ~ 13 mm,有稃壳所贴,干枯粗糙,顶端有冠毛,但不如小麦浓密明显。

　　(1)胚　胚是一个高度分化的幼小植株雏体,占据种子的一小部分,占大麦重量的 3% 左右,有盾片、胚芽鞘及胚芽、胚根鞘及种根、下胚轴四个部分。盾片主要由薄壁细胞组成,生于胚轴一侧,盖于淀粉胚乳之外,一面与胚乳相连,另一面还与胚芽鞘和胚根相连。它能分泌淀粉转化酶,使储藏于胚乳中的淀粉转化为可溶性糖,同时还可以吸收已被分解的胚乳物质,并于萌芽时运往胚体。所以,盾片是胚和胚乳之间的功能介体。在大麦发芽时,胚芽发育成幼芽、茎、叶,胚根发育成幼根。

　　胚含游离氨基酸和可溶性糖类,特别是蔗糖、高级果聚糖和棉子糖,它们为幼胚的生长提供热能和"构建材料"。未萌发的籽粒的胚还含少量的纤维素、半纤维素和一些蛋白质,但没有淀粉。萌发时,胚分泌酶,并吸收酶作用的营养产物。胚释放的赤霉素在籽粒酶合成中起着重要的调节作用,能诱导籽粒糊粉层合成 α-淀粉酶。

　　(2)胚乳　胚乳位于籽实皮以内的绝大部分区域,是胚的"营养仓库",由糊粉层和淀粉胚乳两部分组成。糊粉层中含有糊粉粒,是有生命的物质,而淀粉胚乳则是没有生命的。

糊粉层位于胚乳和胚的外围,由 1~4 层排列紧密的细胞组成,30~110 μm 厚。糊粉层细胞多呈方形,四角稍钝圆,大小不一,细胞壁较薄,细胞核周围环以细小的糊粉粒。除胚芽和胚根鞘外侧和种子顶端的糊粉层较薄外,其余区域的糊粉层较厚,含有较多糊粉粒。糊粉层含有蛋白体和与胚乳消化有关的酶类,含 6%~20% 脂质,连同种皮约含20% 粗蛋白质,不含淀粉。

糊粉层内侧,盾片之下是淀粉胚乳。其细胞排列较紧密,壁薄,细胞核不明显,含有淀粉和蛋白质,但靠近盾片背部的胚乳细胞常被挤碎,形成一宽 50~70 μm 的不含淀粉带。每一胚乳细胞含大淀粉粒的个数依细胞大小而定,几个至几十个不等。大麦胚乳分为粉质胚乳和角质胚乳。粉质胚乳含淀粉多、蛋白质少,宜作酿造原料;角质胚乳含淀粉少、蛋白质多,宜作食用或饲料用。

此外,胚乳内还含有其他物质,包括无机盐类、可溶性糖类(葡萄糖、果糖、麦芽糖等)、脂类、游离脂肪酸及游离氨基酸等。

(3)籽实皮 籽实皮来自于子房壁和内珠被,子房壁发育成果皮,内珠被发育成种皮,成熟时果皮与种皮相愈合不宜分离。大麦籽实皮的厚度主要由果皮来决定,种皮很薄。通常籽实皮厚 100~250 μm。

果皮,除籽粒颈部外,紧密的黏附在整个籽粒的外皮上,水分通过一些较疏松的结构透过果皮。果皮的外表有一层蜡质层,它对赤霉素和氧是不透性的,这在控制大麦休眠方面有重要意义。种皮是纤维素细胞壁的表面,存在数层脂类和脂质状物质,因此种皮具有半透性膜的特性,可渗透水,不能渗透高分子物质,还可以防止微生物的繁殖,防止其进入谷粒内部。另外,带壳大麦的稃壳占籽粒干重的 7%~13%,主要含木质素、纤维素、戊糖、阿拉伯糖等,淀粉含量极少,蛋白质、多酚和无机成分含量也很低。

1.5.2 大麦的物理化学性质

(1)大麦的物理性质 大麦的物理特性主要是饱满度、粒度、均匀度、千粒重、粉质状态、发芽率等。籽粒腹部横向直径≥2.5 mm 为大粒麦,腹部直径≥2.2 mm,<2.5 mm 的为小粒麦,直径<2.2 mm 的为尾麦。粒度就是大粒麦的百分比。均匀度就是指不同腹径大麦颗粒的比例。把麦粒切开可以看到三种状态:粉状态、半玻璃质粒、玻璃质粒。优良大麦粉状粒占 80% 以上。以啤酒大麦(二棱大麦)为例,其主要性质见表 1.9。

表 1.9 啤酒大麦的主要物理性质

项 目	优级	一级	二级
千粒重(以干基计)/g	38.0	35.0	32.0
三天发芽率/%	95	92	85
五天发芽率/%	97	95	90
杂质含量/%	≤1.0	≤1.5	≤2.0
破损率/%	≤0.5	≤1.0	≤1.5
饱满粒(腹径≥2.5 mm)/%	85	80	70
瘦小粒(腹径<2.2 mm)/%	4.0	5.0	6.0
粒度/%	80	75	70

（2）大麦的化学性质　大麦的化学性质主要是蛋白质含量、淀粉含量、水分、糖化力、麦芽浸出率等指标。以啤酒大麦（二棱大麦）为例，见表1.10。

表 1.10　啤酒大麦的化学特性

项目	优级	一级	二级
水分/%	12.0	13.0	
蛋白质（干基计）/%	10.0 ~ 12.5	9.0 ~ 13.5	
脂肪/%	3 ~ 4		
淀粉含量/%	43 ~ 62		
灰分/%	0.9		
麦芽浸出率/%	76.0	74.0	72.0
糖化时间/min	≤15	≤18	≤20
糖化力（WK）	≥250	≥200	≥150

（3）大麦的营养价值　每100 g大麦含有：粗蛋白质8 g，脂肪1.5 g，可利用糖类75 g，膳食纤维9.9 g，还含有丰富的矿物质钙、磷、铁、钾和B族维生素。

大麦蛋白质平均含量为13%，与小麦蛋白相当，还含有丰富的赖氨酸，其一般含量为30 ~ 35 g/kg。赖氨酸是人体代谢所必需的氨基酸，具有提高智力，增强记忆，防止脑细胞衰老等功能。

大麦一般含有 2% ~ 3% 的脂肪，主要为亚油酸（55%）、棕榈酸（21%）和油酸（18%），主要分布于糊粉层和胚芽中。大麦中的非皂化成分包括胡萝卜素、生育酚和异戊二烯类等，约占总脂肪的8%。另外，大麦中还含有生育酚。这些成分对健康均有利。

大麦的总膳食纤维（TDF）含量根据其遗传类型而变化。蜡质无壳大麦的 TDF 较高，主要是由于 β-葡聚糖含量较高；带壳大麦壳中含有高浓度的不溶性纤维。可溶性纤维有利于抑制膳食胆固醇和脂肪及其他一些营养物质的吸收，同时对心血管病和糖尿病等有预防作用。

1.6　粟

粟起源于我国北方黄河流域，有悠久的栽培历史，由古至今在我国都是重要的粮食作物。粟是禾本科狗尾草属（*Setaria italica*）一年生草本植物，通称为谷子（带稃）和小米（去壳），南方为了区别于稻谷，则称作粟谷、小米或狗尾粟。在我国，谷子的种植遍及全国各省（区），但主要产区在北方。淮河、汉水、秦岭以北及河西走廊以东、阴山山脉、黑龙江以南这一广大地区内，海拔在 2 000 m 以下，年降雨量 400 ~ 700 mm，夏季温度适中，最适于谷子栽培。至于南方各省（区）以水田为主，在山地丘陵水利未达之处零星栽培。除我国外，印度、巴基斯坦、朝鲜、前苏联、法国、埃及、乌干达和北美也有种植。

粟的两个亚种 *S. italica rctceinascima* 和 *S. italica racemoharia* 以下再分出德国粟、西伯利亚粟、金色奇粟、倭奴粟、匈牙利粟等类型。弗里尔和 J. M. 赫克托将粟分为六个类型。通常中国粟被列为大粟亚种的普通粟，形态分类上都以刺毛、穗形、籽粒颜色等稳定性状为主要依据。中国目前将粟划分为东北平原、华北平原、黄土高原和内蒙古高原四个生态型。中国粟品种有穗粒大、分蘖性弱等特点,表明其栽培进化的程度较高。从欧美引入的品种往往分蘖力强、穗小、刺毛长,适于饲用。

谷子生育期较短,抗旱耐瘠,籽粒耐储藏,且营养丰富,谷草品质优良,食饲价值极高,在我国北方水资源不足的地方,在作物布局中,应该充分发挥谷子的作用。

1.6.1 粟的结构

粟秆直立,分蘖较少。叶片条状披针形。圆锥花序紧缩呈圆柱形或分支形(糯性品种),通常下垂,主轴生柔毛。小穗椭圆形,下托以多数与小穗近等长的刚毛;颖片较小,质薄,第一花不孕。第二外稃与内稃成熟后变硬革质,有光泽,卵圆形,长 1.5 ~ 2.5 mm,有白、灰、浅黄、深黄、红、褐、黑等色,自花授粉。颖果小,圆形,白色和黄色,胚大,长为果体之半,营养价值丰富,含有较高的蛋白质、可溶性糖及维生素 B 和维生素 E 等。谷子的花序及小穗结构见图 1.7,粟籽粒横切面的扫描电镜图见图 1.8。

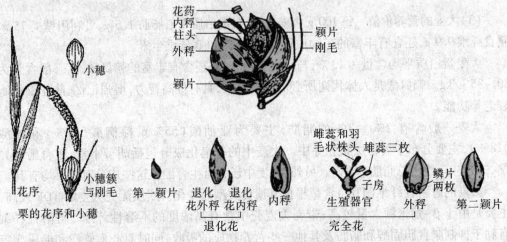

图 1.7　粟的花序及小穗结构

不透明部分:可见空气间隙和球形淀粉粒

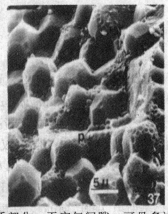

玻璃质部分:无空气间隙,可见多边形的淀粉粒和蛋白质体(P)

图 1.8　粟籽粒横切面的扫描电镜图

1.6.2 粟的物理化学性质

(1)粟的物理性质 粟品种资源十分丰富,种内各亚种或类型间物理性质、化学成分及营养成分含量差异较大,粟的主要物理性质:籽粒直径1~3 mm,容重630~700 g/L,千粒重2~4 g,出谷率65%~89%,出米率60%~83%。

(2)粟的化学成分 小米品质优良,营养丰富。中国农科院综合分析室和中国农科院作物品种资源所对400多个品种进行常规分析,平均蛋白质12.65%,粗脂肪4.13%,和其他作物相比属于较高水平。另外,水分10.05%,碳水化合物71.60%,粗纤维0.10%,灰分1.40%。

蛋白质的品质高低,与其中的氨基酸含量,特别是与人体不能合成的必需氨基酸含量密切相关。谷子蛋白质的氨基酸总量为7 788.6 mg/g,其中,谷氨酸、亮氨酸、丙氨酸、脯氨酸、天门冬氨酸是主要氨基酸,含量之和为4 589.6 mg/g,占氨基酸总量的58.93%。各种必需氨基酸总量为3 262.8 mg/g,占整个氨基酸的41.89%。谷子必需氨基酸总量比小麦高80.60%,比水稻高56.40%,比莜麦高54.40%,比玉米高42.60%,比高粱高26.40%。谷子的氨基酸分(AAS)和化学分(CS),除了赖氨酸小于1外,其他必需氨基酸均大于或等于1。谷子的必需氨基酸指数(EAAI)为92.72,比小麦高65.00%,比玉米高51.50%,比莜麦高43.00%,比水稻高41.00%,比高粱高34.30%。因此,谷子的蛋白质是一种优质的植物蛋白质。

谷子籽粒中脂肪酸含量为2.54%~5.85%,大部分品种在4.00%左右。脂肪酸组成中不饱和脂肪酸如亚麻酸、亚油酸含量在85%以上,其中亚油酸为65.05%,这对预防动脉粥样硬化等心脑血管病有一定的作用。

粟在加工过程中产生的"谷糠",主要由种壳、种皮组成,因加工程序不同,谷糠质量差异很大,在制醋、制酒等酿造业上常作为辅料。

谷子是粮饲兼用作物。粮草比为1:(1~3)。据研究,谷草新鲜茎叶和干草粗蛋白质含量为16%~17%,高于其他禾本科牧草,其饲料价值接近豆科牧草,是我国北方喂养大牲畜骡、马、牛不可缺少的优质饲草料。进一步对谷草营养成分的研究有利于粟的综合开发利用。

1.7 燕麦

燕麦是禾本科燕麦属(*Avena*)一年生草本植物。一般分为带稃型和裸粒型两大类。世界各国栽培的燕麦以带稃型为主,常称为皮燕麦,我国栽培的燕麦以裸粒为主,常称为裸燕麦,又称莜麦、玉麦、铃铛麦。

燕麦在世界42个国家均有种植,其主要产区是北半球的温带地区。我国种植区域涉及内蒙古、河北、山西、甘肃、陕西等15省区约210个县,其中主产区是内蒙古自治区的阴山南北、河北省的阴山、燕山、山西省的太行山区、吕梁地区,甘肃的定西,播种面积约占全国燕麦种植面积的70%以上。

燕麦作为一种特殊的粮谷作物,其营养、食用、医疗保健、饲用价值、经济价值等都是其他粮食作物难以比拟的。随着人们生活条件的改善和生活水平的提高,燕麦逐渐成为公认的、理想的健康食物源。

1.7.1 燕麦的结构

燕麦种子由两层外壳包裹,籽粒呈纺锤形(图 1.9),长 8~11 mm,宽 1.6~3.2 mm。表面被细绒毛覆盖。

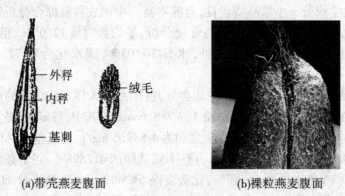

(a)带壳燕麦腹面　　　　　　　(b)裸粒燕麦腹面

图 1.9　燕麦籽粒

燕麦籽粒由皮层、胚乳、胚芽三部分组成。

(1)皮层　皮层是籽粒的外套,包括果皮、双层表皮、珠心层等。皮层间细胞在生长过程中相互挤压,导致细胞质大量减少,只剩下主要由碳水化合物和纤维素组成的细胞壁,还包含一些与酚类化合物有关的木质素,这些成分使皮层变得坚韧、难以消化。

糊粉层位于皮层的最内层,紧连珠心层,厚度为 50~150 nm,是皮层中最厚的部分,对加工影响很大。糊粉层细胞既被无数单个蛋白体包被,也被脂肪滴包被。糊粉层细胞是所有细胞中酚类化合物含量最高的组织器官,酚类化合物具有自动发荧光特性,用低倍荧光显微镜就可以观察到。燕麦糊粉层的自动发荧光特性可能与阿魏酸有关。

与胚乳比较,糊粉层中蛋白质含量很高,约占籽粒总蛋白质含量的一半,其中赖氨酸、苏氨酸、丝氨酸、丙氨酸含量比较高,而谷氨酸、亮氨酸和苯丙氨酸含量却较低。糊粉层中蛋白质结构很复杂,蛋白质基质与菲丁、尼克酸、酚和糖类物相互连接。糊粉层还富含交联的 β-(1,3)-D-葡聚糖和 β-(1,4)-D-葡聚糖。用刚果红染色后,发现它集中分布在糊粉层细胞的内侧区域内。

(2)胚乳　胚乳占成熟燕麦籽粒重量的 55%~70%,包含淀粉、蛋白质、脂肪和 β-葡聚糖。与糊粉层和胚芽不同,胚乳细胞相对代谢活性低,各种酶活性均较低。

燕麦胚乳蛋白质在氨基酸模式上与大米相同,其品质优于其他谷物蛋白质。其中胚乳蛋白质占籽粒的 40%~50%,以球蛋白质含量最高,约 55%。

与其他谷物相比,燕麦胚乳中脂肪含量高达 6%~8%,其品种间淀粉含量差异也较大。燕麦淀粉具有较高的糊化特性和抗老化性质,淀粉颗粒以单个分子形式存在,分子直径为 4~10 μm。

在胚乳中,越靠近糊粉层外层,脂肪、蛋白质和 β-葡聚糖含量越高,而淀粉含量变化趋势与此相反,越靠近中心越高。

(3)胚　与糊粉层相似,胚也是一个新陈代谢较旺盛的器官。胚轴与盾片在胚中心部相连接,盾片由主质细胞和上皮细胞组成。主质细胞占籽粒胚重量的80%,其细胞形状为圆球形,主要功能是储存营养。在种子萌发过程中,主质细胞发育成脉管细胞,将其储藏的营养素运输到盾片和胚芽轴。

胚中蛋白质氨基酸组成与胚乳截然不同。其赖氨酸含量比胚乳中高90%,谷氨酸含量比胚乳中低37%,其他氨基酸含量也各有增减。在发芽过程中,配合胚乳细胞分化形成两个独立的结构,进而完成发芽过程。

1.7.2 燕麦的物理化学性质

(1)燕麦的物理性质 籽粒平均粒度12.0 mm×3.0 mm×2.5mm,千粒重18~30 g、容重650~800 g/L、悬浮速度8~9 m/s,静止角32°~36°。可以看出:裸燕麦平均长宽比为4,属细长粒形;千粒重和悬浮速度均和稻谷相当;因其相对密度较小,籽粒较细长,散落性比小麦差。静止角越大,散落性越小,静止角越小,散落性越大,燕麦的静止角和摩擦系数均比稻谷小,但比小麦大。另外,裸燕麦含水分为14%时在各种材质表面上的摩擦系数如下:

混凝土	木材顺纹	木材横纹	聚乙烯塑料	冷轧钢板	镀锌钢板
0.33~0.51	0.23~0.34	0.25~0.36	0.28	0.21	0.18

(2)燕麦的化学成分 燕麦的化学成分见表1.11,与其他谷类作物相比,燕麦是谷类中最好的全价营养食品之一。

表 1.11 燕麦和小麦各部分化学成分

成分	燕麦果实	颖壳	燕麦籽粒	小麦
水分/%	13.40	6.77	13.40	13.40
蛋白质/%	9.46	2.45	12.34	12.10
脂肪/%	5.33	1.27	2.23	1.09
碳水化合物/%	60.23	52.20	63.47	69.00
粗纤维/%	8.96	33.45	1.33	1.90
灰分/%	2.62	3.86	1.83	1.70

燕麦品种的蛋白质含量一般为13%~22%。蛋白质的氨基酸含量均衡,组成比较全面,不随蛋白质含量变化而发生明显变化。燕麦籽粒中脂肪含量4%~16%,且不饱和脂肪酸比例较大。油酸含量一般占脂肪含量的38.1%~52.0%。临床实验证明,长期食用燕麦对动脉粥样硬化与冠心病、高血压均有很好的疗效。

燕麦中膳食纤维含量高于其他谷物(见表1.12),其可食纤维达到8.2%,特别是可溶性膳食纤维达到3.6%。研究证实,膳食纤维,尤其是可溶性膳食纤维具有调节血脂代谢以及预防肠癌等多种疾病的作用。

表1.12　燕麦片、粳米和小麦粉的营养成分

种类	可食用纤维/%	可溶性膳食纤维/%
燕麦片	8.2	3.6
粳米	<0.6	<0.1
小麦粉	2.0	0.4

1.8　荞麦

荞麦是蓼科荞麦属(*Fagopyrum*)一年生草本植物,又名玉麦、三角麦、乌麦、莜麦,共有四个种,分别是甜荞、苦荞、翅荞和米荞,其中甜荞和苦荞是两种主要的栽培种。世界性荞麦多指甜荞,苦荞在国外多被视为野生植物,也有作饲料用的,只有我国有栽培和食用习惯,同时,尼泊尔、朝鲜、日本及美洲、欧洲某些地区的人们也喜欢食用苦荞。

荞麦起源于中国和亚洲北部,世界上荞麦主要生产国是前苏联、中国、日本、波兰、法国、加拿大和美国等。我国主要产区在西北、东北、华北、西南一带干寒、高寒地区,少数民族聚居地区,沿边山区具有明显的优势。作为四川省凉山州高山以上地区的主要粮食作物,该地荞麦产量约占全国的1/2。

荞麦种子含丰富淀粉,供食用,又供药用,也是蜜源植物,尤以苦荞最具营养保健价值。近年来农业、医学及食品营养学等方面的研究表明,荞麦特别是苦荞麦,其营养价值居所有粮食作物之首,不仅营养成分丰富、营养价值高,而且含有其他粮食作物所缺乏和不具有的特种微量元素及药用成分,对现代"文明病"及几乎所有中老年心脑血管疾病有预防和治疗功能,因而受到各国的重视。

1.8.1　荞麦的结构

甜荞果实为三角状卵形,棱角较锐,果皮光滑,常呈棕褐色或棕黑色。苦荞果实呈锥形卵状,果上有三棱三沟,棱沟相同,棱圆钝,仅在果实的上部较锐利,棱上有波状突起,果皮较粗糙,常呈绿褐色和黑色,如图1.10所示。

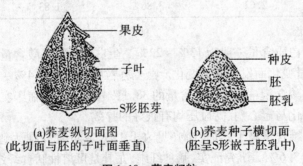

(a)荞麦纵切面图　　　　　(b)荞麦种子横切面
(此切面与胚的子叶面垂直)　(胚呈S形嵌于胚乳中)

图1.10　荞麦籽粒

荞麦果实果皮较厚,分为外果皮、中果皮、横细胞和内果皮。果实在完全成熟后,整个果皮的细胞壁都加厚,且发生木质化以加强果皮的硬度,成为荞麦的壳。为了区别于一般谷物的壳

而称之为"皮壳"。荞麦籽粒由果皮、种皮、糊粉层、胚乳(淀粉)和胚(包括子叶)构成。

(1)果皮　外果皮为果实的最外一层,细胞壁厚且排列较整齐,外壁角化成为角质壁。中果皮为纵向延伸的厚壁组织,壁厚,由几层细胞组成。横细胞是 2~3 层明显的横向延长的棒状细胞,两端稍圆或稍尖,平伸或略有弯曲,壁略有增厚。内果皮为 1 层管细胞,细胞分离,具有细胞间隙或相距较远,在横切面上呈环形。荞麦皮层中主要含有纤维素和灰分。

(2)种皮　荞麦种皮很薄,紧附胚乳,可分为内、外两层。外层外面的细胞为角质化细胞,表面有较厚的角质层;内层紧贴于糊粉层上,果实成熟后变得很薄,形成一层完整或不完整的细胞壁。种皮中具有色素,这使种皮的色泽呈黄绿色、淡黄绿色、红褐色、淡褐色等。果皮和种皮之间没有黏合,残留着较大的空隙,容易分开。荞麦籽粒果皮和种皮的这种组织结构,与荞麦籽粒的脱皮、制粉具有密切的关系。荞麦种皮中富含单宁。

(3)糊粉层　荞麦种皮包被于糊粉层之上,与糊粉层贴合不完全。荞麦籽粒的糊粉层为一完整独立的薄层,包被于胚乳之外。糊粉层细胞内部充满小小的球状糊粉粒,大小均匀、整齐,质地比较疏松。荞麦糊粉层中以蛋白质为主。

(4)胚乳　胚乳是制粉的基本部分。荞麦胚乳组织结构疏松,呈白色、灰色或黄绿色,且无光泽。胚乳有明显的糊粉层,为品质良好的软质淀粉,无筋质,制作面食制品较困难。甜荞和苦荞胚乳有特殊的荞麦清香味,苦荞胚乳略带苦味。不同荞麦品种胚乳细胞之间的致密程度不同,硬度差异较大。相对而言,苦荞胚乳质地致密,坚实,北方甜荞优于南方甜荞。胚乳中主要是淀粉和少量蛋白质。

(5)胚　荞麦胚很发达,位于籽粒中央,横断面呈 S 形,故荞麦籽粒的结构有利于储藏。胚由胚芽、胚轴、胚根和子叶组成,胚芽位于种脐的一端,胚根位于另一端,子叶皱缩在胚根、胚芽周围,外围包被着淀粉储藏细胞。胚最发达的部位是子叶,有二片,片状的子叶宽大而折叠。胚实质上是尚未成长的幼小植株,胚位于种子的中央,嵌于胚乳中,横断面呈 S 形。荞麦的胚根、子叶是籽粒可溶性蛋白质的主要储存场所。胚占种子重量的20%~30%。胚(包括子叶)中含有大量蛋白质(大约50%)和纤维素。

1.8.2　荞麦的物理化学性质

1.8.2.1　荞麦的物理性质

我国荞麦皮壳占果实质量的 25%~30%(欧盟荞麦占果实质量的 20%~25%),皮层厚度(μm)如下:

果皮	中果皮棱间	中果皮脊部	横细胞	内果皮	种皮
30~60	50~57	100~130	13~16	10~15	8~15

(1)粒度　我国荞麦果实长度为 4.21~7.23 mm,甜荞长度大于 5 mm,宽度为 3.0~7.1 mm。俄罗斯植物品种质量控制中心对俄罗斯荞麦的 47 个现代品种和老品种用实验室选筛进行了粒度分析,筛孔直径从 5.0 mm 递减到 3.4 mm。现代品种筛出的组分数量为 4~6 组,均质性为 85%~98%;老品种筛出组分为 7~8 组,均质性为 40%~60%。

(2)千粒重　我国甜荞千粒重为 15~38.8 g,平均千粒重为 26.54 g,其中以千粒重25.1~30 g 的中粒品种为主,占 41.4%,其次为 20.1~25 g 的小粒品种,占26.9%,

30.1～35 g 的大粒品种占 17.6%,千粒重小于 20 g 的特小粒品种占 13.3%。

苦荞千粒重范围为 12～24 g,平均千粒重为 18.87 g,其中以千粒重为 15.1～20 g 的中粒品种为主,占 57.7%,其次千粒重大于 20 g 的大粒品种占 29.9%,千粒重小于 15 g 的小粒品种仅占 12.6%。

一般来讲,甜荞的千粒重高,苦荞的千粒重低。甜荞千粒重一般有随纬度的升高而增加的趋势。北方甜荞的千粒重高于南方甜荞。

(3)容重 甜荞果实容重在 550～600 kg/m³,苦荞果实容重在 712～720 kg/m³。欧盟各国荞麦容重为 550～700 kg/m³。

荞麦容重和千粒重呈负相关,不同品种的容重差别较大。一般苦荞品种的籽粒容重明显地高于甜荞。

(4)水分 甜荞果实水分一般为 13.0% 左右,苦荞为 13.15% 左右,二者没有显著差异。

(5)悬浮速度 甜荞果实一般为 7.5～8.7 m/s,苦荞为 7～10 m/s。

(6)灰分 欧盟各国荞麦灰分 1.5%～2.0%(干基)。

1.8.2.2 荞麦的化学性质

荞麦营养丰富,无论是甜荞还是苦荞,是果实还是茎、叶、花的营养价值都很高。蛋白质、脂肪、维生素、微量元素含量普遍高于大米、小麦和玉米,荞麦和大宗粮食的化学成分比较详见表 1.13。

表 1.13 荞麦和大宗粮食的化学成分比较

项目	甜荞种子	苦荞种子	小麦粉	大米	玉米
粗蛋白质/%	6.5	10.5	9.9	7.8	8.5
粗脂肪/%	1.37	2.15	1.8	1.3	4.3
淀粉/%	65.9	73.11	74.6	76.6	72.2
粗纤维/%	1.01	1.62	0.6	6.4	1.3
$V_{B_1}/(mg \cdot g^{-1})$	0.08	0.18	0.46	0.11	0.31
$V_{B_2}/(mg \cdot g^{-1})$	0.12	0.5	0.06	0.02	0.1
$V_P/\%$	0.095～0.21	3.05	0	0	0
$V_{PP}/(mg \cdot g^{-1})$	2.7	2.55	2.5	1.4	2
叶绿素/(mg·g⁻¹)	1.304	0.42	0	0	0
钾/%	0.29	0.4	0.195	1.72	0.27
钠/%	0.032	0.033	0.0018	0.0072	0.0023
钙/%	0.038	0.016	0.038	0.009	0.022
镁/%	0.14	0.22	0.051	0.063	0.06
铁/%	0.014	0.086	0.0042	0.024	0.0016
铜/(mg·kg⁻¹)	4	4.59	4	2.2	—
锰/(mg·kg⁻¹)	10.3	11.7	—	—	—
锌/(mg·kg⁻¹)	17	18.5	22.8	17.2	—

　　荞麦种子的营养成分含量是从外围向中心逐渐降低的,即外层的营养成分最高,向内部逐渐降低,到中心部位最低,这一规律与小麦,大米等大宗粮食一致。愈靠近外层、种皮部分,维生素 P 含量越高。

　　荞麦蛋白质与谷类作物蛋白质不同,主要是谷蛋白、水溶性清蛋白和盐溶性球蛋白等。无论是苦荞还是甜荞,其蛋白质都优于大米、小麦和玉米。从氨基酸组成来看,荞麦蛋白质富含 18 种氨基酸,其中人体必需的 8 种氨基酸组成合理,配比适宜,符合或超过联合国粮农组织和世界卫生组织(FAO/WHO)对食物蛋白质中必需氨基酸含量规定的指标,与鸡蛋蛋白质营养相似,化学评分甜荞为 63,苦荞为 55,明显都高于小麦(38)、大米(49)、玉米(40)。可见,荞麦蛋白质在谷物中有较高的营养价值。据报道,荞麦蛋白具有降低血液胆固醇、抑制脂肪蓄积、改善便秘作用、抗衰老作用、抑制大肠癌和胆结石发生以及抑制有害物的吸收等生理功能。

　　荞麦脂肪含有 9 种脂肪酸,其中人体必需脂肪酸油酸和亚油酸最多,占总量的 80% 左右,其次是棕榈酸(10%)和亚麻酸(4.8%)等,且 75% 以上为高度稳定、抗氧化的不饱和脂肪酸和亚油酸。另外,在苦荞中还发现含有硬脂酸、肉豆蔻酸和两个未知酸。

　　荞麦中含有丰富的维生素 B_1、维生素 B_2、维生素 C、维生素 PP、叶绿素、生育酚、尼克酸及芦丁等营养成分,其中 B 族维生素含量丰富,芦丁和尼克酸更是其他粮食作物所不具备的。食用荞麦食品对于某些矿物质缺乏地区儿童的生长发育,对于某些因缺铁、缺锌、缺硒等引起的疾病及发育不良现象具有良好的预防和治疗作用。

　　荞麦籽粒中膳食纤维充足,占 3.4%~5.2%,其中 20%~30% 为可溶性膳食纤维。调查表明,食用荞麦纤维具有降低血脂特别是降低血清总胆固醇以及低密度脂蛋白(LDL)胆固醇含量的功效,同时,有降血糖和改善糖耐量的作用。

1.9　薏米

　　薏米又称薏苡仁、米仁、沟子米、六谷米、回回米、珠珠米、裕米等,为禾本科(Gramineae)植物薏苡的干燥成熟种仁。其味甘、淡,性凉,入脾、肺、肾三经。具有健脾利湿,清热排脓之功效。现代医学研究表明,薏苡仁可用于泄泻、风湿关节伸屈不利、水肿、脚气、肺痿、肺疳、淋浊、白带、肠痈等症。近年来研究发现,其还可用于防癌和治疗扁平疣。此外,薏苡仁对胃癌、肠癌、肺癌、宫颈癌也有很好的疗效,在禾本科植物中独占鳌头,因此,被誉为"世界禾本科植物之王"。目前关于薏苡仁生药学、化学成分、营养成分、质量研究、药理作用、临床应用等方面的研究也已取得了一些进展。我国薏苡资源可分为 4 个种 9 个变种,即栽培薏苡(*Coix lacryma-jobi* L.),小果薏苡(*Coix puellarum Balansa*),野生薏苡(*Coix agrestis* L.),水生薏苡(*Coix aguatica Roxb*)。薏苡是一种古老的粮食和经济作物,兼作药用和青饲料。近年来,国内外以薏苡仁作为医药、食品及轻工业原材料,需求不断增加,开发应用价值日益受到重视。我国主要分布于四川、福建、河北、辽宁、广东、海南等地。薏苡是禾本科高产作物,宿根再生能力强,种一季可收割三年,尤以第二年产量为高。

　　薏米所含营养素非常丰富,除了含有丰富的碳水化合物、蛋白质、脂肪等常规营养元素外,还含有维生素 B_1、维生素 B_2、维生素 PP、维生素 E;钾、钙、镁、铁、锰、锌、铜、磷、硒等微量元素。除上述营养成分外,薏苡种子还含有薏苡仁酯、甾体化合物、顺十八烯酸、豆甾醇、谷甾醇、硬脂酸等,都是人们通常所吃食物中没有的,因此是我国古今以来食药皆佳的粮种之一。

1.9.1 薏苡结构

薏米是薏苡的种仁,薏苡的果实表面常具纵向脉纹,粒形多为卵圆形或扁球形,粒色为褐色、灰蓝色和蓝白色。

薏苡由胚乳、糠层和外壳 3 部分构成,去掉外壳和糠层便得到胚乳,即薏米。薏米呈宽卵形或长椭圆形,长 4~8 mm,宽 3~6 mm。表面乳白色,光滑,偶有残存的黄褐色种皮。一端钝圆,另一端较宽而微凹,有一淡棕色点状种脐。背面圆凸,腹面有 1 条较宽而深的纵沟。质坚实,断面白色,粉性。气微,味甘淡。

薏米与高粱米外形较为相似,但薏米粒径较大而高粱米较小;薏米腹面沟深而长,呈直沟形,不似高粱米浅而短,而呈三角形。

1.9.2 薏米的物理化学性质

1.9.2.1 薏米的物理性质

薏米,百粒重 15~28.5 g,出仁率 70%左右,粒长宽比为 1.3~1.8,粒色为浅黄、褐色和灰蓝色。野生种(川谷)果实表面光滑,百粒重 30 g 左右,出仁率 26%~35%,粒形多为阔卵形或球形,粒长宽比为 1~1.5。

1.9.2.2 薏米的化学成分及特性

据测定,每 100 g 薏米含热量 1 495 kJ、蛋白质 15.2 g、脂肪 4.3 g、碳水化合物 67.1 g、维生素 B_1 0.33 mg、维生素 B_2 0.5 mg、维生素 B_6 0.07 mg、维生素 B_{12} 150.0 μg、维生素 E 2.08 mg、钙 42 mg、铁 3.6 mg、磷 217.0 mg、钾 238.0 mg、钠 3.6 mg、铜 0.29 mg、镁 88.0 mg、硒 3.07 μg。薏米主要化学成分及含量如表 1.14 所示。

表 1.14 薏米粒的化学成分及含量

成分	含量范围/%	含量平均值/%
水分	7~23	12.4
淀粉	64~76	67.1
蛋白质	10~16	15.2
脂肪	3.1~4.9	4.3
灰分	0.6~2.3	0.7
纤维	0.6~3.5	0.6
糖分	1.5~3.7	2.5

(1)淀粉　淀粉是薏米的主要成分,薏米淀粉颗粒形状比较一致,近似为圆形,颗粒大小在 3~14 μm,淀粉颗粒表面光滑,具有清晰可见的偏光十字,偏光十字位于颗粒中

央。薏米淀粉糊具有较低的透明度,较差的冻融稳定性,较难凝沉,不易老化。薏米淀粉糊具有非牛顿流体的特性,属于剪切稀化体系。薏米淀粉的糊化曲线与禾谷类淀粉相一致,起始糊温度为 69.3 ℃,糊的热稳定性较差。显微观察表明,高粱米的淀粉粒明显较薏米的大。

(2)蛋白质 蛋白质主要储存于细胞质中,占薏米总量的 15.2%,目前对薏米蛋白质的研究及报道较少。

(3)脂肪 薏米中脂肪含量占薏米总量的 2% ~7%,薏苡仁油对人体无害,无致突变作用,其中以不饱和脂肪酸为主,占脂肪酸总量的 75.60%。采用索氏提取法对薏米中脂肪酸提取并进行了甲酯化处理,以气相色谱−质谱联用仪进行了分析,共分离鉴定出 12 种脂肪酸(表 1.15),共占薏米中脂肪酸总量的 95.66%。其中主要成分为:十六酸(棕榈酸)13.05%,9,12−十八碳二烯酸(亚油酸)35.75%,9−十八碳烯酸(油酸)39.85%。1961 年,日本学者 Ukita 等首次从薏苡仁中分离出薏苡仁酯(coixrnolide),随后又进行了人工合成,并认为它是薏苡仁的抗癌活性成分。1990 年,日本学者 Tokuda 等又从薏苡仁中分离出另一脂肪酸甘油酯——α2 单亚麻酯(α2 monolinolein),并推测此化合物为薏苡仁抗肿瘤活性成分之一。

表 1.15 薏米粒中脂肪酸组成

序号	化合物	分子式	含量平均值/%
1	邻苯二甲酸	$C_8H_6O_4$	0.21
2	十五酸	$C_{15}H_{30}O_2$	0.03
3	11−十六碳烯酸	$C_{16}H_{30}O_2$	0.37
4	十六酸	$C_{16}H_{32}O_2$	13.05
5	十七酸	$C_{17}H_{34}O_2$	0.20
6	9,12−十八碳二烯酸	$C_{18}H_{32}O_2$	35.75
7	9−十八碳烯酸	$C_{18}H_{34}O_2$	39.85
8	十八烷酸	$C_{18}H_{36}O_2$	4.32
9	11−二十二碳烯酸	$C_{22}H_{42}O_2$	0.82
10	二十烷酸	$C_{20}H_{40}O_2$	0.81
11	二十二烷酸	$C_{22}H_{44}O_2$	0.18
12	二十三酸	$C_{23}H_{46}O_2$	0.01

淀粉是植物通过光合作用天然合成的一种多糖高分子化合物,广泛存在于农作物和其他植物的种子、根部和块茎中,为人类主食的主要组成部分。由农作物和植物原料直接制得的淀粉称为原淀粉(native starch)。淀粉在工业上的应用广泛而深入,是食品和发酵工业的重要基础原料,在冷冻食品、烘烤食品、肉制品、乳制品、发酵调味品、酒类等领域得到应用。

第 2 章

谷物淀粉

2.1 谷物淀粉概述

在谷物和其他高级植物中,淀粉粒在质体中形成,形成淀粉的质体称为淀粉体,淀粉是谷物种子中最重要的储藏性多糖。谷物中淀粉的含量一般为其总量的 60% ~ 75%,占碳水化合物总量的 90% 左右。不同植物来源的淀粉密度有所不同,这是因为淀粉颗粒内晶体和无定形部分结构上的差异以及杂质的相对含量不同,含水 10% ~ 18% 的淀粉粒密度大约是 1.5 g/cm^3,相对密度约为 1.5(表 2.1)。

表 2.1　不同谷物籽粒中淀粉的含量(干基)

名　称	淀粉含量/%	名　称	淀粉含量/%
小麦	58 ~ 76	糯玉米	70 ~ 75
大麦(不带壳)	40	糙米	75 ~ 80
高粱	69 ~ 70	燕麦(带壳)	35
普通玉米	60 ~ 70	大麦(带壳)	56 ~ 66
燕麦(不带壳)	50 ~ 60	荞麦	44
粟	60	薏苡仁	63 ~ 65
甜玉米	20 ~ 28		

2.1.1　淀粉粒的组织结构

2.1.1.1　淀粉粒的形态

淀粉在胚乳细胞中以颗粒状存在,称为淀粉粒(starch granule)。不同来源的淀粉粒其形状、大小和构造各不相同,借助显微镜的观察可鉴别淀粉的来源和种类。

(1)淀粉颗粒形状　不同种类的淀粉粒具有各自特殊的形状,取决于淀粉的来源,一般淀粉粒的形状为圆形、卵形(或椭圆形)和多角形(或不规则形)。几种常见的淀粉颗粒形状:玉米淀粉颗粒有圆形和多角形两种;稻米淀粉颗粒呈现不规则多角形,颗粒小,并常见有多个粒子聚集;小麦淀粉颗粒是扁平圆形或椭圆形,见图 2.1。

(2)淀粉颗粒大小　不同来源的淀粉颗粒大小相差很大,一般以颗粒长轴的长度表示淀粉粒大小,介于 2 ~ 120 μm。淀粉颗粒大小的测定通常是用显微镜放大拍图后,经游标尺测得的大小极限范围和平均值来表示淀粉颗粒的大小(granule size);也有用激光散射仪测定淀粉颗粒大小分布的趋势(particle size)。

淀粉粒的形状大小常常受种子生长条件、成熟度、直链淀粉含量及胚乳结构等的影响。玉米的胚芽两侧角质部分的淀粉颗粒大多为多角形,而中间分支部分的淀粉颗粒多为圆形,这是因为前者被蛋白质包裹较紧,生长时遭受的压力大(表面有凹陷,这类位点对酶的水解作用敏感),而未成熟或粉质的生长期遭受的压力较小。

小麦淀粉呈双峰的颗粒尺寸分布,即有大小颗粒之分,大的淀粉颗粒称为 A 淀粉,尺寸为 5 ~ 30 μm,占颗粒总数的 65%;小的淀粉颗粒称为 B 淀粉,尺寸在 5 μm 以下,占颗粒总数的 35%,见图 2.2。

淀粉粒的大小随植物成熟度发生变化,其性质也有差异。禾谷种子以成熟时制造为主,占种子糖类总量的 60% ~ 80%,而开花前制造的占 20% ~ 40%;可溶性糖的含量随种子成熟度的增加而降低,不溶性糖(主要是淀粉)含量则随成熟度增加而提高。

 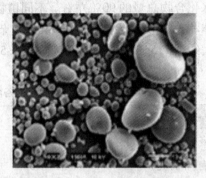

图 2.1　不同种类淀粉粒形态(扫描电镜)　　图 2.2　小麦淀粉粒的结构

2.1.1.2　淀粉粒的结构

(1)淀粉粒的轮纹结构　淀粉粒有层状结构,在中间有脐点,淀粉粒子在周期性光合作用过程中形成椭圆形结构的生长环,其中支链淀粉的双螺旋紧密排列形成了结晶区(5 ~ 6 μm),无次序排列的淀粉链和支链部分形成无定形区(2 ~ 5 μm)。在显微镜下仔细观察淀粉粒,可以看到淀粉粒都具有环层结构,有的可以看到明显的环纹或轮纹,如薯类作马铃薯淀粉粒见图 2.3,样式与树木年轮相似,轮纹结构又称层状结构。

图 2.3　马铃薯淀粉粒内部的轮纹结构

层状结构是在淀粉粒中客观存在的事实,是淀粉粒内部密度不同的表现,每层开始时密度最大,以后逐渐减小,到次一层时密度又陡然增大,一层一层地周而复始。淀粉粒内层状结构的形成机制还有争议,一种观点认为是淀粉粒在形成过程中,受昼夜光照的差别,造成葡萄糖供应数量不同,合成淀粉的速度受影响所致,但马铃薯淀粉粒在常温下生长也有层状结构,被认为是由于酶活力变化而产生的。

淀粉颗粒水分低于 10% 时看不到层状结构,有时需要用热水处理或冷水较长时间浸泡,或用稀铬酸溶液或碘-碘化钾溶液慢慢作用后,能观察到层状结构。

(2)粒心或核　各轮纹层围绕的一点叫粒心,又叫核、脐。谷物类淀粉粒的粒心常位于中央,称为中心轮纹;马铃薯淀粉粒的粒心常偏于一侧,称为偏心轮纹。粒心的大小和显著程度随谷物不同而有所不同。由于粒心部分含水较多,比较柔软,在加热干燥时,常常造成星状裂纹,根据裂纹的形态,也可以辨别淀粉粒的来源和种类,如玉米淀粉为星状裂纹,甘薯淀粉粒为星状、放射状或不规则的十字裂纹。

不同谷物的淀粉粒,根据粒心及轮纹情况可分为单粒、复粒和半复粒三种。单粒只有一个粒心,如玉米和小麦淀粉粒。复粒由几个单粒组成,具有几个粒心,尽管每个单粒可能原来都是多角形,但在复粒的外围,仍然显出统一的轮廓,如大米和燕麦的淀粉粒。半复粒的内部有两个单粒,各有各的粒心和层状,但最外围的几个轮纹是共同的,因而构成的是一个整体。有些淀粉粒在开始生长时是单个的粒子,在发育中产生几个大裂缝,但仍然保持其整体性,这种淀粉团粒称为假复粒。在同一个细胞中,所有的淀粉粒可以全为单粒,也可以同时存在几种不同的类型。如燕麦淀粉粒,除大多数为复粒外,也夹有单粒。小麦淀粉粒,大多数为单粒,也有复粒。

(3)淀粉粒的晶体结构

1)双折射性及偏光十字　淀粉粒由直链淀粉分子和支链淀粉分子有序结合而成,双折射是由淀粉粒的高度有序性(方向性)所引起的,高度有序结构的物质都有双折射性,而淀粉颗粒的大小、结晶度和微晶的取向决定双折射的视强度,如淀粉颗粒较大的莲藕淀粉和马铃薯淀粉的双折射现象十分明显,而玉米、大米淀粉的偏弱(图2.4)。用偏光显微镜观察质量分数为1%的淀粉乳,会出现以粒心为中心的黑色十字形,称为偏光十字或马耳他十字,这是淀粉粒为球晶体的重要标志。不同来源的淀粉粒的偏光十字的位置、形状和明显程度不同,依此可以鉴别淀粉的来源。

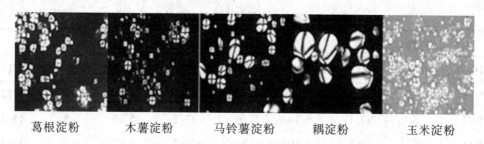

| 葛根淀粉 | 木薯淀粉 | 马铃薯淀粉 | 耦淀粉 | 玉米淀粉 |

图2.4　不同淀粉粒的偏光十字图

淀粉粒在受热、机械损伤、物理辐射以及化学改性时,如果其有序结构受到破坏,其双折射性也会减弱或消失。刚果红染料通常用来鉴别完好的、机械损伤的及糊化的淀粉颗粒,染料若渗入到淀粉颗粒内部就会破坏其内部的有序结构。

2)淀粉粒的晶体结构　用 X 射线衍射法也证明淀粉是有一定形态的晶体构造,并可用 X 射线衍射法及重氢置换法,测得各种淀粉粒都有一定的结晶化度,这都是因淀粉粒中直链淀粉和支链淀粉分子有序结合而成。用酸或酶处理淀粉的结果表明,淀粉粒中具有耐酸、耐酶作用的结晶性部分及易被酸、酶作用的非晶质部分。淀粉粒的结晶性主要由支链淀粉分子非还原端葡萄糖链相互靠拢,呈近乎平行位置以氢键彼此缔合,形成放射状排列的微晶束而构成,直链淀粉也参与微晶束结构之中;但分子上也有部分未参与微晶束的组成,成为无定形状态;淀粉的外层是结晶性部分,主要由支链淀粉分子的先端构成(占90%);淀粉粒微晶束有一定的大小和密度。

按照 X 射线衍射图谱的差异(图2.5),可以将完整淀粉颗粒分为三种类型的 X 射线衍射图谱,分别称为 A 型、B 型和 C 型,其特征峰如表2.2所示。

大多数禾谷类淀粉呈现 A 型,马铃薯等块茎淀粉、高直链玉米淀粉和回生淀粉显示 B 型,葛根、甘薯等块根、某些豆类淀粉呈现 C 型,也有认为 C 型可能是 A 型和 B 型的混合物。此外,淀粉与脂质物形成的复合物为 E 型,直链淀粉同各种有机极性分子形成的复合物为 V 型,叠加在 A 型或 B 型上。淀粉的晶型间存在相互转变作用,如 A 型具有较高的热稳定性,B 型的马铃薯淀粉在湿热条件下处理,可转变为 A 型。

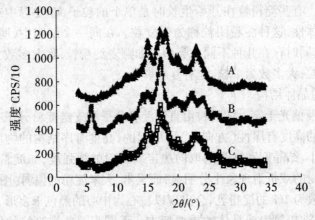

图 2.5　淀粉的 X-射线衍射图谱

表 2.2　淀粉 X 射线粉末法衍射图特征峰

A 型			B 型			C 型		
间距/Å	强度/CPS	$2\theta/(°)$	间距 Å	强度/CPS	$2\theta/(°)$	间距 Å	强度/CPS	$2\theta/(°)$
5.78	S	15.3	15.8	w	5.59	15.4	W	5.73
5.17	S	17.1	5.16	S	17.2	5.79	S	15.3
4.86	S	18.2	4.00	M	22.2	5.12	S	17.3
3.78	S	23.5	3.70	M	24.0	4.85	M	18.3
						3.78	M	23.5

X 射线衍射图样的变化表明,水分参与了淀粉晶体结构,干燥淀粉时,随水分含量的降低,X 射线衍射图样线条的明显程度降低,再将干燥淀粉于空气中吸收水分,图样线条的明显程度回复。因此,在进行淀粉粒晶型的测定时,通常将测试淀粉粒样于测试时放置 24 h,以平衡水分含量。

2.1.2　淀粉的化学组成

淀粉是高分子碳水化合物,是由单一类型的糖单元组成的多糖,但从植物中提取的淀粉即使经过多次精制,仍然含有少量杂质,如蛋白质、脂肪、灰分和纤维等,淀粉产品的化学组成因原料品种和提取工艺的不同而存在差异,这些杂质对淀粉的物理化学性质有一定的影响。

(1)水分　经提取能长期存放的淀粉中水分含量一般为 10% ~18%,取决于淀粉品种、储存时的相对湿度和温度等。一般在相同湿度和温度下,谷物类淀粉的安全储存水分低于薯类淀粉的水分,如玉米淀粉为 13%,马铃薯淀粉为 18%。

(2)粗蛋白　通常谷物淀粉中含有的蛋白质量较薯类淀粉的高,包括真实蛋白质和非蛋白质氮,如肽、胨、氨基酸、酶、核酸等。它们是两性物质,在生产淀粉糖时,可中和一部分无机酸,降低催化效率,增加糖化时间;在生产变性淀粉时,影响反应的 pH 值,同时还会参与反应,影响淀粉的变性程度,氨基酸与糖发生美拉德反应产生有色物质;水溶性蛋白质在搅拌时会包裹空气形成泡沫。因此,用于生产淀粉糖或变性淀粉的原淀粉,蛋白质含量应控制在 0.5% 以下;生产药用葡萄糖的淀粉中蛋白质含量控制在 0.4% 以下。

(3)脂质 通常谷物淀粉的脂质含量(0.65% ~1.0%)较其他淀粉高,多半是溶血磷脂(小麦淀粉)或游离脂肪酸(玉米淀粉),在玉米和小麦淀粉中至少有一部分直链淀粉与脂质形成复合物。脂质含量高对淀粉的影响主要表现在:直链淀粉吸附脂肪阻止水分的渗入,淀粉粒的膨胀和溶解受抑制,淀粉的糊化温度高,淀粉糊透明度低;脂肪易氧化产生酮、醛、酸,有不良气味。

(4)灰分 淀粉中的灰分含量一般为 0.2% ~0.4%,主要来自碱性无机盐、有机酸盐、磷酸盐,这些盐能中和催化的酸,影响催化效果。谷物中磷酸盐主要为植酸。

2.2 谷物淀粉的性质

2.2.1 不同谷物淀粉的性质

不同谷物的淀粉在大小、形状和凝胶特性上很不相同,而直链淀粉和支链淀粉的比例却相对稳定,一般约含有 23%,但在某些谷物的变异品种中,其比例却有很大的变化。

生产玉米淀粉的原料具有价格便宜、易于储存、生产周期长、淀粉含量高、淀粉质量好、副产物利用价值高等特点,玉米淀粉成为淀粉工业的主产品,其产量占世界淀粉产量的 80% 以上,我国玉米淀粉的产量也占全国淀粉产量的 90% 左右。采用浸泡、湿磨分离玉米淀粉的工艺是全世界通用的,现有的提取工艺可以使玉米淀粉的收得率达 99% 以上。

玉米和高粱的淀粉粒在大小、形状和凝胶特性上很相似,其平均粒径约为 20 μm,形状从多角形到近圆形有所变化。靠近籽粒外层(即玻璃质胚乳)细胞中的淀粉粒以多角形为主,而籽粒中心(即不透明胚乳)细胞中的淀粉粒则多呈球形。小米淀粉也与玉米和高粱淀粉相似,但其淀粉粒较小,平均粒径约为 12 μm,这三种淀粉 50% 的凝胶温度约为 67 ℃。

以小麦为原料生产小麦淀粉的同时还可以获得价值很高的面筋产品,因而小麦淀粉在澳大利亚和新西兰等国也有较大规模的生产,我国小麦淀粉的生产也有百年历史,主要集中在华东地区。小麦淀粉的加工方法按原料可以分为以面粉和以小麦为原料而加工的两大类。前者即是洗面团法,其工艺由和面、洗出淀粉、面筋干燥、淀粉精制和淀粉干燥五个工段组成,马丁法、巴特法、费斯卡法、氨法、旋液分离法、高压分离法属于这一类;后者采用的是湿磨法,与玉米淀粉的提取过程大体相同,但因经过二氧化硫浸泡后,面筋会失去活性。

小麦、大麦和黑麦的淀粉粒依粒径大小分为大粒(25~40 μm)的凸镜形和小粒(5~10 μm)的球形,但其化学组成和特点基本是一样的。这三种淀粉的凝胶特性也比较相似,在过量的水中,约在 53 ℃ 时双折射现象损失 50%。

稻米淀粉具有颗粒细小(3~8 μm)、分子大小范围窄、低过敏等特点,在化妆品粉底、脂肪替代品、婴儿食品、纤维织物的上浆剂、照相纸以及洗衣业上都有特殊的用途。因此,尽管其生产成本较高,但仍有部分大米或碎米用来加工制取淀粉。稻米淀粉的提取方法有碱浸法、表面活性剂法、超声波法和酶法(碱酶复合法)等。

稻米淀粉与燕麦淀粉相似,在谷粒中以复粒形式存在,但燕麦淀粉的复粒较大,呈球形,稻米淀粉的复粒较小,呈多角形。稻米淀粉成糊的透明度小,糊化温度较燕麦淀粉高。

几乎所有的谷物中发现或者通过育种手段,可获得含100%支链淀粉的品种,这样的淀粉称为糯性或蜡质淀粉(waxy-starch),也有含直链淀粉高的变异品种,如玉米的某些品系含有70%的直链淀粉,这样的谷物称为直链淀粉型。

2.2.2 淀粉的分子结构

淀粉不是单一化合物,1940 年,K. H. Mayer 等用温水法将淀粉分离成两种成分,一种称为直链淀粉,另一种称为支链淀粉,是葡萄糖单位在淀粉分子中两种不同连接方式的表现。一般谷物中的淀粉组成为20%~25%的直链淀粉和75%~80%的支链淀粉。糯性谷物如糯米、糯玉米、糯小麦等淀粉几乎都是直链淀粉,现代育种技术也培育出了高直链淀粉的玉米、红薯、木薯等,其直链淀粉含量达60%以上。研究也发现,在淀粉中,除了直链淀粉和支链淀粉外,还有第三种物质,即中间物质,一般含量为5%~10%。

2.2.2.1 淀粉的基本构成单位——葡萄糖

淀粉的基本构成单位为 D-葡萄糖,葡萄糖脱去水分子后由糖苷键连接在一起所形成的共价聚合物(多聚葡萄糖)就是淀粉分子。为区别游离葡萄糖 $C_6H_{12}O_6$,常称 $C_6H_{10}O_5$ 为葡萄糖单位或葡萄糖残基,淀粉分子可表示为 $(C_6H_{10}O_5)_n$。组成淀粉分子的结构单体(脱水葡萄糖单位)的数量称为聚合度,以 DP 表示。

自然界存在的单糖大多数为 D-型,甘油醛的结构如图 2.6 所示。凡单糖分子中距羰基最远的不对称碳原子与 D-甘油醛分子中的不对称碳原子构型相同,称为 D-型,反之称为 L-型。一般单糖含有 5 个或 6 个碳原子,分别称为戊糖和己糖,在谷物中最普遍存在的己糖有 D-葡萄糖、D-甘露糖、D-半乳糖和 D-果糖等四种。D-葡萄糖的链状结构如图 2.7 所示。

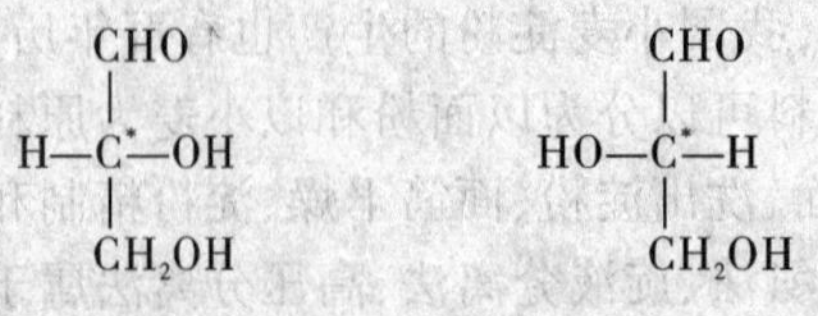

图 2.6 甘油醛的结构

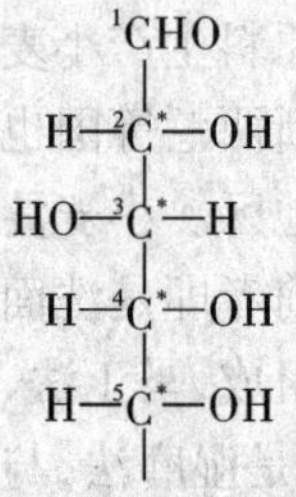

图 2.7 D-葡萄糖的链状结构

葡萄糖的开链结构有 5 个羟基，C-4 和 C-5 上的羟基可与醛基形成环状半缩醛结构，分别以五环和六环两种结构存在，1,5 氧环为吡喃糖环、1,4 氧环为呋喃糖环，淀粉中的脱水葡萄糖单位是以吡喃环存在的。环状结构的形成使醛基碳原子 C-1 成为手性碳原子，C-1 就有两种不同的构型，在 D 型糖中，C-1 的—OH 在右边为 α 型，在左边为 β 型。环状结构的 D-葡萄糖就有 α-D-葡萄糖和 β-D-葡萄糖两种异构体。研究表明淀粉的基本构成单位是 α-D-六环葡萄糖。天然存在的糖环实际上并非是平面结构，吡喃葡萄糖有椅式和船式两种不同的构象，大多数已糖是以比较平稳的椅式构象存在的。

葡萄糖分子中 C-1 碳原子羟基被取代所形成的键称为糖苷键，淀粉就是以 D-葡萄糖为单元通过糖苷键相连接成的生物大分子。从理论上讲，通过碳原子上羟基连接相邻单体的方式有多种，但对淀粉进行酸水解动力学和甲基化法的研究表明，淀粉是 D-葡萄糖经由 α-1,4 糖苷键连接组成的。直链分子是 D-六环葡萄糖经 α-1,4 糖苷键组成，支链分子的分支位置为 α-1,6 糖苷键，其余为 α-1,4 糖苷键。

2.2.2.2　淀粉的分子结构

（1）直链淀粉的分子结构　直链淀粉可以用温水首先从淀粉粒中分离出来，其分子结构采用①酸彻底水解直链淀粉，最终产物为 D-葡萄糖；②甲基化淀粉后再水解，其产物主要是 2,3,6-三-O-甲基-D-葡萄糖，说明支链淀粉的一端为 C-4 自由羟基，而其分子主链是同麦芽糖一样，经 α-1,4 糖苷键连接而成的；③用还原法测定相对分子质量与渗透压法测定的相对分子质量基本一致；④β-淀粉酶制剂可以使直链淀粉分子完全水解，生成麦芽糖。现在的研究证明，直链淀粉除了直链状分子外，还存在一些带有少数分支的直链分子，分支点是 α-D-1,6 糖苷键连接，平均每 180～320 个葡萄糖单位带有一个支链，分支的程度主要与直链淀粉的来源有关，并随直链淀粉的相对分子质量增加而加大。而含支链的直链淀粉分子中的支链有长有短，但分支点间隔很大，其物理性质整体表现与直链分子相同。

据 X 射线衍射和核磁共振研究表明，直链淀粉分子是卷曲盘旋呈左螺旋状态，每一螺旋周期中包含 6 个 α-D-吡喃葡萄糖基，螺旋结构上重复单元之间的距离为 10.6Å，每个 α-D-吡喃葡萄糖基环呈椅式构象，一个 α-D-吡喃葡萄糖基单元的 C-2 上的羟基与另一毗连的 α-D-吡喃葡萄糖基单元的 C-3 上的羟基之间形成氢键使其构象更为稳定。

直链淀粉主要为线状（图 2.8）的 α-葡萄糖，含有大约 99% 的 α-1,4 和 1% 的 α-1,6 糖苷键，相对分子质量为 1×10^5～1×10^6。直链淀粉的分子大小通常用聚合度而不是用相对分子质量来表示。直链淀粉没有一定的大小，不同来源、籽粒成熟度不同的淀粉，其直链淀粉差别很大。未经降解的直链淀粉分子非常庞大，聚合度在 700～5 000 之间，玉米、小麦等谷物类直链淀粉的分子较小，其聚合度一般不超过 1 000。直链淀粉的聚合度可以通过光散射、特性黏度或者还原端分析等方法获得。

（2）支链淀粉的分子结构　用酸彻底水解支链淀粉，最终产物为 D-葡萄糖。如果先甲基化支链再水解，其产物除了大量的 2,3,6-三甲基-D-葡萄糖及少量的 2,3,4,6-四-O-甲基-D-葡萄糖外，还有相当数量的 2,3-二甲基-D-葡萄糖，说明支链淀粉分子中葡萄糖结合方式，除了 α-1,4 糖苷键外，还有 α-1,6 糖苷键。用 β-淀粉酶水解支链淀粉分子，分解限度只有 55%，也证明了支链淀粉分子是具有很多分支的结构，高碘酸氧化法也得出同样的结论。

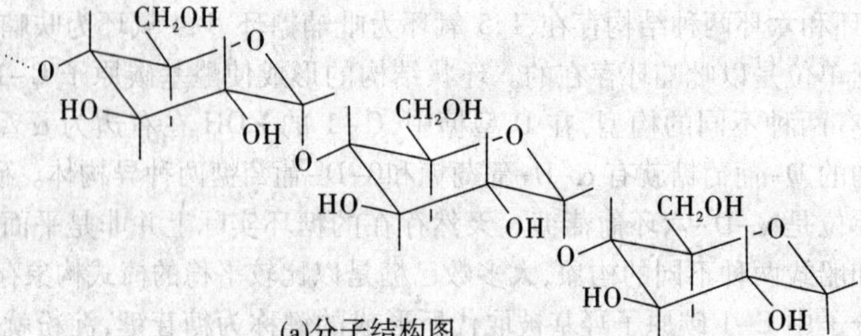

(a)分子结构图

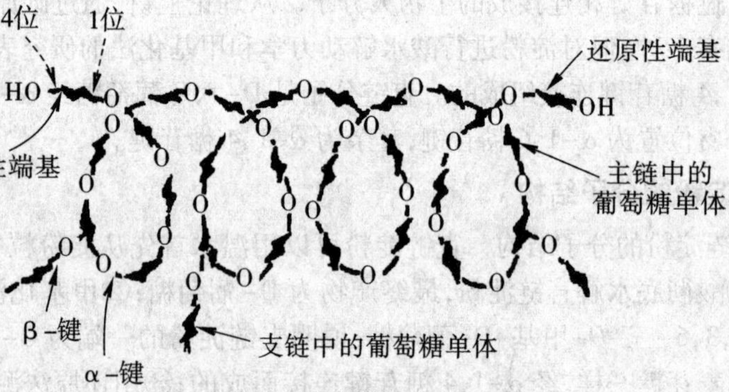

(b)分子链状结构图

图2.8 直链淀粉分子结构图

支链淀粉的相对分子质量比直链淀粉的高得多,一般为 $10^7 \sim 10^9$,各种已测得植物淀粉的支链淀粉聚合度为 4 000 ~ 40 000,大部分在 5 000 ~ 13 000。支链淀粉的分支程度极高,含有大约95%的 α-1,4 键和约5%的 α-1,6 键,被认为是无规则的分支。分子中具有三种类型的链(图2.9):A 链(外链),由 α-1,4 糖苷键结合的葡萄糖链;B 链(内链),由 α-1,4 和 α-1,6 糖苷键结合的葡萄糖链;C 链(主链),葡萄糖链中有 α-1,4 和 α-1,6糖苷键,还有一个还原端。A 链被定义为不可替代链,B 链可被其他链替代,B 链还可进一步分为 Ba 链和 Bb 链,前者可被一条或多条 A 链取代,后者可被一条或多条 B 链取代。谷物淀粉较之于块茎类淀粉有更短的链长且短链组分较多。不同来源的淀粉及其支链淀粉的聚合度不同,平均链长、内链和外链的平均长度也不同(表2.3)。支链淀粉结构有多种模型(图2.10),其主要特征是分支是成簇(结晶簇)和以双螺旋形式存在,形成许多小结晶区,这个结晶区是由支链淀粉的侧链有序排列生成的。蜡质玉米虽然不含有直链淀粉,同样存在结晶区。

直链淀粉和支链淀粉在分子形状、聚合度、立体结构、还原能力上都有很大的差别,也决定了它们在理化性质上的不同,两者的比较见表2.3。

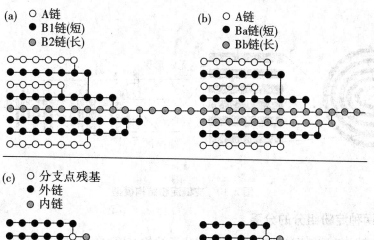

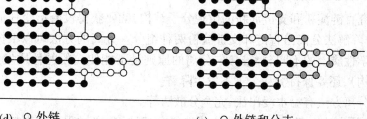

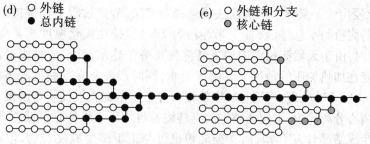

图 2.9 支链淀粉分支结构类型和链片段定义

表 2.3 直链淀粉和支链淀粉的比较

项 目	直链淀粉	支链淀粉
分子形状	直链分子	分支分子
聚合度	100 ~ 6 000	1 000 ~ 3 000 000
末端基	分子的一端为非还原末端基,另一端为还原末端基	分子具有一个还原末端基和许多非还原末端基
碘着色反应	深蓝色	紫红色
吸收碘量	19% ~ 20%	<1%
凝沉性质	凝沉性强,溶液不稳定	凝沉性弱,溶液稳定
络合结构	能与极性有机物和碘生成络合物结构	不能
X 射线衍射分析	高度结晶结构	无定形结构
乙酰衍生物	能制成强度很高的纤维和膜材料	制成的膜材料脆弱

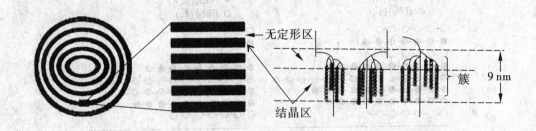

图 2.10　支链淀粉结构模型

2.2.2.3　两种淀粉组分的分离

为了研究直链淀粉和支链淀粉的微观分子结构,就要获得没有遭受任何变性的纯净淀粉,再用非降解法分离出直链和支链淀粉两种组分。分离的方法可以根据两种组分在某些物理化学性质上的不同分离出来,分离的原则是不能使淀粉的性质发生变化(如仍保持螺旋结构),还要保持淀粉分子不发生降解。

常用的分离方法有温水浸出法、完全分散法等。

(1)温水浸出法　又称丁醇沉淀法或选择沥滤法,分离过程中仍保持颗粒状。它是将充分脱脂的淀粉的水悬浮液(如玉米淀粉为 2%)保持在糊化温度或稍高于糊化温度的状态下,这时,由于天然淀粉粒中的支链淀粉易溶于热水,并形成黏度很低的溶液,而支链淀粉只能在加热加压的情况下才溶解于水,同时形成非常黏稠的胶体溶液。据此,可用热水(60~80 ℃)处理,将淀粉粒中低相对分子质量的直链淀粉溶解出来,残留的粒状颗粒可用离心分离除去,上层清液中的直链淀粉再用正丁醇使它沉淀析出。正丁醇可与直链淀粉生成结晶性复合物,而支链淀粉也可与正丁醇生成复合物,但不结晶沉淀。将获得的复合沉淀物再用大量乙醇洗去正丁醇,可得到直链淀粉。要得到高纯度的直链淀粉,需要反复多次重结晶洗涤。

温度影响淀粉的抽提效率。一般抽提温度稍高于淀粉的糊化温度,若温度升高,则直链淀粉的抽提效率增高,但支链淀粉也可被抽提出来,使其纯度低;若温度偏低,则抽提效率低,直链淀粉得率也低。玉米淀粉经上述方法处理,在 70 ℃时,直链淀粉产率为14.3%,纯度为 75%,而在 85 ℃时,产率为 25.8%,纯度则为 63%。

(2)完全分散法　分离过程中淀粉颗粒被完全破坏。该法是先将淀粉粒完全分散成为溶液,然后添加适当的有机化合物,使直链淀粉成为一种不溶性的复合物而沉淀。常用的有机化合物为正丁醇、百里香酚及异戊醇等。

为了使淀粉尽可能均匀分散在溶剂中,须先进行预处理,有以下几种预处理方法。

1)高压加热法　1%~3%脱脂玉米淀粉悬浮液,调 pH 值为 5.9~6.3,以防止淀粉降解,在 120 ℃温度下加热 2 h,高速离心热淀粉乳,除去分散不完全的淀粉颗粒和微量不溶杂质,再在热糊中加入饱和正丁醇水溶液或异戊醇或其混合物,用量等于其在室温下的饱和浓度(异戊醇在 20 ℃溶解度为 100 mL 水 3.1 g),在结晶器中,室温下缓慢冷却24 h,此时直链淀粉与醇形成簇状细小结晶(直径 15~20 μm)。高速离心(5 000 r/min),沉淀为直链淀粉,分离效率达 90%,直链淀粉碘吸附量为 16.5%。母液喷雾干燥得支链淀粉

（或甲醇沉淀）。得到的直链淀粉再用 10% 正丁醇水溶液重结晶一次，碘吸附量可达 19.0%。

　　2）碱液增溶法　为了避免高压处理和在升温时淀粉发生降解，可以采用碱液增溶法，即用碱性物质处理淀粉，使淀粉在温水中完全分散，常用的碱性物质有氢氧化钠和氨液等。如 2% ~3% 玉米淀粉乳于 25 ℃下分散在 1.0 mol/L 碱液（或氨液处理 15 min）中，避免强烈的搅拌作用，然后中和至 pH 值 6.2 ~6.3，加热至 60 ℃，用正丁醇沉淀。

　　3）二甲基亚砜（DMSO）法　淀粉在室温下很容易分散在 DMSO 溶液中，二甲基亚砜不仅能破坏淀粉颗粒结构，还能完全排除脂类物质的污染（脂类物质会在升高温度时水解），此法特别适用于直链淀粉含量特别高的淀粉。

　　30 g 谷类淀粉分散于 500 mL 二甲基亚砜中，搅拌 24 h，高速离心分离 15 min，除去不溶性物质后加入到 2 倍体积的正丁醇中，使直链淀粉沉淀，用正丁醇反复洗涤以除去残留的 DMSO。将沉淀在隔氧条件下加入 3 L 沸水中，煮沸 1 h，使之完全溶解。待分散液冷却至 60 ℃，加入粉状百里香酚（1 g/L），室温下静置 3 d，离心得直链淀粉–百里香酚复合物。将复合物分散于无氧气的沸水中，煮沸 45 min，冷却，加入正丁醇，静置过夜、离心，用乙醇洗涤后干燥，即得直链淀粉。残留液用乙醚将百里香酚抽出后，加乙醇沉淀得支链淀粉。

2.2.3　淀粉的物理性质

　　淀粉粒的密度约为 1.5 kg/m³，不溶于冷水，这是湿法制取淀粉的理论基础。淀粉的物理性质主要表现在水中的作用、糊化、凝沉、淀粉糊的机械力学性质及成膜性等。

2.2.3.1　淀粉粒在水中的作用

　　淀粉的应用大多是与水有联系的，了解淀粉与水的作用，尤其是热与水共同对淀粉的作用在淀粉和含淀粉物质的工业加工和应用中至关重要。

　　淀粉中水分含量是受空气湿度和温度变化影响的。干淀粉浸入水中时，即放出热（水化热），放出热量的多少，随淀粉中原有的水分含量而定，原始水分愈低，放出的热量愈多。大多数热量是在最初加入水分时释放的，含水量高达 16% ~21% 的淀粉，水化热为 0，此后进一步的水化还需要吸热。

　　淀粉粒中的无定形相是亲水的，浸入水中就吸水，先是有限的可逆膨胀，而后是整个颗粒膨胀（润胀），但淀粉粒保持原有的特征和晶体的双折射，将其分离干燥仍可恢复成原来的淀粉粒。原淀粉粒在水中的润胀只有体积上的增大，不涉及分子结构的变化。如将完全干燥的椭圆形马铃薯淀粉粒浸于冷水中时，它们各向呈不均衡的润胀，在长向增长 47%，径向增长 29%。用激光散射仪（laser light scatter）测定淀粉颗粒粒度大小分布时，分散相不宜用水，而要选择不使淀粉粒润胀的溶剂，如正丁醇。

　　受损坏的淀粉粒和某些经过改性的淀粉粒可溶于冷水中，这是一种不可逆的润胀。

2.2.3.2　淀粉的糊化

　　（1）淀粉糊化过程和本质　把淀粉的悬浮液加热，到达一定温度时，淀粉粒突然膨胀，因膨胀后的体积达到原来体积的数百倍之大，所以悬浮液变成了黏稠的胶体溶液。这一现象称为"淀粉的糊化"。淀粉粒突然膨胀时的温度称为"糊化温度"，又称糊化开始温度。因各淀粉粒的大小不一样，待所有淀粉粒全部膨胀需要一个糊化过程温度，所以淀粉的糊化温度有一个范围。糊化后的淀粉粒称为糊化淀粉（又称为 α-化淀粉）。淀粉糊化的本质是水分子进入淀粉粒中，在热能作用下，结晶相和无定形相的淀粉分子之间的氢键断裂，破坏了淀粉分子间的缔合状态，分散在水中成为亲水性的胶体溶液。

糊化过程可以分为三个阶段：一是可逆吸水润胀阶段，淀粉粒的外形和内部结构都没有发生变化；二是不可逆吸水阶段，水温达到开始糊化温度时，淀粉粒的周边迅速伸长，大量吸水，若用偏光显微镜进行观察，则偏光十字模糊，淀粉分子间的氢键被破坏，从无定形区扩展到有序的辐射状胶束组织区，结晶区氢键开始断裂，分子结构开始发生伸展，其后淀粉粒继续扩展至巨大的膨胀性网状结构，偏光十字彻底消失，此时将淀粉迅速冷却干燥，也不可能恢复成原来的淀粉粒了，这一变化过程是淀粉粒不可逆的溶胀，是由于胶束没有断裂，淀粉粒仍然聚集在一起，但已有部分直链淀粉分子从淀粉粒上被沥滤出来成为水活性物质，偏光十字的消失表明晶体崩解，微晶束结构破坏，其实质是水分子进入微晶束结构，拆散淀粉分子间的缔合状态，淀粉分子或其集聚体经高度水化形成胶体体系，糊化后的淀粉水体系的行为直接表现为黏度增加；三是高温阶段，淀粉糊化后继续加热，糊黏度值也升至最高值，大部分淀粉分子溶于水中，分子间作用力很弱，变成碎片，最后只剩下最外面的一个环层，即不成形的空囊，淀粉糊的黏度继续增加升至最高值，若温度再升高至 110 ℃，则淀粉粒全部溶解。

（2）淀粉糊化的影响因素

1）颗粒大小与直链淀粉含量　破坏分子间的氢键需要外能，分子间结合力大，排列紧密者，拆开微晶束所需的外能就大，因此糊化温度就高。由此可见，同种类的淀粉，其糊化温度也不会相同，如表 2.4 所示。一般来说，小颗粒淀粉内部结构紧密，糊化温度比大颗粒高；直链淀粉分子间结合力较强。因此直链淀粉含量高的淀粉比直链淀粉含量低的淀粉难糊化，如表 2.5 所示，因此可从糊化温度上初步鉴别淀粉的种类。

表 2.4　各种淀粉的糊化温度范围

淀粉来源	淀粉颗粒大小/μm	糊化温度范围/℃[①]		
		开始	中点	结束
玉米	5~25	62.0	67.0	70.0
蜡质玉米	10~25	63.0	68.0	72.0
高直链玉米(55%)[②]	5~25	67.0	80.0	
高粱	5~25	68.0	73.5	78.0
蜡质高粱	6~30	67.5	70.5	74.0
大麦	5~40	51.5	57.0	59.5
黑麦	5~50	57.0	61.0	70.0
小麦	2~45	59.5	62.5	64.0
大米	3~8	68.0	74.5	78.0
燕麦	5~12	65.0	71.0	77.0
荞麦	5~35	52.0	59.0	64.0

①去双折射性的温度；②某些颗粒在 100 ℃时仍有双折射性

表 2.5　各种大米淀粉的糊化温度

大米品种	直链淀粉含量/%	糊化温度/℃
糯米	0.98 ± 1.51	58
籼米	25.40 ± 2.0	$70\sim74$
粳米	18.40 ± 2.7	$65\sim68$

2)使糊化温度下降的外界因素

①电解质　电解质会破坏分子间的氢键,因而促进淀粉的糊化。不同阴离子促进糊化的顺序是:$OH^->$水杨酸$>CNS^->I^->Br^->NO_3^->Cl^->$酒石酸根$>$柠檬酸根$>SO_4^{2-}$,阳离子促进糊化的顺序是:$Li^+>Na^+>K^+>NH_4^+>Mg^{2+}$。如大部分淀粉在稀碱($NaOH$)和浓盐溶液中(如水杨酸钠、$NH_4CNS$、$CaCl_2$)可常温糊化,但在 1 mol/L 硫酸镁溶液中,加热至100 ℃,仍可保持其双折射性。

②非质子有机溶剂　二甲基亚砜、盐酸胍、脲等在室温或低温下可破坏分子氢键促进淀粉糊化。

③物理因素　如强烈研磨、挤压蒸煮、γ射线等物理因素也能使淀粉的糊化温度下降。

④化学因素　淀粉经酯化、醚化等化学变形处理,在淀粉分子上引入亲水性基团,使淀粉糊化温度下降。

3)使淀粉糊化温度升高的外界因素

①糖类、盐类　糖类和盐类能破坏淀粉粒表面的水化膜,降低水分活度,使糊化温度升高,如表 2.6 所示。

表 2.6　糖和盐对玉米淀粉糊化温度的影响

因素	添加量/%	糊化温度范围/℃
糖	5	$60.5\sim67\sim72.5$
	20	$65.5\sim72\sim78$
	60	$84\sim90.5\sim92.5$
食盐	1.5	$67.5\sim72\sim77$
	3.0	$69.5\sim74\sim78.5$
	6.0	$75\sim79.5\sim82.5$
碳酸钠	5.0	$64\sim70\sim75$
	20	$77.5\sim82\sim87$
	30	$92\sim98\sim103$
硫酸镁	在 1 mol/L 硫酸镁溶液中加热到 100 ℃仍有双折射性	

②脂类 直链淀粉与硬脂酸形成复合物,加热至100℃不会被破坏,所以谷类淀粉(含有脂质多)不如马铃薯易糊化,如果脱脂,则糊化温度降低3~4℃。

③亲水性高分子(胶体) 亲水性高分子如明胶、干酪素和CMC等与淀粉竞争吸附水,使淀粉糊化温度升高。

④物理、化学因素 淀粉经酸解及交联等处理,使淀粉糊化温度升高。这是因为酸解使淀粉分子变小,增加了分子间相互形成氢键的能力。

⑤生长的环境因素 生长在高温环境下的淀粉糊化温度高。

2.2.3.3 淀粉的回生(或称老化、凝沉)

(1)淀粉老化的过程和本质 淀粉稀溶液或淀粉糊在低温下静置一定的时间,浑浊度增加,溶解度减少,在稀溶液中会有沉淀析出,如果冷却速度快,特别是高浓度的淀粉糊,就会变成凝胶体(凝胶长时间保持时,即出现回生),好像冷凝的果胶或动物胶溶液,这种现象称为淀粉的回生或老化,这种淀粉称为回生淀粉(或称β-淀粉)。回生本质是糊化的淀粉分子在温度降低时由于分子运动减慢,此时直链淀粉分子和支链淀粉分子的分支都回头趋向于平行排列,互相靠拢,彼此以氢键结合,重新组成混合微晶束。由于其所得的淀粉糊分子中氢键很多,分子间缔合很牢固,水溶解性下降,如果淀粉糊的冷却速度很快,特别是较高浓度的淀粉糊,直链淀粉分子来不及重新排列结成束状结构,便形成凝胶体。

回生后的直链淀粉非常稳定,加热加压也难溶解,如有支链淀粉分子混存,仍有加热成糊的可能。

回生是造成面包硬化、淀粉凝胶收缩的主要原因。当淀粉制品长时间保存时(如爆玉米),常常变成咬不动,这是因为淀粉从大气中吸收水分,并且回生成不溶的物质。回生后的米饭、面包等不容易被酶消化吸收。但也是形成粉条(丝)滑爽、久煮不断条所需要的。

当淀粉凝胶被冷冻和融化时,淀粉凝胶的回生率是非常大的,冷冻与融化淀粉凝胶,破坏了它的海绵状的性质,且放出的水容易挤压出来,这种现象是不受欢迎的。

(2)回生的影响因素

1)分子组成(直链淀粉的含量) 直链淀粉的链状结构在溶液中空间障碍小,易于取向,故易于回生;支链淀粉呈树状结构,在溶液中空间障碍大,不易于取向,故难以回生,但若支链淀粉分支长,浓度高,也可回生。糯性淀粉因几乎不含直链淀粉,故不易回生;而玉米、小麦等谷类淀粉回生程度较大。

2)分子的大小(链长) 直链淀粉若链太长,取向困难,也不易回生;相反,若链太短,易于扩散(不易聚集,布朗运动阻止分子相互吸引),不易定向排列,也不易回生(溶解度大),所以只有中等长度的直链淀粉才易回生。例如,马铃薯淀粉中直链淀粉的链较长,聚合度1 000~6 000,故回生慢;玉米淀粉中直链淀粉的聚合度为200~1 200,平均800,故容易回生,加上还含有0.6%的脂类物质,对回生有促进作用。

3)淀粉溶液的浓度和水分 淀粉溶液浓度大,分子碰撞机会大,易于回生;浓度小则相反。一般水分30%~60%的淀粉溶液易回生。水分小于10%的干燥状态则难于回生。

4)温度 接近0~4℃时储存可加速淀粉的回生。

5)冷却温度 缓慢冷却,可使淀粉分子有充分时间趋向平行排列,因而有利于回生。

迅速冷却,可减少回生(如速冻)。

6)pH 值　pH 值中性易回生,在更高或更低的 pH 值,不易回生。

7)各种无机离子及添加剂等　一些无机离子能阻止淀粉回生,其作用的顺序是 $CNS^->PO_4^{3-}>CO_3^{2-}>I^->NO_3^->Br^->Cl^-$;$Ba^{2+}>Sr^{2+}>Ca^{2+}>K^+>Na^+$。如 $CaCl_2$、$ZnCl_2$、$NaCNS$ 促进糊化,阻止老化;$MgSO_4$、NaF 促进老化,阻止糊化;甘油与蔗糖、葡萄糖等形成的单甘酯易与直链淀粉形成复合物,延缓老化(乳化剂)。

因此,防止回生的方法有快速冷却干燥,这是因为迅速干燥,急剧降低其中所含水分,这样淀粉分子联结而固定下来,保持住 α-型,仍可复水。另外可考虑加乳化剂,如面包中加乳化剂,保持住面包中的水分,防止面包老化。

2.2.3.4　淀粉糊化温度的测定方法

(1)偏光显微镜法　淀粉糊化的显著特征是失去双折射性,因此,利用颗粒的偏光十字消失能测定糊化温度。另外,淀粉颗粒大小不一,糊化有一个范围,一般用平均糊化温度表示,即在此温度下有 50%的颗粒已失去双折射性(2%为起始点,98%为终止点)。

偏光显微镜法测定糊化温度,简单迅速,需样品少,准确度高,对样品量少者适用,但主观性较大,不能排除误差。

具体的测定方法:0.1%~0.2%淀粉悬浮液滴于载玻片上,含100~200 个淀粉颗粒,四周放上高黏度矿物油,放上盖玻片,置于电热台。电热台以 2 ℃/min 迅速升温,观察2%、50%和98%的淀粉颗粒偏光十字消失,记录相应的温度,即可得出糊化温度范围。

另外,利用淀粉颗粒偏光十字消失,会引起偏振光强度的变化这一原理来测定淀粉的糊化温度。具体测定方法是将样品的悬浮液放在显微镜中的样品台上,以 7 ℃/min 的温度升温,当温度达到 35 ℃时,开启记录仪。记录仪记下在光学组件上的光通量的强度变化并绘成曲线,同时升温,温度上升引起淀粉颗粒的糊化和双折射现象消失。因此,照在光学组件上的光强度下降,这一现象被记录下来并绘成与横坐标轴弯曲成一角度的曲线,进一步的糊化和双折射消失,导致图中光强度下降,直至完全糊化和双折射完全消失。

(2)分光光度法　利用分光光度计测定1%淀粉悬浮液在连续加热时光量透过的变化,可自动记录到糊化开始点温度与双折射消失温度是一致的,各种淀粉糊液的透光率随温度变化曲线如图 2.11 所示。

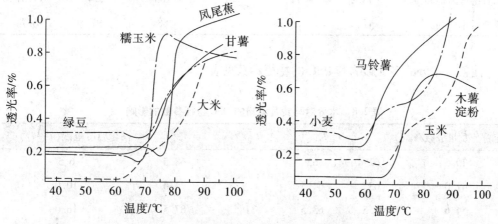

图2.11　各种淀粉糊液的分光光度曲线

（3）电导法　对较多样品的淀粉，可利用在糊化过程中电导的变化进行测定。当淀粉物质在糊化溶解时，与淀粉结合的离子向悬浮液转移，在淀粉开始糊化时，电导的强度开始上升，淀粉糊化完全时，电导停止上升。

（4）差示扫描量热法（DSC）　DSC 是在程序升温下（10 ℃/min）保持待测物质与参照物（Al_2O_3）温度差为 0，测定由于待测物相变或化学反应等引起的输给它们所需能量差与温度的关系，如图 2.12 所示。

对于温度补偿型 DSC（DE 公司产品）凸形为放热反应，凹形为吸热反应。从曲线上可得出三个特征参数：T_0 为相变（或化学反应）的起始温度；T_p 为相变（或化学反应）的高峰温度；T_c 为相变（或化学反应）的终了温度；H 为热焓。

前面所介绍的测定糊化温度的方法受淀粉与水的比率及温度范围的限制，DSC 可在很大浓度范围内，甚至可以含水较少的固体作样品，同时可以测定糊化温度高于 100 ℃ 的淀粉样品。该法测定样品用量少，操作方便，同时可测出糊化过程热焓的变化，各种不同种类淀粉的 DSC 特征参数如表 2.7 所示。

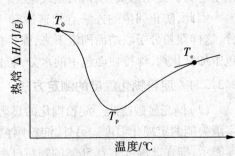

图 2.12　DSC 曲线

表 2.7　各种不同种类淀粉的 DSC 特征参数

品种	淀粉乳质量分数/%	T_0/℃	T_{p1}/℃	T_{p2}/℃	T_c/℃	ΔH/(J/g)
豌豆淀粉	47.5	56	64	87	101	14.64
蚕豆淀粉	46.4	56	65	83	97	13.81
马铃薯淀粉	46.03	55	60	68	85	18.41
玉米淀粉	46.4	60	67	78	89	13.81
酶改性玉米淀粉	47.9	54	73	99	89	10.04
高直链玉米淀粉	48.2	71	82	105	114	17.57
蜡质玉米淀粉	47.6	64	71	88	97	16.74

淀粉含水分的多少影响其 DSC 的特征参数见表 2.8。

表 2.8　水分对马铃薯淀粉的 DSC 特征参数的影响

淀粉乳质量分数/%	T_0/℃	T_{p1}/℃	T_{p2}/℃	T_c/℃	糊化温度范围（T_c-T_0）/℃
20.5	62	65		68.5	6.5
41.0	63	64.5		73.0	10.0
54.6	61.5	63.5	71.5	87.5	16.0
65.1	61.5	64.5	93.5	103.0	41.5

2.2.3.5 膨润力与溶解度

膨润力与溶解度反映淀粉与水之间相互作用的大小。膨润力指每克干淀粉在一定温度下吸水的质量数;溶解度指在一定温度下,淀粉样品分子的溶解质量百分数。

定量样品(2%,干基)悬浮于蒸馏水中,于一定温度下加热搅拌 30 min 以防淀粉沉淀,在 3 000 r/min 下离心 30 min,取上清液在蒸汽浴上蒸干,于 105 ℃烘至恒重(约 3 h),称重,按下式计算。

$$溶解度(S) = \frac{A}{W} \times 100\%$$

$$膨润力 = \frac{P \times 100}{W(100 - S)} = \frac{P}{W(1 - \frac{S}{100})} \times 100\%$$

式中　*A*——上清液蒸干恒重后的质量,g;

　　　W——绝干样品质量,g;

　　　P——离心后沉淀物质量,g。

95 ℃时各种淀粉的膨润力及溶解度如表 2.9 所示。

表 2.9　在 95 ℃时各种淀粉的膨润力及溶解度

淀粉	膨润力/%	溶解度/%	淀粉	膨润力/%	溶解度/%
马铃薯	71	82	玉米	24	25
木薯	71	48	小麦	21	41
甘薯	46	18	大米	19	18

一般薯类淀粉的膨胀能力超过谷类淀粉,蒸煮和溶解比普通谷物淀粉容易。

2.2.3.6 淀粉糊机械(力学)性质

淀粉无论用于食品(增稠)、造纸(施胶)、纺织(上浆)、钻井(钻泥)以及其他各个方面,首先要在水中糊化,淀粉糊化后黏度大为增加,冷却时,由于分子聚集形成交联网络,抵抗变形增加,糊保持流动或形成一种半固体或固体凝胶,显示出相当的保持形状的力量。淀粉制造者或使用者为了判断淀粉品质和应用中的流动行为,需要测定它的黏度、黏性、凝胶硬度、凝胶强度。

(1)淀粉糊的黏度　淀粉糊黏度的测定原理是转子在淀粉糊中转动,由于淀粉糊的阻力产生扭矩,形成的扭矩通过指针指示出来。采用的检测仪器有 Brabender 黏度计、Brockfield 黏度计、Haake 黏度计和 NDJ-79 型(或 I 型)旋转式黏度计等。另外可用奥氏黏度计(吴氏黏度计)测特性黏度及表观黏度,也可用流度计测淀粉和酸解淀粉等其他变性淀粉的流度。淀粉的浓度、温度、搅拌时间、搅拌速度以及盐等添加剂影响淀粉糊的黏度。

(2)凝胶刚度(硬度)　淀粉分子重新缔合时产生胶凝的过程极为迅速。不同直链淀粉含量的淀粉,其胶凝性能不相同。如玉米淀粉的凝胶化比马铃薯淀粉进行得快,其原因还不完全清楚,脂肪含量和直链淀粉相对分子质量的差别可能是主要原因。另一个因素就是在天然淀粉颗粒中,直链淀粉与支链淀粉分子被分离和聚集的程度,关于这一点,还需要更多的资料。众所周知,玉米淀粉中的直链淀粉比马铃薯中的直链淀粉更容易被浸提出来,因此,在玉米淀粉中直链淀粉和支链淀粉基本上分离,而在马铃薯淀粉中,直链淀粉部分地与支链淀粉密切地结合,这种结合是造成马铃薯淀粉高度膨胀和较小胶凝(软胶凝)的原因。另外,玉米淀粉中含有脂类化合物能使其中直链淀粉部分离析,同时,玉米淀粉与加入的添加物比马铃薯淀粉更易形成复合物。

测定凝胶刚度的简单测定装置是用改进的针入计(penetrometer),以凝胶压缩深度与添加的质量的函数来测定凝胶的刚度。

2.2.3.7　淀粉糊的性质

淀粉在不同的工业中具有广泛的用途,然而几乎都要加热糊化后才能使用。不同品种淀粉糊化后,糊的性质,如黏度、透明度、抗剪切性能及老化性能等,都存在着差别,如表 2.10 所示,这显著影响其应用效果。一般来说在加热和剪切下膨胀时比较稳定的淀粉粒形成短糊,如玉米淀粉和小麦淀粉丝短而缺乏黏结力。在加热和剪切下膨胀时不稳定的淀粉粒形成长糊,如马铃薯淀粉糊丝长、黏稠、有黏结力。木薯和蜡质玉米淀粉糊的特征类似于马铃薯淀粉,但一般没有马铃薯淀粉那样黏稠和有黏结力。

表 2.10　淀粉糊的主要性质

性质	马铃薯淀粉	木薯淀粉	玉米淀粉	糯高粱淀粉	交联糯高粱淀粉	小麦淀粉
蒸煮速度	快	快	慢	迅速	迅速	慢
蒸煮稳定性	差	差	好	差	很好	好
峰黏	高	高	中等	很高	无	中等
老化性能	低	低	很高	很低	很低	高
冷糊稠度	长,成丝	长,易凝固	短,不凝固	长,不凝固	很短	短
凝胶强度	很弱	很弱	强	不凝结	一般	强
抗剪切	差	差	低	差	很好	中低
冷冻稳定性	好	稍差	差	好	好	差
透明性	好	稍差	差	半透明	半透明	模糊不透明

2.2.3.8　淀粉膜的性质

淀粉及其衍生物具有成膜性,将糊化的淀粉糊均匀分布在光滑的平板上脱水干燥,会形成淀粉膜。淀粉膜必须具有所需用途的某些质量特性,如膜的强度、柔软性、水溶性、透明性、光泽及膜的重湿性等。淀粉膜的性质与使用的淀粉种类、支或直链淀粉的组成比例、淀粉颗粒的大小、淀粉改性与否和添加物有关,如直链淀粉的成膜性和强度好,颗粒度小的淀粉成膜性优于颗粒度大的淀粉。谷物淀粉糊易发生凝沉,膜的性能会受到影响,通过改性,可以改善谷物淀粉的成膜性,使膜的强度、韧性、透明和光泽度都有所提高。淀粉膜的主要性质如表 2.11 所示。马铃薯和木薯淀粉糊所形成的膜,在透明度、柔韧性和溶解性等性质方面比玉米和小麦淀粉形成的膜更优越,因而更有利于作为造纸的表面施胶剂、纺织的棉纺上浆剂以及用作胶黏剂等。

表 2.11　淀粉膜的性质

性质	玉米淀粉	马铃薯淀粉	小麦淀粉	木薯淀粉	蜡质玉米淀粉
透明度	低	高	低	高	高
膜强度	低	高	低	高	高
柔韧性	低	高	低	高	高
膜溶解性	低	高	低	高	高

淀粉成膜性的改善还可以通过在淀粉糊中加入聚合物,经物理共混技术,改变其物理力学性质,同时也可降低生产成本,提高其生物可降解性。

2.2.3.9　淀粉的吸附性质

淀粉可以吸附多种有机化合物和无机化合物。直链淀粉和支链淀粉因链状分子长度和分支密度不同,具有不同的吸附性质,主要表现在:

(1)对一些极性有机物的吸附　直链淀粉分子在高温溶液中分子伸展,极性基团暴露,易与一些极性有机化合物,如正丁醇、百里酚、脂肪酸等通过氢键相互缔合,温度冷却形成结晶性复合体而产生沉淀。这种结晶性复合物呈螺旋状,相当于每 6 个葡萄糖残基为一节距。支链淀粉分子呈树枝状,存在空间障碍,不易与这些化合物形成复合体沉淀。直链淀粉与表面活性剂也能生成类似的复合物,如在面粉中添加表面活性剂,可以延缓面包的老化。

(2)对碘的吸附　直链淀粉遇碘生成一种深蓝色的复合体或络合物,支链淀粉遇碘则呈现红紫色。不论是淀粉溶液或固体淀粉和碘作用,随淀粉中支、直链淀粉比例的不同而产生从深蓝(直链淀粉含量高)到红紫(支链淀粉含量高)色的变化。在加热的情况下,淀粉与碘的颜色反应会消失,冷却后可重新出现。碘反应最好是在中性或弱酸性条件下进行,因碱性条件下,游离的碘分子立即相互结合,妨碍对淀粉的作用。

试验证明,淀粉中凡是由 6 个以下葡萄糖残基组成的分子,对碘不呈颜色反应;由 8~12 个葡萄糖残基组成的分子对碘呈红色,即为显红糊精;由 30~60 个以上的葡萄糖残基组成的长链分子才呈蓝色反应。支链淀粉分子聚合度大,但每个分支的聚合度只有 24~30 个葡萄糖残基,与碘呈红紫色。随着分支密度的增强,淀粉与碘反应的颜色也由深蓝色转为紫色、红色和棕色。

直链淀粉分子中,每 6 个葡萄糖残基结合着一个碘分子,同时这种碘复合物的水溶液具有双折射性,说明碘分子被结合的方式具有定向性。X 射线衍射也证实,碘分子贯穿在淀粉的直链螺旋中,碘分子的长轴与螺旋轴平行,每 6 个葡萄糖残基形成一个螺圈,其中恰好容纳一个碘分子。

用电位滴定法可以测出每克纯直链淀粉可与 200 mg 碘结合,即其质量的 20%,以此可以测定淀粉样品中直链淀粉的含量,也可用于分级淀粉的纯度测定。

2.2.4　淀粉的化学性质

淀粉分子是由许多葡萄糖通过糖苷键连接而成的高分子化合物,它的许多化学性质基本上与葡萄糖相似,但因其为高分子聚合物,也有其特殊性质。如在一定条件下,酸或酶的作用发生水解;在氧化剂的作用下可引起羟基的氧化,C_2—C_3间键的断裂;淀粉分子既可与无机酸(如磷酸、硫酸、硝酸)作用,生成无机酸酯,也可与有机酸(如甲酸、乙酸等)作用,生成有机酸酯;此外淀粉分子中的羟基还可醚化、离子化、交联、接枝共聚等。

2.3　谷物淀粉的深加工

原淀粉可以直接利用,也可以进行进一步深加工。淀粉深加工产品主要包括淀粉糖及其衍生物、变性淀粉和淀粉发酵产品三大类。淀粉及其深加工产品应用领域十分广泛,几乎涉及工农业生产和人们日常生活的方方面面。原淀粉可以直接用于表面涂敷粉、模压粉、充填剂、疏松剂和食品稳定剂等。医药行业用淀粉为原料生产抗生素、维生素等;各种淀粉糖品、食品用变性淀粉、味精、酒精、黄原胶、各种氨基酸和有机酸等是食品工业的重要原辅料或加工助剂,直接影响着食品的食用品质和储存品质;变性淀粉是造纸、食品、纺织、石油、医药、精细化工、铸造等工业的重要辅料。变性淀粉在造纸工业中用作施胶、涂布、助留、助滤剂以改善纸的强度等,在食品工业中用作增稠剂和黏合剂,在纺织工业中用作经纱上浆,等等。赖氨酸是重要的饲料添加剂,柠檬酸是"绿色环保"无磷洗衣粉的重要原料。乳酸除作为生产食品用的乳酸锌、乳酸钙和硬脂酸乳酸钙产品外,还是生产生物降解塑料聚乳酸的重要原料。酒精可代替部分或全部汽油作为汽车的燃料。亦可利用淀粉生产纤维聚酯、树脂等生物化工产品替代石油化工产品。

淀粉糖品及其衍生物包括葡萄糖(结晶葡萄糖、液体葡萄糖、葡萄糖粉)、淀粉糖浆(不同 DE 值的淀粉糖)、果葡糖浆、低聚异构糖、糖醇等。变性淀粉包括酸解、氧化、酯化、醚化、交联、预糊化、焙炒糊精、接枝共聚淀粉等多品种、多系列的产品。淀粉发酵产品包括麦芽糊精、黄原胶、酒精、味精、甘油、维生素 C、各种有机酸(柠檬酸、乳酸、苹果酸、衣康酸等)和各种氨基酸(赖氨酸、缬氨酸、亮氨酸等)等产品。酒精分为工业酒精、食用酒精和燃料酒精三大类,是淀粉的主要发酵产品之一。

2.3.1　淀粉糖的生产

以淀粉为原料,经酶法、酸法水解加工制备的糖品总称为淀粉糖,是淀粉深加工的主要产品,淀粉水解转化为糖的基本方法有:酸解法、酸酶结合法和双酶法(也称为全酶法)。淀粉水解转化为糖的程度是用葡萄糖值(dextrose equivalent, DE)来衡量的,每水解一个 α-1,4 键和 α-1,6 键,就会有一个位于葡萄糖分子上的还原基释放出来,淀粉水解程度的表达为:

$$DE = \frac{还原糖(以葡萄糖计)}{固形物} \times 100\%$$

因为糖浆中的麦芽糖和其他低聚糖也有一定的还原性,糖浆中的葡萄糖实际含量

(dextrose,DX)要低于葡萄糖值(DE)。

淀粉糖的成分大致有糊精、麦芽糖和葡萄糖三种,其制品的性状随组成成分不同而发生变化。其中甜度、渗透压增加,焦化性、发酵性、吸湿性等随转化程度提高(DE 值增大)而降低,而增稠性、黏度、防止蔗糖结晶、防止大冰晶生成和稳定泡沫效果则随转化程度提高而降低。淀粉糖种类按其成分组成大致可分为葡萄糖糖浆(淀粉糖浆)、结晶葡萄糖(全糖)、麦芽糖浆(饴糖、高麦芽糖浆、麦芽糖)、麦芽低聚糖、麦芽糊精、果葡糖浆和各种低聚糖,以及淀粉糖经氢化得到的相应糖醇,如山梨醇、麦芽糖醇等。

淀粉水解糖化产品的生产过程示意如图 2.13 所示。

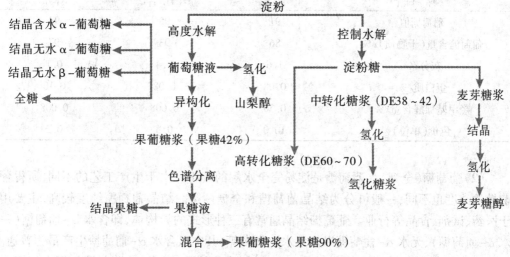

图 2.13 淀粉水解糖化产品的生产过程示意

2.3.1.1 淀粉糖种类

(1)葡萄糖浆　淀粉经不完全水解得到葡萄糖和麦芽糖的混合糖浆,称为葡萄糖浆(glucose syrup),亦称淀粉糖浆,含有葡萄糖、麦芽糖、糊精及低聚糖。糖浆的组成可因水解程度不同和所用的酸、酶工艺不同而异。根据淀粉水解转化程度高低,一般分为麦芽糊精(<20)、低转化糖浆(DE = 20 ~ 38)、中转化糖浆(DE = 38 ~ 50)、高转化糖浆(>60)。DE 为 42 的糖浆常用酸法生产,以 42DE 表示,又称普通糖浆或标准糖浆,产量较大;另一类比较主要的产品是用酸酶法或双酶法生产的 64DE 糖浆。

用无机酸(盐酸、硫酸、草酸等)催化淀粉水解工艺简单、水解时间短、生产效率高,设备周转快,所得糖化液过滤性能好。但反应需在高温、高压和酸性条件下进行,酸液化会发生葡萄糖的复合反应和分解反应,副产物多,影响葡萄糖产率和糖化液的精制,且酸水解的规律不能自行控制,定向生产各种糖类有一定难度。另外,酸水解 DE 值低于 30 时,糊液中还存在长的直链聚合物产生沉淀,糖浆会出现凝沉现象;酸水解 DE 值超过 55 时,又会有过量的葡萄糖降解产品产生难以除去,影响糖浆色泽。

酸酶结合法是将淀粉的初步转化用酸法相同的工艺,使葡萄糖值达到 3% ~ 5%,中和冷却加入糖化酶,DE 值能达到 95% 左右。该法兼有酸法液化的过滤性能好和酶法液化糖化程度高的优点,采用此法只能利用管道设备连续进行,否则难以操作。且生产过程仍需高温、调酸,复合反应和分解反应不可避免,需要中和碱而有盐分生成。

双酶法是在生产过程中,先将淀粉乳液加温并添加液化酶以液化淀粉,产生低 DE 值的液化液,再进一步用酶转化。它能控制液化进程,所得糖化液纯度高,DE 值达到 98% 以上,颜色浅、无苦味,糖浆品质大为改善(羟甲基糠醛、色素、非发酵性异麦芽糖和龙胆二糖、蛋白质、灰分等杂质含量显著降低),但生产周期长,糖液在气温偏高时易变质。不同糖化方法所得糖化液的分析比较见表 2.12。

表 2.12 不同糖化方法所得糖化液的分析比较

项 目	酸法	酸酶结合法	双酶法
葡萄糖值	91	95	98
葡萄糖含量(干物质)/%	86	93	97
灰分/%	1.6	0.4	0.1
蛋白质/%	0.08	0.08	0.10
羟甲基糠醛含量/%	0.30	0.008	0.008
色价(单位)	10.0	0.3	0.2

(2)葡萄糖(全糖) 葡萄糖是淀粉完全水解的产物。由于生产工艺的不同,所得葡萄糖的纯度也不同,一般可分为结晶葡萄糖和全糖两类。结晶葡萄糖纯度较高,主要用于医药、试剂、食品等行业。葡萄糖结晶通常有三种形式的异构体,即含水 α-葡萄糖(一水 α-葡萄糖)、无水 α-葡萄糖以及无水 β-葡萄糖,其中以含水 α-葡萄糖生产最为普通。结晶葡萄糖的生产是用结晶罐在 25～40 ℃下冷却结晶,无水 α-葡萄糖是用真空罐在 60～70 ℃下结晶,无水 β-葡萄糖则是用真空罐在 85～110 ℃下结晶。工业上生产的葡萄糖除上述三种结晶葡萄糖之外,还有省去结晶工艺而由酶法水解所得糖化液直接制成的所谓“全糖”。全糖一般由糖化液喷雾干燥成颗粒状或浓缩后冷却凝结为块状,也可制成粉状,其糖分可达到 97% 的葡萄糖含量,其余为低聚糖。其质量虽逊于结晶葡萄糖,但工艺简单、成本较低,在食品、发酵、化工、纺织等行业应用也十分广泛。

(3)麦芽糖浆 麦芽糖是由两个葡萄糖单位组成,为麦芽二糖,简称麦芽糖。麦芽糖浆是以淀粉为原料,经酶或酸酶结合法水解制成的一种淀粉糖浆,麦芽糖浆中葡萄糖含量较低,一般在 10% 以下,而麦芽糖含量较高,一般在 40%～90%,按制法和麦芽糖含量不同可分别称为饴糖(也称为普通麦芽糖浆,含麦芽糖 30%～40%)、高麦芽糖浆(含麦芽糖 50% 以上)、超高麦芽糖浆(含麦芽糖 75%～85%)等。

麦芽糖浆生产可以用粮食直接作为原料,也可用淀粉作为原料。如以粮食(一般采用籼米为主)直接为原料,则必须经过原料处理工序,主要包括筛选、洗米、浸泡、磨浆、调浆等步骤。磨制的米浆粉细度以 40 目(0.38 mm)左右为宜;调浆一般控制米浆粉浓度为 19°～22° Bé,淀粉乳质量分数为 28%～32%,即 18°～21° Bé。生产酶法饴糖和高麦芽糖浆必须采用喷淋液化或喷射液化,DE 值控制在 15% 左右。喷淋液化可采用中温 α-淀粉酶,喷射液化应采用耐高温 α-淀粉酶。糖化过程一般采用 β-淀粉酶或真菌淀粉酶作糖化剂,将液化糖液冷却至 55～60 ℃,根据不同种类 β-淀粉酶选择合适 pH 值,一般为

5.0~5.5,糖化时间一般为6~24 h。而生产超高麦芽糖,除使用β-淀粉酶外,还必须同时使用脱支酶(普鲁兰酶或异淀粉酶),兼顾两种酶各自的最适温度和pH值,调节糖化液pH值和糖化温度,糖化时间可根据糖液中麦芽糖含量来确定,麦芽糖含量可用高效液相色谱仪(HPLC)进行测定。糖化结束后将糖化液升温过滤,调节pH值为4.0~4.5,加1%糖用活性炭,加热至80 ℃,定时搅拌30 min,压滤。脱色后的糖液冷却至50 ℃,送入离子交换柱进行离子交换,以彻底除去糖液中残留的蛋白质、氨基酸、色素和无机盐。离子柱一般采用阳-阴-阳-阴两级串联,用电导率控制离子交换糖液质量,一般视离子交换后糖液无色、透明,pH值为4.5~6.0,电导率≤100 μS/cm,即为合格产品。对精制后的糖液用真空浓缩罐进行浓缩,真空度应保持在-0.8~-0.9 MPa,当糖浆固形物达75%~80%时即可放罐,做成品包装。

(4)果葡糖浆　为了获得较高的甜度,需要将部分葡萄糖转化为果糖,果葡糖浆能满足这一要求。果葡糖浆是淀粉先经酶法水解为葡萄糖浆(DE值≥95%),再经葡萄糖异构酶转化得到的一种果糖和葡萄糖的混合糖浆。

由于一般淀粉糖的甜度都低于蔗糖,使淀粉糖在部分食品特别是饮料中的应用受到了一定的影响,而果葡糖浆的甜度相当高,甚至高于蔗糖。商品化的果葡糖浆主要有三种规格(表2.13):果葡糖浆中果糖含量为42%(质量分数)的,称为果葡糖浆,简称F42,果糖含量为55%(质量分数)的称为高果葡糖浆,简称F55;果糖含量达90%(质量分数)的称为纯果糖浆,简称F90。目前已有更高程度的结晶果糖问世,但应用最为广泛的仍为F42和F55。

表 2.13　**果葡糖浆糖分组成及性质**

糖分和指标	F42	F55	F90
果糖/%	42	55	90
葡萄糖/%	53	42	7
低聚糖/%	5	3	3
固形物/%	71	77	80
相对甜度(蔗糖100)	100	110	140
黏度/(Pa·s)	0.26	0.67	1.1
pH 值	4.0	4.0	4.0
色相(RBU)	5	5	5
灰分/%	0.03	0.03	0.03
储存温度/℃	35~40	25~30	18~25

(5)麦芽糊精　麦芽糊精(maltodextrins,MD)是指以淀粉为原料,经酸法或酶法低程度水解,得到的DE值在20%以下的产品。其主要组成为聚合度在10以下的糊精和少量聚合度在10以下的低聚糖。该产品和淀粉经干法热解得到的糊精(白糊精或黄糊精)在性质和结构上有较大区别,因此麦芽糊精又称为酶法糊精。

麦芽糊精的生产有酸法、酶法和酸酶法三种。酸法生产的产品,含有一部分分子链较长的糊精,易发生混浊和凝结,产品溶解性不好,透明度低,过滤困难,工业生产一般已不采用此法。酶法生产的产品,产品透明度好,溶解性强,室温储存不变混浊,是当前的主要生产方法。当生产 DE 值在 15～20 的麦芽糊精时,也可采用酸酶法,先用酸转化淀粉到 DE 值为 5～15,再用 α-淀粉酶转化到 DE 值为 10～20,产品特性与酶法相近,但灰分较酶法稍高。

麦芽糊精由于具有独特的理化性质、低廉的生产成本及广阔的应用前景,成为淀粉糖中生产规模发展较快的产品。

麦芽糊精甜度低、黏度高、溶解性好、吸湿性小、增稠性强、成膜性好,在糖果工业中麦芽糊精能有效降低糖果甜度、增加糖果韧性、抗“砂”、抗“烊”,提高糖果质量;在饮料、冷饮中麦芽糊精可作为重要配料,能提高产品溶解性,突出原有产品风味,增加黏稠感和赋形性;在儿童食品中,麦芽糊精因低甜度和易吸收可作为理想载体,预防或减轻儿童龋齿和肥胖症。

低 DE 值麦芽糊精遇水易形成凝胶,其口感和油脂类似,因此能用于油脂含量较高的食品中,如冰淇淋、鲜奶蛋糕等,代替部分油脂,降低食品热量,同时不影响口感。麦芽糊精具有较好的载体性、流动性、无淀粉异味,不掩盖其他产品风味或香味,可用于各种粉状香料、化妆品中。此外,麦芽糊精还具有良好的遮盖性、吸附性和黏合性,能用于铜版纸表面施胶等,提高纸张质量。据有关介绍,麦芽糊精还能用于医药、精细化工以及精密机械铸造等行业。

(6)低聚糖 低聚糖(oligasaccharide)是指 2～10 个单糖单位通过糖苷键连接,形成直链或分支链的一类寡糖的总称。低聚糖按其组成单糖的不同而划分,如低聚木糖、低聚果糖以及低聚半乳糖等,种类繁多,已达 1 000 多种。目前产量最大、应用范围最广的低聚糖是以淀粉为原料生产的低聚糖,通常称为麦芽低聚糖或麦芽寡糖。根据国家标准淀粉术语(GB 12104—2009)的定义,麦芽低聚糖(maltooligosaccharide)为包含至多 10 个无水葡萄糖单位的麦芽糖。麦芽低聚糖按其分子中糖苷键类型的不同可分为两大类,即以 α-1,4 键连接的直链麦芽低聚糖,如麦芽三糖(G3)、麦芽四糖(G4)……麦芽十糖(G10);另一大类分子中含有 α-1,6 键的支链麦芽低聚糖,如异麦芽糖、异麦芽三糖、潘糖等。这两类麦芽低聚糖在结构、性质上有一定差异,其主要功能也不尽相同,见表 2.14。

表 2.14 麦芽低聚糖的分类

类别	结合类型	主要产品	主要功能
直链麦芽低聚糖	α-1,4 糖苷键	麦芽三糖、麦芽四糖	营养性、抑菌性
支链麦芽低聚糖	α-1,4 和 α-1,6 糖苷键	异麦芽糖、潘糖	双歧杆菌增殖性

麦芽低聚糖的生产无法用简单的酸法或酶法水解来得到。直链麦芽低聚糖(简称麦芽低聚糖)如麦芽四糖等,是一种具有特定聚合度的低聚糖,必须采用转移的麦芽低聚糖淀粉酶(如麦芽四糖淀粉酶)水解经过适当液化的淀粉;而支链麦芽低聚糖(简称异麦芽

低聚糖)的生产必须采用特殊的 α-葡萄糖苷转移酶,其原理是淀粉糖中 1 分子麦芽糖受该酶作用水解为 2 分子的葡萄糖,同时将其中 1 分子的葡萄糖转移到另一麦芽糖分子上生成带 α-1,6 键的潘糖,或转移到另一葡萄糖分子上生成带 α-1,6 键的异麦芽糖。

国内有报道,以玉米淀粉调成质量分数 15%,麦芽四糖酶用量 300 U/g,pH=6.8~7.0,温度 52~54 ℃,时间 8~10 h,可制得麦芽四糖占总糖比例达 80% 以上的麦芽四糖糖浆,麦芽四糖转化率达 55%。由于得到的麦芽低聚糖混合液中含有各种糖分,可用凝胶过滤色谱法进一步分离,获得纯度高的单品,但此法分离量小,价格昂贵,只适于制备医药或试剂用。

(7)糖醇　糖醇属多元醇,因其可用相应的单糖或双糖还原生成,故称为糖醇。如葡萄糖可还原生成山梨醇,麦芽糖可还原生成麦芽糖醇,果糖还可还原生成甘露糖醇等。大多数糖醇在天然植物中均有少量存在,但含量太低,工业规模提取价值不大。现在糖醇是在淀粉糖工业基础上发展起来的,是淀粉深加工的主要产品。

2.3.1.2　淀粉糖的性能

不同淀粉糖产品在许多性质方面存在差别,如甜度、黏度、胶黏性、增稠性、吸潮性和保潮性、渗透压力和食品保藏性、颜色稳定性、焦化性、发酵性、还原性、防止蔗糖结晶性、泡沫稳定性等。这些性质与淀粉糖的应用密切相关,不同的用途,需要选择不同种类的淀粉糖品。

(1)淀粉糖浆的性能

1)甜度　甜度是糖类的重要性质,但影响甜度的因素很多,特别是浓度。浓度增加,甜度增高,但增高程度不同糖类之间存在差别,葡萄糖溶液甜度随浓度增高的程度大于蔗糖,在较低的浓度下,葡萄糖的甜度低于蔗糖,但随浓度的增高差别减小,当含量达到40% 以上两者的甜度相等。淀粉糖浆的甜度随转化程度的增高而增高,此外,不同糖品混合使用有相互提高的效果。表 2.15 是几种糖类的甜度。

表 2.15　几种糖类的相对甜度

糖类名称	相对甜度	糖类名称	相对甜度
蔗糖	1.0	果葡糖浆(42 型)	1.0
葡萄糖	0.7	淀粉糖浆(DE 值 42)	0.5
果糖	1.5	淀粉糖浆(DE 值 70)	0.8
麦芽糖	0.5		

2)溶解度　各种糖的溶解度不相同,果糖最高,其次是蔗糖、葡萄糖。葡萄糖的溶解度较低,在室温下质量分数约为 50%,过高的质量分数则葡萄糖结晶析出。为防止有结晶析出,工业上储存葡萄糖溶液需要控制葡萄糖含量 42%(干物质)以下,高转化糖浆的糖分组成为葡萄糖 35%~40%,麦芽糖 35%~40%,果葡糖浆(转化率 42%)一般为 71%。

3)结晶性质　蔗糖易于结晶,晶体能生长很大。葡萄糖也容易结晶,但晶体细小。果糖难结晶。淀粉糖浆是葡萄糖、低聚糖和糊精的混合物,不能结晶,并能防止蔗糖结晶。糖的这种结晶性质与其应用有关。例如,硬糖果制造中,单独使用蔗糖,熬煮到水分

1.5%以下,冷却后,蔗糖结晶,破裂,不能得到坚韧、透明的产品。若添加部分淀粉糖浆可防止蔗糖结晶,防止产品储存过程中返砂,淀粉糖浆中的糊精,还能增加糖果的韧性、强度和黏性,使糖果不易破碎,此外,淀粉糖浆的甜度较低,有冲淡蔗糖甜度的效果,使产品甜味温和。

4)吸湿性和保湿性 不同种类食品对于糖吸湿性和保湿性的要求不同。例如,硬糖果需要吸湿性低,避免遇潮湿天气吸收水分导致溶化,所以宜选用蔗糖、低转化或中转化糖浆为好。转化糖和果葡糖浆含有吸湿性强的果糖,不宜使用。但软糖果则需要保持一定的水分,面包、糕点类食品也需要保持松软,应使用高转化糖浆和果葡糖浆为宜。果糖的吸湿性是各种糖中最高的。

5)渗透压力 较高浓度的糖液能抑制许多微生物的生长,这是由于糖液的渗透压力使微生物菌体内的水分被吸走,生长受到抑制。不同糖类的渗透压力不同,单糖的渗透压力约为二糖的2倍,葡萄糖和果糖都是单糖,具有较高的渗透压力和食品保藏效果,果葡糖浆的糖分组成为葡萄糖和果糖,渗透压力也较高,淀粉糖浆是多种糖的混合物,渗透压力随转化程度的增加而升高。此外,糖液的渗透压力还与浓度有关,随浓度的增高而增加。

6)黏度 葡萄糖和果糖的黏度较蔗糖低,淀粉糖浆的黏度较高,但随转化度的增高而降低。利用淀粉糖浆的高黏度,可应用于多种食品中,提高产品的稠度和可口性。

7)化学稳定性 葡萄糖、果糖和淀粉糖浆都具有还原性,在中性和碱性条件下化学稳定性低,受热易分解生成有色物质,也容易与蛋白质类含氮物质起羰氨反应生成有色物质。蔗糖不具有还原性,在中性和弱碱性条件下化学稳定性高,但在pH值9以上受热易分解产生有色物质。食品一般是偏酸性的,淀粉糖在酸性条件下稳定。

8)发酵性 酵母能发酵葡萄糖、果糖、麦芽糖和蔗糖等,但不能发酵较高的低聚糖和糊精。有的食品需要发酵,如面包、糕点等;有的食品不需要发酵,如蜜饯、果酱等。淀粉糖浆的发酵糖分为葡萄糖和麦芽糖,且随转化程度而增高。生产面包类发酵食品应用发酵糖分高的高转化糖浆和葡萄糖为好。

(2)低聚糖的性能 低甜度,甜度仅为蔗糖的30%,可代替蔗糖,有效地降低食品甜度,改善食品质量;高黏度,具有较高黏度,增稠性强,载体性好;抗结晶性可有效防止糖果、巧克力制品中的返砂现象,防止果酱、果冻中蔗糖的结晶;抑制冰点下降作用,用于冷饮制品中,可有效减少冰点下降作用。

麦芽低聚糖能促进人体对钙的吸收,可有效促进婴儿骨骼的生长发育及满足中老年人补钙的需要;麦芽低聚糖能抑制人体肠道内有害菌的生长,促进人体有益菌的增殖,可增进老人的身体健康,减少发病的可能性;麦芽低聚糖具有低渗透压及供能时间长等葡萄糖和蔗糖不具备的优点,特别适合用于运动员专用饮料及食品中;麦芽低聚糖易消化吸收,不必经过唾液淀粉酶和胰淀粉酶的消化,可直接由肠上皮细胞中的麦芽糖酶水解吸收;麦芽低聚糖能抑制淀粉老化,防止蛋白质变性,保持速冻食品的新鲜度。

(3)糖醇的性能 麦芽糖醇甜味纯正、温和,甜度和蔗糖相近,黏度较低,热稳定性极高,在160℃以下加热,既不变色也不分解,与含氮物质共同加热也是如此,适合生产各种高级透明糖果。用于水果罐头中,由于渗透压适当,能降低水果中水分渗出,有利于保持水果形状和风味,此外,还能提高制品的保鲜期。

麦芽糖醇不被微生物发酵利用,不易被消化吸收,在体内的代谢不受胰岛素的控制,不会引起血糖升高,是糖尿病、肥胖病患者理想的食品甜味剂,也是各种低热量食品的甜味剂原料;麦芽糖醇除用作甜味剂外,还可作为食品保湿剂,能显著提高产品的柔软性,其保湿性能优于甘油。

2.3.2　淀粉发酵制品的生产

淀粉发酵制品主要有氨基酸和味精、酒精、乳酸、柠檬酸、葡萄糖酸、维生素 C、甘油、黄原胶、结冷胶等。

酒精生产分为发酵法和化学合成法两种。发酵法是将淀粉质、糖质等原料,在微生物作用下经发酵生成酒精。该法根据原料不同可分为淀粉质原料发酵法、糖蜜原料发酵法和纤维质原料发酵法。化学合成法生产酒精,是以裂解石油废气为原料,经化学合成生产酒精。前者相对于后者无论在可再生性、环保性、生产成本等方面都有无可比拟的优势,也是当今世界上酒精生产采用的方法。

淀粉质原料发酵法生产酒精的工艺流程如下:

```
                        α-淀粉酶
                           ↓
原料 → 粉碎 → 拌料 → 蒸煮 → 冷却 → 糖化 → 冷却 → 发酵 → 蒸馏 → 酒精
                                              ↑
                                           酵母   杂醇油 → 酒精糟
```

结冷胶(genan gum)是近年来最有发展前景的微生物多糖之一,是继黄原胶之后又一能广泛应用于食品工业的微生物代谢胶。结冷胶过去称多糖 PS-60,于 1978 年首次发现,在 1992 年就迅速得到美国 FDA 的许可可以应用于食品饮料中,欧共体也于 1994 年将其正式列入食用安全代码(E-418)表中,我国在 1996 年批准其作为食品增稠剂、稳定剂使用(GB 20.000;ISN 418),可在各类食品中按正常生产需要适量使用。

结冷胶是一种从水百合上分离所得的革兰阴性菌——伊乐藻假单孢杆菌(pseudomonzase lodea)所产生的胞外多糖,经过发酵、调 pH 值、澄清、沉淀、压榨、干燥、碾磨制成。在回收精炼的过程中,采用高效混合装置,并加入乙醇进行快速絮凝沉淀,然后送入压榨离心机,再脱除水分和乙醇,然后继续脱水脱乙醇直至物料固形物的含量增至 45% ~ 50%,引入干燥系统以小于 1 min 的时间进行干燥,并立即粉碎。所得到的干燥粉含水 10% 或者小于 12%。结冷胶为相对分子质量高达 1×10^6 左右的阴离子型线形多糖,具有平行的双螺旋结构。结冷胶胶体链由 4 个基本单元重复聚合组成,它们分别是:β(1,3)-D-葡萄糖;β(1,4)-D-葡萄糖醛酸;β(1,4)-D-葡萄糖;β(1,4)-D-鼠李糖。每一基本单元包括一分子鼠李糖和葡萄糖醛酸以及两分子葡萄糖,其中葡萄糖醛酸可被钾、钙、钠、镁中和成混合盐。直接获得的结冷胶产品在分子结构上带有乙酰基和甘油基团,即天然结冷胶在第一个葡萄糖基的 C-3 位置上有一个甘油醋基,而在另一半的同一葡萄糖基的 C-6 位置上有一个乙酰基。其相对分子质量约为 0.5×10^6。如果将获得的产品用碱处理(pH=10 条件下)并经加热处理,可除去分子上的乙酰基和甘油基团,就可以得到用途更广的脱乙酰基结冷胶(一般所称的天然型结冷胶,是指乙酰基形式的结冷胶,而普通所指的结冷胶则是指脱掉乙酰基的结冷胶)。一般说来,天然结冷胶(带有乙酰及甘油基团)形成柔软的弹性胶,而脱乙酰结冷胶则形成结实的脆性胶(类似于琼脂胶)。

2.3.3 变性淀粉生产

变性淀粉是原淀粉的一种深加工产品。原淀粉的可利用性取决于淀粉颗粒的结构和淀粉中直链淀粉、支链淀粉的含量和相对分子质量的大小。随着工业生产技术的发展,原淀粉已经不能满足各个工业领域的需要,其功能性质暴露出许多缺点,例如冷水中不能成糊、回生、黏度不稳定、成膜性差、耐水性差等,但经变性处理以后,就能改变原有的性质,赋予新的功能性质,以适应生产工艺条件的需要。在原淀粉所具有的固有特性基础上,为改善淀粉的性能和扩大应用范围,利用物理、化学或生物技术处理,增加其某些功能或引进新的特性,使其更适合于一定的应用要求,这种经过二次加工,改变了性质的产品统称为变性淀粉。

淀粉分子容易变性,这主要是由结构特征决定的。淀粉分子中具有许多醇羟基,它们反应活性高,能与许多化学试剂起反应,这样就有可能引进许多种基团生成酯或醚,或与具有多元官能团的化合物起反应得交联淀粉,或与人工合成的高分子单体经接枝共聚反应得共聚物。淀粉是高分子聚合物,易被外界因素(物理、化学、酶)的作用发生结构断裂,最后生成降解物,而导致性质的改变。由于采用的物理因素、化学因素或者酶的不同,使用剂量的数量差异,工艺条件和途径的区别,取代度的聚合度的高低,可制成的变性淀粉品种繁多,以适应不同用途的需要。

变性淀粉制备的原理是:淀粉是葡萄糖单元通过 α-1,4 和 α-1,6 键连接起来的聚合物,只是它们的聚合度以及 α-1,4 和 α-1,6 键的分布状况不同。淀粉活性部位体现在羟基和核苷键(C—O—C)上面,这两部分分别是发生置换反应(—OH 的功能)和断链(C—O—C 链)的反应区域。淀粉分子中存在着 3 个醇类功能基,最活泼的功能基在第 6碳位上,但是不能够忽视其他两个次要醇基的活性,通过乙酰化、黄原酸化和甲基化的研究证明第 2 碳位上的醇基也是比较活泼。用某些化合物取代淀粉中的葡萄糖单位,可以减少和增加葡萄糖单位的聚合度;添加化学试剂使葡萄糖分子 2,3,6 碳上的—OH 与化合物作用,可以生产醚、酯及其他衍生物。淀粉衍生物是指淀粉中的吡喃葡萄糖基产生化学结构的变性,变性淀粉可作为淀粉衍生物的主要产品,而淀粉的酸、酶水解制得的直链淀粉、酸热制得的糊精则不归于衍生物一类。

2.3.3.1 变性淀粉的分类

目前,变性淀粉的品种、规格达 2 000 多种,按照变性淀粉的处理方式,可以将变性淀粉作如下分类:

(1)物理变性淀粉 主要有预糊化淀粉、湿热处理淀粉、机械研磨处理淀粉、γ 射线处理淀粉、超频辐射处理淀粉等。

(2)化学变性淀粉 用各种化学试剂处理淀粉,是应用最广泛的变性方法。反应一般发生在淀粉分子的醇羟基上,主要有酸解淀粉、氧化淀粉、酯化淀粉、醚化淀粉、交联淀粉、接枝共聚淀粉等。

(3)生物变性淀粉 采用植物遗传技术生产的天然变性淀粉,用酶处理淀粉,主要有高直链玉米淀粉、麦芽糊精、抗性淀粉、多孔淀粉等。

（4）复合变性淀粉　采用两种或两种以上方法处理，是变性淀粉技术发展的重要方向，如氧化-交联淀粉、交联-醚化淀粉等。

从变性淀粉的发展趋势看，除了目前大批量工业化生产的化学性变性淀粉，如氧化淀粉、酯化淀粉、醚化淀粉、酸变性淀粉外，国内外将变性淀粉研发的重点集中到具有一定功能性的变性淀粉上，如对人体有一定保健作用、生理功能的以及环境友好性淀粉基缓释载体、吸附材料、可生物降解材料等，如抗性淀粉、慢消化淀粉、淀粉微球等。

2.3.3.2　变性淀粉的生产方法及反应条件

（1）生产方法　变性淀粉的生产方法主要有湿法、干法，又可衍生出溶剂法、挤压法、滚筒干燥法等。根据淀粉在反应介质中存在的状态可分为均相反应和非均相反应法。所谓均相反应是指淀粉能溶解于溶剂中，与反应试剂产生的均态反应，如淀粉可溶解于二甲基亚砜、某些离子液体中。而淀粉在水溶液中的改性，以及干法等都属于非均相反应。

湿法工艺是以淀粉与水和（或）其他液体介质调成淀粉乳为基础，在一定条件下与化学试剂进行改性反应，生成变性淀粉的过程，在此过程中，淀粉颗粒处于非糊化状态。如果采用的分散介质不是水，而是有机溶剂，或含水的混合溶剂时，又称溶剂法。溶剂法的有机溶剂价格昂贵，有易燃易爆危险，回收困难，只有生产高取代度、高附加值产品时才使用。

变性淀粉干法生产工艺中，原淀粉含水量最多保持在40%以下，一般为20%左右，整体反应过程处于相对干的状态下进行。该法的优点是节省了湿法必用的脱水与干燥过程，节约能源，降低生产成本，无污染，是很有发展前途的生产方法。但也存在淀粉与化学试剂混合不均匀，反应不充分。生产上，除采用专门的混合设备外，还采用在湿的状态下混合，在干的状态下反应，分两步完成变性淀粉的生产。为了提高生产效率，节能、降耗、减排，以微波为代表的辐射加热方式在变性淀粉的制备研究中成为热点，而以微波远红外技术集成的变性淀粉反应装置在我国已经研制成功，并首次应用在生产上。

（2）反应条件

1）质量分数　干法生产一般水分控制在5%～25%范围内；湿法生产淀粉乳质量分数一般为35%～40%（干基）。

2）温度　按淀粉的品种及变性要求不同而异，一般为20～60 ℃，除糊精、预糊化淀粉和酶法生产淀粉糖外，反应温度通常低于反应条件下的淀粉糊化温度。

3）pH 值　除酸水解外，pH 值控制在7～12范围。反应过程中 pH 值的调节一般用稀酸（3%，V/V，盐酸或硫酸）或稀碱（2%氢氧化钠或碳酸钙或氢氧化钙）。

4）试剂用量　取决于生产方法、取代度和试剂残留量要求等。如湿法生产过程反应试剂用量通常多于干法。

5）反应介质　同一品种，能用干法生产的就尽量不用湿法。低取代度的产品可用水作为反应介质；高取代度的产品一般用有机溶剂作为反应介质。在反应过程中添加少量盐，可以起如下作用：避免淀粉颗粒过度溶胀而糊化；避免试剂分解，如 $POCl_3$ 遇水分解，加入 NaCl 可避免此情况发生；盐可破坏水化层，使试剂与淀粉容易接触并渗透，提高反应效率。

6）产品洗涤提纯　工业用变性淀粉一般不用洗涤提纯,食品与医药用的必须经过洗涤,使产品中残留的试剂量符合相关卫生要求。

7）脱水干燥　湿法生产或经洗涤的产品,用离心机或真空脱水机脱水后,水分含量一般在40%左右,一般采用气流干燥,使水分含量降到安全水分以下。

（3）变性程度的衡量　不同种类的变性淀粉其变性程度的衡量方法有差异。预糊化淀粉的评价指标为糊化度;酶解糊精评价指标为DE值;酶解淀粉一般用淀粉相对分子质量或其糊化液的黏度来评价水解程度,一般水解程度越高,其黏度值越低,相对分子质量越小;氧化淀粉用—COOH含量或羰基含量或双醛含量来评价其氧化程度,一般—COOH含量或羰基含量或双醛含量越高,氧化程度越高;接支淀粉用接支百分率来评价其接支度;交联淀粉是用溶胀度或沉降体积来表示交联度,溶胀度或沉降体积越小,表示交联程度越高;其他变性淀粉用取代度 DS（degree of substitute）或摩尔取代度 MS（molar substitute）来表示,其值越大,变性程度越高。

取代度是指每一个 D-吡喃葡萄糖基单位上测定的被取代基所衍生的羟基平均数量。淀粉中大多数的葡萄糖基有 3 个可被取代的羟基,所以 DS 的最大值为 3。当取代基与试剂进一步反应形成聚合取代物时,就用摩尔取代度来表示每摩尔的葡萄糖基中取代基的摩尔数,MS 可以大于 3。

DS 的计算公式为

$$DS = \frac{162W}{100m - (m-1)W}$$

式中　W——取代基质量分数;

m——取代基相对分子质量。

2.3.3.3　变性淀粉加工工艺

（1）氧化淀粉　淀粉在酸、碱、中性介质中与氧化剂作用,形成一系列变性淀粉称为氧化淀粉。它与原淀粉比较,突出的特点是,淀粉经氧化作用,产生低黏度分散体系,并引进羰基和羧基,使糊液黏度明显降低,直链淀粉凝沉性趋向减小,糊液黏度稳定性明显增加,只有极小的凝胶化作用,淀粉的白度得到提高。由于氧化淀粉具有上述优点,加之原料来源丰富,生产工艺简单,设备投资小,生产成本低廉,用途广泛,所以至今畅销不衰。用少量高锰酸钾、过氧化氢、次氯酸钠等对淀粉作用,可得到轻度氧化的淀粉,其分子结构与性质没有明显变化,常称为漂白淀粉,不视为氧化淀粉。

采用不同的氧化工艺、氧化剂和原淀粉可以制成性能各异的氧化淀粉。制备氧化淀粉的氧化剂按反应所要求的介质,可分为酸性介质氧化剂,如硝酸、铬酸、高锰酸钾、过氧化氢、卤氧酸、过氧乙酸、过氧脂肪酸和臭氧等;碱性介质氧化剂,如碱性次卤酸盐、碱性高锰酸盐、碱性过氧化物、碱性过硫酸盐等;中性介质氧化剂,如溴、碘等。考虑到经济实用,工业上大批量生产使用的氧化剂是次氯酸钠或氯气,此外常用的还有过氧化氢和高锰酸钾,而过氧化氢的环保性使其在氧化淀粉的制备中受到关注。

次氯酸钠属于一般氧化剂,组成淀粉分子的脱水葡萄糖单位的不同醇羟基都能被氧化。氧化方式包括:①直链淀粉与支链淀粉 C-1 原子还原醛端基氧化成羧基;②C-6 原子上的伯醇基被氧化成醛基,最后氧化成羧基;③C-2、C-3 和 C-4 原子上的仲醇基氧化成羰基,最后氧化成羧基;④C-2 和 C-3 间键开裂。这几种氧化反应是复杂的,没有一定的相互关系和规律性。C-1 羟基和 C-4 羟基的反应只分别发生在还原端基及非还原端基,其羟基数量相对要少,只能起次要作用;而 C-2、C-3、C-6 上的羟基数量多,主要是这些羟基的氧化反应改变淀粉性质。

现在仅就 C-6 部位的氧化情况来阐述反应机制。在次氯酸钠作用下,C-6 上的伯醇基(—CH_2OH)先氧化成醛基(—CHO),再氧化成羧基(—COOH)。反应方程式如下:

$$NaClO \longrightarrow NaCl+(O)$$

在酸性介质中,次氯酸钠很快转变成氯,氯与淀粉分子的羟基反应形成次氯酸酯和氯化氢。次氯酸酯再分解成一个酮基和一个分子的氯化氢。在这两步反应中,氢都以质子形式从氧、碳基上游离出来。环境中的质子过量会抑制氢原子释放出来。所以反应介质中酸度增加会减慢氧化反应速度。

$$2NaO \xrightarrow{H^+} Cl \qquad Cl—Cl$$

$$H—\overset{|}{\underset{|}{C}}—OH + Cl—Cl \xrightarrow{快} H—\overset{|}{\underset{|}{C}}—O—Cl + HCl$$

$$H—\overset{|}{\underset{|}{C}}—O—Cl \xrightarrow{慢} C=O + H_2O + Cl^-$$

在碱性条件下,次氯酸钠主要离解成 OCl^-。淀粉形成带负电荷的淀粉盐离子,数量随 pH 值升高而增加。因为在较高的 pH 值时,带负电荷的次氯酸根离子增多,两种带负电荷的离子团因相互排斥很难发生反应,因此 pH 值升高,也会限制氧化速度。

$$H—\overset{|}{\underset{|}{C}}—OH + NaOH \longrightarrow H—\overset{|}{\underset{|}{C}}—ONa + H_2O$$

$$2H—\overset{|}{\underset{|}{C}}—O^- + OCl^- \longrightarrow 2C=O + H_2O + Cl^-$$

在中性介质中,次氯酸盐主要呈非离解态,淀粉呈中性。淀粉与次氯酸盐反应能生成淀粉次氯酸酯和水,酯再分解成酮基和氯化氢。介质中存在的任何次氯酸根阴离子都会以相似的方式对离解的淀粉羟基发生作用。

$$H—\overset{|}{\underset{|}{C}}—\overset{|}{\underset{|}{C}}—H + HOCl \longrightarrow H—\overset{|}{\underset{|}{C}}—O—Cl + H_2O$$

$$H—\overset{|}{\underset{|}{C}}—\overset{|}{\underset{|}{C}}—Cl \longrightarrow C=O + H_2O$$

$$H—\overset{|}{\underset{|}{C}}—OH + OCl^- \longrightarrow C=O + H_2O + Cl^-$$

通过氧化反应生成的羰基和羧基,生成量和相对比例因反应条件而定。次氯酸钠氧化淀粉时,其用量变化对羧基和羰基生成有直接影响,随着次氯酸钠用量的增加,两者的生成量都增加,但羧基生成量的增加远高于羰基。低次氯酸钠用量,羰基生成量高于羧基,随氧化程度增高,羧基生成量高于羰基。反应 pH 值与氧化淀粉羧基和羰基含量的关系表明(表 2.17),较低的 pH 值有利羰基生成,但含量随 pH 值增加而迅速减少;羧基则随 pH 值增加而升高,在 pH=9 时达到最高值,然后下降。

表 2.17　pH 值与氧化淀粉羧基和羰基含量的关系

反应 pH 值	7.0	8.0	9.0	10.0	11.0
羧基含量/%	0.72	0.77	0.81	0.75	0.70
羰基含量/%	0.26	0.14	0.11	0.06	0.04

次氯酸钠氧化仲醇羟基,引起糖苷键减弱,分子降解,随着次氯酸钠含量增加,数均相对分子质量下降,当氯质量分数增加至大于 10 mg/g 时,下降开始趋于缓慢。不同品种淀粉氧化速度有所差异,这种差异与淀粉的颗粒大小、性状、精细物理结构,直、支链比例或含量,数均相对分子质量分布或聚合度以及分子结构中酸性和还原性基团有关。氧化作用主要于淀粉颗粒的非结晶区使淀粉分子链糖苷键发生裂解,生成水溶性小分子物,在过滤和水洗过程中损失掉,使产率降低,随氧化程度增高,产率降低越大。

次氯酸钠氧化淀粉的生产采用湿法生产工艺,其工艺为:将淀粉在反应罐中调成质量分数为 40%~45% 的淀粉乳,在不断搅拌下加入 2% 氢氧化钠溶液调节 pH=8~10,温度调至 30~50 ℃,有效氯质量分数为 5%~10% 的次氯酸钠溶液。因为次氯酸钠溶液中有效氯含量变化比较大,所以每次使用前都必须进行测定,方法可采用碘量法和亚砷酸法。反应后有酸性物质生成,pH 值不断下降,需不断滴加稀 NaOH 溶液,使 pH 值保持稳定。另外,在氧化过程中不断放出热量,因此罐必须附配冷却装置,使反应温度保持在规定范围内。当反应达到所要求的程度(用黏度剂测定)时,先降低 pH 值至 6.0~6.5,用 20% 的 NaHSO₃ 除掉反应物中多余的氯,经过滤和离心机分离,再经水洗除去可溶性副产品、盐及降解产品,产品在 50~52 ℃ 下干燥,便可制成氧化淀粉。调节反应时间、温度、pH 值、氧化剂添加速度、淀粉乳与次氯酸钠的浓度,可以生产不同性能的氧化淀粉。

次氯酸钠氧化淀粉 80% 以上用于造纸工业,主要用作纸张表面施胶剂。表面施胶主要是利用氧化淀粉适宜的黏度范围和优异的稳定性。经过施胶后,能在纸表面封闭微孔,黏结松散的表面纤维组织,增强纸表面强度,提高油墨的覆盖能力。还有些氧化淀粉为涂布纸胶黏剂,利用其高度流动性与黏合力,在造纸机上使用效果良好。

次氯酸盐氧化淀粉还应用于纺织工业的经纱上浆、精整和印染过程。氧化淀粉在高固形物含量下,仍保持着良好的流动性和黏着性,能使它更多的附着在纱线上,给纤维提供较强的耐磨性。而且氧化淀粉容易退浆,在精整工序中,氧化淀粉与填料(白土)混合以后,能够填平织物的缝隙,加强挺度,改善手感和悬垂性,而且增加织物的重量,在印染过程中,次氯酸盐氧化淀粉由于成膜性好,透明度高,所以能保持住染料原色,不致暗淡花色。

在建筑工业中,用作绝缘板、墙壁纸和隔音板的原材料的黏合剂。在食品工业方面,氧化淀粉能代替阿拉伯胶和琼脂制造胶冻和软糖类食品。轻度氧化淀粉可用于炸鸡、鱼类食品的敷面料和拌粉中,对食品有良好的黏合力并可得到酥脆的表层。

(2)双醛淀粉 双醛淀粉是用高碘酸处理淀粉而制得的含有醛基的高分子混合物,也是一种氧化淀粉。它能选择性地氧化相邻的 C-2 及 C-3 上的羟基而生成的醛基,并拆开 C-2 及 C-3 键形成双醛淀粉。其反应式如下:

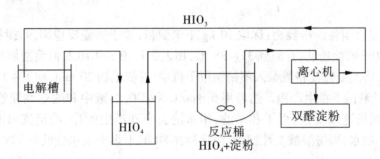

由于高碘酸是一种价格昂贵的特殊氧化剂,商业上制备双醛淀粉时高碘酸还原为碘酸后,将碘酸通过水解作用再转化成高碘酸回收反复使用。

全过程分为两道工序:一为高碘酸氧化淀粉,生成双醛淀粉;另一工序为电解碘酸生成高碘酸回收利用。工艺流程简图如图 2.14 所示。

图 2.14 双醛淀粉反应工艺流程

将淀粉乳在酸性($pH = 0.7 \sim 1.5$)环境下添加高碘酸(HIO_4),温度控制在 30 ~ 40 ℃ 范围内。高碘酸的添加数量可以根据所要求的氧化程度进行调节,工业上一般选用 HIO_4 与淀粉的摩尔比为 1 ~ 1.2。连续搅拌约 3 h,结束反应以后静置沉淀约 1 h,将含有 75% 左右的 HIO_3 用泵抽到电解池中,再生成高碘酸。如不用沉淀法,可将反应液经离心机进行液固分离。被氧化的湿淀粉水洗数次,重复过滤,至无 IO_3^- 为止。水洗液中 HIO_3 浓度太低,没有回收价值而排放,这使 HIO_4 在每个循环使用过程中约损失 1% HIO_3。过滤可得含水 50% ~ 60% 的滤饼,50 ~ 55 ℃空气干燥 20 ~ 40 h,筛分,得到含水量 10% 的双醛淀粉。在上述工艺过程中,淀粉大部分是在第一个小时内被高碘酸氧化的。因而表面氧化比较迅速,而高碘酸渗透到淀粉颗粒内部氧化是十分困难的,需要很长时间,实际生产控制淀粉中双醛基含量在 90% 左右。生产设备应该采用聚乙烯、聚氯乙烯或玻璃设备,因为高碘酸对金属设备(包括不锈钢)都有腐蚀作用。

双醛淀粉仍保持有淀粉颗粒的原形状,不溶解于水,在 90 ℃蒸煮条件下稍有膨胀,氧化程度越高,在水中蒸煮时越难分散。遇碘不呈现蓝色,在偏光显微镜下观察,颗粒呈现黑色,没有偏光十字。

双醛淀粉具有很高的化学活性,可与含羟基的纤维素反应,用于生产抗湿性的包装纸、卫生用纸、擦手纸和地图纸等。双醛淀粉具有与多肽的氨基和亚氨基进行反应的能力,是一种很好的皮革鞣制剂。因双醛淀粉中的醛基能和聚乙烯醇或聚乙烯酯水解生成的醇基反应生成缩醛,使聚乙烯分子间或聚乙烯酯分子交联,因而吹制的塑料薄膜耐水性明显提高。双醛淀粉能与明胶起交联反应便不溶解,在照相胶片生产时用为明胶硬化剂。它可以作为水泥缓凝剂,能增加水泥的压缩强度。在纺织工业中可作为棉花纤维的优质交联剂,但因价格高很少使用。双醛淀粉因比热容大,无毒性,故能用于冷藏库作为蓄冷剂。

(3)酸变性淀粉 用酸在糊化温度以下处理淀粉,改变其性质的产品称为酸变性淀粉。在糊化温度以上酸水解产品和更高温度酸热解糊精产品,都不属于酸变性淀粉。酸变性淀粉不改变淀粉颗粒的结构,而糊精和酸氧化淀粉的颗粒结构却遭到破坏。淀粉颗粒中直链淀粉分子间经由氢键结合成结晶结构,酸渗入困难,其中 $\alpha-1,4$ 键不易水解,颗粒中无定形区域支链淀粉的 $\alpha-1,6$ 键较易被渗入,发生水解。研究表明,酸水解分两步进行,第一步是快速水解无定形区域的支链淀粉,第二步是水解结晶区域的直链淀粉和支链淀粉,速度较慢。在酸催化水解过程中,淀粉分子变小、聚合度下降,还原性增加,流动增高。

酸变性淀粉制备的步骤为:称取 10 kg 玉米淀粉,置于搪瓷反应罐内,搅拌下加入适量水,调成40%的淀粉乳,升温到 37 ~ 38 ℃,加入 3 L 10 mol HCl,恒温酸解反应 3.5 h,反应结束后,将酸变性淀粉乳泵入不锈钢甩干机中,开机甩约 20 min,加入 4 L 水,再甩约5 min,回收酸液供下批生产用。然后用 5 mol/L Na$_2$CO$_3$溶液中和酸变性淀粉乳至 pH = 6,以终止淀粉的连续变性,甩干和吊滤,用水洗去中和产生的盐,洗至流出液无咸味为止,然后离心脱水,即得湿酸变性淀粉,湿淀粉在 80 ℃下烘干至水分低于12%,为成品酸变性淀粉。

由于酸变性作用主要目的是降低淀粉浆黏度,因此转化过程中常用测定热浆流度的方法来控制。流度是黏度的倒数,黏度越低,流度越高。工业化生产酸变性淀粉通常用稀盐酸和稀硫酸处理淀粉浆。当温度较高,酸用量较大时,硝酸变性淀粉因发生副反应而使产品呈浅黄色,所以生产中很少使用。酸的催化作用和酸用量有关,酸处理过度时,淀粉将水解成糊精和葡萄糖。

酸变性淀粉是制造软糖的一种重要的凝胶剂,胶体微粒在热水中溶散,当胶体溶液冷却时,形成半固体的凝胶,稳实、富弹性和韧性。国内外多数糖果厂都应用酸变性淀粉,在高压蒸煮下制备淀粉软糖。还可利用酸变性淀粉做食品黏合剂与稳定剂,制作各种果冻或胶冻食品。

利用酸变性淀粉的成膜性、强度大、黏度低、可高浓度作业等优点,用作纸张的施胶料,主要应用于特等纸生产中的压光机施胶,以改善纸的耐磨性、耐油墨性、印刷性等。用于纸板制造中,可以提高固形物含量,而且快速凝结。

酸变性淀粉作为经纱上浆剂,增强纱布的强度和降低纺织过程的摩擦阻力。用于精整工段的目的是提高终产品的挺度。干法生产酸变性淀粉工艺简单,已逐渐取代湿法生产工艺。

(4)预糊化淀粉(α-化淀粉)　预糊化淀粉,亦称 α-化淀粉,顾名思义,这是一种已被糊化的淀粉产品。它是一种经物理方法(湿热)处理而生成的变性淀粉。与淀粉的明显区别是 α-化淀粉可在冷水中溶解,即在冷水中溶胀后形成具有一定黏度的淀粉糊,使用方便,凝沉性也比原淀粉小。

生产 α-化淀粉的方法有:滚筒干燥法、喷雾干燥法、挤压法和微波法等。

1)滚筒干燥法　它是将淀粉浆喷洒在加热的滚筒表面,使淀粉乳充分糊化,然后干燥,获得成品的一种方法,也是传统生产 α-淀粉的主要方法。

2)喷雾干燥法　是将淀粉配浆,再将浆液加热糊化,然后用泵输送到喷雾干燥设备进行干燥得成品。淀粉浆液黏度应控制在10%以下,一般为4% ~5%,浆液浓度过高,糊黏度太高,会引起泵输送和喷雾操作困难。由于生产时淀粉浆浓度低,水分蒸发量大,耗能高,生产成本增加,在应用上受到限制。

3)挤压法　将调好水分的淀粉加入挤压机内,通过挤压摩擦产生热量使淀粉糊化,并在挤压腔内形成高压,然后经细孔以爆发的形式减压喷出,由于压力急速降低,水分快速蒸发,淀粉膨胀,淀粉分子结构被破坏。用挤压法生产 α-化淀粉,淀粉含水量少,耗能低,但淀粉颗粒的膨胀度不如滚筒干燥法,且质量不易控制。

4)微波法　是利用微波使淀粉糊化、干燥,然后经粉碎的成品。该法处于研究阶段,还未实现工业化应用。

目前应用于生产的主要是滚筒干燥法和挤压法。

α-化淀粉生产原料可以采用薯类、豆类和谷物淀粉。不同原料生产的 α-化淀粉在透明度、黏度和弹性方面有所差别,因此在实际生产中可根据不同的用途选择原料。用作布丁粉应选择木薯和玉米淀粉;用作鱼虾颗粒饲料黏合剂应采用马铃薯和木薯淀粉;用作铸造砂型黏合剂应选择玉米淀粉;用作鱼虾颗粒饲料黏合剂要求原料淀粉的纯度要高,蛋白质、纤维素和铁、磷等灰分含量要低,杂质越少可显著提高 α-化淀粉黏弹性。在相同纯度的淀粉中,直链淀粉越多,则预糊化的黏度越大;直链淀粉越多,α-化淀粉弹性越大。马铃薯和木薯淀粉的储藏期对生产出来的 α-化淀粉质量均有影响,应选择储存期短的薯类淀粉。制作 α-化淀粉除采用未变性淀粉作原料外,还可用预先经过化学变性的淀粉。

采用挤压法生产 α-化淀粉时,需加入少量的化学助剂,目的是充分糊化淀粉,加快干燥速度,增加种产品的分散性。

糊化助剂有碱类、液态氨、甲醛、甲酸、氯乙酸、二甲基亚砜等,它们的作用是破坏淀粉结构中的氢键,或者与淀粉生成可溶性复合物,加快糊化速度。干燥助剂是用于滚筒干燥法生产 α-化淀粉时,淀粉在热滚筒表面糊化以后,会在表面先形成一层薄膜,阻碍内层水分蒸发,造成干燥速度缓慢,有黏滚筒现象发生,这时须向淀粉乳中加入少量凝固剂,例如氯化钙、碳酸钠,添加量为淀粉含量的1.5%,使水分在干燥过程中很快降低到10%以下,并防止凝沉现象。应用在水溶液中的 α-化淀粉会迅速复水,极易形成结块,影响分散速度,为了提高分散性,可在淀粉调浆时加入1% ~5%的分散剂,如氯化钙、尿素、硼砂、油脂或硅酸盐等,它们能控制淀粉颗粒的膨胀度和水化度,加快淀粉在冷水中的分散速度,确保形成均匀淀粉糊。

预糊化淀粉能够在冷水中溶解溶胀,形成具有一定黏度的糊液,黏结力强,黏韧性高,且其凝沉性比原淀粉小。这一特性可用 α-化度、黏度、粒度等指标来衡量,当然其他指标如白度、视密度、膨胀度、可分散性、凝胶强度、弹性也是较重要的。α-化度是指一定数目的产品中预糊化淀粉所占比例,α-化度直接影响产品的质量,国外市场销售的 α-化淀粉必须达到一定的 α-化度(如80%)才准予销售。α-化淀粉常用作黏合剂,因而黏度也是一个重要指标,黏度和加工方法有关,以滚筒干燥法为最好,α-化淀粉黏度不小于1 000 BU。α-化淀粉成品的粒度直接影响产品的黏度、溶解能力及成糊表面的光洁度。粒度细的产品溶解速度快,成糊黏度高,热黏度低,表面光泽度好。但太细会复水过快,易形成粉包,分散困难。粒度粗的产品溶于冷水速度较慢,没有这种凝块现象,生成的糊冷黏度较低,热黏度较高。

(5)糊精 淀粉受酸、酶、加热或者其他作用所产生的多种中间产物的混合物称为糊精,但是不包括单糖和低聚糖。所有糊精产物都是脱水葡萄糖聚合物,分子结构有直链状和环状。利用干热法使淀粉降解所得产物称为热解糊精,有白糊精、黄糊精和英国胶(不列颠胶)三种。白糊精和黄糊精是加酸于淀粉中加热而得的,前者温度较低,颜色白;后者温度较高,颜色黄。英国胶是不加酸的情况下,加热到更高的温度而得,颜色为棕色。一般讲糊精就是指热解糊精,以区别于湿法加酶或酸生产的 DE 值在20以下的麦芽糊精或淀粉经用嗜碱芽孢杆菌发酵发生葡萄糖基转移反应得到的环状糊精。

由于工艺过程、焙烧温度和时间以及应用要求的不同,制得的糊精产品在水溶性、黏合力和颜色上都有一定的差别。还有些产品是专门为某种途径而特殊生产的,例如化学分析用的试剂糊精和印染工业用的胶料等。

各种谷物淀粉和薯类淀粉都可以作为生产糊精的原料,并在转化成糊精过程中工艺条件基本相同,但是转化的难易度随淀粉的种类和质量而变化。马铃薯淀粉最易转化,其次是木薯淀粉,谷物淀粉则要求较长的转化时间才能达到预定的糊精转化率,而玉米淀粉仍是工业化生产糊精的主要原料。理论上各种酸都有催化效果,但在实际生产中,硫酸能加深糊精的色泽,残留量比较高;乙酸是弱酸易挥发,作用不完全,转化率低;硝酸和盐酸都适合做催化剂,但盐酸催化效能高,用量少,价格便宜,具有挥发性,易于混合均匀,在转化过程中一部分被挥发掉,有时可省去中和工序,所以工业上常选用盐酸为催化剂。

糊精工业生产一般用焙烧法,流程包括酸化、预干燥、糊精转化、冷却和中和等工序。

1)酸化 酸化是混酸于淀粉中,一般用 10% ~15% 盐酸液喷入淀粉,盐酸用量为淀粉质量的 0.05% ~0.15%,因原料原淀粉品种和纯度以及糊精产品种类而不同。酸化的最关键问题是确保酸性催化剂在淀粉中的分布,为此生产中常采用防腐蚀的立式或卧式混合器,用喷射器将酸液以很细的雾滴均匀喷洒在混合器中不断搅拌的淀粉上,混酸后放置短时间有助于酸分散均匀。

生产高质量糊精产品需用氧化剂作催化剂,如氯气,其突出优点是不像盐酸水溶液会使淀粉膨胀,并有氧化作用,制得的糊精稳定性高,不易凝沉,配制成的糊糊透明度高。也可用一氯乙酸为催化剂,降低预干燥中由于水分含量高而引起的水解反应,在较高温度下,一氯乙酸分解成氯化氢起催化作用。先用一氯乙酸,后用氯气生产的白糊精产品颜色洁白,黏合力强,糊液干燥生成的膜具有高光泽度。

在英国胶制备中,常不希望有酸的催化水解作用,在碱性条件下,淀粉也能转化为糊精,称为碱转化。碱转化催化剂有磷酸三钠、磷酸氢二钠、碳酸氢钠、碳酸氢铵等。

2)预干燥 淀粉水分过高,将加剧淀粉的水解作用,并抑制聚合反应,不利于糊精的生产,最好将淀粉的水分控制在 3% 以下。常采用气流干燥或真空干燥,以便快速除去水分。这种方法可以单独作为一个阶段,也可与后面的热转化结合在一起。预干燥是黄糊精和英国胶生产中必不可少的工序之一,一般淀粉含水分应控制在 1% ~5%,而白糊精并不需要严格的干燥。

3)热转化 糊精转化设备有多种不同型号,以带夹套的加热混合器最为多见。加热是采用流通蒸汽或热油于夹层或加热蛇管。转化器能控制加热温度和速度,充分搅拌使淀粉受热均匀,保证转化反应的正常进行。局部过热,超过 205 ℃,就可能引起淀粉焦化,严重情况下,还可能引起粉尘爆炸。为降低水解反应的程度,将预干燥和转化工序合并,并在真空条件下进行,可提高产品质量。

4)冷却和中和 转化结束后应立即转送到另一混合器内,保持搅拌,通冷水于夹层,进行冷却,以防止过度转化。较高酸度生产的糊精,一般需进行中和;较低酸度生产的产品,则省去中和工序。中和可用干混法,混入适量的碱性物,如碳酸钠或磷酸钠,但是效果一般较差,较好的方法是引入氨气或喷入氨水。由转化器卸出的糊精含水很低,因此可将糊精放在湿空气中,使其吸收水分,回复到平衡水分为 8% ~12%。

(6)交联淀粉 交联淀粉是多元官能团化合物作用于淀粉乳,使两个或两个以上淀粉分子交联在一起的淀粉衍生物。淀粉交联的形式有酰化交联、酯化交联或醚化交联等。使淀粉分子间发生交联反应的试剂称作交联剂,交联剂种类很多,含双官能团和多官能团,工业生产中常用的交联剂有:环氧氯丙烷、三氯氧化磷和三偏磷酸钠等。前者具有两个官能团,后两者具有三个官能团。淀粉用多功能交联剂处理后发生交联反应,促使分子间产生交联结构或搭成键桥。当然淀粉分子具有众多数量的羟基,除分子间交联反应外,起反应的两个不同羟基也有来自同一个淀粉分子,没有起到不同淀粉分子间的交联反应。反应试剂也可能只与一个羟基起了反应,没有在不同淀粉分子之间形成交联键。这两种情况都有发生,但因分子表面结构严紧,反应条件影响不到分子内部,所以分子内部反应出现不多,整个反应过程趋向于分子间交联。

1)三氯氧磷交联 三氯氧磷($POCl_3$)又称作磷酰氯,在 pH = 8 ~12 条件下,于 20 ~30 ℃与淀粉反应。

$$2St—OH + Cl—\overset{\overset{\displaystyle O}{\|}}{\underset{\underset{\displaystyle Cl}{|}}{P}}—Cl \xrightarrow[pH=8\sim12]{NaOH} StO—\overset{\overset{\displaystyle O}{\|}}{\underset{\underset{\displaystyle ONa}{|}}{P}}—OSt + 3Cl^- + H_2O$$

　　　　　　三氯氧磷　　　　　　磷酸二淀粉酯

2)三偏磷酸钠交联 将淀粉浸入 pH = 5 ~11.5 的三偏磷酸钠溶液后,过滤、干燥,再加热至 100 ~160 ℃,则可生成淀粉磷酸双酯。

$$2St-OH + (NaPO_3)_3 \xrightarrow{Na_2CO_3} St-O-\overset{\overset{O}{\parallel}}{\underset{\underset{ONa}{\mid}}{P}}-O-St + Na_2H_2P_2O_7$$

三偏磷酸钠　　　　　磷酸二淀粉酯　　　　焦磷酸二氢钠

3) 环氧氯丙烷交联　环氧氯丙烷分子中有极为活泼的环氧基和氯基,具有极强的交联作用,与淀粉反应生成交联淀粉称为双淀粉甘油醚。

$$2St-OH + CH_2\overset{O}{\overset{\diagdown}{-}}CH-CH_2Cl \xrightarrow{OH^-} St-O-CH_2-\overset{\overset{OH}{\mid}}{CH}-CH_2-O-St + HCl$$

环氧氯丙烷　　　　　　　　二淀粉甘油

从上面反应式中可以看出,环氧氯丙烷在阴离子作用下,环状结构被断开后,与两个淀粉分子形成羟丙基淀粉醚的结构。

实际上环氧氯丙烷分子与淀粉分子的交联反应是分几步进行的,过程为:

$$St-OH + H_2C\overset{O}{\overset{\diagdown}{-}}CH-CH_2Cl \xrightarrow{OH^-} St-O-CH_2-\overset{\overset{OH}{\mid}}{CH}-CH_2-O-St + HCl \longrightarrow$$

$$St-O-CH_2-\overset{O}{\overset{\diagup\diagdown}{CH-CH}}-CH_2 \xrightarrow[St-OH]{OH^-} St-O-CH_2-CH-CH_2-O-St$$

$$\downarrow OH$$

$$St-O-CH_2-CH-CH_2OH$$

反应中 $St-O-CH_2-\overset{O}{\overset{\diagup\diagdown}{CH-CH}}_2$ 能与另一个淀粉分子反应,生产双淀粉甘油醚,也可把它的环氧环断开,形成2,3-羟丙基淀粉醚。若增加反应体系中水与淀粉分子的比例,则反应有利于2,3-羟丙基淀粉醚的生成。在相同条件下,提高环氧氯丙烷与淀粉比例,则有利于双淀粉甘油醚的形成。在多相反应条件下,采取增大环氧氯丙烷与淀粉摩尔比,可使几乎所有的环氧氯丙烷均按生成交联淀粉的反应方向进行,副反应所占比例很小。

在碱性淀粉乳中添加一定比例的交联剂,温度保持在20～50 ℃。在所需反应时间后,反应产物过滤、水洗、干燥,这是生产交联淀粉的常用方法。

配制淀粉乳浓度30%～40%,用 NaOH 溶液调 pH 值为11,在持续搅拌的条件下,加热到反应温度,使反应体系温度达到平衡后,加入0.005%～0.25%的三氯氧磷($POCl_3$),反应一定时间,反应结束后,用2% HCl 液调淀粉乳的 pH 值在5～6.5 之间,停止反应,过滤、水洗、干燥后即得成品。用三氯氧磷对淀粉进行交联时,加入0.1%～10%(按干淀粉计)的中性碱金属和碱土金属盐(如 NaCl 或 Na_2SO_4),可使反应均匀,完成得彻底。原理为这些盐类能加速水解交联剂,增强交联剂对淀粉颗粒的渗透能力;还影响淀粉颗粒内部的水环境,改变与淀粉间的交错结构;还能防止淀粉的分子从颗粒中离析出来。

交联淀粉产品性能主要表现在糊化特性、黏度和抗剪切力等方面,这些参数可采用布拉班德(brabender)黏度仪和淀粉黏度(brookfield)仪来测定。

在实际生产过程中,交联淀粉可以形成一种高黏度而又稳定的糊液,特别是在这种糊液经受高温、剪切或者低 pH 值处理时,交联淀粉就显示出独特功能。一般都是将交联作用与其他类型的衍生和改性作用结合起来处理淀粉。

食品工业用淀粉(特别是蜡质玉米、马铃薯、木薯淀粉为原料)常常是交联的磷酸酯、乙酸酯和羟基醚类,它们具有理想的胶凝化、黏着和组织化等性质,包括短时间内呈膏状稠度。色拉调味汁用交联淀粉做增稠剂,在酸性环境中,在高度剪切力的情况下,保持着所需要的黏度。在蒸汽杀菌的罐头食品中,需要添加胶凝或者溶胀速度缓慢的交联淀粉,使罐头食品初黏度低、传热快、温度上升快,有利于瞬间杀菌,灭菌后产品增稠。交联淀粉还用于灌装汤、汁、酱和玉米糊中;还用作甜饼果馅、布丁和油炸食品中的奶油原料粉。交联淀粉具有较高的冷冻稳定性和冻融稳定性,特别适用于冷冻食品中。

(7)酯化淀粉　淀粉分子的醇羟基被无机酸及有机酸酯化而得到的产品称为酯化淀粉。酯化淀粉又可分为淀粉无机酸酯和淀粉有机酸酯两大类。前者主要品种有淀粉磷酸酯、淀粉硝酸酯、淀粉黄原酸酯等,后者品种较多,如淀粉乙酸酯、淀粉琥珀酸酯等。酯化淀粉可用干法或湿法生产,具有溶胶稳定性、阴离子等特性,生产成本低廉,应用广泛。在此主要介绍淀粉磷酸酯和淀粉乙酸酯。

1)淀粉磷酸酯　淀粉易与磷酸盐反应制得磷酸酯淀粉,即使很低的取代度也能明显地改变原淀粉的性质。磷酸为三价酸,能与淀粉分子中的三个羟基起反应生成淀粉磷酸一酯、二酯和三酯。其结构如下所示。淀粉磷酸一酯又称淀粉磷酸单酯,是工业上应用广泛的磷酸酯淀粉,磷酸与来自不同淀粉分子的两个羟基其酯化反应为淀粉磷酸双酯,属于交联淀粉。二酯的交联反应也同时有少量一酯和三酯反应并行发生。

$$
\underset{\text{一酯}}{\underset{\underset{\textstyle OH}{|}}{\overset{\overset{\textstyle O}{\|}}{\text{淀粉}-O-P-OH}}}
\qquad
\underset{\text{二酯}}{\underset{\underset{\textstyle OH}{|}}{\overset{\overset{\textstyle O}{\|}}{\text{淀粉}-O-P-O-\text{淀粉}}}}
\qquad
\underset{\text{三酯}}{\underset{\underset{\textstyle O-\text{淀粉}}{|}}{\overset{\overset{\textstyle O}{\|}}{\text{淀粉}-O-P-O-\text{淀粉}}}}
$$

原淀粉颗粒中含有少量磷,马铃薯淀粉中磷的含量为 0.07% ~ 0.09%,磷酸一酯是与支链淀粉结合,相当于每 212 ~ 273 个葡萄糖单位含有一个正磷酸基,60% ~ 70% 是与 C-6 原子结合,其余与 C-3 原子结合。原淀粉的磷含量经分析为马铃薯淀粉 0.083%(取代度 $4.36×10^{-3}$),玉米淀粉 0.015%(取代度 $7.86×10^{-4}$),蜡质玉米淀粉 0.004%(取代度 $2.13×10^{-4}$),小麦淀粉 0.055%(取代度 $2.89×10^{-3}$)。原淀粉是天然存在的磷酸酯,虽然取代度很低,对淀粉的胶体性质也会有一定的影响,马铃薯淀粉在这一方面尤为明显。

酯化过程是可逆的,淀粉磷酸酯在酯化反应中易水解产生醇和酸,所以生产中,要在加热或催化条件下进行。

单酯型磷酸淀粉(淀粉磷酸单酯)生产淀粉磷酸单酯所采用的磷酸化剂有:正磷酸盐、三聚磷酸盐、尿素磷酸盐和有机磷酸化剂等。

淀粉磷酸单酯是阴离子衍生物,它比原淀粉有较高的黏度、较清晰及较稳定的分散体系。提高取代度会使糊化温度降低,取代度达到 0.05 以上时,产品有冷水膨胀性,其糊液透明,表明高分子电解质所特有的高黏度和结构特性。最有用的性质为耐老化性,即使是取代度为0.01的加热糊化型产品也很难老化。淀粉磷酸酯的分散液对冻结十分稳定,在几次冻结-熔化循环后,淀粉浆没有损失,同时组织结构仍保持其平滑及流动性。淀粉磷酸酯还是一种良好的乳化剂,其分散液能和动物胶、植物胶、聚乙烯醇及聚丙烯酯相混,一般取代度为0.02~0.10的淀粉磷酸单酯表现出很好的分散稳定性,常作为食品工业的乳化剂。交联的淀粉磷酸双酯的分散液有较高的黏度,对高温、剪切力、pH值等表现出更大的稳定性,所以它常作为增稠剂和稳定剂应用。

淀粉磷酸酯具有黏性大、耐老化性、冻融稳定性及良好的分散性、乳化性和保型性等特点,因而广泛应用于造纸工业、食品工业、纺织工业等领域以及用作黏合剂、防垢剂等。磷酸酯淀粉在造纸工业中用作湿部添加剂,能够改善纸张的强度,提高填料的留着率。低黏度尿素磷酸酯淀粉作为涂布黏合剂用于高举涂布纸生产,制成的纸具有良好的耐水性能。含氮磷酸酯淀粉因有较高黏度还可作为层间增强剂使用。代替水玻璃用作瓦楞纸黏合剂,由于黏度高,不反碱,用量小,成本低而受到欢迎。

淀粉磷酸酯为食品乳化剂、增稠剂和稳定剂,适于不同食品加工过程。可在冷水中膨胀的淀粉磷酸酯可用作水果布丁添加剂,改变食品的稠度结构。它还是良好的乳化剂,可与醋、酱油、植物油、果汁、肉汁、菜汁等形成稳定乳化分散液,在制作色拉调味品时,它是最好的乳化剂。在食品工业中常用作保存冷冻食品,在反复冻融过程中仍能保持良好的保形作用。如加有淀粉磷酸单酯的调味汁无论在冷冻或加热情况下,其强度均不发生变化。此外,淀粉磷酸单酯用作色拉油、菜籽油、豆油的稳定剂,可与油中微量金属离子形成络合物,从而防止这些金属离子促进油的氧化。美国食品和医药管理局规定,只能用磷酸单钠、三聚磷酸钠和三偏磷酸钠制备磷酸淀粉作为食品添加剂,并且磷酸淀粉中残留的磷酸含量不得大于0.4%。

用于纺织工业上浆、印染和织物整理。上浆后的纱线,胶浆久存性好,纱线光滑不断头,织物平整饱满挺括,有一定保色效果。用作印染增稠剂,可以改善印染的均匀性和渗透性。淀粉磷酸酯还是好的沉降剂,适用于工厂废水处理,浮游选矿和由洗煤水回收细煤粉等。水中加入少量淀粉磷酸酯(10 mg/L)即能防止或抑制锅垢的沉积。

2)淀粉乙酸酯 又称乙酰化淀粉或乙酸淀粉。在工业上一般使用的都是低取代度的产品(取代度在0.2以下),应用于食品、造纸、纺织和其他工业。高取代度的淀粉乙酸酯(取代度在2~3)性质与乙酸纤维素相似,可溶于有机溶剂,具有热塑性和成膜性,但因强度及价格方面的问题,尚未大规模生产。有报道采用离子液体技术,均相制备高取代度淀粉乙酸酯。

淀粉分子中葡萄糖单位的 C-2、C-3 和 C-6 上的羟基,在碱性条件下,能被多种乙酰基取代,生成低取代度乙酸酯淀粉。所用的酯化剂有乙酸、乙酸酐、乙酸乙烯、醋酐-乙酸混合液等,一般以乙酸酐居多。

①与乙酸酐反应 工业生产低取代度产品是用淀粉乳在碱性条件下进行,应用乙酸酐试剂的反应,表示如下:

$$\text{St—OH} + (\text{CH}_3\text{CO})_2\text{O} \xrightarrow[\text{pH=7~11}]{\text{OH}^-} \text{St—O—C—CH}_3 + \text{CH}_3\text{COONa} + \text{H}_2\text{O}$$

在反应过程中,乙酸酐和生成的淀粉乙酸酯受碱的作用发生水解反应,这是不利的副反应,选择合理地生产条件尽量抑制下列反应发生:

$$(CH_3CO)_2O + H_2O \xrightarrow{NaOH} 2CH_3COONa$$

$$St-OCOCH_3 + H2O \xrightarrow{NaOH} St-OH + CH_3COONa$$

②与乙酸乙烯反应　通过碱性催化酯基转移反应,乙酸乙烯能作用于淀粉,易于生成淀粉乙酸酯衍生物,为工业常用方法。在反应中,除生成淀粉乙酸酯外,还会生成乙烯醇($CH_2{=}CHOH$),立即重排成乙醛。

$$St-OH + CH_2{=}CHO\overset{O}{\overset{\|}{C}}-CH_3 \xrightarrow{Na_2CO_3} St-OCOCH_3 + CH_3CHO$$

在反应过程中,乙酸乙烯和生成的淀粉乙酸酯都受到碱性催化作用发生水解反应,这是不利的副反应,应尽量抑制其反应发生。

$$CH_2{=}CHO\overset{O}{\overset{\|}{C}}CH_3 + H_2O \xrightarrow{OH^-} CH_3COONa + CH_3CHO$$

$$St-O-\overset{O}{\overset{\|}{C}}-CH_3 + H_2O \xrightarrow{NaOH} St-OH + CH_3COONa$$

常用的碱催化剂有碱金属氢氧化物、季铵、氨及碳酸钠,控制 pH = 7.5 ~ 12.5,最好用碳酸钠作缓冲剂,在 pH = 9 ~ 10 进行反应,此时的反应效率最高。

淀粉乙酸酯在淀粉中引入少量的乙酰基后,会阻止或减少直链分子氢键的缔合,工业上生产的淀粉乙酸酯取代度小于 0.2(5% 乙酰基),就已使它形成的胶体溶液由非常好的稳定性,也因此使淀粉乙酸酯的许多性质优于原淀粉。如糊化温度低、糊化容易,糊稳定性增加,凝沉性减弱。

淀粉乙酸酯含乙酰基 0.5% ~ 2.5%,在食品加工中主要作为增稠剂使用,具有黏度高,透明度,凝沉性弱,储存稳定等优点。在实际应用中,常进行复合变性,如交联、烷基化、预糊化等。交联乙酰化淀粉能经受住低 pH 值、高剪切力、高温及低温的处理需要,可用于罐头、冷冻、焙烤和干制食品中,也用于灌装或瓶装的婴儿食品及水果、奶油和饼馅中,以满足长时间陈列在货架上承受各种温度的要求。经预糊化的乙酰化淀粉被用在干性半成品食品、速溶肉汁和果馅中。交联乙酰化木薯、马铃薯和蜡质玉米淀粉,由于它们的黏度高,有利于均匀灌装,可加速杀菌时的热渗透。羟丙基淀粉乙酸酯可成为口香糖的基质。

(8)醚化淀粉　醚化淀粉是一类淀粉分子的一个羟基与烃化合物的一个羟基通过氧原子连接起来的淀粉衍生物。它包含许多品种,其中工业化生产的有三种类型:羟烷基淀粉、羧甲基淀粉和阳离子淀粉。对淀粉进行醚化作用,为的是保持黏度的稳定性。特别是在高 pH 值条件下,醚化淀粉较氧化淀粉和酯化淀粉性能更为稳定,所以应用较为广泛。下面主要介绍羧甲基淀粉。

羧甲基淀粉,简称 CMS,是一种阴离子淀粉醚,通常以钠盐形式制取,故又称作淀粉乙醇酸钠。工业生产主要为低取代度产品。由于 CMS 胶液透明、细腻、黏度高、黏结力大、流动性、溶解性好,具有较高的乳化性、稳定性和渗透性,不易腐败霉变,在食品、医药、纺织、印刷、造纸、冶金、石油钻井和铸造等行业中都有着广泛的用途,是一类重要的淀粉衍生物。

淀粉与一氯乙酸在氢氧化钠存在下起醚化反应,为双分子亲核取代反应,葡萄糖单位中醇羟基被羟甲基取代,其反应式为:

$$St — OH + NaOH \longrightarrow St — O — Na + H_2O$$
$$St — ONa + ClCH_2COOH + NaOH \longrightarrow St — O — CH_2COONa + NaCl + H_2O$$

所得产物为羧甲基钠盐,应称作羧甲基淀粉钠,习惯上称为羧甲基淀粉。羧甲基取代优先发生在 C-2、C-3 原子上,随取代度的提高,C-1 原子取代比例增高。

除主反应外,在含水介质中,一氯乙酸还可与 NaOH 发生下列副反应:

$$St — OH + NaOH \longrightarrow St — O — Na + H_2O$$
$$ClCH_2COOH + NaOH \longrightarrow HOCH_2COOH + NaCl$$

一般在含水介质中反应制得低取代度的产品,而高取代度的产品是在有机溶剂介质中反应制取的。

1)水媒法　羧甲基淀粉在取代度约 0.1 和以下不溶于冷水,水媒法工艺一般适用于低取代度(DS≤0.07)产品生产。工艺过程为:在反应器中加入水作为分散剂,搅拌下加入淀粉,然后加入 NaOH 进行活化,再加入适量的一氯乙酸在低于糊化温度的条件下进入醚化反应。反应结束后,进行过滤、清洗、干燥即得 CMS 产品。水媒法工艺中,反应物浓度、固体与液体比例、反应温度和时间对产物取代度和一氯乙酸反应效率都有影响。NaOH 浓度增高,取代度和反应效率都增高,在 4 mol/L 时达最高值,再增高反而下降。同时增高一氯乙酸和 NaOH 浓度可提高取代度,但降低反应效率。降低液体比例,增长反应时间都能提高取代度和反应效率。综合各种因素选择的工艺条件为:m(水):m(淀粉)为 1:0.25 ~0.4;淀粉:NaOH:ClCH_2COOH 为 1:0.6 ~0.8:1.3 ~1.6;反应时间 5 ~6 h;温度 65 ~75 ℃。

2)有机溶剂法　高取代度的羧甲基淀粉都在非水介质反应,一般以能与水混溶的有机溶剂为介质,在少量水分存在的条件下进行醚化,以提高取代度和反应效率,使产品仍保持颗粒状态,有机溶剂的作用是保持淀粉不溶解,常用的有机溶剂为甲醇、乙醇、丙醇、异丙醇等。例如,在反应器中加入 250 kg 淀粉,400 L 乙醇(86%),搅拌,升温至 45 ~50 ℃,然后将事先用 600 L(86%)与 112 kg NaOH 配制成的溶液,连续加到淀粉乳中,再加入 94.5 kg 氯乙酸(溶于 200 L 86% 乙醇中),反应 3 h,离心分离,用 86% 乙醇洗涤,再离心分离,烘干。与含水介质中的情况相似,反应产物的取代度与碱和氯乙酸的浓度、反应时间、反应温度等因素有关,除此之外,还与反应介质以及溶剂与水的比例有关。

3)干法　是指在生产过程中不用水或使用很少量的水生产 CMS 的方法。将干淀粉、固体氢氧化钠粉末、固体一氯乙酸按一定比例加入反应罐中，充分搅拌，升温到一定温度，反应较短时间(约 30 min)即可得到产品。经改进的半干法可制备冷水能溶解的 CMS，具体做法是：用少量的水溶解氢氧化钠和一氯乙酸，搅拌下喷雾到淀粉上，在一定温度下，反应一定时间，所得产品仍能保持原淀粉的颗粒结构，流动性好，易溶于水，不结块。在干淀粉中加入碱液，会使淀粉碱化固结成团，如用醇水溶液溶解碱，可避免上述现象出现，加入的乙醇或甲醇，约为淀粉的 1/10 即可。例如在 6.5 份淀粉中，加入 0.4 份氢氧化钠，碾碎碱块后，再加 4 份淀粉混合 1 h，加入 1.2 份一氯乙酸钠混合 1 h，然后喷洒 0.8 份 8.5% 乙醇溶液，在 50 ℃反应 5 h。

干法、半干法反应的优点是反应效率高，操作简单，生产成本低，生产过程无废水排放，有利于环境保护。缺点是产品中含有杂质(如盐等)，反应的装置要求高，产物的反应均匀度不如湿法。

羧甲基淀粉为阴离子型高分子电解质，白色或淡黄色粉末，无色无臭，具有吸湿性，因此必须储存在密闭的容器内。其不溶于乙醇、乙醚、丙酮等有机溶剂，与重金属离子、钙离子能生成白色混浊至沉淀，从而丧失功能。工业品 CMS 取代度一般在 0.9 以下，以 0.3 左右居多。取代度 0.1 以上的产品，能溶于冷水，得澄清透明的黏稠溶液，与原淀粉相比 CMS 黏度高、稳定性好，适用做增稠剂和稳定剂。随取代度增加，糊化温度下降，在水中溶解度也随之增加，CMS 具有较高黏度，黏度随取代度的提高而增加，但二者并不存在一定的比例关系。黏度受若干因素的影响，与盐类的含量有关，盐类除去越彻底，黏度越高；与温度有关，随温度升高，比黏度值下降；与 pH 值有关，一般情况下，受 pH 值影响小，但在强酸下能转变成游离酸型，使溶解度降低，甚至析出沉淀。

羧甲基淀粉有优良的吸水性能，溶于水充分膨胀，其体积为原来的 200～300 倍。CMS 还具有良好的保水性、渗透性和乳化性。在食品工业中，CMS 可作为增稠剂，比其他增稠剂(如海藻酸钠、CMC 等)具有更好的增稠效果，加入量一般为 0.2%～0.5%。CMS 还可作为稳定剂，加入到果汁、奶或乳饮料中，加入量为蛋白质的 10%～12%，可以保持产品的均匀稳定，防止奶蛋白质的凝聚，从而提高乳饮料的质量，并能长期、稳定地储存不腐败变质。用作冰淇淋稳定剂，冰粒形成快而小，组织细腻，风味好。CMS 可作为食品保鲜剂，将 CMS 稀水溶液喷洒在肉类制品、蔬菜水果等食物表面，可以形成一种极薄的膜，能长时间储存，保持食品的鲜嫩。

在医药工业，可用作药片的黏合剂和崩解剂，能加速药片的崩解和有效药物的溶出。

石油钻井中，CMS 作为泥浆失水剂在油田得到广泛应用，它具有抗盐性、防塌效果和一定的抗钙能力，被公认为优质的降滤失剂。

纺织工业中，CMS 作经纱上浆剂具有浆膜柔软，调浆方便，乳化性、渗透性好的特点，而且用冷水即可退浆。

在造纸工业中可作为纸张增强剂及表面施胶剂，并能与 PVC 合用形成抗油性及水不溶性薄膜。在日化工业中作肥皂、家用洗涤剂的抗污垢再沉淀剂，牙膏的添加剂，化妆品中加入 CMS 可保持皮肤湿润。经交联的 CMS 可作面巾、卫生餐巾及生理吸湿剂。农业上可用 CMS 作化肥控制释放和种子包衣剂等。CMS 可作为絮凝剂、螯合剂和黏合剂用于污水处理和建筑业。

(9)抗性淀粉　1982 年 Englyst 等人在进行膳食纤维定量分析时，发现在不溶性膳食纤维中包埋有淀粉成分,称为抗性淀粉(resistant starch,RS)。近年的研究已经初步证明,抗性淀粉不能被小肠消化吸收和提供葡萄糖,但在大肠中能部分被肠道微生物菌群发酵,产生多种短链脂肪酸(如丁酸等),改善肠道环境;抗性淀粉本身含热量极低,作为低热量添加剂添加到食物中,可起到与膳食纤维相似的生理功能。更为重要的是,抗性淀粉还具有调节血糖、防止心脑血管疾病、预防结肠直肠癌的作用,故抗性淀粉有着比膳食纤维更为广泛的保健意义,1998 年 FAO(世界粮农组织)和 WHO(世界卫生组织)联合出版的《人类营养中的碳水化合物》一书中指出"抗性淀粉的发现和研究进展,是近年来碳水化合物与健康关系的研究中一项最重要的成果",高度评价了抗性淀粉对人类健康的重要意义。目前,抗性淀粉已成为国内外营养专家和功能食品专家的研究热点。抗性淀粉能降低餐后血中的葡萄糖浓度和胰岛素分泌,有效控制糖尿病病情,我国已经培育成功血糖生成指数(反应食物最初消化和葡萄糖吸收的对应关系,GI,glycemic index)低于 50(GI≥70 为高血糖生成指数食品,69≥GI≥56 为中等,GI≤55 为低等)的糖尿病专用水稻。

依据淀粉在小肠中的生物可利用性分为三类:易消化淀粉(快速消化淀粉,ready digestible starch,RDS),指那些能在小肠中被迅速消化吸收的淀粉;不易消化淀粉(缓慢消化淀粉,slowly digestible starch,SDS),指那些能在小肠中被完全消化吸收但速度较慢的淀粉,主要指一些生的未经糊化的淀粉;抗性淀粉(resistant starch,RS)是指不被健康人体小肠所吸收的淀粉及其降解产物,分为四类:物理包埋淀粉(RS1,physically inaccessible starch)、抗性淀粉颗粒(RS2,resistant starch granules)、回生淀粉(RS3,retrograded starch)、化学改性淀粉(RS4,chemically modified starch)。RS 具有比膳食纤维更优越的生理功能,对维护肠道健康和降低膳后血糖浓度等有重要作用。由于 RS1 和 RS2 在加热和加工的过程中会损失掉大部分,目前最感兴趣的还是 RS3 和 RS4,而重点又集中在 RS3,可以将其添加到食品中,在不改变食品感官接受性的同时提高食品的功能性。

有关 RS3 抗性淀粉的制备研究,国内外近十年来发展较快,研究较为广泛,其制备方法可以分为以下几类。

1)热液处理法 按照热处理温度和淀粉乳水分含量的不同,淀粉的热液处理可以分为以下五类。

①湿热处理(heat moist treatment,HMT) 是指淀粉在低水分含量下经处理加工的过程,其含水量小于 35%,温度一般较高,在 80~160 ℃。

②韧化处理 又称为退火处理(annealing,ANN),是指在过量水分含量的条件下,其含水量大于 40%,温度设定在淀粉糊化温度以下的热处理过程。

③压热处理(autocalving) 是指淀粉含量大于 40%,热液在一定温度和压力下进行处理的过程。

④减压处理(reduced-pressurized) 短时间内能够进行大批量的处理,没有糊化的淀粉颗粒,热稳定性高,工业生产非常有潜力。

⑤超高压处理(ultrahigh pressure) 通过处理后,A 型结晶由于压力的作用,双螺旋结构重新聚集,部分转为 B 型,但是此处理不能导致相对分子质量的降解。此处理淀粉颗粒糊化,但保持其颗粒结构,不发生溶出现象。因此与热糊化淀粉相比,此种处理表现出不同的糊化以及凝胶特性。

其中一些可以在不发生糊化的条件下,淀粉颗粒维持其最初的颗粒结构,来提高 RS 含量。当含水量较高(大于40%)时,微晶结构的破坏温度与糊化温度接近,因此在这种含水量的条件下 ANN 处理温度必须低于此条件下的糊化温度,用以维持晶体结构以及形成更多的抗性淀粉。在 HMT 以及 ANN 之前,有选择地进行水解可以提高原料中抗性淀粉含量。高温高压处理用以使淀粉颗粒充分糊化,直链淀粉分子彻底溶出,从而有利于直链淀粉分子双螺旋间的充分缔合,有利于抗性淀粉的形成。

2)挤压处理法　淀粉乳液在挤压机螺旋的推动下,被迫曲折前进,在推动力和摩擦力的作用下受热受压,淀粉颗粒达到高温高压状态,突然释放至常温常压,使物料内部结构和性质发生变化,经高温高压,淀粉颗粒中大小分子之间的氢键削弱,造成淀粉颗粒的部分解体,形成网络组织,黏度上升,发生糊化现象,此过程的高温高压和高剪切使淀粉发生物理化学变化,一些糖苷键断裂,淀粉分子发生解聚作用,线性片段更容易形成抗酶解的结构,促进了抗性淀粉的形成。

将挤压膨化技术应用于抗性淀粉制备的与处理中,是由于在抗性淀粉的制备过程中,挤压膨化起到预糊化作用,提高淀粉的糊化度,只有使淀粉完全糊化,才能使淀粉酶与普鲁兰酶对其充分作用,生成一定长度的直链淀粉分子,通过调节酶作用条件,从而提高抗性淀粉得率。

挤压处理按其处理方法又可以分为双螺旋挤压法和单螺旋挤压法。

①双螺旋挤压法　在谷物早餐中,通过添加不同种类的面粉以及控制挤压条件来提高 RS 含量,并且发现添加柠檬酸能够增加 RS 含量,添加7.5%的柠檬酸以及30%的高直链玉米淀粉,转速从300 r/min 调至200 r/min,RS 含量从1.75%增加到14.38%,转速的影响较小。

②单螺旋挤压法　以芒果淀粉为原料,通过单螺旋挤压法来制备 RS。RS 含量受水分含量、温度的影响。螺旋的转速、温度也会对 RS 得率产生影响。在70 r/min,150 ℃条件下,RS 得率最高为97 g/kg(原淀粉中 RS 为11 g/kg),与双螺旋挤压处理以及高直链玉米淀粉为原料进行挤压制备相比较,单螺旋挤压法 RS 得率较高。

3)微波辐射法　近年来,微波加热过程中膨化效应是国内外研究的热点之一。由于微波加热速度极快,使得食品物料中的水分在短时间内迅速蒸发汽化,并在内部积累形成压力梯度,若物料质构不能承受这个压力,就会造成体积膨胀,产生膨化效应,抗性淀粉(RS3)形成的过程实质上就是淀粉老化的过程。

目前,微波膨化技术主要应用于物料的后期处理,如加工淀粉膨化食品、蛋白质膨化食品等。微波膨化作为食品物料后期处理技术已经较为成熟,但作为物料的预处理技术的研究却并不多见。因此,将微波膨化技术应用于抗性淀粉的制备与处理中,使淀粉糊化的同时产生膨化效应,有利于淀粉酶或普鲁兰酶的酶解作用,再通过控制酶解条件,提高抗性淀粉的得率。

微波处理受淀粉的加热温度以及水分含量的影响,尤其是水分与升温速度显著相关,当水分含量较低时,升温速度非常快,当水分含量较高时,升温却不显著。此种处理方法所导致淀粉物理化学性质的改变类似于湿热处理所产生的影响。微波处理与湿热处理相比,在相对较低的温度下所需要的时间较短。此法是一种新工艺,目前尚未在生产上实施。

4)超声波处理 超声波是一种频率($10^5 \sim 10^8$ Hz)很高的声波。高强度的超声波可引发聚合物降解,一方面是由于超声波加速了溶剂分子与聚合物分子间的摩擦,从而引起 C—C 键裂解;另一方面是由于超声波的空化效应所产生的高温高压环境导致了链的断裂。与其他降解方法相比较,超声降解所得到的降解物的相对分子质量分布窄小,纯度高。

超声波处理可应用于制备抗性淀粉的酶解,因为在抗性淀粉的制备过程中,淀粉分子的降解与酶解是必不可少的过程,超声波在降解淀粉的同时,可以使酶解速度增加,缩短抗性淀粉的制备时间,通过控制反应条件,取得制备抗性淀粉的最佳工艺条件。

5)蒸汽加热法 用热蒸汽和高压热蒸汽分别对黑豆、红豆、利马豆进行处理,RS 的得率为19% ~31%,所得 RS 含量比原淀粉中的 RS 含量高3 ~5 倍,从而证明蒸汽加热法也是一种制备 RS 的有效方法。当蒸汽处理时间延长至 90 min 时,会导致总淀粉含量的降低,其原因是加热时间过长导致了豆类淀粉的水解,并伴有转糖苷反应的发生。加热过程中的美拉德反应以及糖焦化反应都会对产物的消化性产生影响。

6)脱支降解法 在抗性淀粉的制备过程中,现有的脱支方法有两种,一种是酶法脱支,另一种方法是化学方法脱支,用酸(盐酸、硫酸、硝酸等)处理淀粉,又称淀粉的林特勒化,有一定的脱支效果,但其脱支效果不及酶法脱支效果好。

所用的酶主要为脱支酶类,最常用的如普鲁兰酶(pulluanase),此种酶可以水解直链和支链淀粉分子中的 α-1,6 糖苷键,并且所切 α-1,6 糖苷键的两头至少还有两个以上的 α-1,4 糖苷键,从而使淀粉的水解产物中含有更多的游离的直链淀粉分子。在淀粉的老化过程中,更多的直链淀粉双螺旋相互缔合,形成高抗性的晶体结构。另外也可以用普鲁兰酶及 α-淀粉酶复合处理原淀粉溶液,α-淀粉酶属于内切酶,切割淀粉分子间的 α-1,4糖苷键,由于 α-淀粉酶水解淀粉的速度比较快,所以要控制 α-淀粉酶的作用时间,用以产生链长度均匀且长度适中的淀粉分子,又由于水解后的淀粉分子含有许多直链结构,所以要通过普鲁兰酶的脱支处理用以产生长度均一的脱支分子片段,有利于分子间的相互缔合成高含量的抗酶解淀粉分子。

7)其他 用反复脱水的方法处理马铃薯淀粉、木薯淀粉、玉米及小麦淀粉能够产生具有特定物理特征的抗性淀粉,X 射线以及 IR 分析结果表明,反复脱水收缩过程致使淀粉发生物理改性,这一过程可以用淀粉的老化机制来解释。在预煮、膨胀、爆破、晾干、滚筒干燥、发酵以及压热处理大米淀粉时发现,压热处理法所得的 RS 含量最高,并且当压热冷却循环次数增加时,RS 含量提高5 倍。

(10)微球淀粉 高分子微球是指直径在纳米级至微米级,形状为球形或其他几何体的高分子材料或高分子复合材料,其形貌可以是多种多样的,包括实心型、中空型、多孔型、哑铃型、洋葱型、汉堡型、高尔夫型、章鱼型及雪人型等。高分子微球也包括微囊,微囊通常是指微球中间有一个或多个微腔,而且微腔内包埋了某种特殊物质的微球。随着高分子微球制备技术的发展,高分子微球在医学领域中的应用越来越广泛,不仅可用于临床检验、药物释放、癌症和肝炎的诊断,还可以用于细胞标记、识别、分离和培养、放射免疫固相载体及免疫吸收等方面。

迄今人们合成微球使用的材料已有数十种,它们从降解性上可以分为两大类,即可生物降解材料和不可生物降解材料。生物可降解材料以合成的可生物降解聚合物体系和天然的大分子体系为主,后者如丝素蛋白、几丁质和壳聚糖、淀粉、魔芋葡甘聚糖、胶原、明胶、透明质酸、酪蛋白、白蛋白、玉米醇溶蛋白等。

淀粉微球是天然淀粉的一种人造衍生物之一,它不但具有天然淀粉的性质,与天然淀粉相比较它还具有微孔结构,易吸附药物;在生物体内具有一定的可变形性,能够根据所在的微环境来改变自己的形状;经酶降解时,微球在骨架崩解前其形状能保持相当长的时间。淀粉微球的这种特点,有利于它在人体内分布运转和在靶区的浓集,因此无论是从靶向性还是从控释性上看都是有利的。淀粉微球不仅符合给药系统的各项要求,更重要的是淀粉微球的理化性质可以在合成过程中进行控制,其结构直接影响着载药,有望成为理想的靶向给药系统的药物载体。一系列关于其应用性能的研究亦证明,作为药物载体,淀粉微球具有良好的药物保护和缓释性能,尤其在癌症的化疗及慢性疾病如动脉栓塞的治疗中已显示出良好的前景。国内外对于淀粉微球的研究工作显示出淀粉微球的应用将会具良好的前景,是有着广阔市场前景的新型变性淀粉产品。

1)淀粉微球的制备方法

①物理法　球磨技术是制备淀粉微球的物理方法。以乙醇或水为介质,淀粉颗粒在机械力的作用下发生破碎。这种方法制备的淀粉微球粒径较大,不均匀,动力消耗大,成本高,少部分淀粉颗粒外表面破裂、粗糙,水解、酶解速度大大加快。其中个别颗粒表面虽没有任何变化,但内部已经破裂。

②化学法　化学共沉法一般用来制备磁性微球(通过适当的方法使聚合物与无机物结合起来,形成具有一定磁性及特殊结构的微球)。在制备中,一般把含有 Fe^{2+} 和 Fe^{3+} 的溶液在碱性条件下混合沉淀,然后用淀粉将其包埋,得到磁性淀粉微球。这类微球除了具有生物兼容性好、无毒和药物缓释等特性外,更重要的是具有磁性,可在体外磁场引导作用下实现定向作用于靶向组织的目的。

③反相乳液法　目前对淀粉微球的反相乳液交联合成是研究热点。反相微乳液法是近十年来发展起来的制备淀粉微球的新方法,即通过交联反应使 W/O 型乳状液的内相固化而得到淀粉微球。用反相乳液法制备淀粉微球不仅制备工艺简单易行,而且所得的淀粉微球具有较坚固的网络结构,在被淀粉酶降解前其形状能保持相当长的时间。此外,还可通过控制交联度来控制淀粉微球释药性能,这是其他成球方法难以达到的。其过程为:将淀粉溶解在水中,作为水相通过机械搅拌或其他方式分散在与之互不相溶的、溶有一定量乳化剂的有机溶剂中形成均匀、稳定、透明的油包水(W/O)型乳状液。而溶解在有机溶剂中的乳化剂吸附在液滴表面上,形成一层薄膜。由于乳化剂的相对分子质量一般较大,可产生一定的位障作用,在液滴间产生机械阻隔。在快速搅拌状态下,加入适量的交联剂,使处于溶解状态的淀粉分子交联成细小的微球从液相析出。由于固相成核、成长都是在微小液滴里完成的,液滴大小限制颗粒长大,从而得到纳米级或微米级的淀粉微球。

现有的合成淀粉微球的方法主要有:先在淀粉链上引入一个不饱和的侧链,然后将此侧链交联聚合;直接采用交联剂与淀粉上的羟基反应,交联成球。第一种成球方法起源于聚丙烯酰胺微球的合成。PeterEdman(1979)等将此工艺引入多糖体系,合成出葡萄糖微球。Artursson 等以丙烯酸缩水甘油酯为衍生化剂对淀粉进行衍生化处理然后将经衍生化处理的淀粉与适量的过硫酸铵、交联剂 N,N′-亚甲基双丙烯酰胺(MBAA)等制成水溶液,同时配制 V(甲苯)∶V(氯仿)为 4∶1 的甲苯-氯仿混合液(内含适当浓度乳化剂)作为油相。经除氧后,油水相混合乳化成 W/O 型乳状液。加入少量四甲基乙二胺(TEMED),引发聚合成球。此制备方法中,丙烯酸缩水甘油酯对淀粉衍生化反应速度慢,此方法反应时间长(10~15 d),且形成的淀粉微球生物降解性差。Laakso L 等(1987)用丙烯酰氯代替丙烯酰胺提高了反应速度,改善了微球的生物降解性。段梦林等(1989)以淀粉为原料,在 W/O 型乳状液中用丙烯酸及甲基丙烯酸二甲氨基乙酯的季铵盐为衍生化剂对其进行共聚接枝,接枝后的共聚物侧链相互交联成球。此制备工艺更简单,从淀粉原料到微球成品一步即可完成,常温下反应只需 3 h。李连涛(1995)用马来酸配为衍生化剂对可溶性淀粉进行了衍生化处理,将得到的马来酸酯化淀粉与丙烯酸钠、交联剂、过硫酸铵一起溶于缓冲液中成水相,用溶有表面活性剂的氯仿-甲苯混合液作油相,经搅拌成稳定的 W/O 型乳状液后,加入 TEMED,室温下引发聚合成球。

第二种方法是无需对淀粉进行预处理,淀粉与交联剂直接在反相乳液中进行亲和取代反应,淀粉的交联与成球一步完成,制备淀粉微球常用的交联剂有环氧氯丙烷、双丙烯胺、对苯二甲酰氯、偏磷酸盐、乙二酸等。Dziechciarek 等(2002)以酶变性淀粉为原料,环己烷为油相,Span80 为乳化剂,分别用环氧氯丙烷和三偏磷酸钠为交联剂制备淀粉微球。研究发现,环氧氯丙烷交联淀粉微球的粒径大约是三偏磷酸钠交联淀粉微球的 1/10。Fundueanu 等(2004)将淀粉和环糊精混合溶液加入到溶有 CAB 的二氯乙烷中,搅拌乳化1 h 后加入交联剂环氧氯丙烷,在 50 ℃下反应 20 h 制备淀粉环糊精微球。微球粒径主要分布在 50~160 μm 范围内。扫描电镜观察发现微球表面致密,但内部有小孔。

2)淀粉微球的载药方式 淀粉微球作为药物载体,其载药主要有 3 种方式:

①将干燥的空白微球放入药液中溶胀 这种方式最简单,可以大量载药,对大多数药物适宜。而且吸附载药的反应条件比较温和,不易使药物变性而失去药效。但此方法与微球结合不够紧密,缓释能力弱。有的研究者通过化学方法使微球带有电荷,来吸附与微球所携带电荷相反的药物取得了一定进展。于九皋等(1994)以 $POCl_3$ 和 $Na_3P_3O_9$ 为交联剂合成带负电荷的阴离子淀粉微球,以亚甲基蓝为模型药物研究了阴离子微球对带正电荷药物的吸附性能,结果表明阴离子化微球对亚甲基蓝吸附量增加。肖昊江等(2007)报道了以经 N,N'-亚甲基双丙烯酰胺交联的中性淀粉微球为原料,以 2,3-环氧丙基三甲基氯化铵(GTA)为醚化剂制备阳离子淀粉微球,通过红外光谱分析证实了 GTA 与微球发生了醚化反应,但未对其载药性能进行研究。

②淀粉微球制备时直接将药物带入 制备微球时,水溶性药物与淀粉共同组成水相,经乳化聚合成球后,药物直接包埋在球内。采用此法的主要是酶、白蛋白等大分子。其固化机制有两种:一部分被聚合链束缚在微球的三维结构中,另一部分吸附在球的网孔中。相关研究表明,小分子药物的包埋效果不如大分子理想。毛世瑞等(2004)对淀粉微球包埋褪黑激素载药进行了研究,认为对于中性药物分子,包埋的效果好于吸附。

③运用某些偶联化合物使药物与微球连接起来 此方法对负载小分子药物是一种行之有效的方法,但对药物的分子结构有一定的要求,并且载药率低,药物与微球之间的偶联与去偶联往往并不是可逆的,影响药物的释放;偶联化合物的加入也可能使药物分子的化学结构改变,进而影响药效,这些都限制了偶联载药的运用。

(11)淀粉基脂肪替代物 脂肪在绝大多数食品体系中是必不可少的,它能综合提高食品风味、口感、乳脂状、质构及润滑感等方面的感官效果,它还能提高在进餐时的饱腹感。此外,脂肪是一些风味成分的载体,起着稳定体系芳香的作用。从生理角度来看,脂肪是一些脂溶性维生素、脂肪酸及前列腺素的来源。然而,脂肪摄入过多也会引起一系列健康问题,如肥胖症、高胆固醇等。越来越多的人想减少脂肪的摄入,但又不想丧失脂肪的风味、口感等。因此,人们开始寻找新的物质来部分或全部代替脂肪,这种物质具有脂肪的部分性质或全部性质,但在体内被消化、分解释放的能量比天然油脂少或不被消化、吸收,即单位质量的物质提供的能量少或不提供能量。

按照原料的不同,有脂肪基、蛋白基和碳水化合物为基础的三种脂肪替代物。按照功能性,它们也可以被分为两类:代脂肪(fat substitutes)和脂肪模拟物(fat mimics)。

1)代脂肪　代脂肪是以脂肪酸为基础的酯化产品。代脂肪与天然油脂的物理和化学性质十分相似,理论上它可与天然油脂一对一替换应用于食品中。代脂肪通常指的是脂肪基脂肪代用品(lipid-or-fat-based fat replacers)。它们可以是化学合成的,也可以是从传统的脂肪或油脂中提取再通过酶改性制得。脂肪替代品的性质与天然油脂的性质相似,有的产品可完全取代天然油脂用于食品中,也可用于巧克力糖的外衣、糖果馅、冰淇淋、奶酪、人造奶油、花生酱等食品中。脂肪替代物是高分子化合物,在其物理、化学性质上类似脂肪酸(传统的脂肪和油脂),其酯键能抵抗脂肪酶的水解,不被人体消化。在理论上,它们能以 1 g 对 1 g 的方式取代食品中的脂肪,通常被称为脂肪基质的脂肪代用品。

2)模拟脂肪　模拟脂肪是以碳水化合物或蛋白质为基础成分,经过处理,能与水分子强烈结合在一起的水状液体系,所形成的三维网状结构的凝胶能将大量的水截留,被截留的水具有较好的流动性,以此模拟出脂肪润滑细腻的口感特性。但模拟脂肪不能耐高温处理,因此不能完全取代脂肪。以碳水化合物为基本组分的脂肪替代物,可分为全消化、部分消化和不消化三种。所提供的热量为 0 ~ 16.8 kJ/g,与脂肪相比热容量的供给减少了 16.8 ~ 37.8 kJ/g,并且使用安全。

碳水化合物为基质的模拟物的特性主要由碳水化合物微粒的结构与水分子相结合而产生的。以碳水化合物为基质的脂肪模拟物可以改善水相的结构特征,所形成的三维网状结构的凝胶能将大量的水截留,这些被截留的水具有较好的流动性,在质感和口感上很像脂肪,能产生奶油状的润滑感和黏稠度。目前应用于食品中的碳水化合物为基质的模拟脂肪有胶质、改性淀粉、纤维素型拟脂物、葡聚糖、菊粉(hiulin)等,它们可应用于焙烤食品、调味料、口香糖、蜜饯、硬糖、软糖、花生酱、水果涂层、甜果酱、人造奶油、火腿肠、肉馅等食品中。

淀粉基脂肪替代物因既能保持食品的风味又不提高成本而备受青睐,它能够形成凝胶并增加水相黏度,使水相结构特征发生变化,产生奶油状润滑的黏稠度以及滑腻的口感。此类产品是以玉米、木薯、山芋、小麦、大米、马铃薯、高粱等淀粉质作为原料,经酸水解、酶水解、氧化、糊精化、交联作用改性而成,可在食品中提供奶油样的润滑性和增加食品的黏稠度,从而可模拟脂肪的感官特性。淀粉型脂肪替代物一般应用于色拉调味料、人造奶油、糖霜、果酱、夹心酱、焙烤食品、香肠肉馅,不太适用于低水分的食品(如饼干等)。

蛋白质是生物体最重要的基本组成成分之一,是表达遗传性状的主要物质基础。它种类繁多,都具有一定的相对分子质量、复杂的分子结构和特定的功能特性。虽然所有由生物产生的蛋白质都可作为食品蛋白质而加以利用,但在实际中,谷物蛋白质因其来源丰富、易于消化、无毒、富有营养,是传统食品蛋白质的主要来源之一。

第 **3** 章

谷物蛋白质

3.1　谷物蛋白质概述

3.1.1　蛋白质的分子组成

蛋白质是由一条或多条多肽链组成的生物大分子,每条多肽链有二十至数百个氨基酸残基不等,各种氨基酸按一定的顺序排列。蛋白质是生物细胞的主要成分,为生命生长或维持所必需的营养物质,部分蛋白质还可以作为生物催化剂(酶和激素),控制机体的生长、消化代谢、分泌及能量转移等变化过程,蛋白质还是机体内生物免疫作用所必需的物质。在食品加工中蛋白质对食品的质构、色、香、味等方面还起着重要作用。

3.1.1.1　蛋白质的元素组成

从元素组成来看,蛋白质主要由碳、氢、氧、氮和硫等元素组成,其中氮元素是它的特殊元素,常用来表示蛋白质的含量。各元素含量为:$w(C) = 50\% \sim 56\%$；$w(H) = 6\% \sim 8\%$；$w(O) = 19\% \sim 24\%$；$w(S) = 0 \sim 4\%$；$w(N) = 13\% \sim 19\%$,平均为 16%,每克氮所代表的蛋白质质量为 $100/16 = 6.25$,此数为氮换算为蛋白质的换算系数。蛋白质含氮量越高,换算系数越低。

测定生物材料中蛋白质含量的经典方法是凯氏定氮法:将样品与浓硫酸共热,含氮有机物即分解产生氨,氨又与硫酸作用生成硫酸铵,此过程称作消化。然后经强碱碱化使硫酸铵分解放出氨,借蒸气将氨蒸馏出来,用硼酸吸收,根据此酸液被中和的程度即可计算出样品的含氮量。因此,只要测定出生物样品中的含氮量,就可以用推算出蛋白质大致的含量,不同原料的换算系数见表 3.1。

每克样品中蛋白质含量 = 每克样品中含氮克数×6.25(或其他蛋白质换算系数)

表 3.1　几种谷物原料的蛋白质换算系数

谷物原料	换算系数	谷物原料	换算系数
全小麦	5.83	燕麦	5.83
小麦粉	5.70	黑麦	5.83
大米	5.95	大麦	5.83
玉米	6.25	小米	5.83

3.1.1.2　氨基酸的结构和分类

分析蛋白质的分子组成,首先需要对蛋白质进行水解。蛋白质受酸、碱或酶的作用而水解,当其完全水解时,利用层析等手段分析水解液,就可证明蛋白质的基本单位是氨基酸。从不同天然蛋白质完全水解产物中分离到的 20 种基本氨基酸,称为常见氨基酸,它们的分子结构均是 α-氨基酸。这些氨基酸含有一个 α-碳原子、一个氢原子、一个氨基、一个羧基和一个侧链 R 基,侧链 R 基以共价键与碳原子相连。其结构通式为:

$$\begin{array}{c} COOH \\ | \\ H_2N - CH \\ | \\ R \end{array}$$

这 20 种氨基酸通常根据其侧链 R 基团的结构和性质进行分类。

根据 R 基团的化学结构分为脂肪族、芳香族和杂环族氨基酸三类,如芳香族氨基酸有:苯丙氨酸、酪氨酸、色氨酸;杂环族氨基酸有:组氨酸和脯氨酸。其他氨基酸为脂肪族氨基酸。

根据 R 基团的极性不同,常见氨基酸的分类和结构见表 3.2。

氨基酸的 R 基团不带电荷或极性极微弱的属于非极性氨基酸,如甘氨酸、丙氨酸、亮氨酸、异亮氨酸、缬氨酸、脯氨酸、苯丙氨酸、蛋氨酸、色氨酸。它们的 R 基团具有疏水性。

氨基酸的 R 基团带电荷或有极性的属于极性氨基酸,它们可分为:

(1)极性中性氨基酸 R 基团有极性,但不解离,或仅微弱解离,它们的 R 基团有亲水性。如丝氨酸、谷氨酰胺酸、苏氨酸、半胱氨酸、天冬酰胺、酪氨酸。

(2)酸性氨基酸 R 基团有极性,且解离,在中性溶液中显酸性,亲水性强。如天冬氨酸、谷氨酸。

(3)碱性氨基酸 R 基团有极性,且解离,在中性溶液中显碱性,亲水性强。如赖氨酸、精氨酸和组氨酸。

表 3.2 常见氨基酸的分类和结构

	名 称	英文缩写		相对分子质量	pI	结构式
非极性氨基酸	甘氨酸(α-氨基乙酸) Glycine	Gly	G	75.1	5.97	$CH_2 \!-\! COO^-$ 丨 $^+NH_3$
	丙氨酸(α-氨基丙酸) Alanine	Ala	A	89.1	6.02	$CH_3 \!-\! CH \!-\! COO^-$ 丨 $^+NH_3$
	亮氨酸(γ-甲基-α-氨基戊酸)* Leucine	Leu	L	131.2	5.98	$(CH_3)_2CHCH_2 \!-\! CHCOO^-$ 丨 $^+NH_3$
	异亮氨酸(β-甲基-α-氨基戊酸)* Isoleucine	Ile	I	131.2	6.02	$CH_3CH_2CH \!-\! CHCOO^-$ 丨 丨 CH_3 $^+NH_3$
	缬氨酸(β-甲基-α-氨基丁酸)* Valine	Val	V	117.1	5.96	$(CH_3)_2CH \!-\! CHCOO^-$ 丨 $^+NH_3$
	脯氨酸(α-四氢吡咯甲酸) Proline	Pro	P	115.1	6.30	(吡咯环结构) $\overset{+}{N}$ $-COO^-$ H H
	苯丙氨酸(β-苯基-α-氨基丙酸)* Phenylalanine	Phe	F	165.2	5.48	(苯环)$-CH_2 \!-\! CHCOO^-$ 丨 $^+NH_3$
	蛋(甲硫)氨酸(α-氨基-γ-甲硫基戊酸)* Methionine	Met	M	149.2	5.74	$CH_3SCH_2CH_2 \!-\! CHCOO^-$ 丨 $^+NH_3$
	色氨酸[α-氨基-β-(3-吲哚基)丙酸]* Tryptophan	Trp	W	204.2	5.89	(吲哚环)$CH_2CH \!-\! COO^-$ 丨 $^+NH_3$ N H

续表 3.2

名　称	英文缩写		相对分子质量	pI	结构式
丝氨酸(α-氨基-β-羟基丙酸) Serine	Ser	S	105.1	5.68	$HOCH_2 - \overset{\underset{\underset{+}{NH_3}}{\vert}}{CHCOO^-}$
谷氨酰胺(α-氨基戊酰胺酸) Glutamine	Gln	Q	146.1	5.65	$H_2N - \overset{\overset{O}{\parallel}}{C} - CH_2CH_2\overset{\underset{\underset{+}{NH_3}}{\vert}}{CHCOO^-}$
苏氨酸(α-氨基-β-羟基丁酸)＊ Threonine	Thr	T	119.1	6.16	$CH_3\overset{\underset{\underset{}{OH}}{\vert}}{CH} - \overset{\underset{\underset{+}{NH_3}}{\vert}}{CHCOO^-}$
半胱氨酸(α-氨基-β-巯基丙酸) Cysteine	Cys	C	121.1	5.07	$HSCH_2 - \overset{\underset{\underset{+}{NH_3}}{\vert}}{CHCOO^-}$
天冬酰胺(α-氨基丁酰胺酸) Asparagine	Asn	N	132.1	5.41	$H_2N - \overset{\overset{O}{\parallel}}{C} - CH_2\overset{\underset{\underset{+}{NH_3}}{\vert}}{CHCOO^-}$
酪氨酸(α-氨基-β-对羟苯基丙酸) Tyrosine	Tyr	Y	181.2	5.65	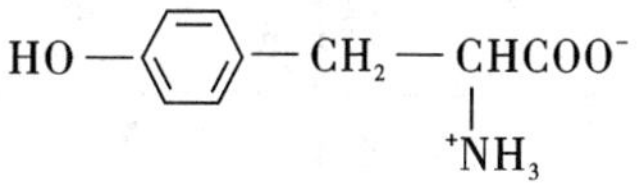 $HO - \langle\bigcirc\rangle - CH_2 - \overset{\underset{\underset{+}{NH_3}}{\vert}}{CHCOO^-}$
天冬氨酸(α-氨基丁二酸) Aspartic acid	Asp	D	133.1	2.77	$HOOCCH_2\overset{\underset{\underset{+}{NH_3}}{\vert}}{CHCOO^-}$
谷氨酸(α-氨基戊二酸) Glutamic acid	Glu	E	147.1	3.22	$HOOCCH_2CH_2\overset{\underset{\underset{+}{NH_3}}{\vert}}{CHCOO^-}$
赖氨酸(α,ω-二氨基己酸)＊ Lysine	Lys	K	146.2	9.74	$^+NH_3CH_2CH_2CH_2CH_2\overset{\underset{\underset{}{NH_2}}{\vert}}{CHCO}$
精氨酸(α-氨基-δ-胍基戊酸) Arginine	Arg	R	174.2	10.76	$H2N - \overset{\overset{+NH_2}{\parallel}}{C} - NHCH_2CH_2CH_2\overset{\underset{\underset{}{NH_2}}{\vert}}{CHCO}$
组氨酸[α-氨基-β-(4-咪唑基)丙酸] Histidine	His	H	155.2	7.58	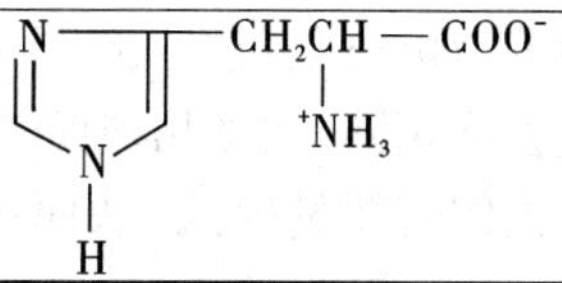 $\overset{N=\!=\!\langle\;\rangle}{\underset{N-H}{\quad}}CH_2\overset{\underset{\underset{+}{NH_3}}{\vert}}{CH} - COO^-$

表左侧竖排分组标注：极性中性氨基酸；酸性氨基酸；碱性氨基酸

＊为必需氨基酸。

3.1.1.3 必需氨基酸和限制性氨基酸

在组成人体蛋白质的20多种氨基酸中,已确定有8种为人体自身不能合成或合成速度远不能满足机体需要,必须从食物中获得,这一类氨基酸称为必需氨基酸,它们是赖氨酸、亮氨酸、异亮氨酸、蛋氨酸、苯丙氨酸、苏氨酸、色氨酸、缬氨酸,此外,组氨酸对婴幼儿也是必需的。半胱氨酸和酪氨酸可分别由蛋氨酸和苯丙氨酸转化而来,当膳食中半胱氨酸和酪氨酸充足时,可减少蛋氨酸和苯丙氨酸的消耗,因此有人将这两种氨基酸称为半必需氨基酸,在计算食物必需氨基酸组成时,可将蛋氨酸和半胱氨酸、苯丙氨酸和酪氨酸分别合并计算。

构成人体组织蛋白质的各种氨基酸有一定的比例,膳食蛋白质所提供的必需氨基酸除数量充足外,其相互间的比例也应与上述比例相接近,食物蛋白质中的氨基酸才能被机体充分利用。FAO/WHO联合专家委员1985年提出了不同年龄人群每日必需氨基酸需要量及氨基酸需要量模式,见表3.3。氨基酸需要量模式是指每克蛋白质中含有各种必需氨基酸的毫克数。

表3.3 必需氨基酸需要量模式

氨基酸/ (mg/g)	需要量模式			
	婴儿① 平均	学龄前 (2~5岁)	学龄儿童 (10~12岁)	成人
组氨酸	26	19	19	16
异亮氨酸	46	28	28	13
亮氨酸	93	66	44	19
赖氨酸	66	58	44	16
蛋氨酸+胱氨酸	42	25	22	17
苯丙氨酸+酪氨酸	72	63	22	19
苏氨酸	43	34	28	9
色氨酸	17	11	9	5
缬氨酸	55	35	25	13

注:①人乳的氨基酸组成

限制性氨基酸:将食物蛋白质中各种必需氨基酸的数量与人体需要量模式进行比较,相对不足的氨基酸为限制性氨基酸。粮谷类的限制性氨基酸是赖氨酸,豆类、花生、猪肉等为蛋氨酸和胱氨酸,而鱼则为色氨酸。由于食物蛋白质中限制性氨基酸的种类和数量各不相同,如将几种食物进行混合,能起到取长补短的作用,使其必需氨基酸的构成接近人体需要量模式,从而提高蛋白质在体内的利用率,这种作用称为蛋白质的互补作用。

3.1.2 蛋白质的一级结构

蛋白质的一级结构(primary structure)是指肽链中的各个氨基酸残基的排列顺序。

不同的蛋白质都具有特定的构象,但从一级结构来看,蛋白质是由许多氨基酸按照一定的排列顺序,通过肽键相互连接起来的多肽链结构。第 i 个氨基酸的 α-羧基同第 $i+1$ 个氨基酸的 α-氨基形成肽键,同时失去一分子水。在线性序列中,所有的氨基酸残基都是 L 型。由 n 个氨基酸残基构成的蛋白质分子含有 $(n-1)$ 个肽键。蛋白质多肽链中带有游离氨基的一端称作 N 端,带有游离羧基的一端称作 C 端。根据惯例,可采用 N 表示多肽链的始端,C 表示多肽链的末端。

$$-NH-CH-COOH \ + \ H_2N-CH-COOH$$
$$\qquad \ \ \ | \qquad\qquad\qquad\quad \ |$$
$$\qquad \ \ R_i \qquad\qquad\qquad\quad R_{i+1}$$

$$\downarrow$$

$$-NH-CH-CO-NH-CH-COOH+H_2O$$
$$\qquad \ \ \ | \qquad\qquad\qquad\quad \ \ |$$
$$\qquad \ \ R_i \qquad\qquad\qquad\quad \ R_{i+1}$$

由 n 个氨基酸残基连接而形成的链长和序列决定着蛋白质的物理化学性质、结构和生物学功能。氨基酸序列如同二级和三级结构的编码(code)而最终决定着蛋白质的生物学功能。蛋白质的分子质量从几千至超过百万道尔顿(Da)

多肽链的主链可用重复的 —N—C—C— 或 —C—C—N— 单位表示,—NH—CHR—CO— 代表一个氨基酸残基,而 —CHR—CO—NH— 代表一个肽单位。虽然 —CO—NH— 键被描述为一个共价单键,但实际上,由于电子的离域效应会导致肽键具有部分双键的性质,这一特性对于蛋白质的结构具有重要影响。首先,它的共振结构排除了肽键中 N—H 基的质子化;其次,由于部分双键的特征限制了 CO—NH 键的转动角度(即其最大值为 6°)。由于这个限制,多肽链的 6 原子片段(—C_α—CO—C_α—)处在一个平面中,多肽链主链基本上可被描述为通过 C_α 原子连接的一系列 —C_α—CO—NH—C_α— 平面。由于多肽主链中肽键约占共价键总数的 1/3,因此,它们有限的转动自由度显著地减少了主链的柔性。仅 N—C_α 和 C_α—C 键具有转动自由度,它们分别被定义为 φ 和 ψ 两面角,也称为主链扭角。第三,中子的去定域作用也使羧基氧原子具有部分的负电荷和 N—H 基的氢原子具有部分的正电荷。由于这个原因,在适当条件下,多肽主链的 C=O 和 N—H 基之间有可能形成氢键。由肽键的部分双键性质而产生的另一个结果是连接在键上的 4 个原子能以反式或顺式构型存在。然而,几乎所有的蛋白质肽键都是以反式构型存在的,这是因为在热力学上反式构型比顺式构型稳定。由于反式-顺式转变增加肽键自由能 34.8 kJ/mol,因此,在蛋白质中不会发生肽键的异构化。含有脯氨酸的肽键是一个例外,对于含脯氨酸残基的肽键,反式-顺式转变仅增加自由能约 7.8 kJ/mol,因此,在高温条件下这些肽键有时确实存在反式-顺式异构化。

虽然 N—C_α 和 C_α—C 键确实是单键,φ 和 ψ 在理论上具有 360° 转动自由度,然而它们的实际转动自由度由于 C_α 原子上侧链原子的立体位阻而被限制,也正是这些限制进一步减小了多肽链的柔性。

3.1.3 蛋白质的空间结构

蛋白质分子的多肽链并非呈线形伸展,而是折叠和盘曲构成特有的比较稳定的空间结构。蛋白质的生物学功能和理化性质主要取决于空间结构,因此仅仅测定蛋白质分子的氨基酸组成及其排序并不能完全了解蛋白质分子的生物学功能和理化性质。例如球状蛋白质(多见于血浆中的白蛋白、球蛋白、血红蛋白和酶等)和纤维状蛋白质(角蛋白、胶原蛋白、肌凝蛋白、纤维蛋白等),前者溶于水,后者不溶于水,显而易见,此种性质不能仅用蛋白质的一级结构的氨基酸排列顺序来解释。

蛋白质的空间结构就是指蛋白质的二级、三级和四级结构。

3.1.3.1 蛋白质的二级结构

蛋白质的二级结构(secondary structure)是指多肽链骨架部分氨基酸残基有规则的周期性空间排列,即肽链中局部肽段骨架形成的构象。它们是完整肽链构象(三级结构)的结构单元,是蛋白质复杂的空间构象的基础,故它们也可称为构象单元。它不包括侧链的构象和整个肽链的空间排列。在多肽链某一片段中,当依次相继的氨基酸残基具有相同的 φ 和 ψ 转扭角时(见图3.1),就会出现周期性结构。氨基酸残基之间近邻或短程的非共价相互作用,将决定两面角 φ 和 ψ 的扭转,同时导致局部自由能的降低。在多肽链的某些片段区域,当依次连接的氨基酸残基的成对 φ 和 ψ 双面角取不同值时,这些区域则为非周期或无规结构。

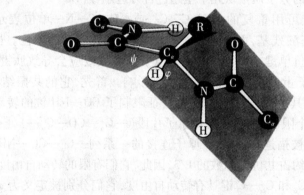

图3.1 两个肽平面以一个 C_α 为中心发生旋转

一般来说,在蛋白质分子中主要存在两种周期性(有规则)的二级结构,它们是螺旋结构和伸展的折叠结构。

各类二级结构的形成几乎全是由于肽链骨架中的羰基上的氧原子和亚氨基上的氢原子之间的氢键所维系。其他的作用力,如范德瓦耳斯力等,也有一定的贡献。某一肽段,或某些肽段间的氢键越多,它(们)形成的二级结构就越稳定,即二级结构的形成是一种协同的趋势。

(1)螺旋结构 在蛋白质二级结构中通常将螺旋看成是蛋白质复杂构象的基础,蛋白质的螺旋结构是由依次相继的氨基酸残基的成对双面角 φ 和 ψ,分别按同一组值扭转而成的周期性规则构象。理论上 φ 和 ψ 角可以选择不同的组合值,那么,蛋白质就可能产生几种不同几何形状的螺旋结构。然而,蛋白质实际上仅有 α-螺旋,3_{10}-螺旋和 π-螺旋三种形式的螺旋结构,其中 α-螺旋(α-helix)是蛋白质中最常见的规则二级结构,也是最稳定的构象。

α-螺旋(图3.2)的结构特点如下。

1）多个肽键平面通过 α-碳原子旋转，相互之间紧密盘曲成稳固的右手螺旋。

2）主链呈螺旋上升，每3.6 个氨基酸残基上升一圈，相当于 0.54 nm，这与 X 射线衍射图复合。

3）相邻两螺旋之间借肽键中的 C ═O 和—NH 形成许多链内氢键，即每一个氨基酸残基中的—NH 和前面相隔三个残基的 C ═O 之间形成氢键，这是稳定 α-螺旋的主要键。

4）肽链中氨基酸的侧链 R 基，分布在螺旋外侧，其形状、大小及电荷影响 α-螺旋的形成。酸性或碱性氨基酸集中区域，由于同电荷相斥，不利于 α-螺旋形成；较大的 R（如苯、Ala、Trp、Ile）集中的区域，也妨碍 α-螺旋形成；脯氨酸（Pro）因其 α-碳原子位于五元环上，不易扭转，加之它是亚氨基酸，不易形成氢键，故不易形成上述 α-螺旋；甘氨酸（Gly）的 R 基为 H，空间占位很小，也会影响该处螺旋的稳定。

3_{10}-螺旋是一种二级结构，为非典型的 α-螺旋构象，形成氢键的 N、H、O 的 3 个原子不在一直线上，

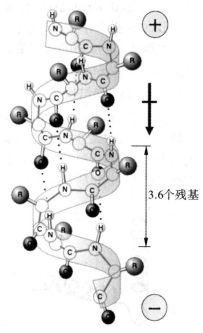

图 3.2　α-螺旋空间构象图

有时存在于球蛋白的某些部位，它是每圈包含 3 个氨基酸残基的 α-螺旋，每对氢键包含 10 个原子。π-螺旋每圈有 4.4 个氨基酸残基，不如 α-螺旋稳定，仅存在于包含少数氨基酸的短片段中，而且它们对大多数蛋白质的结构不重要。

（2）β-折叠（β-sheet）结构　β-折叠或 β-折叠片（β-pleated sheet）是一种具有特殊几何形状（锯齿形）的伸展结构，在这一伸展结构中，C ═O 和 N—H 基是在链垂直的方向取向。因此氢键只能通过较远距离的两个片段之间形成，而同一肽段的邻近肽键间很难或不能形成氢键，因此单股 β-折叠是不稳定的，比 α-螺旋更加伸展。β-折叠片结构由若干股组成，每股相当于 5 ~ 15 个氨基酸长度，分子中各股之间通过氢键相互作用，组合成一组 β-折叠，形成片层结构，一般称为 β-折叠片。在片层结构中，多肽主链上的氨基酸残基侧链垂直于片状结构平面，位于折叠平面的上方或下方。按多肽主链中 N→C 的指向，β-折叠片存在两种类型结构，即平行 β-折叠和反平行 β-折叠。所谓平行式（parallel）是所有肽链的 N 末端均在同一侧，即肽链的排列极性（N→C）是一顺的，例如，β-角蛋白，在平行式的 β-折叠片结构中链的取向影响氢键的几何构型。而反平行式（antiparallel）肽链的 N 末端为一顺一反的排列，呈间隔同向，肽链的极性一顺一倒。N—H⋯O 的 3 个原子在同一条直线上（氢键角为 0°），从而增加了氢键的稳定性。在平行式 β-折叠片结构中，这些原子不在一条直线上，而是形成一定的角度，使氢键稳定性降低。因此，反平行式的 β-折叠片比平行式的更为稳定。电荷和位阻通常对 β-折叠片结构的存在没有很大的影响。

β-折叠结构一般比 α-螺旋稳定。蛋白质中若含有较高比例的 β-折叠结构，往往需要高的温度才能使蛋白质变性。加热和冷却蛋白质溶液，通常可以使 α-螺旋转变为 β-折叠结构。但是 β-折叠向 α-螺旋转变的现象迄今在蛋白质中尚未发现。

β-转角(β-turn)也称回折或β-弯曲(β-bend)是蛋白质中常见的又一种二级结构,它是形成β-折叠时多肽链反转180°的结果。发夹弯曲结构是反平行β-折叠形成的,交叉弯曲则是由平行β-折叠形成的结构。β-转角由4个氨基酸残基构成,通过氢键稳定。在β-转角中常见的氨基酸有天冬氨酸、半胱氨酸、天冬酰胺、甘氨酸、脯氨酸和酪氨酸。

3.1.3.2 超二级结构

蛋白质结构分析已经证明,在蛋白质结构中,常常发现两个或几个二级结构单元被连接多肽连接起来,进一步组合成有特殊的几何排列的局域空间结构,这些局域空间结构称为超二级结构(super-secondary structure)。图3.3所表示的是由两个α-螺旋与连接多肽组成的最简单的具备特殊功能的超二级结构。

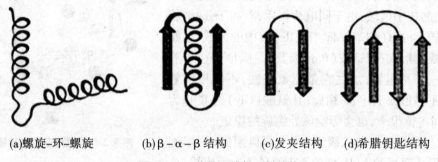

(a)螺旋-环-螺旋   (b)β-α-β结构   (c)发夹结构   (d)希腊钥匙结构

图3.3 几种普通的超二级结构

3.1.3.3 蛋白质的三级结构

蛋白质的三级结构(tertiary structure)是指含α-螺旋、β-转角和β-折叠或无规卷曲等二级结构的蛋白质,其线性多肽链进一步折叠成为紧密结构时的三维空间排列,如图3.4所示。

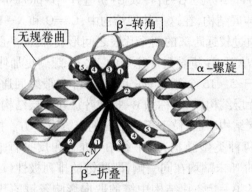

图3.4 蛋白质的三级结构

蛋白质从线性结构转变成折叠的三级结构是一个复杂的过程。当蛋白质肽链局部的肽段形成二级结构以及它们之间进一步相互作用成为超二级结构后,仍有一些肽段中的单键在不断运动旋转,肽链中的各个部分,包括已知相对稳定的超二级结构以及还未键合的部分,继续相互作用,使整个肽链的内能进一步降低,分子变得更为稳定。因此,在分子水平上,蛋白质结构形成的细节存在于氨基酸序列中。也就是说,三维构象是多肽链的各个单键的旋转自由度受到各种限制的结果。从能量观点上看,三级结构的形成包括:蛋白质中不同基团之间的各种相互作用(疏水、静电荷范德瓦耳斯力的相互作用)的优化;最佳状态氢键的形成,使蛋白质分子的自由能尽可能降低到最低值。

在已知三级结构的水溶性蛋白质中,发现在三级结构形成的过程中,大多数疏水性氨基酸残基重新取向后定位在蛋白质结构的内部,而大多数亲水性氨基酸残基,特别是带电荷的氨基酸则较均匀地分布在蛋白质-水界面,同时伴随着自由能的降低。但也发现一些例外,如电荷的各向异性分布可能出现,使得蛋白质有确定的生物功能(如蛋白酶)。就某些蛋白质而言,不溶于水而溶于有机溶剂(如作为脂类载体的脂蛋白),其分子表面分布较多的疏水性氨基酸残基。

从上述氨基酸残基在蛋白质中的分布,不难进一步推测一些富含疏水氨基酸残基的肽段多数是处于球状蛋白质的内部,富含亲水残基的肽段应该更多地出现在球状蛋白质的表面。然而,这只是简单的推测,事实上,并非完全如此。在大多数球状蛋白质中,水可达到的界面有40%~50%被非极性基团占据,同时部分极性基团不可避免地埋藏在蛋白质的内部,而且总是能与其他极性基团发生氢键键合,以至于使蛋白质内部非极性环境中的自由能降低到最小。另外,球状蛋白质的三级结构的特征离不开各种不同类型的二级结构在蛋白质中的分布。原则上,一些相对规则的 α-螺旋和 β-折叠分布在球状蛋白质的内部,而且压积得很紧密,致使球状蛋白成为致密的结构;那些连接 α-螺旋和 β-折叠的规则性相对差一些的二级结构,转角和环状以及特定的"无规"卷曲,则更多地分布在球状蛋白质的外围。

蛋白质一级结构中亲水性和疏水性氨基酸残基的比例和分布,影响蛋白质的某些物理化学性质。例如,蛋白质分子的形状可通过氨基酸的序列预测,如果一个蛋白质分子含有大量的亲水性氨基酸残基,并且均匀地分布在多肽链中,那么蛋白质分子将会伸长或呈棒状形。这是因为在相对分子质量一定时,相对于体积而言,棒状形具有较大的表面积,利于更多的疏水性氨基酸残基分布在表面;反之,当蛋白质含有大量的疏水性氨基酸残基,蛋白质则为球形,它的表面积和体积之比最小,使更多的疏水性基团埋藏在蛋白质内部。

3.1.3.4　蛋白质的四级结构

具有两条或两条以上独立三级结构的多肽链组成的蛋白质,其多肽链间通过次级键相互组合而形成的空间结构称为蛋白质的四级结构(quaternary structure)。它是蛋白质三级结构的亚单位通过非共价键缔合的结果,这些亚单位可能是相同的或不同的,它们的排列方式可以是对称的,也可以是不对称的。稳定四级结构的力或键(除二硫交联键外)与稳定三级结构的那些键相同。

某些生理上重要的蛋白质是以二聚体、三聚体、四聚体等多聚体形式存在。任何四级结构的蛋白质(又称四级复合物或寡聚体)都是由蛋白质亚基(或称亚单位)即单体构成。根据亚基的组成可分为由相同亚基和不同亚基构成的两大类型。在各个体系中亚基的数目或不同亚基的比例可能有很大的差别。相同亚基构成的多聚体称为同源(homogeneous)多聚体,例如胰岛素通常是同源二聚体(homodimer);由不同亚基形成的多聚体则称为异源(heterogeneous)多聚体,一些糖蛋白激素(如绒毛膜促性腺激素,促甲状腺素)是异源二聚体,含有 α-亚基和β-亚基各一个。血红蛋白是异源四聚体,含有 α-和 β-亚基各两个。有些蛋白质的亚基类型可在 3 种或 3 种以上。有的蛋白质在不同 pH 值介质中可形成不同聚合度的蛋白质,如乳清中的 β-球蛋白亚基是相同的,在 pH 值为 5 ~

8 时以二聚体存在,pH 值为 3~5 时呈现八聚体形式,当 pH≥8 时则以单体形式存在。

蛋白质寡聚体结构的形成是由于多肽链-多肽链之间特定相互作用的结果。亚基间的相互作用都是非共价键。例如氢键、疏水相互作用和静电相互作用。疏水氨基酸残基所占的比例较显著地影响寡聚蛋白质形成的倾向。蛋白质中的疏水氨基酸残基含量超过 30%时,比疏水氨基酸含量低的蛋白质更容易形成寡聚体。

从热力学观点看,使亚基中疏水基团埋藏,是蛋白质四级结构形成的首要驱动力。当蛋白质疏水氨基酸残基含量高于 30% 时,在物理的角度上,已不可能形成将所有非极性基团埋藏的结构。通常只是有可能使疏水小区存在,这些毗连单体间小区的相互作用将导致二聚体、三聚体等的形成。从动力学看,一般的寡聚体的装配过程是几个亚基随机地碰撞,因此装配过程是一个二级反应,速率和装配程度均是亚基浓度的函数。

许多食品蛋白质,尤其是谷蛋白,是以不同的多肽链构成的寡聚体形式存在。可以预见,这些蛋白质中疏水氨基酸(Ile、Leu、Trp、Tyr、Val、Phe 和 Pro)残基含量应高于 35%,此外,它们还含有 6%~12%的脯氨酸。由此可见,谷物蛋白以复杂的寡聚体结构存在。大豆中主要的储存蛋白是 β-大豆半球蛋白和大豆球蛋白,它们分别含有大约 41% 和 39%的疏水氨基酸残基。β-大豆半球蛋白是由 3 种不同的亚基组成的三聚蛋白,离子强度和 pH 值的变化使它呈现复杂的缔合-解离现象。大豆球蛋白是由 12 种亚基构成,其中 6 种亚基是酸性的,另外 6 种亚基是碱性的,每一个碱性亚基通过二硫键与一个酸性亚基交联。6 对酸性-碱性亚基通过非共价键相互作用压缩在一起成为寡聚状态。大豆球蛋白随离子强度的变化同样也会产生更复杂的缔合-解离现象。

如图 3.5 所示蛋白质的一、二、三、四级结构示意图和蛋白质的一、二、三、四级的空间构象图。

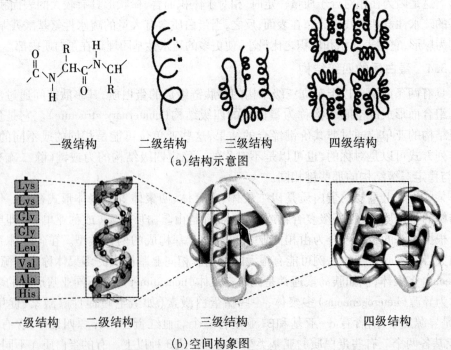

一级结构　　　二级结构　　　三级结构　　　四级结构

(a)结构示意图

一级结构　　二级结构　　　　三级结构　　　　　四级结构

(b)空间构象图

图3.5　蛋白质的一、二、三、四级结构示意图和空间构象图

3.1.4　蛋白质的结构与功能的关系

3.1.4.1　蛋白质的一级结构与其构象及功能的关系

蛋白质一级结构是空间结构的基础,特定的空间构象主要是由蛋白质分子中肽链和侧链 R 基团形成的次级键来维持,在生物体内,蛋白质的多肽链一旦被合成后,即可根据一级结构的特点自然折叠和盘曲,形成一定的空间构象。

Anfinsen 以一条肽链的蛋白质核糖核酸酶为对象,研究二硫键的还原和氧化问题,发现该酶的 124 个氨基酸残基构成的多肽链中存在四对二硫键,在大量 β-巯基乙醇和适量尿素作用下,四对二硫键全部被还原为—SH,酶活力也全部丧失,但是如果将尿素和β-巯基乙醇除去,并在有氧条件下使巯基缓慢氧化成二硫键,此时酶的活力水平可接近于天然的酶。Anfinsen 在此基础上认为蛋白质的一级结构决定了它的二级、三级结构,即由一级结构可以自动地发展到二、三级结构。

一级结构相似的蛋白质,其基本构象及功能也相似,例如,不同种属的生物体分离出来的同一功能的蛋白质,称为同源蛋白质,不同种属来源的同源蛋白质一般具有相同长度,或接近相同长度的多肽链同源蛋白质的氨基酸顺序中有许多位置的氨基酸对所有的种属来说都是相同的。其他位置的氨基酸对不同种属有相当大的变化,同源蛋白质的氨基酸顺序中所具有的相似性表明,从中分离同源蛋白质的这些生物在进化上有着共同的祖先,其一级结构只有极少的差别,并且进化位置相距愈近的差异愈小。

在蛋白质的一级结构中,参与功能活性部位的残基或处于特定构象关键部位的残基发生异常,即使在整个分子中只发生一个残基的异常,那么该蛋白质的功能也会受到明显的影响。被称之为“分子病”的镰刀状红细胞性贫血仅仅是 574 个氨基酸残基中的一个氨基酸残基,即 β 亚基 N 端的第 6 号氨基酸残基发生了变异所造成的,这种变异来源于基因上遗传信息的突变。

3.1.4.2　蛋白质空间构象与功能活性的关系

蛋白质的空间构象是蛋白质多种多样生物学功能的基础。构象发生变化,其功能活性也随之改变。蛋白质变性时,由于其空间构象被破坏,故引起功能活性丧失,变性蛋白质在复性后,构象复原,活性即能恢复。

在生物体内,当某种物质特异地与蛋白质分子的某个部位结合,触发该蛋白质的构象发生一定变化,从而导致其功能活性的变化,这种现象称为蛋白质的别构效应(allostery)。蛋白质(或酶)的别构效应,在生物体内普遍存在,这对物质代谢的调节和某些生理功能的变化都是十分重要的。

3.2　谷物蛋白质的理化性质

由于蛋白质都是由氨基酸组成的,在蛋白质分子中仍保留有自由的末端 α-氨基和α-羧基,以及侧链上的各种基团。因此,它的理化性质有些与氨基酸基本相同。例如,蛋白质分子的两性性质和侧链基团的某些化学反应等。但在蛋白质分子中绝大部分的氨基和羧基都参与了肽链的形成,而且肽链具有一定的空间结构。因此,蛋白质又不同于氨基酸,而具有某些特殊的性质。例如,胶体性质、沉淀及变性作用等。

3.2.1　谷物蛋白质的胶体性质

蛋白质是高分子有机化合物,各种蛋白质的相对分子质量相差很大,一般在1万~100万,其颗粒大小属于胶体粒子的范围。又由于其分子表面有许多极性基团,亲水性极强,易溶于水成为稳定的亲水胶体溶液。

蛋白质亲水胶体的稳定性主要取决于以下几个原因:

(1)蛋白质分子大小已达到胶体质点范围(颗粒直径在1~100 nm),具有较大的表面积。

(2)蛋白质分子表面有许多极性基团,这些基团与水有高度亲和性,很容易吸附水分子。实验证明,每1 g蛋白质可结合0.3~0.5 g的水,从而使蛋白质颗粒外面形成一层水膜。由于这层水膜的存在,使得蛋白质颗粒彼此不能靠近,增加了蛋白质溶液的稳定性,阻碍了蛋白质胶体从溶液中聚集、沉淀出来。

(3)蛋白质分子的表面电荷。在非等电点pH值条件下,蛋白质分子表面带有大量的同性表面电荷,即在酸性溶液中带有正电荷,在碱性溶液中带有负电荷。由于同性电荷互相排斥,所以使蛋白质颗粒互相排斥,不会聚集沉淀。蛋白质胶体具有丁达尔现象、布朗运动、半透膜不透性、很强的吸附性能、胶凝性能以及黏度大、流动性差等性质。

(4)胶体渗透压。一种溶液的渗透压与溶质的相对分子质量、溶质的性质有关。蛋白质是大分子,渗透压很低。而小分子的无机盐类、氨基酸、糖类等物质却有较高的渗透压,它们可以自由出入于细胞膜的半透膜,而大分子的物质却不能自由出入。为了弥补半透膜内外渗透压的不同,水分子反而会从细胞膜内向外移动,使两边的渗透压达到平衡。在平衡阶段,膜内外离子的浓度是不相同的,这主要是由于蛋白质不能穿过细胞膜所致。细胞膜的这种半透过性,对于维持生物体的正常生命活动具有非常重要的意义。

(5)溶胶和凝胶。在生物体系中,蛋白质以溶胶和凝胶的混合状态存在,并易于从一种状态转为另一种状态。

溶于水的蛋白质能形成稳定的亲水胶体,统称为蛋白质溶胶。常见的豆浆、牛奶、肉冻汤等都是蛋白质溶胶。由于水化作用使蛋白质分子表面有水化层,更增大了分子的体积,使得蛋白质溶胶的流体流动阻力很大,黏度比一般小分子溶液大得多,且随着相对分子质量的增加黏度增大。此外蛋白质溶胶的黏度除了与浓度有关外,还与蛋白质分子的形状和表面状况有关:球形分子蛋白质的溶液黏度一般低于纤维状分子蛋白质溶液;同时蛋白质的浓度与黏度成正比,而温度却与黏度成反比。

凝胶是半固体的,具有较高的黏度、弹性和抗切应力等性能。食品中许多蛋白质以凝胶状态存在,如新鲜的鱼肉、禽肉、豆制品及面筋制品等,均可看成水分子分散在蛋白质凝胶的网络结构中,它们有一定的弹性、韧性和可加工性。

凝胶和溶胶之间可通过改变温度(明胶34 ℃以下形成凝胶,超过这个温度就变成溶胶)、压力、浓度、pH值、激烈振荡等方法互相转换。溶胶是一种蛋白质颗粒分散在水中所形成的胶体,而凝胶可以看成是水分散在蛋白质颗粒之中所形成的胶体。干燥过的凝胶置于水中便能吸收大量的水分,并能在吸水之后增大其体积变成柔软具有弹性的胶块,这种作用称为膨胀。膨胀时还伴随有很强的压力产生,温度升高时,胶粒间的结合力便降低而彼此分离。

水溶性的清蛋白的水化作用可以经过无限膨胀直至溶解。醇溶性谷蛋白则只能作有限的膨胀。主要由于清蛋白的分子表面具有较多的可解离基团,而醇溶谷蛋白分子中虽然有很多谷氨酸残基,但它们的侧链羧基都成酰胺形式而不再离解,加上非极性基团较多,故不能溶解于水。

蛋白质的吸水膨胀对于种子发芽、小麦制粉过程中的水热处理,以及和面时的面筋形成,都有十分密切的关系。关于种子各部的吸水速度问题,有实验证明,胚部最快,皮层次之,胚乳最慢。这是因为胚部含有很多的清蛋白、球蛋白和糖分的缘故。小麦面粉中的蛋白质主要是醇溶蛋白和谷蛋白,面粉加水揉团时便吸水膨胀,在面团中形成面筋。面筋的质量是影响面包烤制的主要因素之一。谷物籽粒的含水量之所以经常因外界条件而变化,其原因之一就是谷物蛋白质有很强的亲水性。

(6)蛋白质的透析。所谓半透膜是指允许溶液中小分子物质透过,大分子物质不能透过的一些薄膜,如羊皮纸、玻璃纸、肠衣等薄膜。蛋白质一般不能透过半透膜,因此将蛋白质和低分子质量物质的混合液装在半透膜袋内,然后将袋放进纯水中,并经常更换水。这时低分子物质容易通过半透膜进入水中,蛋白质则被阻留在半透膜内,最后得到较为纯净的蛋白质,这就是所谓的透析。透析技术示意图如图 3.6 所示,它被广泛应用于蛋白质的分离纯化。

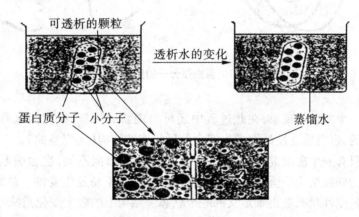

图 3.6 透析技术示意

(7)蛋白质的沉降性。蛋白质大分子溶液在一定溶剂中超速离心时可发生沉降。沉降速度与向心加速度之比即为蛋白质的沉降系数 S。校正溶剂为水,温度 20 ℃时的沉降系数 S_{20W} 可按下式计算:

$$S_{20W} = \frac{dx/dt}{\omega^2 x}$$

式中　x ——沉降界面至转轴中心的距离;

　　ω ——转子角速度;

　　$\omega^2 x$ ——向心加速度;

　　dx/dt ——沉降速度。

分子愈大,沉降系数愈高,故可根据沉降系数来分离和鉴定蛋白质。

3.2.2 谷物蛋白质的变性和沉淀

3.2.2.1 谷物蛋白质的变性

蛋白质的多级结构对于它的组成是相对稳定的。如果蛋白质受到热或其他物理、化学等因素的影响,蛋白质的二、三、四级结构会发生不同程度的改变,这个过程称为变性。如果变性条件剧烈持久,蛋白质的变性是不可逆的,如果变性条件不剧烈,这种变性是可逆的,说明蛋白质分子内部结构的变化不大,这时,如果除去变性因素,在适当条件下变性蛋白质可恢复其天然构象和生物活性,这种现象称为蛋白质复性。蛋白质分子的变性与复性如图 3.7 所示。

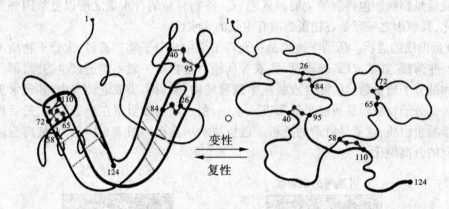

图 3.7　蛋白质分子的变性与复性

变性是一个复杂的现象,在此过程中还可出现新的构象,这些构象通常是中间状态且短暂存在的,蛋白质变性最终成为完全伸展的多肽结构(无规卷曲)。有时天然蛋白质的构象即使只有一个次级键改变,或一个侧链基团的取向不同,也会引起变性。对于那些天然状态为伸展结构的蛋白质(如酪蛋白单体),则不易发生变性。从结构观点来看,蛋白质分子的变性状态是很难定义的一个状态。结构上的较大变化意味着 α-螺旋和 β-折叠结构的增加,以及随机结构的减少。然而在多数情况下,变性涉及有序结构的丧失。蛋白质的变性程度与变性条件有关,各种变性状态之间的自由能差别很小。球蛋白完全变性时,称为无规卷曲的结构。

许多具有生物活性的蛋白质在变性后会使它们丧失或降低活性,但有时候,蛋白质适度变性后仍然可以保持甚至提高原有活性,这是由于变性后某些活性基团暴露所致。食品蛋白质变性后通常引起溶解度降低或失去溶解性,从而影响蛋白质的功能特性或加工特性。在某种情况下,变性又是需要的。例如,豆类中胰蛋白酶抑制剂的热变性,可能显著提高动物食用豆类时的消化率和生物有效性。部分变性蛋白质则比天然状态更易消化,或具有更好的乳化性、起泡性和胶凝性。

蛋白质变性对其结构和功能的影响有如下几个方面:由于疏水基团暴露在分子表面,引起溶解度降低;改变对水结合的能力;失去生物活性(如酶或免疫活性);由于肽键的暴露,容易受到蛋白酶的攻击,使之增加了蛋白质对酶水解的敏感性;特征黏度增大;

不能结晶。

引起蛋白质变性的因素主要有如下种类。

(1)物理因素

1)加热与变性　加热是蛋白质变性最普通的物理因素,伴随热变性,蛋白质的伸展程度相当大。变性速率取决于温度。对许多反应来说,温度每升高 10 ℃,反应速率约增加 2 倍。可是对于蛋白质变性反应,当温度上升 10 ℃,速率可增加 600 倍左右,这是因为维持二级、三级和四级结构稳定性的各种相互作用的能量都很低。

蛋白质在干燥条件下比含水分时热变性的耐受能力更大,说明蛋白质在有水存在时易变性。食品在加工和储藏过程中,热处理是最常用的加工和保藏方法。因此必须注意在热加工过程中产生的不同程度变性,以及温度效应与每种蛋白质变性的关系,一旦变性就会对蛋白质在食品中的功能特性和生物活性带来影响。氨基酸的组成影响蛋白质的热稳定性,含有较多疏水氨基酸残基(尤其是缬氨酸、异亮氨酸、亮氨酸和苯丙氨酸)的蛋白质,对热的稳定性高于亲水性较强的蛋白质。自然界中耐热生物体的蛋白质,一般含有大量的疏水氨基酸。

蛋白质的立体结构同样影响其热稳定性。单体球状蛋白在大多数情况下热变性是可逆的,许多单体酶加热到变性温度以上,甚至在 100 ℃短时间保留,然后立即冷却至室温,它们也能完全恢复原有活性。而有的蛋白质在 90~100 ℃加热较长时间,则发生不可逆变性。

水是极性很强的物质,对蛋白质的氢键相互作用有很大影响,因此水能促进蛋白质的热变性。

在蛋白质水溶液中添加盐和糖可提高其热稳定性。例如蔗糖、乳糖、葡萄糖和甘油能稳定蛋白质,对抗热变性。

2)低温与变性　某些蛋白质经过低温处理后发生可逆变性,如有些酶(L-苏氨酸脱氨酶)在室温下比较稳定,而在 0 ℃时不稳定。某些蛋白质(11 S 大豆蛋白、麦醇溶蛋白、卵蛋白和乳蛋白)在低温或冷冻时发生聚集和沉淀。例如,大豆球蛋白在 2 ℃保持,会产生聚集和沉淀,当温度回升至室温,可再次溶解。相反,低温能引起某些低聚物解离和亚单位重排,如脱脂牛奶在 4 ℃保藏,β-酪蛋白会从酪蛋白胶束中解离出来,从而改变了胶束的物理化学性质和凝乳性质。一些寡聚体酶例如乳酸脱氢酶和甘油醛磷酸脱氢酶,在 4 ℃时由于亚基解离,会失去大部分活性,将其在室温下保温数小时,亚基又重新缔合为原来的天然结构,并恢复其原有活性。有些脂酶和氧化酶能耐受低温冷冻,并可保持活性。就细胞体系而言,某些氧化酶在冷冻过程中可以从细胞膜结构中释放出来而被激活,如某些植物和海水动物能耐受低温。而有的蛋白质分子由于具有较大的疏水-极性氨基酸比,故在低温下易发生变性。

3)机械处理与变性　由振动、捏合、打擦产生的机械剪切能导致蛋白质的变性。许多蛋白质当被激烈搅动时产生变性和沉淀。在加工面包或其他食品的面团时,产生的剪切力使蛋白质变性,主要是因为 α-螺旋的破坏导致了蛋白质的网络结构的改变。蛋白质剪切变性是由于空气泡的并入和蛋白质分子吸附至气-液界面。由于气-液界面的能量高于体相的能量,因此蛋白质在界面上经受构象变化。蛋白质在界面构象变化的程度取决于蛋白质的柔性。高柔性的蛋白质比刚性蛋白质较易在气-液界面变性。

一些食品在加工操作时能产生高压、高剪切和高温,例如挤压、高速搅拌和均质。当一个转动的叶片产生高剪切时,产生亚音速的脉冲,在叶片的尾随边缘也出现空穴,这两者都能导致蛋白质变性。剪切速度愈高,蛋白质变性程度愈高。高温和高剪切力相结合能导致蛋白质不可逆的变性。例如,在"打"蛋糕时,就是通过强烈快速的搅拌,使小麦和鸡蛋蛋白质分子由复杂的空间结构变成多肽链,多肽链在继续搅拌下以多种副键交联,形成球状小液滴,由于大量空气进入,使蛋糕体积大大增加。

4)静水压与变性　静水压能使蛋白质变性,是热力学原因造成的蛋白质构象改变。温度诱导的蛋白质变性一般发生在 $40 \sim 80$ ℃温度范围和 0.1 MPa 压力下;而压力诱导的变性一般在 25 ℃就能发生,条件是必须有充分高的压力存在。光谱数据证实,大多数蛋白质在 $100 \sim 1\,200$ MPa 压力范围作用下才会产生变性。

压力诱导蛋白质变性发生的原因主要是蛋白质是柔性的和可压缩的。虽然氨基酸残基被紧密地包裹在球状蛋白质分子结构的内部,但一些空穴仍然存在,这就导致蛋白质分子结构的可压缩性。大多数纤维状蛋白质不存在空穴,因此它们对静水压作用的稳定性高于球状蛋白质。

压力引起的蛋白质变性是高度可逆的。大多数酶的稀溶液由于压力作用而活性降低,一旦压力降低到常压,则又可使酶恢复到原有的活性,这个复活过程一般需要几个小时。对于寡聚蛋白而言,变性首先是亚基在 $0.1 \sim 200$ MPa 压力作用下解离,然后亚基在更高的压力下变性,当解除压力后,亚基又重新缔合,几小时后酶活几乎完全恢复。

科学家正在研究将静水压作为食品加工的一种手段应用于灭菌和蛋白质的凝胶作用。压力加工不同于热加工,它不会损害蛋白质中的必需氨基酸或天然色泽和风味,它也不会导致有毒化合物的形成,因此,采用静水压加工食品对某些食品产品可能是有益的。

5)辐射与变性　电磁辐射对蛋白质的影响因波长和能量大小而异,紫外辐射可被芳香族氨基酸残基(色氨酸、酪氨酸和苯丙氨酸)所吸收,导致蛋白质构象的改变。如果紫外线的能量水平足够高,还可使二硫交联键断裂,从而导致蛋白质构象的改变。γ 辐射和其他离子辐射也能导致蛋白质构象的改变,同时还会氧化氨基酸残基,使共价键断裂、离子化,形成蛋白质自由基、重组、聚合。

(2)化学因素

1)pH 值与变性　蛋白质所处介质的 pH 值对变性过程有很大的影响,蛋白质在等电点时最稳定。因为在中性 pH 值附近,静电排斥的净能量小于其他相互作用,大多数蛋白质是稳定的,然而在超出 pH 值为 $4 \sim 10$ 范围就会发生变性。在极端 pH 值时,蛋白质分子内的离子基团产生强静电排斥,这就促使蛋白质分子伸展和溶胀。蛋白质分子在极端碱性 pH 值环境下,比在极端酸性 pH 值时更易伸长,因为碱性条件有利于部分埋藏在蛋白质分子内的羧基,酚羟基,巯基离子化,结果使多肽链拆开,离子化基团自身暴露在水环境中。pH 值引起的变性大多数是可逆的,然而,在某些情况下,部分肽键水解,天冬酰胺、谷氨酰胺脱酰胺,碱性条件下二硫键的破坏,或者聚集等都将引起蛋白质不可逆变性。

2)金属离子与变性　碱金属(如 Na^+ 和 K^+)只能有限度地与蛋白质起作用,而 Ca^{2+}、Mg^{2+} 略微活泼些。过渡金属例如 Cu^{2+}、Fe^{3+}、Hg^{2+} 和 Ag^+ 等很容易与蛋白质发生作用,其中许多能与巯基形成稳定的复合物。Ca^{2+}(还有 Fe^{2+}、Cu^{2+} 和 Mg^{2+})可成为某些蛋白质分子或分子缔合物的组成部分。一般用透析法或螯合剂可从蛋白质分子中除去金属离子,但这将明显降低这类蛋白质对热和蛋白酶的稳定性。

3)有机溶剂与变性 大多数有机溶剂属于蛋白质变性剂,因为它们能改变介质的介电常数,从而使保持蛋白质稳定的静电作用力发生变化。非极性有机溶剂渗入输水区,可破坏疏水相互作用,促使蛋白质变性,这类溶剂的变性行为也可能是因为它们和水产生相互作用引起的。

4)有机溶质与变性 有机溶质尿素和盐酸胍诱导的蛋白质变性是值得注意的。对于许多球状蛋白质,在室温条件下从天然状态转变至变性状态的中点出现在 4 ~ 6 mol/L 尿素和 3 ~ 4 mol/L 盐酸胍,完全转变则出现在 8 mol/L 尿素和约 6 mol/L 盐酸胍,由于盐酸胍具有离子的性质,因此比起尿素来它是更强的变性剂。由于尿素和盐酸胍具有形成氢键的能力,因此在高浓度时这些溶质打断了水的氢键结构。作为极性溶剂的水的结构遭到破坏后,使它成为非极性残基的较好溶剂,这就导致蛋白质分子内部的非极性残基的展开和增溶,从而使蛋白质发生不同程度的变性。同时,还可通过增大疏水氨基酸残基在水相中的溶解度,降低疏水相互作用。

尿素和盐酸胍引起的变性通常是可逆的,但是,在某些情况下,由于一部分尿素可以转变为氰酸盐和氨,而蛋白质的氨基能够与氰酸盐反应改变蛋白质的电荷分布。因此,尿素引起蛋白质变性有时很难完全复性。

5)表面活性剂与变性 表面活性剂例如十二烷基磺酸钠(SDS)是一种很强的变性剂。SDS 浓度在 3 ~ 8 mmol/L 范围可引起大多数球状蛋白质变性。由于 SDS 可以在蛋白质的疏水和亲水环境之间起着乳化介质的媒介作用,且能优先与变性蛋白质强烈地结合,因此破坏了蛋白质的疏水相互作用,促使天然蛋白质伸展,非极性基团暴露于水介质中,导致了天然与变性蛋白质之间的平衡移动。引起蛋白质不可逆变性,这与尿素和盐酸胍引起的变性不一样。球状蛋白质经 SDS 变性后,呈现 α-螺旋棒状结构,而不是以无规卷曲状态存在。

6)促溶盐与变性 促溶盐对蛋白质稳定性的影响包括两种不同的方式,这与盐同蛋白质的相互作用有关。在低盐浓度时,离子与蛋白质之间为非特异性静电相互作用。当盐的异种电荷离子中和了蛋白质的电荷时,有利于蛋白质的结构稳定,这种作用与盐的性质无关,只依赖于离子强度。一般离子强度≤0.2 时即可完全中和蛋白质的电荷。然而在较高浓度(>1 mol/L)时,盐会破坏蛋白质的电层和水化层,从而影响蛋白质结构的稳定性。凡是能促进蛋白质水合作用的盐均能提高蛋白质结构的稳定性;反之,与蛋白质发生强烈相互作用,降低蛋白质水合作用的盐,则使蛋白质的结构去稳定。进一步从水的结构作用讨论,盐对蛋白质的稳定和去稳定作用,涉及盐对体相水有序结构的影响,稳定蛋白质的盐提高了水的氢键结构,而使蛋白质失稳的盐则破坏了体相水的有序结构,因而有利于蛋白质伸展,导致蛋白质变性。换言之,促溶盐的变性作用可能与蛋白质中的疏水相互作用有关。

蛋白质变性的利用和避免在某些食品生产中是非常重要的。比如,在酱油生产中,蛋白质只有经过加热变性之后才能被微生物所分泌的酶水解,生成胨、多肽、氨基酸等风味物质。发酵稳定、pH 值、时间及酶的活力对酱油的质量有明显的影响。在糕点生产中,由于生产的品种不同,对面筋的要求是不同的,如酥皮类糕点的水油皮要求弹性小,可塑性及黏性强。因此,工艺上采取沸水烫面的方法使面粉蛋白质变性。粮食种子在长期储藏过程中,虽然采取种种措施,保证有适宜的储藏条件,但由于种子中的蛋白质逐渐变性,亲水性随之减弱。种子渐趋衰老,最后导致原有发芽能力的全部丧失。粮食种子在烘干过程中,如果温度过高,受热时间过长,则种子中蛋白质便发生热变性而丧失活性。在同一条件下,种子含水量愈大,变性愈容易发生。因此,应当根据粮食的含水量采用适宜的干燥温度和时间,才会使蛋白质不易变性。例如,小麦在安全水分的条件下,虽然温度高至 50 ℃,面筋蛋白质也不会变性,但如果水分高于安全标准,粮温即使不高(30~40 ℃),也会促使面筋蛋白质变性。因此,对于种子粮的储藏,更应采取低温及干燥条件,才能保持蛋白质的生物活性及种子的发芽力。在粮食加工时,碾磨温度不能过高,因为高温会使面筋蛋白质变性,变性后水化能力降低,面筋不易洗出,食用品质也有所下降。

3.2.2.2 蛋白质的沉淀

蛋白质分子凝聚从溶液中析出的现象称为蛋白质沉淀。变性的蛋白质不一定沉淀,两者之间的变化需要具备一定的条件。这是由于在溶液中蛋白质分子表面带有电荷和水化层,所以,蛋白质胶体溶液是非常稳定的。要破坏蛋白质的胶体溶液的稳定性,使蛋白质从溶液中沉淀下来,必须除去蛋白质分子表面的电荷和水化层。在调节溶液 pH 值至蛋白质的等电点时,由于蛋白质分子表面的正负电荷数等于零,呈电中性,此时蛋白质的溶解度最小,但由于其表面还存在水化层,不能自行沉淀下来。此时,如果加入醇、酮、中性盐或有机溶剂使之脱水,蛋白质分子由于失去了水化层,彼此之间互相结合成更大的颗粒而沉淀下来。

如果先用脱水剂使蛋白质分子表面的水化层破坏,蛋白质分子由于表面上还带有电荷,及所带电荷之间的彼此排斥,仍能保持分散状态。此时,若调节 pH 值至等电点,也同样可使蛋白质沉淀(图3.8)。

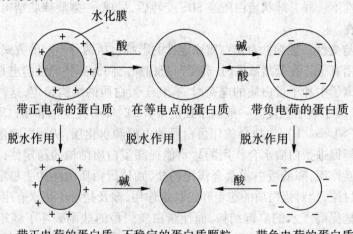

图 3.8 蛋白质沉淀示意

"+""-"分别代表正负电荷,颗粒外的空圈代表水化层

沉淀蛋白质的方法很多,在生产上有时只用一种,有时几种方法并用。引起蛋白质

沉淀的主要方法有如下几种。

(1)盐析 在蛋白质溶液中加入大量的中性盐以破坏蛋白质的胶体稳定性而使其析出,这种方法称为盐析。常用的中性盐有硫酸铵、硫酸钠、氯化钠等。各种蛋白质盐析时所需的盐浓度及 pH 值不同,故可用于对混合蛋白质组分的分离。例如用半饱和的硫酸铵来沉淀血清中的球蛋白,饱和硫酸铵可以使血清中的白蛋白、球蛋白都沉淀出来。盐析沉淀的蛋白质,经透析除盐,仍保证蛋白质的活性。调节蛋白质溶液的 pH 值至等电点后,再用盐析法则蛋白质沉淀的效果更好。

(2)重金属盐沉淀蛋白质 蛋白质可以与重金属离子如汞、铅、铜、银等结合成盐析沉淀,沉淀的条件以 pH 值稍大于等电点为宜。因为此时蛋白质分子有较多的负离子易与重金属离子结合成盐。重金属沉淀的蛋白质常是变性的,但若在低温条件下并控制重金属离子浓度,也可用于分离制备不变性的蛋白质。

(3)生物碱试剂以及某些酸类沉淀蛋白质 蛋白质又可与生物碱试剂(如苦味酸、钨酸、鞣酸)以及某些酸(如三氯乙酸、过氯酸、硝酸)结合成不溶性的盐沉淀,沉淀的条件是 pH 值小于等电点,这样蛋白质所带正电荷容易与酸根负离子结合成盐。

(4)有机溶剂沉淀蛋白质 可与水混合的有机溶剂,如乙醇、甲醇、丙酮等,对水的亲和力很大,能破坏蛋白质颗粒的水化膜,在等电点时使蛋白质沉淀。在常温下,有机溶剂沉淀蛋白质往往引起变性。例如乙醇消毒灭菌就是如此,但若在低温条件下,则变性进行较缓慢,可用于分离制备各种血浆蛋白质。

(5)加热凝固 将接近等电点的蛋白质溶液加热,可使蛋白质发生凝固而沉淀。加热首先是使蛋白质变性,有规则的肽链结构被打开呈松散状不规则的结构,分子的不对称性增加,疏水基团暴露,进而凝集成凝胶状的蛋白块。如煮熟的鸡蛋,蛋黄和蛋清都凝固。

蛋白质的变性、沉淀及凝固相互之间有很密切的关系。但蛋白质变性后并不一定沉淀,变性蛋白质只在等电点附近才沉淀,沉淀的变性蛋白质也不一定凝固。例如,蛋白质被强酸、强碱变性后,由于蛋白质颗粒带着大量电荷,故仍溶于强酸或强碱溶液中。但若将强碱和强酸溶液的 pH 值调节到等电点,则变性蛋白质凝集成絮状沉淀物,若将此絮状物加热,则分子间相互盘缠而变成较为坚固的凝块。

3.2.3 谷物蛋白质的理化性质对加工特性的影响

蛋白质的某些物理、化学性质,在食品加工、储运和消费期间,影响含有蛋白质成分的食品的性能,食品科学中将蛋白质的这些性质称为蛋白质的功能性质。根据蛋白质所发挥作用的特点,可以将其功能性质分为三大类。

(1)水合性质 取决于蛋白质同水之间的相互作用,包括水的吸附与保留、湿润性、膨胀性、黏合、分散性、溶解等。

(2)结构性质 如沉淀、胶凝作用、组织化、面团的形成等。

(3)蛋白质的表面性质 涉及蛋白质在极性不同的两相之间所产生的作用,主要有蛋白质的起泡、乳化等方面的性质。

3.2.3.1 水合

蛋白质的许多功能性质都取决于蛋白质和水的作用。蛋白质和水的作用主要表现为其水化和持水性。

（1）蛋白质的水化　大多数的食品是蛋白质水化的固态体系，蛋白质中水的存在及存在方式直接影响着食物的质构和口感。干燥的蛋白质原料并不能直接用来加工，须先将其水化后使用。干燥蛋白质遇水逐步水化，在其不同的水化阶段，表现出不同的功能特性。蛋白质水化的过程如下：

干燥蛋白 → 极性部位吸附水 → 多层水吸附 → 液态水凝聚 → 蛋白质溶胀 → 溶剂化 → 分散 → 溶液

↓（从液态水凝聚向下）

溶胀的不溶性团块

吸收、溶胀、润湿性、持水能力、黏着性与水化过程的前四步相关，而蛋白质的溶解度、速溶性、黏度与蛋白质溶胀以后的溶剂分散有关。蛋白质的最终存在状态，与蛋白质彼此之间是否存在较强的相互作用有关。如果蛋白质间存在较强的相互作用，蛋白质分子间有较多的相互交联，这样的蛋白质水化后，往往以充分溶胀的固态蛋白质块存在，如水发后的大豆蛋白质等。

影响蛋白质水化的因素首先是蛋白质自身的状况，如蛋白质形状、表面积大小、蛋白质粒子表面极性基团数目及蛋白质粒子的微观结构是否多孔等。蛋白质比表面积大、表面极性基团数目多、多孔结构都有利于蛋白质的水化。其次，蛋白质的环境因素会影响其水化的程度。蛋白质所处 pH 值会影响蛋白质分子的离子化作用和所带净电荷数目，从而改变蛋白质分子间作用力及与水结合的能力。当原料的 pH 值处于其等电点时，蛋白质与蛋白质之间的相互吸引作用最大，蛋白质的水化及溶胀最低，不利于蛋白质结合水能力的发挥和干燥蛋白质的膨润。温度对蛋白质的水化作用也有影响。一方面温度升高会导致氢键数量减少，造成蛋白质结合水的能力下降，并且加热使蛋白质产生变性和凝聚作用，导致蛋白质比表面积减少，使蛋白质的结合水的能力降低。另一方面，加热也会使那些原来结合紧密的蛋白质分子发生离解和开链，导致原先埋藏在蛋白质内部的极性基团暴露出来，这样也会使蛋白质结合水的能力提高。究竟哪种行为占优势，还取决于加热的温度和加热的时间。对蛋白质适度的加热，往往不会损害蛋白质的水化能力，而高温较长时间的加热会损害蛋白质的水化能力。离子强度对蛋白质的水吸收、溶胀及在溶液中的溶解度有显著的影响。低浓度的盐往往增加蛋白质的水化程度，即发生所谓蛋白质的盐溶，而在高浓度的盐中，由于盐与水的相互作用大于蛋白质与水的相互作用，使蛋白质发生脱水，即发生盐析。

（2）蛋白质的持水力　蛋白质吸附水、结合水的能力对各类食品，尤其是面团的质地有重要作用。蛋白质其他的功能性质如胶凝、乳化作用也与蛋白质水合性质有着重要关系。但是，加工中不仅仅考虑到蛋白质对水吸附、结合的能力，对于蛋白质的水合作用，实际生产中通常以持水力或者是保水性来衡量。

蛋白质的持水力是指水化后的蛋白质将水截留（或保留）在蛋白质组织中而不丢失的能力。被截留的水包括有吸附水、物理截留水、流体动力学水，蛋白质的持水力与结合水能力有关，可影响食品的嫩度、多汁性、柔软性。因此对食品品质具有更重要的实际意义。

3.2.3.2 溶解度

蛋白质的溶解度是指蛋白质和溶剂之间相互作用达到平衡时的状态。蛋白质的溶解度往往影响其他的功能性质,其中最受影响的功能性质是增稠、起泡、乳化和胶凝作用。不溶性蛋白质在食品中的应用是非常有限的。

蛋白质溶解度的大小在实际应用中非常重要,因为溶解度特性数据对确定天然蛋白质的提取、分离和纯化的方法是非常有用的。

3.2.3.3 蛋白质的膨润

蛋白质的膨润是指蛋白质吸水后不溶解,在保持水分的同时赋予制品以强度和黏度的一种重要功能特性。加工中有大量的蛋白质膨润的实例,如以干凝胶形式保存的干明胶、鱿鱼、海参、蹄筋等。通常,蛋白质干凝胶的膨润要经历蛋白质水化过程的前4个阶段。1、2阶段蛋白质吸收的水量有限,每克干物质吸水 0.2~0.3 g,所以这个阶段蛋白质干凝胶的体制不会发生大的变化,部分水是依靠原料中的亲水基团如—NH_2、—COOH、—OH、—SH、—C =O 等吸附的结合水。3、4阶段吸附的水是通过渗透作用进入凝胶内部的水,这些水被凝胶中的细胞物理截留,这部分水是体相水。由于吸附了大量的水,膨润后的凝胶体积膨大。干凝胶发制时的膨化度越大,出品率越高。干蛋白凝胶的膨润与凝胶干制过程中蛋白质的变性程度有关。在干制脱水过程中,蛋白质变性程度越低,发制时的膨润速度越快,复水性越好,更接近新鲜时的状态。真空冷冻干燥得到的干制品对蛋白质的变性作用最低,所以,复水后的产品质量最好。膨润过程中的 pH 值对于制品的膨润及膨化度的影响也非常大。由 3.2.3 可知,蛋白质在远离其等电点的情况下水化作用较大,所以,基于这样的原理,许多原料采用碱发制。由于碱性蛋白质容易产生有毒物质,所以对碱发的时间及碱的浓度都要进行控制,并在发制完成后充分地漂洗。碱是强的氢键断裂剂,因此膨润过度会导致制品丧失应有的黏弹性和咀嚼性,所以,碱发过程中的品质控制是非常重要的。还有一些干货原料,用水或碱液浸泡都不易涨发,这就需要先进行油发或盐发。这是因为,这类蛋白质干凝胶大都是以蛋白质的二级结构为主的纤维状蛋白如角蛋白、胶原蛋白、弹性蛋白组成的,所以,结构坚硬、不易水化。用热油(120 ℃左右)及热盐处理,蛋白质受热后部分氢键断裂,水分蒸发使制品膨大多孔,利于蛋白质与水发生相互作用而水化。

3.2.3.4 组织化

蛋白质是许多食物质地或结构的构成基础,例如动物肌肉和鱼的肌原纤维是典型例子,另外香肠、干酪等中也是如此,但是自然界中的一些蛋白质,不具备相应的组织结构和咀嚼性能,例如从植物组织中分离出的植物蛋白或从牛乳中得到的乳蛋白,因此在应用它们于食品加工时存在一定的限制。目前的一些加工处理能使它们形成具咀嚼性能和良好持水性能的薄膜或纤维状产品,并且在以后的水合或加热处理中,蛋白质能保持良好的性能,这就是蛋白质的组织化处理。经组织化处理的蛋白质可以作为肉的代用品或替代物,在食品加工中使用广泛。蛋白质的组织化成为蛋白质配料加工的一个重要形式。如玉米蛋白的薄膜化。

如果将蛋白质溶液,如玉米醇溶蛋白的乙醇液,均匀涂布在光滑物体的表面,溶剂挥发后,蛋白质分子通过相互作用形成均匀的薄膜,由于形成的蛋白膜具有一定的机械强度,以及对水、氧气等气体的屏障作用,可以作为可食性的食品包装材料,除玉米蛋白以外,大豆蛋白、乳清蛋白等均已被研究证实可以很好地形成蛋白膜。

3.2.3.5 发泡性

食品泡沫是指气泡(空气、二氧化碳气体)分散在含有可溶性表面活性剂的连续液态或半固体相中的分散体系,表面活性剂起稳定泡沫的作用。

常见的食品泡沫有:蛋糕、打擦发泡的加糖蛋白、面包、蛋糕的顶端饰料、冰淇淋、啤酒等。

泡沫不稳定,有自动聚集、气泡变大、破裂、液相排水等倾向。要形成稳定的食品泡沫,可采用降低气-液界面张力、提高主体液相的黏度(如加糖或大分子亲水胶体)及在界面键形成牢固而有弹性的蛋白质膜等方法。蛋白质在食品泡沫中通过吸附到气-液界面并形成有一定强度的保护膜,起到稳定气泡的作用。蛋清和明胶蛋白虽然表面活性较差,但它可以形成具有一定机械强度的薄膜,尤其是在其等电点附近,蛋白质分子间的静电相互吸引使吸附在空气/水界面上的蛋白质膜的厚度和硬度增加,泡沫的稳定性提高。

提高泡沫中主体液相的黏度,一方面有利于气泡的稳定,但同时也会抑制气泡的膨胀。脂类会损害蛋白质的起泡性,所以,在打擦蛋白质时,应避免接触到油脂。泡沫形成前对蛋白质溶液进行适度的热处理可以改进蛋白质的起泡性能,过度的热处理会损害蛋白质的气泡能力。对已形成的泡沫加热、泡沫中的空气膨胀,往往导致气泡破裂及泡沫解体。只有蛋清蛋白在加热时能维持泡沫结构。

研究表明,卵清蛋白是最好的蛋白质发泡剂,其他蛋白质如血清蛋白、明胶、酪蛋白、谷蛋白、大豆蛋白等也具有不错的发泡性质。

3.2.3.6 谷物蛋白质性质对焙烤食品的影响

对食品加工来讲,谷物蛋白质尤其是小麦蛋白质对焙烤产品品质的影响最大,因为加工时原料的质量、面团的流变学特性均决定最终产品的品质,而这些又与面粉中蛋白质的含量、蛋白质组成有关。例如强力粉就是蛋白质含量较高的面粉,在制作面包时具有很好的气体滞留能力,同时还使得产品具有良好的外观和质地。对面筋蛋白,从化学结构的角度看二硫键的作用非常重要,它决定了醇溶蛋白和谷蛋白的溶解行为,因而决定面团的性质。早期的研究曾显示,在面团中加入还原剂使其发生二硫键交换反应,结果导致蛋白质溶解度增加和面团强度减弱,所以氧化剂的使用可以改善面粉的品质,活性大豆粉的作用也是如此。另外,面筋蛋白与其他成分的作用有时也是非常重要的。例如面筋蛋白与淀粉的作用对于产品的老化问题具有意义,蛋白质与淀粉形成的网状结构可以抗拒淀粉老化。面筋蛋白含量与面团性质的关系研究显示,谷蛋白质含量与面团体积间的关系,比面粉蛋白质含量与面团体积间的关系更好。通过研究谷蛋白质大聚集体的含量发现,谷蛋白质大聚集体是决定焙烤产品面团品质的重要参数。

3.3 谷物蛋白质的分类和特点

蛋白质的种类繁多,结构复杂。根据不同历史时期对蛋白质研究的深度和侧重点不同,分类也就不同,常见的分类方法有如下几种。

(1)根据蛋白质的化学组成和溶解性分类　根据蛋白质化学组成的复杂程度,将蛋白质分为简单蛋白质与结合蛋白质两大类。简单蛋白质只由氨基酸组成,其水解的最终产物只是氨基酸;结合蛋白质是由简单蛋白质与非蛋白质结合而成,其中非蛋白质称为结合蛋白质的辅基。因此,结合蛋白质在彻底水解后,除产生氨基酸外,尚有所含的辅基。辅基大多是小分子有机物或金属离子,也有些结合蛋白质是由生物大分子作为辅基,如核蛋白、脂蛋白等。

简单蛋白质又可根据溶解性质分成若干小类;结合蛋白质根据辅基成分也可分成若干小类,见表 3.4 所示。

表 3.4　蛋白质的分类

	类别	特点和分布	举例
简单蛋白质	清蛋白	溶于水,需饱和硫酸铵才能沉淀;广泛分布于一切生物体中	血清清蛋白、乳清蛋白
	球蛋白	微溶于水,溶于稀盐溶液,需半饱和硫酸铵沉淀;分布普遍	血清球蛋白、肌球蛋白等
	谷蛋白	不溶于水、醇及中性盐溶液,易溶于稀酸或稀碱;各种谷物中	米谷蛋白、麦谷蛋白
	醇溶蛋白	不溶于水及无水乙醇,溶于 70% ~ 80% 乙醇中	醇溶玉米蛋白、醇溶谷蛋白
	精蛋白	溶于水及稀酸,不溶于氨水,是碱性蛋白,含 His、Arg 多	蛙精蛋白、鱼精蛋白
	组蛋白	溶于水及稀酸,能溶于稀氨水,是碱性蛋白,含 Arg、Lys 多	胸腺组蛋白
	硬蛋白	不溶于水、盐、稀酸或稀碱液;分布于动物体内结缔组织,毛、发、蹄、角、甲壳、蚕丝、腱等	角蛋白、胶原、弹性蛋白、丝心蛋白等
结合蛋白质	核蛋白	辅基是核酸;存在于一切细胞中	核糖体、脱氧核糖核蛋白体
	脂蛋白	与脂类结合而成;广泛存在于一切细胞中	卵黄蛋白、血清 β-脂蛋白、细胞中的许多膜蛋白
	糖蛋白	与糖类结合	黏蛋白、γ-球蛋白、细胞中的许多膜蛋白
	磷蛋白	以丝苏残基的—OH 与磷酸成酯键结合而成;乳、蛋等生物材料中	酪蛋白、卵黄磷酸蛋白
	血红素蛋白	辅基为血红素;存在于一切生物体中	血红蛋白、叶绿蛋白
	黄素蛋白	辅基为 FAD 或 FMN;存在于一切生物体中	琥珀酸脱氢酶、D-氨基酸氧化镁
	金属蛋白	与金属元素直接结合	铁蛋白、乙醇脱氢酶(含锌)、黄嘌呤氧化酶(含钼、铁)

(2)按蛋白质形状分类　分为纤维状蛋白和球状蛋白。纤维状蛋白多为结构蛋白,是组织结构不可缺少的蛋白质,由长的氨基酸肽链连接成为纤维状或蜷曲成盘状结构,成为各种组织的支柱,如皮肤、肌腱、软骨及骨组织中的胶原蛋白;球状蛋白的形状近似

于球形或椭圆形。许多具有生理活性的蛋白质,如酶、转运蛋白、蛋白类激素与免疫球蛋白、补体等均属于球蛋白。

(3)按蛋白质的营养价值分类　食物蛋白质的营养价值取决于所含氨基酸的种类和数量,所以在营养上可根据食物蛋白质的氨基酸组成,分为完全蛋白质、半完全蛋白质和不完全蛋白质三类。①完全蛋白所含必需氨基酸种类齐全、数量充足、比例适当,不但能维持成人的健康,并能促进儿童生长发育,如乳类中的酪蛋白、乳白蛋白,蛋类中的卵白蛋白、卵磷蛋白,肉类中的白蛋白、肌蛋白,大豆中的大豆蛋白,小麦中的麦谷蛋白,玉米中的谷蛋白等。②半完全蛋白所含必需氨基酸种类齐全,但有的氨基酸数量不足,比例不适当,可以维持生命,但不能促进生长发育,如小麦中的麦胶蛋白等。③不完全蛋白所含必需氨基酸种类不全,既不能维持生命,也不能促进生长发育,如玉米中的玉米胶蛋白,动物结缔组织和肉皮中的胶质蛋白,豌豆中的豆球蛋白等。

(4)按照蛋白质的功能分类　可分为活性蛋白质和非活性蛋白质。活性蛋白质包括生命过程中一切有生理活性的蛋白质或它们的前体,如酶、酶原、激素蛋白质、运动蛋白质、受体蛋白质、控制生长与分化的蛋白质等;和非活性蛋白质主要包括一大类其保护和支持作用的蛋白质,如胶原蛋白、角蛋白、弹性蛋白等。

3.3.1　谷物蛋白质的分类

谷物蛋白质的分类见表3.5。

表3.5　谷物蛋白质的分类

按蛋白质的溶解性分类	按生理功能分类	按形态分类
①清蛋白	①代谢性细胞活性蛋白	①胚乳蛋白
②球蛋白	②储藏蛋白	②糊粉层蛋白
③醇溶蛋白		③胚蛋白
④谷蛋白		

3.3.1.1　根据蛋白质的溶解性分类

从化学组成的复杂程度看,谷物籽粒中的蛋白质绝大部分是简单蛋白质,结合蛋白质含量不多。谷物蛋白质习惯上根据溶解性分为四类。

(1)清蛋白类(albumins)　又称白蛋白,相对分子质量较小,溶于水、中性盐类、稀酸和稀碱,加热易凝固,可为强碱、金属盐类或有机溶剂所沉淀,能被饱和硫酸铵盐析,其等电点一般为 pI=4.5～5.5。清蛋白在自然界分布广泛,如小麦清蛋白、大麦清蛋白等。

(2)球蛋白类(glubulins)　是不溶于纯水而溶于中性盐稀溶液的一类蛋白质。它不溶于高浓度的盐溶液,加热凝固,为有机溶剂所沉淀。添加硫酸铵至半饱和状态时则沉淀析出,其等电点为 pI=5.5～6.5。这类蛋白质表现出典型的盐溶和盐析特性。如小麦球蛋白、燕麦球蛋白。

清蛋白类与球蛋白类的溶解度比较见表3.6。在化学成分上,清蛋白类与球蛋白类也有区别,如清蛋白类所含甘氨酸极少,而球蛋白类较多。

表 3.6　清蛋白类与球蛋白类的溶解度比较

溶剂名称	清蛋白类	球蛋白类
蒸馏水	溶解	不溶解
稀盐溶液	溶解	溶解
Na_2SO_4 饱和溶液	溶解	不溶解
$(NH_4)_2SO_4$ 半饱和溶液	溶解	不溶解
$(NH_4)_2SO_4$ 饱和溶液	不溶解	不溶解

（3）醇溶蛋白类（prolamins）　此类蛋白不溶于水及中性盐溶液，可溶于 70%～90% 的乙醇溶液，也可溶于稀酸及稀碱溶液，加热凝固。该类蛋白质仅存在于谷物籽粒中，典型代表为小麦醇溶蛋白（gliadin of wheat），玉米胶蛋白（zein of corn）和大麦胶蛋白（hordein of barley）。

醇溶蛋白水解产生大量的谷氨酰胺、脯氨酸、氨及少量的碱性氨基酸。玉米胶蛋白完全缺乏赖氨酸和色氨酸。小麦醇溶蛋白是面筋蛋白质主要成分之一。

（4）谷蛋白类（glutelins）　此类蛋白质不溶于水、中性盐溶液及乙醇溶液中，但溶于稀酸及稀碱溶液，加热凝固。谷蛋白也仅存在于谷物籽粒中，常常与醇溶谷蛋白分布在一起，典型的代表为小麦谷蛋白。

据上所述，根据谷物蛋白质组分在不同溶剂中的溶解性，可按顺序用蒸馏水、稀盐、乙醇、稀碱分别提取清蛋白、球蛋白、醇溶蛋白和谷蛋白，分别收集提取液，来测定蛋白质组分含量。

应当注意，每类蛋白质都有亚群，不是单纯的某种蛋白质。当然有些蛋白质也不属于这四类中的任何一类。如小麦、大麦和黑麦含有溶于水但受热不凝结的糖蛋白。玉米、高粱和稻谷中含有不溶于稀酸和稀碱的蛋白质。这需要更好的分类方法和体系来解释。

3.3.1.2　根据蛋白质的生物功能分类

谷物是禾谷类作物的种子，可以将谷物蛋白质分为两类。

（1）代谢性细胞活性蛋白质　即能维持种子细胞正常代谢的蛋白质。大多数生理活性蛋白质均发现在清蛋白类和球蛋白类中。谷物中的清蛋白和球蛋白在糊粉层细胞糠层和胚芽中，胚乳中含量较低。清蛋白和球蛋白是由单链组成的低相对分子质量蛋白质。从营养学的观点看，清蛋白和清蛋白氨基酸平衡很好，赖氨酸、色氨酸、精氨酸含量较高，这三种氨基酸在谷物中的含量都较低。

（2）储藏蛋白质　即作为种子储藏物质的蛋白质，典型的是胚乳蛋白，糊粉层中也发现少量的储藏蛋白质，而果皮和胚芽中没有。储藏蛋白质包括醇溶蛋白和谷蛋白，用于幼苗生长。谷蛋白是由多肽链彼此通过二硫键连接而成，醇溶蛋白是由一条单肽链通过分子内二硫键连接而成。所有谷物的醇溶谷蛋白中，具有重要营养意义的赖氨酸、色氨酸和蛋氨酸的含量都低。谷蛋白的氨基酸组成表现出较大的差异性。在小麦中，胚乳中的储藏蛋白质一般不溶于水，也不溶于盐溶液，具有这种特性的储藏蛋白质包括两种类型:一种是低相对分子质量蛋白质;另一种是高相对分子质量蛋白质。储藏蛋白质中含有大量的谷氨酸和脯氨酸,较多的赖氨酸和精氨酸,具有较高的生物学价值(营养价值)。

3.3.1.3 根据形态分类

从谷类作物形态学角度,可把谷物蛋白质分为三类:胚乳蛋白、糊粉层蛋白、胚蛋白。目前的工艺技术已经可以精确提纯和分离胚、糊粉层和胚乳蛋白。胚中的蛋白质含量最高,大约30%。胚乳中的蛋白含量最低。许多研究者发现,胚乳内、外部分的蛋白质含量不同。必需氨基酸总含量取决于主要形态学部位与籽粒的质量比。糊粉层越发达,胚也越发达,同时意味着必需氨基酸的含量也越高。胚中的蛋白质比胚乳中的蛋白品质要好,但是胚乳所占的比例大,所以谷物中主要的蛋白质还是存在于胚乳中。

3.3.2 谷物蛋白质的特点

谷物蛋白质主要是指存在于大米、小麦、玉米、燕麦、高粱、粟等作物中的蛋白质。谷物中的蛋白质含量会因品种、土壤、气候及栽培条件等的不同而呈现差异。一些常见谷物的蛋白质含量见表3.7。从表3.7可知,谷物蛋白质含量一般在6%~14%,其中大米较少,只有7%左右,而硬粒小麦蛋白质含量可达13%以上。

表3.7 一些常见谷物的蛋白质含量

蛋白质来源	蛋白质含量/%	蛋白质来源	蛋白质含量/%
普通硬麦	12~13	燕麦	10~12
普通软麦	7.5~10	高粱	10~12
硬粒小麦	13.5~15	大麦	12~13
大米	7~9	玉米(马齿型)	9~10
黑麦	11~12		

几种谷物蛋白质中各类简单蛋白质的相对含量见表3.8,从表3.8可以看出,禾谷类种子中的蛋白质主要是醇溶蛋白和谷蛋白。其中玉米的醇溶蛋白和大米的谷蛋白相对含量最高,而小麦则是胚乳中醇溶蛋白和谷蛋白的含量几乎相等。

表3.8 谷物蛋白质中各类简单蛋白质的主要组成和赖氨酸质量分数

谷物	清蛋白/%	球蛋白/%	谷蛋白/%	醇溶蛋白/%	赖氨酸/%
大米	2~5	2~10	85~90	1~5	3.8
小麦	5~10	5~10	30~45	40~50	2.3
大麦	3~4	10~20	35~45	35~45	3.2
燕麦	5~10	50~60	5~20	10~16	4.0
黑麦	20~30	5~10	30~40	20~30	3.7
玉米	2~10	2~10	30~45	50~55	2.5
高粱	痕量	痕量	30~40	60~70	2.7

三种谷物中醇溶蛋白的组成情况和谷物蛋白的一些化学特征分别见表 3.9 和表 3.10。

表 3.9　三种谷物中醇溶蛋白的组成情况

小麦		大麦		玉米	
成分	相对分子质量	成分	相对分子质量	成分	相对分子质量
α-麦醇溶蛋白	32 000	B-大麦醇溶蛋白	35 000 ~ 46 000	20 K	20 000 ~ 21 000
β-麦醇溶蛋白	40 000	C-大麦醇溶蛋白	45 000 ~ 72 000	22 K	22 000 ~ 23 000
ω-麦醇溶蛋白	40 000 ~ 72 000	D-大麦醇溶蛋白	100 000	9 K	9 000 ~ 10 000
高分子亚基	95 000 ~ 136 000			14 K	13 000 ~ 14 000

表 3.10　谷物蛋白的一些化学特征

蛋白质	氨基酸组成化学特征
醇溶蛋白	①富含硫部分（α-、β-、γ-麦醇溶蛋白），谷氨酰胺含量 32% ~ 42%，脯氨酸含量 15% ~ 24%，苯丙氨酸含量 7% ~ 9%，半胱氨酸含量 2% ②硫缺乏部分（ω-麦醇溶蛋白），谷氨酰胺含量 42% ~ 53%，脯氨酸含量 20% ~ 31%，半胱氨酸含量 0
麦谷蛋白	低相对分子质量，谷氨酰胺含量 33% ~ 39%，甘氨酸含量 13% ~ 18%
高分子亚基	相对分子质量较麦谷蛋白高，半胱氨酸含量 0.5% ~ 1%

谷物蛋白中醇溶蛋白与谷蛋白的总量超过 80%，所以谷物蛋白质的营养价值依赖于这两种蛋白，由于醇溶蛋白中赖氨酸含量很低，所以谷物蛋白质的限制性氨基酸一般是赖氨酸。通过食物蛋白质间的互补作用可以克服谷物蛋白质的营养问题，例如谷物蛋白质同大豆蛋白质的互补。

3.3.2.1　小麦蛋白质

小麦约含蛋白质 13%。虽然小麦胚蛋白及糊粉蛋白均为细胞活性蛋白，营养品质较优，但小麦经加工制粉后，保留在面粉中的蛋白质主要是麦醇溶蛋白和麦谷蛋白，通常称之为面筋蛋白质。这是小麦具有独特性质的根源。

（1）小麦面筋的形成　面筋是面粉中的面筋蛋白质吸水膨胀而形成的。在小麦面粉中加水至含水量高于 35% 时，用手工或机械进行揉合即得到黏聚在一起具有黏弹性的面块，这就是所谓的面团。在面团形成的过程中，面筋蛋白质表面的极性基团先将水分子吸附，经过一段时间水分子逐渐扩散到粉质内部，使得面筋蛋白质的体积膨胀，面筋蛋白质分子充分吸水膨胀后，分子中的极性基团与水分子相互联结起来，最终形成了面筋网络。其他成分如脂肪、糖类、淀粉和水都包藏在面筋骨架的网络之中。

当把面团在水中搓洗时，淀粉和水溶性物质渐渐离开面团，冲洗后，最后只剩下一块具有黏合性，延伸性的胶皮状物质，这就是所谓的湿面筋。1782 年，意大利的贝克卡里首先用这种方法提取了面筋,那是第一次从植物源中提取蛋白质。在这之前,人们只认为蛋白质仅来源于动物。

湿面筋保持了原有的自然活性及天然物理状态,具有黏弹性、延伸性、薄膜成型性和乳化性等功能性质。湿面筋低温干燥后可得到干面筋(又称活性谷朊粉)。在所有谷物粉中,仅有小麦粉能形成可夹持气体从而生产出松软烘烤食品的强韧黏合的面团。小麦蛋白质,更准确地说,面筋蛋白质,是小麦具有独特性质的原因。从小麦粉中提取的面筋含蛋白质约80%(干基),具体化学成分为:麦醇溶蛋白43.02%,麦谷蛋白39.10%,其他蛋白4.40%,淀粉6.45%,脂肪2.80%,糖类3.12%,灰分2.00%。

(2)小麦面筋蛋白质的结构和功能 小麦面筋由两种主要的蛋白质组成,即麦胶蛋白(或麦醇溶蛋白)和麦谷蛋白。这两种蛋白质可方便地分离,如在稀酸中溶解面筋,添加70%的乙醇溶液,然后添加足够的碱以中和酸,在4℃下放置1夜,使麦谷蛋白沉淀,溶液中剩下麦胶蛋白。

麦谷蛋白是一种大分子质量复合体,利用十二烷基硫酸钠聚丙烯酰胺凝胶电泳(SDS-PAGE)将麦谷蛋白分为高相对分子质量(HMW)和低相对分子质量(LMW)两类亚基。其相对分子质量在$(80\sim130)\times10^3$之间,更高的可达上百万,是由多条肽链彼此通过分子间二硫键连接而成的大分子组分,含有大量分子间—S—S—,结构不规则,分子内含β折叠结构较多,富含Gln和Cys。麦谷蛋白亚基通过二硫键末端相连形成面筋络合物的主干结构。麦谷蛋白有弹性但无黏性,使面团具有抗延伸性。在面团中加入一定量的纯麦谷蛋白可以明显地提高面筋的抗延伸性。加热能导致谷蛋白失去形成多孔状结构的能力,使其结构变得更有弹性。麦谷蛋白是造成面筋具有强大抗延伸性能的主要原因。麦谷蛋白的水合物具有很大的弹性和抗延伸性,无黏性,它必须与麦醇溶蛋白相互作用才能形成面筋特有的黏弹性。较小的球状麦醇溶蛋白主要是通过非共价键(氢键和疏水键)掺入面筋蛋白中。

麦胶蛋白是一种单体蛋白,其相对分子质量在$(30\sim80)\times10^3$之间,单链,倾向于形成分子内的二硫键,结构紧密呈球形,分子内含有大量α-螺旋结构,富含谷氨酰胺(Gln)。水化后有很大黏性,无弹性和韧性,无抗延伸性,是造成面团黏合性的主要原因。利用酸性聚丙烯酰胺凝胶电泳(A-PAGE)可按电荷不同将麦胶蛋白分成α、β、γ、ω四种类型。在基本面团中加入纯化的麦胶蛋白,可使面包体积增大,其中γ-醇溶蛋白最有利于增大面包体积。

当面粉吸水、揉合后形成面团,二硫键重新排列,形成面筋。如果在小麦蛋白质中添加还原剂,面筋就会变软,添加氧化剂,面筋即变硬。这种特性与面筋结构中的二硫键有关。面筋这种独特的结构和性质主要取决于其中存在的特殊蛋白质的数量和类型。因此,即使主要的蛋白质亚基的数量和类型有轻微的变化都可能引起面筋的质量和功能性的显著变化。面筋蛋白质的质量评价,一般通过面团流变学特性(粉质曲线、拉伸曲线、吹泡示功曲线等)来进行。

(3)小麦面筋蛋白质的营养特性 作为优质的植物蛋白源,小麦面筋具有较高的营养价值。从小麦蛋白质的氨基酸组成(表3.11)看,其特点是谷氨酸、脯氨酸含量高,赖氨酸和苏氨酸含量低。小麦面筋中脂肪及糖类的含量极低,这很符合当前低糖低脂的营养膳食要求。因此小麦面筋蛋白质在食品应用中具有一定的营养改良和强化作用。

表 3.11 小麦蛋白质组分的氨基酸成分

氨基酸	麦胶蛋白	清蛋白	球蛋白	麦谷蛋白
精氨酸/%	2.7	7.8	11.5	6.5
组氨酸/%	1.7	3.0	3.5	2.7
赖氨酸/%	0.7	6.5	4.5	4.6
苏氨酸/%	1.6	4.3	3.3	3.8
丝氨酸/%	4.0	4.5	5.2	5.1
天冬氨酸/%	2.1	8.3	7.4	6.5%
谷氨酸/%	43.8	19.9	21.5	25.3
甘氨酸/%	2.1	4.8	5.2	4.4
丙氨酸/%	2.0	5.8	4.4	4.3
缬氨酸/%	3.8	6.1	5.7	6.1
亮氨酸/%	7.3	7.5	7.3	8.2
异亮氨酸/%	4.0	3.0	3.5	4.3
脯氨酸/%	13.9	6.8	6.4	7.8
酪氨酸/%	2.0	3.8	3.3	3.3
苯丙氨酸/%	6.8	5.3	6.3	3.4
色氨酸/%	0.4	2.2	1.5	1.1
蛋氨酸/%	0.9	1.9	1.0	1.5%

小麦蛋白质的氨基酸组成不平衡,第一限制性氨基酸是赖氨酸,第二限制性氨基酸是苏氨酸。谷氨酸含量达总氨基酸的33%,是生产味精的原料。

3.3.2.2 大米蛋白质

大米蛋白质的含量为7%~9%,一般比其他谷物低。其中谷蛋白是主要的组分,占总量80%以上,而醇溶蛋白含量极少,占总量1%~5%。赖氨酸是第一限制性氨基酸,其次是苏氨酸。

(1)大米蛋白质的结构 大米蛋白质主要以两种蛋白体(protein body,PB)形式存在,即 PB-Ⅰ 和 PB-Ⅱ 两种类型。PB-Ⅰ 具有明显片层结构,颗粒致密,直径为 0.5~2 μm,醇溶蛋白即存在于 PB-Ⅰ 中;而 PB-Ⅱ 呈椭圆形,质地均匀,直径约 4 μm,其外周膜不明显,谷蛋白和球蛋白存在于 PB-Ⅱ 中。两种蛋白体相伴存在,表面没有核糖体。经超微结构观察和生化研究表明,PB-Ⅱ 数量多于 PB-Ⅰ。经 SDS-PAGE 分析,α-谷蛋白和 β-谷蛋白分子及 12 ku 蛋白产生抗体,这些抗体显示高特异性,25 ku 球蛋白和 12 ku 醇溶蛋白抗体与其各自蛋白肽反应强烈,而与其他蛋白之间存在轻微可交叉反应。

由于 PB-Ⅰ 和 PB-Ⅱ 在结构成分上的差异,它们可消化性也有明显不同。PB-Ⅰ 稳定,对蛋白酶有较强抵抗力,可能是醇溶蛋白含有较多二硫键之故;而 PB-Ⅱ 则易被酶水解。Chrastil 等对大米蛋白分析还表明,大米谷蛋白中除氨基酸外还有非氨基酸成分,他们将纯化后的谷蛋白用三氯乙酸水解,然后做薄层分析,发现尚有2%葡萄糖存在,蛋白与葡萄糖结合非常牢固,用尿素、巯基乙醇处理,再用硫酸铵沉淀,也无法将两者分开。次糖链结构主要是乙酰-N-半乳糖β-1,3半乳糖结构,进一步研究发现,在大米蛋白中有50多种非氨基酸成分与其共存。从蛋白质种类分布看,清蛋白、球蛋白比例在其外层最高,越往中心越低,而谷蛋白含量恰好相反。

(2)大米蛋白质的营养　大米蛋白质与小麦和玉米相比,具有优良的营养品质,这主要是因为:①赖氨酸含量高。赖氨酸通常是谷物蛋白质中的第一限制性氨基酸,但大米蛋白中赖氨酸含量高于其他谷物。大米蛋白中谷蛋白是主要的组分,占总量80%以上;而醇溶蛋白含量极少,占总量1%～5%。由于赖氨酸在醇溶蛋白中含量极低,而在谷蛋白中相对较高,因此大米中的赖氨酸含量比其他谷物高,见表3.8。②大米蛋白质的氨基酸组成配比比较合理,其中必需氨基酸组成比小麦蛋白、玉米蛋白的必需氨基酸组成更加接近于WHO认定的蛋白氨基酸最佳配比模式。其配比模式比较见表3.12。③蛋白质的利用率高,大米蛋白质与其他谷物蛋白质相比,生物价(BV值)和蛋白质效用比率(PER值)高(见表3.13)。蛋白质生物价(biological Value,BV),是反映食物蛋白质消化吸收后,被机体利用程度的指标。生物价的值越高,表明其被机体利用程度越高,最大值为100。蛋白质的效用比值反映蛋白质利用于机体生长的效率,以每克食物蛋白质所增加体重的质量来表示。④低过敏性。与大豆蛋白、乳清蛋白相比,大米蛋白质不会产生过敏反应,可以作为婴幼儿食品的配料。

表3.12　大米蛋白质、小麦蛋白质、玉米蛋白质的必需氨基酸组成

必需氨基酸	大米蛋白质	小麦蛋白质	玉米蛋白质	WHO模式(g/kg)
赖氨酸/%	4.0	2.5	2.0	55
蛋氨酸/%	2.2	2.1	1.3	17
异亮氨酸/%	4.1	3.6	4.2	40
亮氨酸/%	8.2	6.8	14.6	70
苯丙氨酸/%	5.1	4.7	3.2	26
色氨酸/%	1.7	1.3	0.6	10
缬氨酸/%	5.8	4.2	5.7	50
苏氨酸/%	3.5	2.9	4.1	40

表3.13　几种蛋白质的生物价(BV值)和蛋白质功效比值(PER值)

谷物	大米	小麦	玉米	大豆	鸡蛋	棉籽
BV	77	67	60	58	94	—
PER	1.36～2.56	1.0	1.2	0.7～1.8	4.0	1.3～2.1

3.3.2.3　大麦蛋白质

大麦颗粒是由外皮层包被的糊粉层、淀粉化的胚乳和胚芽组成。大麦皮重占谷粒的

7% ~25% ,以皮重13%计,胚芽和胚乳分别占谷粒的3%和77%。蛋白质在胚芽中达到30%以上,而在胚乳中含量很少。大麦的糊粉层至少有两层细胞构成,而其他谷物由一层细胞组成。糊粉层中含有蛋白质颗粒,比胚乳细胞的蛋白质含量要高。在胚乳中可以发现单独的蛋白质体,但胚乳的主要成分却是淀粉。

蛋白质占带皮大麦总重量的8% ~13% ,主要由大麦醇溶蛋白和谷蛋白组成。其中清蛋白的含量比较低,占总蛋白的3% ~5% ;球蛋白的含量在胚乳中的含量较高,占总氮的10% ~20% 。醇溶蛋白占总蛋白的35% ~45% ,而谷蛋白占35% ~45% 。大麦的蛋白质具体含量与大麦品种和农作物的种植条件有关。

(1)大麦蛋白的组成　大麦蛋白也可分为大麦储存蛋白(与大麦的自身营养储存有关,包括大麦醇溶蛋白和谷蛋白)、大麦组织蛋白(与代谢活性有关,它包括清蛋白和球蛋白)。对大麦蛋白的体内合成过程进行研究,发现大麦醇溶蛋白和谷蛋白是在谷物成熟后期合成并沉淀于蛋白体和包被在淀粉颗粒外。清蛋白是在谷物成长的早期合成的,球蛋白在谷物成长的中期合成。部分盐溶蛋白也可能是由储存蛋白转化而来的。

不同蛋白质在大麦中的分布因大麦总氮的变化而变。储存蛋白尤其是大麦醇溶蛋白随总氮的增加而明显增加,而其他蛋白质只有少量的增加。研究证实大麦醇溶蛋白的含量可在36% ~49% 的范围内变化。醇溶蛋白的变化与大麦品种的特性相关,高赖氨酸大麦突变品种的醇溶蛋白随总氮的增加与其他蛋白质的变化同比例。

大麦醇溶蛋白是低相对分子质量的储存蛋白,可由无还原剂的70%乙醇提取,也可用55%的异丙醇提取。还原高分子蛋白(谷蛋白)的二硫键得到的可被上述溶液提取蛋白,称为大麦醇溶蛋白D,为高相对分子质量的储存蛋白。通过电泳、双向电泳和反相色谱等方法,大体可将酒精可溶的胚乳蛋白分成15 ~20 个明显的带。蛋白质按照相对分子质量的大小分成不同的类,如A(低分子组)、B、C(B、C 为大分子组)大麦醇溶蛋白。

Bietz 利用电泳研究巯基乙醇及其衍生物吡啶乙烷(PE)处理过的大麦醇溶蛋白的组成。PE 处理的大麦醇溶蛋白在SDS-PAGE 图谱中主要表现为5 条明显电泳带,分别是32000、38000、47000、53200、65600。

大麦醇溶蛋白的含量是受大麦的种植条件影响的。氨基酸在大麦中的百分比与大麦的总蛋白含量、大麦醇溶蛋白在总氮中所占的比例呈正相关。C 大麦醇溶蛋白在醇溶蛋白中的比例可以由13% 增加到18.5% ,B 大麦醇溶蛋白随大麦总氮的变化程度不如C 大麦醇溶蛋白变化的大。故随大麦蛋白质的增加,B/C 的蛋白比例由6.7 变为4.4。通常情况下,B 大麦醇溶蛋白占大麦醇溶蛋白的70% ~80% ,而C 大麦醇溶蛋白占总醇溶蛋白的10% ~20% ,而A 和其他醇溶蛋白只占5%以下。然而每组蛋白质的相对组成在大麦总氮的变化过程中无明显的变化。

B 大麦醇溶蛋白(富含硫氨酸)是单体通过分子内二硫键连接而成的混合物,也可能含有由分子间二硫键形成的聚合体。通过电泳可鉴定出相对分子质量为36 000 ~45 000 的蛋白分布。利用双向电泳对8 种欧洲大麦品种中不同等位基因进行分析,共得到47 种多肽。各种多肽在醇溶蛋白B 中占的比例范围为1% ~40% 。根据B 醇溶蛋白对溴化氰降解反应的不同,可将其分为Ⅰ、Ⅱ、Ⅲ亚组。BⅠ醇溶蛋白N 端A 序列含19 个氨基酸,可能是蛋白质合成的信号肽。A 序列的剩余编码序列为被一两个氨基酸残基间隔的谷酰基和脯氨酸的重复序列PQQP 的重复,谷氨酸和脯氨酸在序列A 中的含量占到78% 。N 端B 序列编码164 个氨基酸,散布其中的谷酰胺和脯氨酸占 N 端 B 序列的41%,此序列还含有 7 个胱氨酸。编码羧基的 C 端序列含有 35 个氨基酸,不含谷酰胺。造成 B 大麦醇溶蛋白相对分子质量变化的主要原因是 N 端的谷酰胺和脯氨酸数量的变化。C 大麦醇溶蛋白(贫硫大麦醇溶蛋白)不含半胱氨酸,可能含甲硫氨酸。脯氨酸占总醇溶蛋白脯氨酸的 10% ~20% 。

谷蛋白是高分子大麦储存蛋白。高分子的大麦储存蛋白由通过二硫键连接的多肽单体组成,它不溶于乙醇,但可以被稀释的强酸强碱溶解。现代生物学家和基因研究者将通过二硫键还原使高分子的储存蛋白变为醇可溶部分的蛋白质定义为 D 大麦醇溶蛋白。大麦谷蛋白富含谷氨酸和脯氨酸,并含有较多的甘氨酸,其氨基酸组成与黑麦、小麦的谷蛋白的氨基酸组成相似。D 大麦醇溶蛋白含较多甘氨酸,不同品种的 D 大麦醇溶蛋白氨基酸中的甘氨酸所占比例在 14.6% ~26.9% 之间变化。D 大麦醇溶蛋白的含量与麦芽的浸出率呈明显的负相关。

(2)大麦蛋白质的氨基酸组成 大麦总蛋白质的氨基酸组成特征与其他谷物相类似,含高比例的谷氨酰胺(30% ~35%)和脯氨酸(20%)以及少量的碱性氨基酸和一定量的半胱氨酸。大麦总蛋白质的氨基酸组成(表 3.14)受大麦作物的氮肥浓度和总氮影响的。研究表明,通过提高氮肥来增加大麦中的总氮会明显降低赖氨酸在氨基酸组成中的比例。赖氨酸下降的原因可能是由于氮肥增加引起了大麦合成醇溶蛋白增加的缘故,因为大麦醇溶蛋白中赖氨酸的比例较低。

表3.14 大麦蛋白质组分的氨基酸成分 %

氨基酸	醇溶蛋白	清蛋白	球蛋白	谷蛋白
精氨酸	2.5	4.8	7.9	4.5
组氨酸	1.0	1.5	1.9	2.2
赖氨酸	0.6	4.2	4.2	3.3
苏氨酸	1.8	5.2	4.6	1.9
丝氨酸	4.5	5.7	6.7	6.3
天冬氨酸	2.0	8.5	8.7	6.4
谷氨酸	33.6	14.4	16.0	21.5
甘氨酸	3.1	8.1	10.3	8.3
丙氨酸	3.0	9.5	8.7	6.6
缬氨酸	2.0	7.0	7.0	6.0
亮氨酸	6.7	7.4	7.5	7.9
异亮氨酸	3.5	3.8	3.4	4.1
脯氨酸	23.6	9.9	6.2	11.1
酪氨酸	1.2	2.9	2.3	2.5
苯丙氨酸	7.4	4.6	4.0	4.5
色氨酸	1.0	1.8	1.1	1.3
蛋氨酸	0.5	2.2	1.2	0.6%

3.3.2.4　玉米蛋白质

玉米是世界三大粮食作物之一,也是加工最多的粮食作物。玉米籽粒蛋白质 80% 以上集中在胚乳层,正常胚乳蛋白中,清蛋白和球蛋白均占 3%,醇溶蛋白(Zein)和谷蛋白各占 60% 和 34%。胚蛋白中则是清蛋白占优势,占胚蛋白质的 60% 以上,醇溶蛋白只占 5%~10%。全籽粒蛋白质为:醇溶蛋白占总蛋白的 50%~55%,谷蛋白占 30%~35%,球蛋白占 10%~20%,清蛋白占 2%~10%。

玉米醇溶蛋白中赖氨酸(约为 15 g/kg)和色氨酸(约为 4.5 g/kg)含量较少,限制玉米蛋白开发利用。谷蛋白中含有大量酰胺基氨基酸,如天冬酰胺和谷氨酰胺,其中谷氨酰胺含量约占总氨基酸 1/3,清蛋白和球蛋白氨基酸组成与鸡蛋白组成相似,有很高营养价值。蛋白质是玉米籽粒的重要成分,在一定的意义上决定了玉米籽粒品质的特点。

(1)玉米醇溶蛋白　醇溶蛋白属于一种典型的谷物蛋白,它特异性地存在于谷物中。几乎所有的玉米醇溶蛋白存在于胚体中,醇溶蛋白的含量决定着玉米胚体的硬度。玉米醇溶蛋白在玉米胚体组织细胞中以蛋白颗粒形式存在,蛋白颗粒直径大约为 1 μm,分布于粒径为 5.35 μm 的淀粉颗粒之间。玉米醇溶蛋白具有独特的溶解性,它不溶于水,也不溶于无水醇类,但可溶于 60%~95% 的醇类水溶液中还可溶于强碱(pH>11)、十二烷基硫酸钠(SDS)等有机溶剂中。在高温下,Zein 可分散并溶解于高浓度的醇溶液中。在低浓度的醇溶液中到达所需溶解的高温之前,Zein 趋向于变性。Zein 可溶于酮类(如甲酮、乙酮、丙酮)、酰胺溶液(如乙酰胺)、高浓度的盐溶液(NaCl,KBr)、酯和二醇类。这是由其氨基酸的组成特点所决定的。玉米醇溶蛋白富含谷氨酸(21.26%)、亮氨酸(20%)、脯氨酸(10%)和丙氨酸(10%),但缺乏碱性和酸性氨基酸,尤其是缺乏色氨酸和赖氨酸,这就说明了玉米醇溶蛋白负面的膳食氮平衡。高比例的非极性氨基酸和碱性、酸性氨基酸的缺乏决定了玉米醇溶蛋白的溶解行为。在玉米中,玉米醇溶蛋白是具有不同分子大小、溶解能力和电荷的各种肽经由二硫键聚结起来的混合物,其平均相对分子质量为 44 000。据 Mckinney 分类,玉米醇溶蛋白分为 α-Zein 和 β-Zein 两类。α-Zein 可溶于 95% 乙醇,β-Zein 溶于 60% 乙醇而不溶于 95% 乙醇。α-Zein 的组氨酸、精氨酸、脯氨酸和蛋氨酸含量少于 β-Zein,但 β-Zein 相对不稳定,易沉淀和凝固。

玉米醇溶蛋白由一个主要蛋白团和几个次要的蛋白团组成。氨基酸顺序对比表明 β,γ,δ-醇溶蛋白是主要组成。α-醇溶蛋白只与 α 类型醇溶蛋白有同质性。通过 SDS-PAGE 的相对分子质量测定,α-醇溶蛋白由两个主要亚基 19K 和 22K 组成,相对分子质量分别为 23 000~24 000 和 26 500~27 000。α-醇溶蛋白的每个分子仅仅有一个或两个色氨酸残基,仅组成单聚体,而 β,γ 和 δ-醇溶蛋白均富有色氨酸,组成多聚体。含有相对分子质量为 17 000~18 000 富含甲硫氨酸的多肽,其性质相对不太稳定,易沉淀和凝结。γ-Zein 可溶于 0~80% IPA 以及乙酸钠溶液,它占总 Zein 的 5%~10%。玉米醇溶蛋白是由二硫键联结起来的,将二硫键还原,相对分子质量便减少。凝胶电泳法证明,应用还原剂将 β-玉米醇溶蛋白的二硫键断裂后,即成为 α-玉米醇溶蛋白,形成三条主要的谱带,其相对分子质量分别为 24 000、22 000 和 14 000。玉米醇溶蛋白的分子呈棒形,分子轴比为 25∶1 至 15∶1,这是它易于形成薄膜的原因。玉米胚乳的外层富含 β,γ-醇溶蛋白,而少含 α-醇溶蛋白(Evers,1970)。由于玉米醇溶蛋白不溶于水,且缺乏赖氨酸、色氨酸等必需氨基酸,并存在色泽和气味问题,其作为食品原料的应用较少。但玉米醇溶蛋白具有很好的成膜性、凝胶化性和抗氧化性等性能。在开发了高度脱色、脱臭技术后，大大拓宽了其应用范围，使之成为一种用途广泛的工业原料。

（2）玉米谷蛋白　玉米谷蛋白都是由不同多肽链组成，这些多肽链由二硫键联结，形成不溶复合物。甚至在二硫键不存在的情况下，有些还原蛋白质仍然是难溶的，需用醇溶液或强碱溶液或强离解剂，或洗涤剂使之溶解。有研究表明，高相对分子质量麦谷蛋白亚基（HMW-GS）组成与面粉理化性质（弹延性及沉淀值等）相关；低相对分子质量谷蛋白中，B组亚基的亚基数目最多，而且是储藏蛋白最主要的组成部分，它们的迁移率比α，β，γ-醇溶蛋白小，相对分子质量大。C组亚基的等电点范围最宽，它的迁移率与α-，β-，γ-醇蛋白相近，故造成电泳谱带的重叠。D组亚基为酸性，其迁移率最低。朱朝辉（2005）研究表明，高赖氨酸玉米籽粒在蛋白质积累的整个时期，低相对分子质量谷蛋白含量呈降低趋势，高相对分子质量谷蛋白含量呈增加趋势。谷蛋白含量与总蛋白含量呈正相关。低相对分子质量谷蛋白中，B组亚基的亚基数目最多，而且是储藏蛋白最主要的组成部分，这与小麦的谷蛋白亚基相同。

（3）玉米籽粒清蛋白与球蛋白组分　Iwasaki等人用交联葡聚糖G-100凝胶渗透的方法分离定性两个水溶性玉米蛋白，即清蛋白和球蛋白。清蛋白相对分子质量为 $1.0 \times 10^4 \sim 2.0 \times 10^5$，球蛋白的相对分子质量范围为 $1.6 \times 10^4 \sim 1.3 \times 10^5$。玉米中的可溶性蛋白虽低于大麦，但玉米含有玉米醇溶蛋白，在经过蛋白休止后，可由不溶性蛋白转为可溶性蛋白。张革平等将高赖氨酸蛋白质基因导入玉米后，球蛋白和醇溶蛋白总量增加，清蛋白总量保持稳定，而谷蛋白量有所下降。免疫印迹结果表明，外源高赖氨酸蛋白的表达量与转基因种子中赖氨酸含量呈正相关性。推测外源高赖氨酸蛋白的表达及富含赖氨酸的清蛋白和球蛋白组成的改变是转基因玉米种子中赖氨酸提高的主要原因。

（4）玉米蛋白质氨基酸　玉米蛋白质的必需氨基酸种类齐全（表3.15），与FAO/WHO氨基酸模式比，赖氨酸和色氨酸含量不足，亮氨酸结构含量过大；玉米的氨基酸平衡性比豆粕和大多数的动物蛋白要差，特别是赖氨酸、蛋氨酸、色氨酸等必需氨基酸的含量和组成；清蛋白和球蛋白含有较少量的谷氨酸和脯氨酸、较多的赖氨酸和精氨酸，具有较高的生物学价值，其中赖氨酸的最高含量为0.47%，最低含量为0.17%。与此相反，胚中赖氨酸的含量较高。糊粉层的蛋白质含赖氨酸、色氨酸和苏氨酸较多，其他氨基酸的平衡性也较好。Mertz等（1964）发现高赖氨酸玉米奥帕克-2突变体胚乳蛋白质中含赖氨酸比普通玉米多一倍。

表3.15　玉米蛋白质的氨基酸组成　　　　　　　　%

氨基酸	清蛋白和球蛋白	玉米醇溶蛋白	交链玉米醇溶蛋白	谷蛋白
赖氨酸	4.18	0.46	0.57	4.38
组氨酸	2.38	1.28	6.77	2.52
精氨酸	7.35	2.16	3.46	4.49
天冬氨酸	10.06	5.12	1.73	7.90
苏氨酸	4.60	2.93	3.86	4.04

续表 3.15　　　　　　　　　　　　　%

氨基酸	清蛋白和球蛋白	玉米醇溶蛋白	交链玉米醇溶蛋白	谷蛋白
丝氨酸	5.23	5.11	4.03	5.15
谷氨酸	14.70	22.18	23.61	16.70
脯氨酸	5.06	9.84	17.83	6.95
甘氨酸	6.69	2.02	4.72	4.12
丙氨酸	7.10	9.01	4.92	7.49
半胱氨酸	3.73	2.27	0.87	0.64
缬氨酸	5.28	3.43	6.07	5.27
蛋氨酸	1.73	0.94	1.63	2.86
异亮氨酸	4.25	3.53	2.23	3.97
亮氨酸	6.50	17.49	10.23	12.09
酪氨酸	3.25	4.54	2.52	4.72
苯丙氨酸	3.57	6.11	2.56	5.31

3.3.2.5　燕麦蛋白质

燕麦的蛋白质含量在所有谷物中是最高的,并因品种不同而异,燕麦蛋白质的平均含量在 11% ~ 15% 之间。从营养的观点看,燕麦的氨基酸平衡非常好(与联合国粮农组织规定的标准蛋白质相比),在谷物中是独一无二的。脱壳燕麦的蛋白质(12.4% ~ 24.5%)含量通常比其他谷物高得多。即便在蛋白质含量较高时,其良好的氨基酸平衡也是稳定的,而其他谷物往往不是如此。燕麦中蛋白质的分配不同于其他谷物,醇溶谷蛋白仅占总蛋白的 10% ~ 15%,占优势的是球蛋白(55%),谷蛋白占 20% ~ 25%。

与小麦相比,燕麦清蛋白和醇溶蛋白含量较低,谷蛋白含量相差不大,球蛋白含量较高。燕麦蛋白含有 18 种氨基酸(表 3.16),且氨基酸组成平衡,具备人体必需的 8 种氨基酸,特别是在大米等食品中缺少,有益于增进智力和骨骼发育的赖氨酸含量为大米和小麦粉 2 倍以上。经常食用燕麦食品,能弥补传统膳食结构所致"赖氨酸缺乏症"缺陷。

燕麦麸皮是燕麦加工时的副产品,其蛋白质含量高达 30%,清蛋白、球蛋白、醇溶蛋白及谷蛋白分别占总蛋白含量的 63.4%、15.18%、8.18%、13.24%。清蛋白在燕麦蛋白中含量最高,其中必需氨基酸尤其是赖氨酸和色氨酸含量特别高。色氨酸具有改善睡眠、预防糙皮病、抑郁症和调节情绪等功能,被称之为"第二必需氨基酸"。且有研究表明,燕麦麸皮各蛋白质组分相对分子质量较小,易于消化吸收,蛋白质营养效价较高。

(1)燕麦球蛋白　大部分燕麦蛋白可溶于盐,被归类为球蛋白,其含量在 40% ~ 50% 和 70% ~ 80% 之间。通过超滤、电泳、RP-HPLC 等技术分析可知燕麦球蛋白是不同聚合肽的混合物。Burgess 等已经确认并分离出了球蛋白的 3 S,7 S 和 12 S 成分。12 S 球蛋白的含量是最高的,它是一种低聚蛋白,相对分子质量 322 000,四级结构和豆蛋白非常相似。经 SDS-PAGE 分离得到 32 和 22 000 两条带,称为 α,β-亚基。α,β-亚基通过二硫键形成相对分子质量为 54 000 的二聚体。12S 球蛋白是由 6 条 54 K 的亚基组成的六聚体。等电点聚焦电泳结果表明,小分子的聚合肽等电点为8~9,而较大分子的则为5~7。Walburg 和 Lakins 报道了 α–亚基存在20~30种组分,β–亚基存在5~15种组分。β–亚基中组氨酸、精氨酸、赖氨酸含量比 α–亚基中含量高。7 S 球蛋白相对分子质量为55 000,3 S 球蛋白为15 000~21 000。3 S、7 S 与12 S 相比,含有相对较高的甘氨酸,而谷氨酸含量则较低。燕麦、大麦中3 S、7 S 与豆类和玉米中相应成分具有免疫和形态相似性。虽然燕麦球蛋白与大豆球蛋白有相似的相对分子质量,但热力学性质显著不同。

表3.16　燕麦及其组成部分的氨基酸组成　　　　　　　　　　%

氨基酸	整粒燕麦	去壳燕麦	胚乳	FAO 评分模式
赖氨酸	4.2	4.2	3.7	5.5
组氨酸	2.4	2.2	2.2	—
精氨酸	6.4	6.9	6.6	—
天冬氨酸	9.2	8.9	8.5	—
苏氨酸	3.3	3.3	3.3	—
丝氨酸	4.0	4.2	4.6	
谷氨酸	21.6	23.9	23.6	—
半胱氨酸	1.7	1.6	2.2	—
蛋氨酸	2.3	2.5	2.4	3.5
甘氨酸	5.1	4.9	4.7	—
丙氨酸	5.1	5.0	4.5	—
缬氨酸	5.8	5.3	5.5	5.0
脯氨酸	5.7	4.7	4.6	—
异亮氨酸	4.2	3.9	4.2	4.0
亮氨酸	7.5	7.4	7.8	7.0
酪氨酸	2.6	3.1	3.3	—
苯丙氨酸	5.4	5.3	5.6	6.0

(2)燕麦醇溶蛋白　醇溶蛋白占燕麦总蛋白的15%,是多肽的混合物。经双向凝胶电泳分析表明,该蛋白是由20多种相对分子质量在20 000~40 000 的组分形成的,共有17条带。不同品种中含有的带数不同。燕麦醇溶蛋白也可分为 α、β、γ、δ 四种类型。通过 RP–HPLC 分离粗醇溶蛋白成30组分,经等电聚焦分析,在 pH 值分别为6,7.6 和9 时出现三个主要组分。第一组分(第1~14峰)主要由少量的非醇溶蛋白组成。第二组分(第15~30峰)占大部分,为醇溶蛋白。按疏水性氨基酸(亮氨酸、异亮氨酸、缬氨酸、苯丙氨酸)含量的不同又可分为三个亚组。氨基酸组成密切地反映了燕麦在谷物分类学中的中间位置。与小麦、黑麦和大麦相比,燕麦含有更多的谷氨酰胺。另一方面,含量相对较低的脯氨酸和较高的亮氨酸、缬氨酸与大米、小米和玉米的醇溶蛋白很相似。

表 3.17　燕麦球蛋白的氨基酸组成　　　　　　　　　　　　%

氨基酸	12S 球蛋白	12S 球蛋白亚基		7S 球蛋白	3S 球蛋白
		40000	20000		
天冬氨酸	9.9	8.3	12.4	7.6	8.7
苏氨酸	4.0	3.3	4.4	3.4	5.0
丝氨酸	6.5	6.6	7.0	8.9	9.2
谷氨酸	18.9	23.7	14.9	15.8	12.6
脯氨酸	4.8	5.1	5.2	4.3	4.3
甘氨酸	8.2	9.9	8.3	12.5	12.5
丙氨酸	6.6	6.1	7.5	7.0	8.2
半胱氨酸	1.2	0.8	1.0	1.3	1.9
缬氨酸	5.9	5.8	6.1	6.4	5.4
甲硫氨酸	0.5	0.0	0.2	0.3	0.9
异亮氨酸	4.8	4.2	5.3	3.1	3.9
亮氨酸	7.9	7.7	7.5	6.3	7.1
酪氨酸	3.4	3.0	3.1	2.3	3.0
苯丙氨酸	5.3	5.5	4.4	4.6	3.5
组氨酸	2.5	2.1	3.0	2.8	3.0
赖氨酸	3.2	2.5	3.7	4.4	5.2
精氨酸	6.4	5.5	6.0	9.0	5.6
色氨酸	—	—	—	—	—

燕麦醇溶蛋白的氨基酸序列和组成早在 19 世纪 80 年代就已研究出来。Bietz 将燕麦醇溶蛋白通过自动 Edman 降解,得到了前 23 个残基的清晰序列:

```
1    2    3    4    5    6    7    8    9    10   11
THR-THR-THR-VAL-GLN-TYR-ASN-PRO-SER-GLU-GLN
12   13   14   15   16   17   18   19   20   21   22   23
TYR-GLN-PRO-TYR-PRO-GLU-GLN-GLN-GLU-PRO-PHE-VAL
```

3.3.2.6　高粱蛋白质

高粱含 6% ~18% 蛋白质,其分布状态见表 3.18。其中高粱储藏蛋白质(醇溶蛋白和谷蛋白)占高粱总蛋白质 70% ~90%。清蛋白和球蛋白在四种组分蛋白中比率较低,但富含人类必需的 Lys(赖氨酸)、Try(色氨酸)、Arg(精氨酸)、Met(甲硫氨酸)及 Asn(天冬酰胺)等氨基酸;醇溶谷蛋白比率虽较高,但缺乏上述重要氨基酸;谷蛋白比率稍高于醇溶谷蛋白,而其重要氨基酸含量介于二者之间。因此,四种蛋白质组分比例及赖氨酸、色氨酸含量是影响高粱籽粒品质的重要因素。

表3.18　高粱蛋白质分布状态　　　　　　　　　　%

	球蛋白+ 清蛋白	醇溶谷 蛋白	交联醇溶 谷蛋白	谷蛋白 类似物	谷蛋白	剩余物	总计
范围	17.1 ~ 17.8	5.2 ~ 8.4	18.2 ~ 19.5	3.4 ~ 4.4	33.7 ~ 38.3	10.4 ~ 10.7	91.2 ~ 94.0
平均量	17.4	6.4	18.8	4.0	35.7	10.6	92.9

高粱的低相对分子质量的储藏蛋白质和玉米醇溶蛋白很相似。高粱储藏蛋白质可用70%的热乙醇溶液或60%的叔丁基乙醇溶液提取。它可溶于6 mol/L的盐酸胍、8 mol/L的尿素溶液及二甲基亚砜,50%乙酸,甲基酰胺等。醇溶蛋白是不同蛋白的混合物,可以用不同的技术进行分离。

高粱蛋白质消化率低和必需氨基酸成分不合理,有关研究表明,高粱蛋白质质量能通过发芽和发酵方式得到提高。许多因素对高粱蛋白质消化率都有影响。而单宁酸则是最早被认为能与蛋白质结合而使高粱蛋白质不被酶所消化的一种物质。然而,即使在单宁酸含量较低或不含单宁酸高粱中,蛋白质低消化率情况仍然存在;并且,Oria 等研究表明,高粱在生长过程中环境条件也会影响高粱蛋白质消化率。另外,加工方法也会对高粱蛋白质消化率有影响,如高粱是否被加工成高粱粥、是否经过发酵、剥皮、挤压或发芽处理等。有研究表明,蛋白质在高粱蛋白体内固有状态是造成高粱蛋白质低消化率的主要原因。同时也揭示高粱醇溶蛋白是最后才被消化蛋白质,添加还原剂则会提高蒸煮过和未蒸煮过高粱蛋白质消化率。高粱籽粒发育过程研究表明,高粱籽粒成熟度不同,蒸煮过和未蒸煮过高粱蛋白质消化率会随着高粱醇溶谷蛋白中所形成二硫键增加而降低,特别是在 α-β-醇溶蛋白和 γ-醇溶蛋白中尤其明显。最近也有研究证实这一点,蛋白质结构特征,特别是二硫键存在会影响蛋白质水解。虽然当醇溶蛋白从蛋白体中以固有形式被分离时很容易消化,但经高粱粉体外消化试验表明,α-醇溶蛋白消化比 β-醇溶蛋白和 γ-醇溶蛋白慢。这些结果加上扫描电镜研究表明,储藏蛋白质分解是从蛋白质体外部开始向内部进行。α-醇溶蛋白低消化率可能是因为 α-醇溶蛋白在蛋白质体的内部特定结构,因在蛋白质体的外部,β-醇溶蛋白和 γ-醇溶蛋白内二硫键会形成一种能抵抗酶结构,会阻止醇溶蛋白消化。对于高粱蛋白质消化率低现象,可通过加工方法如通过发芽和发酵方式或制成高粱粥和其他类型高粱发酵食品等方式提高蛋白质消化率。另外,也可通过植物遗传育种技术改良高粱品种,以得到易消化高粱蛋白质含量高的品种,提高高粱蛋白质消化率。

3.3.3　谷物中蛋白质含量的变化

各种谷物的化学成分存在着很大的差异,其蛋白质含量的差异也是相当显著的。虽然大多数商品样品的蛋白质含量为8% ~16%,但小麦蛋白质含量可从低于6%变化到高于27%。这样大的变化是由于环境和遗传因素的影响。因此,育种专家可以培育高蛋白质或低蛋白质含量的作物而改变谷物中的蛋白质含量。

　　谷物蛋白质的含量具有两方面的重要性:首先,蛋白质是人类食物中的重要营养素,从营养的角度看,蛋白质的类型和量是重要的;第二,蛋白质的类型和量对谷物粉的功能用途是重要的,如蛋白质是决定面包用粉质量的主要因素。

　　谷物籽粒中蛋白质含量改变时,各种蛋白质的相对组成也随之变化,以占总蛋白质的百分率计,在蛋白质含量高时,清蛋白和球蛋白的量比在蛋白质含量低时高。随着样品中蛋白质含量的增加,清蛋白和球蛋白的量增加,但以对总蛋白质的百分率计,这种增加没有储藏蛋白质百分率的增加那么快,这表明清蛋白和球蛋白是生理活性蛋白质,醇溶谷蛋白和谷蛋白是储藏蛋白质是符合逻辑的。随着作物生产较多的蛋白质,将有更多的蛋白质变成储藏蛋白质。

3.4　谷物蛋白质的分离、提纯和鉴定

　　蛋白质研究是当前生物化学和分子生物学领域内最为活跃的研究之一。要研究蛋白质的结构和功能,首先要得到高纯度的具有生物学活性的目的蛋白质,而蛋白质在组织或细胞中一般都是以复杂的混合物的形式存在,每种类型的细胞都含有很多不同结构和功能的蛋白质,这使蛋白质的分离、纯化成为一项精细而复杂的任务,虽然通过分子生物学手段可推导出蛋白质一级结构链的氨基酸排列顺序和组成,但仍有许多问题需要通过对蛋白质本身的空间结构和表达模式的研究才能得以更好地解释和完善。因此,高效的分离、提纯技术是蛋白质研究的重要基础和关键之一。

　　蛋白质的分离、提纯通常要考虑如下几个问题:

　　首先,必须了解待纯化样品中目的蛋白质及主要杂质的性质,尽可能多收集有关蛋白质的来源、性质(分子大小、等电点)和稳定性(蛋白质对温度、极端 pH 值、蛋白酶、氧和金属离子等的耐受性)等信息,这有助于设计蛋白质提纯过程。比如蛋白质是细胞内还是细胞外,可溶还是不可溶等都将影响到蛋白质提取方法和缓冲液组成,对于细胞外蛋白质,除去细胞可以有助于纯化过程,与膜结合的蛋白质需要用有机溶剂先溶解。在大多数情况下,纯化后蛋白质应尽可能保持活性,要采取尽可能少的纯化步骤以减少蛋白质变性和蛋白质水解,尽量避免比较粗放的条件,如极端 pH 值、有机溶剂等,选用合适的缓冲液。在纯化的整个过程中,需要控制 pH 值以减少蛋白质变性,通常采用 20 ~ 50 mmol/L 的缓冲液浓度,蛋白质样品的储存温度宜在 4 ℃ 或更低,如果储存时间长或蛋白质易水解,可采用冷冻方法,用液氮干冰或甲醇进行快速冷冻比较好。在低温 4 ℃ 操作,加快纯化过程而缩短操作时间,或加入蛋白酶抑制剂,都可以降低蛋白质水解程度。

　　其次,纯化开始之前必须了解最终产品的用途,从而设计蛋白质纯化过程,同时要综合考虑纯化产品的质量、数量和经济性等三个方面的要求。目的蛋白质纯度如果要求越高,往往所需要的操作时间越长,成本越高。对目的蛋白质纯度的要求取决于纯蛋白的用途,如果是工业化应用(在食品工业或日用化学工业),则需要大量的产品,此时纯度是次要的。如果纯蛋白质被用于研究,所需数量就比较少,在酶学研究中,80% ~90% 的纯度就足够了;在蛋白质结构研究中,纯度要在 95% 以上,而用于医疗的蛋白质,必须考虑到所有的杂质,对最终产物必须分析污染蛋白质、DNA 和在纯化过程中的添加物。可以采取一些特别的步骤除去这些杂质,但是额外的纯化步骤虽然可以提高纯度,却由于

除掉最终的百分之几杂质比最初的纯化要困难得多,会导致收率下降,成本明显增加。为应用于研究而纯化蛋白质,其规模小,纯化步骤所需要的花费并不重要,但工业化纯化蛋白质则需要综合考虑纯化的经济性。

最后,充分了解各分离纯化技术操作单元的大量信息也很重要,比如在细胞破碎时,需要了解包括流速、搅拌器类型、操作压力、细胞浓度和种类、产品释放的碎片和大小等;设计分析吸附色谱时,要了解包括色谱柱特征、凝胶或其他吸附剂的性能(结合能力、解离常数、流速等)。

谷物中除了淀粉外,还含有多糖,在胚乳细胞中,多糖的含量要远小于淀粉,它们包括半纤维素、戊聚糖、纤维素、β-葡聚糖和葡-果聚糖,这些术语在文献中没有统一应用,一部分原因是准确分类的分析标准还不可靠。这些多糖主要是细胞壁的组成成分,在籽粒内部的含量要比外部的含量丰富得多,因此,磨粉精度增加时,它们的含量也会增加。

第4章
谷物的其他成分

4.1 非淀粉多糖

4.1.1 纤维素

纤维素是植物中的主要结构多糖,是组成植物细胞壁的主要成分,它在细胞壁的机械物理性质方面起着重要的作用,在初生细胞壁中纤维素的含量较低,除纤维素以外,还有较多的半纤维素和果胶质。纤维素完全水解后,产生大量的葡萄糖,若部分水解则产生纤维二糖。纤维素甲基化后,再经过水解,主要产物为 2,3,6-3-O-甲基-β-D-葡萄糖和少量的 2,3,4,6-4-O-甲基-β-D-葡萄糖。纤维素是由 D-葡萄糖以 β-1,4-糖苷键连接的直链状高分子化合物,基本结构单元为纤维二糖。纤维素是一个大聚合体,其长度因来源和分离方法不同而明显不同,由于纤维素是没有分支的,而且基本上是直线结构,纤维素自身之间的联系紧密,不易溶解于水。天然的纤维素是不完全的结晶体,其高度的有序性和水不溶性,加上 β 键的结合,使得这种多聚体能够抵抗许多生物体及酶的攻击。在植物组织中,纤维素通常与木质素和其他非淀粉多糖联系在一起。

借助于 X 射线衍射技术的研究表明,纤维素与淀粉粒一样,也是具有微晶束结构的物质,分子中既有结晶状态部分,也有非晶质部分。根据 X 射线衍射及重氢置换法研究,证明纤维素的结晶化度比淀粉粒高,可达 60% ~ 70% 的程度。纤维素的微晶束是由 100 ~ 200 条呈螺旋状长链的纤维素分子彼此平行排列并通过氢键结合而成,而且微晶束要比每个纤维素分子短得多。可见每个长链纤维素分子不只在一个微晶束里面,而是同时参加到多个微晶束里面。

近年来,有人提出纤维素存在着所谓一级结构和高级结构的问题,如同蛋白质一样,一级结构决定纤维素的空间构象。

纤维素甲基化后彻底水解可得到 4-O-甲基葡萄糖和 3-O-甲基葡萄糖,按照它们所占的比例计算,纤维素的链长有 300 ~ 2 500 个葡萄糖残基,相对分子质量为 50 000 ~ 400 000,这与用 X 射线测得的结果大致相同。由于纤维素是高分子化合物,而且不是一种单纯的化合物,通常是各种聚合度的混合物。所以测定的所谓相对分子质量只是它的平均相对分子质量。

纤维素分子的极性基团绝大部分参与氢键的缔合作用(分子间氢键),分子间集聚力很强,再加上纤维素分子内也有氢键,所以要拆散这些氢键是困难的。因此纤维素不溶于水及一般的有机溶剂,纤维素的水解比淀粉困难得多。一般是在浓酸中或用稀酸在加压的情况下进行水解。水解过程中,可得到一些中间产物,最终产物为 β-D-(+)葡萄糖。

纤维素可溶于氢氧化铜的氨溶液中,加酸后又沉淀出来。纤维素具有许多与淀粉相同的化学性质,如无还原性,可发生成酯、成醚反应等,近年来又研究出了纤维素的新溶剂,为纤维素化学反应和纤维素的加工提供了新的前景。

纤维素是茎秆、粗饲料及皮壳的主要成分,这些组织中纤维素的含量可以达到 40% ~ 50%,因此,那些带壳收获的谷物(稻谷、大麦和燕麦)中含有的纤维素较多,谷物果皮中也富含纤维素(可以达到 30%),胚乳中的纤维素含量一般较少,只有 0.3% 左右。

纤维素被烷基化后能生成一系列具有良好溶胀性和溶解性的衍生物,取代基团会干扰包裹纤维素链的正常晶体,因此,有利于链的溶剂化。由于取代基团(甲基、乙基、羟甲基、羟乙基或羟丙基)和取代程度的不同,所得产物具有不同的溶胀能力及溶解性。纤维素衍生物的上述性质使得它们具有多种应用。在低筋面粉或无筋面粉(如大米、玉米或黑麦)所生产的焙烤食品中,甲基纤维素和甲基羟丙基纤维素的存在降低了产品的出渣性和脆性,从而可使面团维持较多的水分含量,因此,在焙烤过程中淀粉的溶胀程度得到很大改善。由不同取代基团得到的纤维素具有不同的凝胶温度,因此可用最适合的衍生物来满足不同应用的需要。将它们加入面糊或者作为肉的涂层可减少油炸时油的用量。将它们加入脱水后的水果和蔬菜中可以改善它们复原后再水合的特性和组织状态。敏感的食物可以通过用烷基纤维素做外层保护膜来保护。纤维素衍生物也可作为增稠剂应用在食品中。

4.1.2　半纤维素和戊聚糖

半纤维素和戊聚糖这两个术语经常可以互用,两者都没有确切的含义,合起来看,它们包括植物中的非淀粉和非纤维素多糖,它们广泛分布在植物界。一般认为它们是构成细胞壁和将细胞连在一起的粘连物质,它们的化学结构很不一致,其成分从简单的糖如β-葡聚糖到可能含有戊糖、己糖、蛋白质和酚类的多聚体,变化多样。谷物半纤维素组成中的糖类,文献中常提及的有 D-木糖、D-阿拉伯糖、D-半乳糖、D-葡萄糖、D-葡糖醛酸及 4-O-甲基-D-葡糖醛酸。

在半纤维结构方面的混乱认识,许多都是由于难以得到纯净的半纤维素化学组分供研究之用造成的。还有一个复杂的问题是缺乏权威性的试验手段来说明所得到的化学组分是否纯净。半纤维素多种多样,并且有很多不同的化学组成。半纤维素的另一个重要性质是其在水中的溶解性,例如小麦粉中同时含有溶于水和不溶于水的半纤维素。虽然除戊聚糖之外,半纤维素中还明显含有许多组分,但文献中通常将它们称作水溶性和水不溶性戊聚糖。

戊聚糖也称阿拉伯木聚糖,在 1927 年被 Hoffmann 等从面包专用粉中分离所得,其主要由阿拉伯糖和木糖组成,二者占60% ~70%,此外,还含有己糖、蛋白质、糖醛酸和酚酸等。它既是谷物非淀粉多糖重要组成成分,又是细胞壁多糖重要组分。戊聚糖在谷物中含量虽很少,但对谷物的品质、加工和营养却起着非常重要的作用。

许多谷物如小麦、黑麦、大麦、燕麦、稻谷和高粱等均有戊聚糖存在,其分布含量如表4.1 所示。

表 4.1　不同谷物戊聚糖含量

品种	小麦		大麦		燕麦		黑麦	
	整粒	胚乳	整粒	胚乳	整粒	胚乳	整粒	胚乳
戊聚糖含量/%	6.6	2.3	6.6	1.4	5.8	0.7	9.0	3.0%

从表4.1中可看出,不同谷物戊聚糖含量不同,其中以黑麦戊聚糖含量较高。戊聚

糖在整粒谷物中含量较胚乳高,谷物外层较内层高,即戊聚糖分布具有从内到外逐渐增加的特性。小麦中戊聚糖主要集中于小麦糊粉层(15.44%)、果皮及种皮(51.43%)部分,胚乳(2.72%)中含量较少,整粒中含8.1%,胚中含9.47%。其他谷物(如大麦)也有类似分布特点。

戊聚糖化学组成中以阿拉伯糖、木糖为主,此外还有少量己糖(半乳糖、甘露糖、葡萄糖等)、糖醛酸、酚酸、蛋白质。研究发现,各类谷物中戊聚糖结构基本相同,即主链由 β-D-吡喃木糖残基经 β-(1→4) 糖苷键连接而成,侧链由 α-L-呋喃阿拉伯糖通过 β-(1→2)、β-(1→5) 或 β-(1→3) 键构成,取代点在 C2 或 C3 位上。各类戊聚糖结构差异主要表现为聚合度、取代方法、取代程度(Ara/Xyl 比值反映)及阿魏酸含量不同,以上区别主要受品种、提取条件、检测方法等影响。

戊聚糖可分为水溶性与水不溶性两类。水溶性戊聚糖已被证明是由不溶于饱和硫酸铵的阿拉伯木聚糖(为游离蛋白质所污染)和与蛋白质共价相连的阿拉伯半乳聚糖所组成。水溶性戊聚糖在水中可形成黏滞的溶液。此外,某些氧化剂(如过氧化氢)能使小麦粉-水浆液的相对黏度大大增加。实际上是这些氧化剂能使水溶物成分形成凝胶,现已证明了水溶性戊聚糖是产生这种凝胶的主要原因。这种氧化凝胶显然是某些谷物粉中戊聚糖的独特性质,因此,对这一特性进行了广泛的研究。由于在 320 nm 处存在紫外线吸收(阿魏酸在此波长吸光),从而推测在该凝胶中有阿魏酸存在。

水不溶性戊聚糖结构的深入研究表明,它们与水溶性戊聚糖相类似,但分支程度较高,主链一般是以 β-1,4 键结合的 D-吡喃木糖单位,具有 L-阿拉伯糖侧链;侧链是很特殊的,仅有一个单糖残基的长度。如果是单一的取代,侧链一般接在木糖残基的 3 位上,也可同时在 2、3 位上发生取代。在所研究的水不溶性戊聚糖中,约有 60% 的木糖残基是支链,而且大约 30% 的分支同时接在 2、3 位上。水不溶戊聚糖具有较高分支,即 Ara/Xyl 比值较高,小麦粉中水溶戊聚糖二者比值为 0.51 ~ 0.63,水不溶性戊聚糖在 0.77 左右。裸大麦中二者平均值在 0.42 左右,低于小麦中比值,且糊粉层戊聚糖比值(0.45 ~ 0.52)远小于其胚乳细胞壁中值(0.91 ~ 1.0)。阿魏酸是戊聚糖中重要组分,它在谷物中含量虽很少,但对戊聚糖特性及谷物品质和特性起着非常重要的作用;它主要存在于谷物糊粉层中,其次是果皮中,大部分阿魏酸通过酯化形式与戊聚糖共价相连。研究发现,谷物外皮(主要是糊粉层、果皮和种皮)具有较强抗氧化作用,其中起抗氧化作用的酚酸类物质主要就是阿魏酸。另外还发现,小麦粉面团混合过程中,随着时间延长,面团筋力逐渐减弱,这其中主要是由阿魏酸所引起。另外,研究还发现,阿魏酸与面粉精度具有较好相关性,即精度较高面粉具有较高阿魏酸含量,而精度较低面粉则阿魏酸含量较低。

戊聚糖相对分子质量不仅与谷物品种有关,还与谷物生长环境、相对分子质量测定方法有关。对于小麦水溶戊聚糖用沉降法得到相对分子质量范围为 65 000 ~ 66 000,而用凝胶过滤色谱测得相对分子质量为 800 000 ~ 5 000 000,远高于用沉降法所测得相对分子质量。小麦水不溶戊聚糖平均相对分子质量为 850 000,用凝胶过滤色谱测得黑麦戊聚糖相对分子质量范围为 218 000 ~ 255 000。

戊聚糖在水相中,由于其自身所具有伸展螺旋式棒状结构,可使戊聚糖在水溶液中形成较高黏度胶体溶液。通过研究发现,在面粉的水提取物中,其固有黏度 95% 是由多糖所引起,可溶性蛋白质对固有黏度贡献只有 5% 左右。进一步研究得出,多糖的黏性成分主要是戊聚糖,其固有黏度是水溶性蛋白质的 15~20 倍,且具有较高固有机制的戊聚糖具有较高 Ara/Xyl 比值和较高阿魏酸含量。总之,戊聚糖在水溶液中性质主要受其构型、聚合度、阿拉伯糖特定排列顺序及阿魏酸含量和分布有关

戊聚糖在酸温和处理及酶作用下可发生水解和降解,使其性质发生变化。研究表明,戊聚糖中阿拉伯糖取代情况对戊聚糖溶解性有很大影响,取代度越高,水溶性一般越低。所以,通过酸和酶处理有选择性移去阿拉伯糖残基可改变戊聚糖溶解特性及其他一些性质,使其发生变性。用于戊聚糖酶解的酶主要有木聚糖酶、呋喃阿拉伯糖酶、木糖酶和戊聚糖酶等。目前含有戊聚糖酶系酶制剂已被广泛用于面包烘焙行业和饲料业。

戊聚糖有较高亲水性,能吸收及保持较高水分,据此可提高面粉吸水率,改变面团形成时间和稳定时间。研究表明,无论是水溶性戊聚糖还是水不溶性戊聚糖均可使面团形成时间缩短;而水溶性戊聚糖不同添加比例对面团稳定时间影响不一,当添加比例小于或等于 0.5% 时,随着比例增加,面团稳定时间增加,筋力增强,超过 0.5% 时,面团稳定时间减少,筋力减弱;当为 0.5% 时,面团稳定时间最高,筋力最好。研究发现,在小麦粉中添加 2% 水不溶性戊聚糖不仅降低面筋产率,且影响面筋成分(可降低面筋蛋白质产率)及品质(可降低面团延伸性)。其作用方式有两种:间接方式是通过面粉中戊聚糖与面筋蛋白质竞争吸水,夺取面筋网络水分,不利于面筋形成。可通过延长和面时间及增加和面用水量克服其对面筋产率副作用,但不能完全消除其副作用。直接方式是戊聚糖通过与面筋蛋白质交互作用降低面筋蛋白质产率,影响面筋品质。通过添加木聚糖酶释放水分及降解戊聚糖可增加面筋产率,达到改善面筋品质目的。

大麦细胞壁含有 70% 的 β-葡聚糖和 20% 的阿拉伯木聚糖,剩下的是蛋白质和少量的甘露聚糖。很多酶能迅速地降解细胞壁,特别是在籽粒发芽之后。

黑麦的半纤维素(通常又称为戊聚糖)与其烘焙特性密切相关。黑麦粉中戊聚糖的含量比其他谷物高得多,一般为 8% 。

燕麦中的主要半纤维素也是 β-葡聚糖。燕麦的半纤维素水平高于大多数谷物,β-葡聚糖的水平为 4%~6% 。由于燕麦胶据称可降低胆固醇,故近来已引起人们的很大兴趣。据报道,燕麦胶(半纤维素)中含 70%~87% 的 β-葡聚糖。

用扫描电子显微镜观察时,其他谷物如玉米、高粱的细胞壁显得比小麦或黑麦的细胞壁薄得多,其细胞壁中的半纤维素亲水性相当差,不能产生常见于黑麦和燕麦的糊状黏性混合物。从化学的角度看,它们是很复杂的混合物,含有阿拉伯糖、木糖和葡萄糖。稻米胚乳中半纤维素的含量显然也是很低的,而且细胞壁薄,稻米胚乳半纤维素的成分是一种由阿拉伯糖、木糖、半乳糖、蛋白质和大量的糖醛酸构成的混合物。

4.1.3　低聚糖

普通小麦中含有 2.8% 左右的糖(包括低聚糖)。据报道,这些糖中含有少量葡萄糖(0.09%)和果糖(0.06%),水平较高的蔗糖(0.84%)和棉子糖(0.33%)及水平高得多的葡果聚糖(1.45%)

小麦胚中总糖含量相当高(24%),主要是蔗糖和棉子糖。在手工解剖的胚中未发现葡果聚糖。蔗糖和棉子糖在麸皮中也是主要的糖,达 4%~6% 。麸皮中还有许多其他含量较少的糖。小麦粉中发现的糖与整粒小麦中发现的糖相同。葡果聚糖看来集中在胚

乳中,而在胚芽和麸皮中则缺乏。

糙米约含有 1.3% 的糖,主要是蔗糖,其次葡萄糖、果糖,棉子糖也有文献报道;白米仅含有约 0.5% 的糖,以蔗糖为主;燕麦含有和其他谷物几乎相同水平的糖,在其淀粉胚乳中,蔗糖和棉子糖是主要的糖。无论是燕麦还是稻谷都不含有显量的葡果聚糖。在高粱中,总糖含量可能在 1% ~6% 之间变化,某些用于制糖的特殊栽培品种含糖量较高。在这些品种中,蔗糖是主要的糖,三糖棉子糖和四糖水苏糖的含量很少。珍珠粟中糖的含量比高粱的低,变化在 2.6% ~2.8% 之间,蔗糖约占总糖的 2/3。高粱和黍、粟不含葡果聚糖。

4.1.4 果胶物质

主要谷物籽粒中含有少量的果胶物质,它与纤维素、半纤维素共同存在于植物细胞壁中,起到粘连细胞的作用。

果胶是由糖类物质组成的高分子聚合物,在植物体内有三种存在方式:原果胶、果胶和果胶酸,它们在结构上有共同之处,在性质上有些差别。

(1)原果胶 它是由半乳糖醛酸甲酯分子通过 $\alpha-1,4-$糖苷键连接而成的高分子化合物。

(2)果胶 它是原果胶的降解产物,是由半乳糖醛酸甲酯残基构成的一种多糖,相对分子质量比原果胶小,可溶于水,遇乙醇或 50% 的丙酮时沉淀,在可溶性果胶中加入酸或者糖时可形成凝胶,这是果胶的一种特殊性质,广泛用于食品工业。

可溶性果胶在稀碱或果胶酶的作用下,容易脱去甲氧基,形成甲醇和果胶酸(即半乳糖醛酸)。

(3)果胶酸 它是果胶的降解产物,相对分子质量进一步变小,果胶酸的分子大约由 100 多个半乳糖醛酸残基缩合而成,可溶于水,呈酸性,在溶液中与钙离子形成沉淀。通常利用这个反应来测定果胶物质的含量。果胶酸在有糖存在时不能形成凝胶,所以在工业上制取果胶时,尽量不使果胶水解,以免降低果胶的胶化能力。

果胶主链上还连接有鼠李糖残基。在富含鼠李糖的片段上,鼠李糖单元相邻或相间分布。在果胶分子的延伸侧链中还含有少量的 D-半乳糖和阿拉伯糖,在较短的侧链(含有 1~3 个糖单元)上还含有更少的海藻糖和木糖。这些短链不作为果胶的特征组分。甲醇可以使主链上的半乳糖醛酸的羧基酯化,形成一种不稳定状态,这时 2,3 位置上的羟基可能少量被乙酰化。pH=3~4 时果胶最稳定。在强酸性条件下糖苷键可以发生水解。在强碱性条件下,酯键和糖苷键都发生相同程度的断裂,后者还可发生消除反应。

pH 值在 3 左右以及 pH 值较高且 Ca^{2+} 存在时,果胶可形成热可逆的凝胶。在同样的条件下,形成凝胶的能力和分子质量成正比,与酯化程度成反比。低甲氧基果胶在低 pH 值或加入 Ca^{2+} 条件下可形成凝胶,但含糖量较低。高甲氧基果胶需要不断增加糖含量来促进酯化,形成凝胶。高甲氧基果胶的凝胶时间比低甲氧基果胶长。

4.2 色素

色素是农产品中的重要组成部分,随着研究的深入,很多植物组织,包括谷物中的色素被开发应用,同时也提高了农产品的附加值。

4.2.1 植物中的天然色素

4.2.1.1 叶绿素

叶绿素是绿色植物中的绿色色素,叶绿素的化学结构是以镁原子为中心的四个吡咯环组成的镁卟啉结构。高等植物中的叶绿素主要包括叶绿素 a 和叶绿素 b 两种,前者为蓝绿色,后者为黄绿色,两者比例大体为 3∶1,在植物细胞中,叶绿素与蛋白质结合成叶绿蛋白存在,使其呈现绿色。并且和类胡萝卜素共存在叶绿体中,二者比例一般为 3.5∶1,往往绿色越深,叶绿素含量越高。当细胞死亡后,叶绿素便会游离出来进行分解,变成无色产物。

4.2.1.2 类胡萝卜素类

类胡萝卜素类色素常与叶绿素一起大量存在于植物的叶片组织中,也存在于花、果实、块根和块茎中,表现为黄、橙红、橙黄、紫色等,是以异戊二烯残基为单元组成的共轭双键长链为基础的一类脂溶性色素。类胡萝卜素与蛋白质结合存在于植物组织细胞中,性质较稳定,较耐热,在不同 pH 值条件下均较稳定。但由于这类色素分子结构中存在大量共轭双键,在氧气存在下,特别是在光线中易被氧化裂解失去颜色,并且,不饱和双键易被脂肪氧化酶、过氧化物酶等氧化褪色褐变,尤其在水分和 pH 值过低时更易氧化。植物组织中的类胡萝卜素,按结构和溶解性质的差异可以分为两类:①由 C 和 H 元素组成的称为胡萝卜素类,其主要包括胡萝卜素和番茄红素;②由 C、H 和 O 元素组成的含氧类胡萝卜素即叶黄素类,呈橙黄或黄色。以醇、醛、酮、酸等形式存在,在植物中常见的叶黄素主要有叶黄素、玉米黄素、柑橘黄素、隐黄素、番茄黄素、β-酸橘黄素和辣椒玉红素等。

4.2.1.3 类黄酮色素

类黄酮是指两个具有酚羟基的苯环(A-与 B-环)通过中央三碳原子相互连接而成的一系列化合物。根据中央三碳链的氧化程度、B-环连接位置(2-或 3-位)以及三碳链是否构成环状等特点,可将重要的天然黄酮类化合物分类为花青素类、黄酮类、黄酮醇类、黄烷醇类、二氢黄酮醇类、查耳酮类、二氢查耳酮类、异黄酮类、橙酮类等。黄酮类化合物大多具有颜色,在植物体内大部分与糖结合成苷,一部分以游离形式存在。作为色素最重要的是花色素类和花黄素类。

(1)花色素类 花色素类即花青素类(anthocyanidin)色素,主要存在于花、果实和其他器官中,在果实中,主要存在于果皮层中,但也有些果肉含有。花青素呈红、紫、蓝色,通常以糖苷的形式存在于果蔬组织的细胞液中,除降解产物外,游离状态的花青素非常少见。经酸或酶的水解,可以生成花青素和糖。花色苷能与金属结合形成螯合物或盐类,也能与其他有机物结合形成协同色素。常见的花青素有 16 种,食品中常见的有天竺葵花青素(pelargonidin)、矢车菊花青素(cyanidin)、飞燕草花青素(delphinidin)、芍药花青素(peonidin)、矮牵牛花青素(petunidin)和锦葵花青素(malnidin),它们的结构如图4.1所示。不同的果蔬组织所含花青素的种类和数量均不相同,有的果实如黑莓只含一种花青素,而有的如葡萄中达 21 种。

花青素性质不稳定,非常容易变色,其性质可以归纳为:①花青素颜色常因 pH 值的改变而改变,一般 pH≤7 时显红色,pH=8.5 左右时显紫色,pH=11 时显蓝色或蓝紫色;②不论何种色泽的花青素,与金属(Na、K 等)化合时,其颜色均向蓝紫方向转变;遇 Fe、Cu、Se 时则不仅变色,还会促进马口铁腐蚀,因此含花青素的原材料进行罐藏时应用涂料罐;③花青素对光和温度极其敏感,在光照或稍高温度下很快变为褐色,但日光和低温可以促进植物体内花青素的形成,因此,在遮阴处生长的果蔬,色泽往往呈现不够充分;④SO_2 可以促使花青素褪成微黄色。

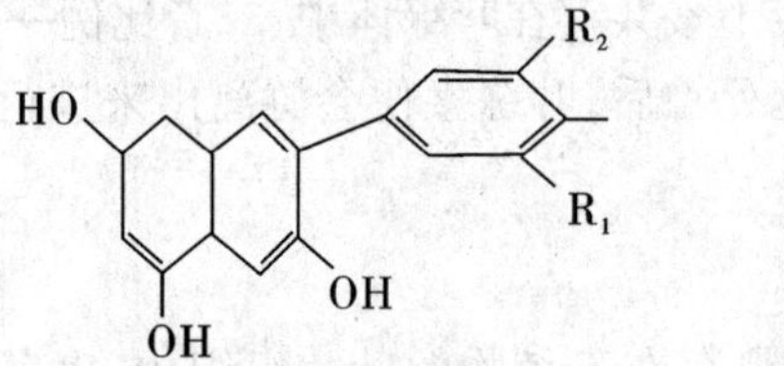

天竺葵花青素:$R_1=R_2=H$
矢车菊花青素:$R_1=H$,$R_2=OH$
飞燕草花青素:$R_1=R_2=OH$
芍药花青素:$R_1=H$,$R_2=OCH_3$
矮牵牛花青素:$R_1=OH$,$R_2=OCH_3$
锦葵花青素:$R_1=R_2=OCH_3$

图4.1 食品中常见的花青素结构

(2)花黄素类　花黄素类主要指黄酮及其衍生物,有近 800 种,是广泛分布于植物组织中的一类水溶性色素,其母核结构是 2-苯基苯并吡喃酮(图4.2)。重要的有黄酮与黄酮醇的衍生物,查耳酮、异黄酮、双黄酮等的衍生物也比较重要。花黄素类色素广泛分布于花、果实、茎、叶片等组织中,为水溶性色素,呈现无色、浅黄色或鲜橙黄色,为果实底色的组成成分之一,在植物中花黄素多与糖结合形成黄酮苷类和黄酮醇苷类。

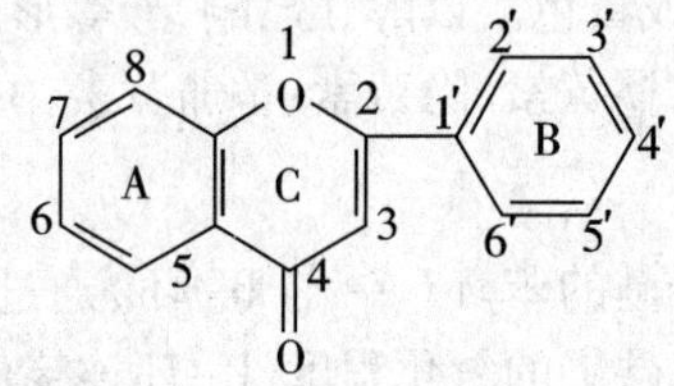

图4.2 黄酮化合物结构

花黄素类色素性质较稳定,在微酸性条件下呈白色,碱性条件下为黄色。比较常见的重要的花黄素类色素有槲皮素、杨梅素、柚皮素等(图4.3)。其中又以前二者分布最为广泛和丰富。花黄素的羟基呈酸性,具有酸类化合物的通性;花黄素在碱性溶液中易开环生成查耳酮型结构而呈黄色、橙色或褐色;花黄素可与金属离子生成络合物;花黄素色素在空气中久置,易氧化生成褐色沉淀。

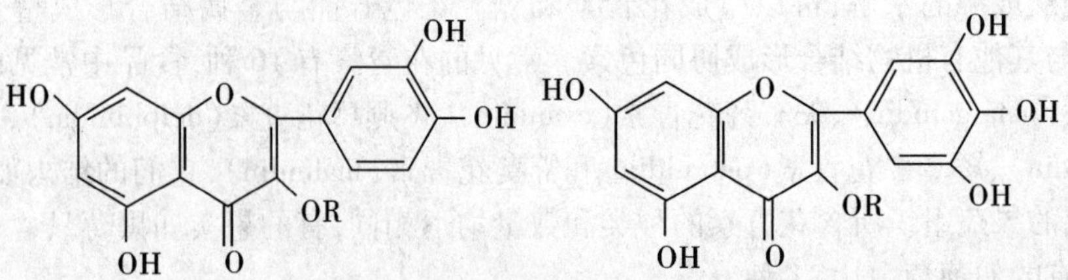

图4.3 槲皮素(左)和杨梅素(右)化合物的化学结构

（3）儿茶素类（鞣质色素） 儿茶素类是黄烷-3-醇类的总称，主要存在于含鞣质的木本植物中。在植物中主要异构体有儿茶素和表儿茶素。儿茶素类色素广泛分布于植物界，其中以果实中居多，如葡萄、柿子、苹果、梨、杏、李、石榴等果实中含量都比较多，尤其是未成熟的果实中含量丰富。儿茶素中含有较多的酚性羟基，极易发生氧化、聚合、缩合等反应，形成各种有色物质。此外，儿茶素类色素的另外一个特点就是具有涩味。

4.2.1.4 甜菜素

甜菜素是一种水溶性含氮色素，因最早发现于甜菜根中而得名，是吡啶衍生物，包括甜菜红素（betacyanin）和甜菜黄素（betaxanthin）两种形式。甜菜素的基本生色团为甜菜醛氨酸（betalamicacid）（图4.4）。甜菜素一般存在于植物的花、果实和部分无性繁殖器官中。令人感兴趣的是甜菜素和花色素相互排斥，从没有发现在一种植物中同时存在这两种色素。甜菜素是水溶性色素，水溶液呈紫红色。

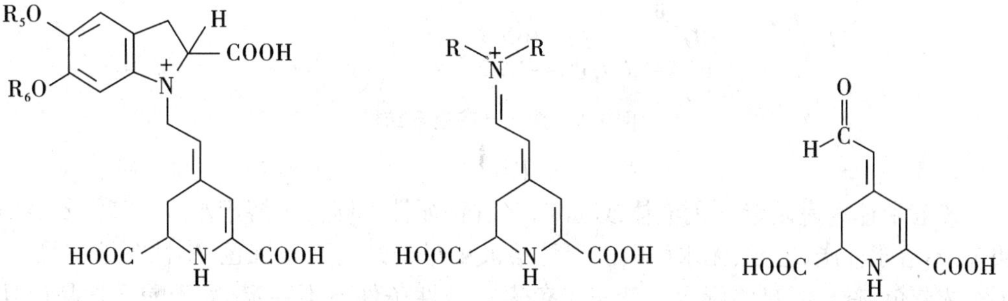

图4.4 甜菜红素（左）、甜菜黄素（中）和基本生色团甜菜醛氨酸（右）化学结构式

4.2.2 谷物中的色素

谷物中的各种谷粒呈现不同的颜色，其种皮或秸秆、胚芽中含有大量的天然色素。如小米和玉米黄色素主要包括叶黄素、玉米黄素、隐黄素、β-胡萝卜素等类胡萝卜素；此外，谷物天然色素还包括从黑米中提取的黑米色素，蓝粒和紫粒小麦中的黑色素，高粱中的高粱红等色素。

4.2.2.1 玉米中的色素

玉米籽粒色素一般分布在胚乳中，少数分布于果皮、种皮中（如西星赤糯一号）。一般分为两种，类胡萝卜素（carotenoid）和花色苷类色素（anthocyanin）。普通玉米中的黄色素主要是类胡萝卜素类，胡萝卜素在玉米籽粒中的含量为 0.1～9.0 mg/kg，主要由玉米黄质（zeaxanthin）、隐黄素（cryp toxanthin）和叶黄素（Lutein）等组成，还含有维生素 A 的前体 β-胡萝卜素。黑玉米、紫玉米及红玉米等有色玉米籽粒中含有的色素主要是花色苷类色素。花色苷类色素属于类黄酮类色素，玉米中所含的花色苷类色素包括天竺葵色素（Pg）、矢车菊色素（Cy）及芍药色素（Pn）等，所接的苷基均为葡萄糖苷（Glc）。

玉米中的黄色素为脂溶性物质，热稳定性和光稳定性均较差，在酸性至弱碱性条件下稳定性很好，但在强碱条件下易发生变性；Fe^{3+}、Ca^{2+}、Cu^{2+}、Al^{3+} 对黄色素的影响较大，Fe^{2+}、Zn^{2+} 对其影响不大，Na^+、K^+ 则几乎没有影响；强氧化剂对黄色素影响较大，还原剂对其影响很小,并对其有保护作用;柠檬酸、蔗糖、维生素 C、碳酸氢钠等食品添加剂对黄色素几乎没有影响。

紫玉米色素属花色苷类,其基本结构主要由花青素在 3 位酰化一个葡萄糖基及丙二酰等形成,其结构式见图 4.5。

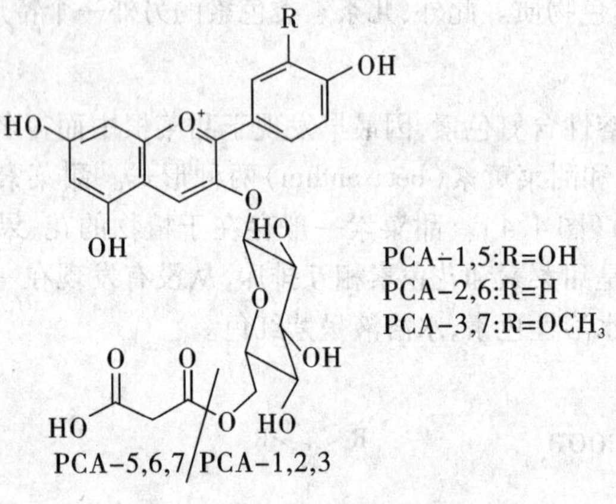

PCA-1,5:R=OH
PCA-2,6:R=H
PCA-3,7:R=OCH₃

PCA-5,6,7/PCA-1,2,3

图4.5 紫玉米花色苷结构

紫玉米色素呈暗紫红色液体或粉末,略有特征性气味。可溶于水、丙二醇、乙醇、乙酸等,不溶于油脂、乙醚、无水丙醇。酸性溶液中呈艳红色至紫红色,中性溶液中呈红紫色至蓝紫色,碱性时呈暗绿色。紫玉米色素在碱性条件下不稳定,宜于酸性食品(pH = 3~4)中使用,如在 pH = 3 及以下酸乳饮料中,能保持稳定的鲜红色。在柠檬酸、酒石酸等酸性水溶液中紫玉米色素耐热、耐光性良好。随 pH 值的增加,紫玉米色素的最大吸收波长 λ 向长波方向移动,pH = 5.0 时最大吸收波长为 510 nm,pH = 9.0 时则为 580 nm。在 Fe^{3+} 溶液中(2 mg/kg 以上)变为带黄色的深红色,遇蛋白质变为暗紫色,遇 Sn^{2+} 离子时,即使是极微量,也会增加紫色度。

黑玉米是玉米的一个新品种,其籽粒角质层不同程度地沉淀黑色素,外观乌黑发亮。研究表明,黑色素属花青苷类色素,是类黄酮化合物,有很强的清除自由基和抗氧化的能力,并以高效、低毒、高生物利用率而著称。宋艳(2008)利用液质联用技术对山东和山西两种黑玉米色素中的花色苷的种类进行了分析,得出山东黑玉米色素中主要含有两种花色苷,分别为矢车菊花色苷和天竺葵花色苷;山西黑玉米色素中主要含有三种花色苷,分别为矢车菊花色苷,天竺葵花色苷和芍药花色苷。两种黑玉米色素中成苷的糖都是六碳糖,为葡萄糖或半乳糖。严赞开等(2001)研究表明,黑玉米色素易溶于强极性溶剂或稀酸介质中,色素在酸性介质中呈鲜艳的红色,可见光范围内特征吸收峰为 526 nm;碱性介质中呈蓝色,稳定性较差,说明该色素适宜在酸性食品中使用。黑玉米色素与低含量食品添加剂、氧化剂、还原剂共存有良好的稳定性;在酸性介质中耐光、耐热性能良好;Fe^{3+}对色素有不良影响。

4.2.2.2 彩色小麦色素

近来很多研究者对彩色小麦如蓝粒、紫粒小麦中的色素进行了研究,蓝、紫粒小麦色素属于花色素苷类,其含量是普通小麦的 2~6 倍。不同品种小麦具有不同的花色素苷,蓝粒小麦有 4 种,紫粒小麦有 5 种。紫粒小麦中 3-糖苷氰化物含量占绝对优势,而在蓝粒小麦中居第 2 位,约占总花色素苷的 41%。温度也会影响到小麦籽粒中的花色素苷含量,温度从 65 ℃ 上升到 95 ℃ 过程中,花色素苷含量逐渐减少。在 pH=1 时花色素苷含量比较稳定,pH 值增加(pH<5),则花色素苷含量逐渐减少。光谱特性分析表明,在可见光区,蓝粒小麦和紫粒小麦色素酸性乙醇溶液的最大吸收波长分别为 530 nm 和 520 nm。研究还表明,蓝、紫粒小麦色素溶液的颜色均与 pH 值有关,pH 值越小颜色越鲜艳,在 pH≤3 时,蓝粒和紫粒小麦色素酸性乙醇溶液分别具有稳定的紫红色和棕红色;蔗糖、食盐、热、还原剂对蓝、紫粒小麦色素的影响很小;除 Cu^{2+}、Fe^{3+} 外,其他常见金属离子均对蓝、紫粒色素无影响;蓝、紫粒小麦色素对于光、氧化剂的抗性不同,蓝粒色素比较抗氧化,紫粒色素比较抗光照。

4.2.2.3　黑米色素

张名位等(2006)对黑米提取物进行结构解析,结果表明,黑米提取物含有 4 种花色苷类化合物,分别是锦葵素、天竺葵素-3,5-二葡萄糖苷、矢车菊素-3-葡萄糖苷和矢车菊素-3,5-二葡萄糖苷,根据黑米色素的理化性质分析,推断黑米色素(苷)以花青素和翠雀素占主导。张福娣等(2006)的研究结果表明,黑米花色苷的基本结构与花青素-3-葡萄糖和花青素-3-鼠李葡萄糖相似。王庆等(2006)研究表明黑米皮中花青素总含量约为 2.31%,其中矢车菊素-3-葡萄糖苷占 1.87%,芍药素-3-葡萄糖苷占 0.44%。杉木和高桥等(1998)利用薄层色谱法(TLC)研究认为其主要成分花青素-3-葡萄糖苷占 75%,其次甲基花青素葡萄糖苷占 13%。孔令瑶等(2008)采用液质联用技术(LC-MS)与毛细管电泳电化学检测(CE-ED)对黑米色素进行定性分析,结果表明,黑米色素主要含有两种花青苷色素,分别是矢车菊素-3-葡萄糖苷和芍药素-3-葡萄糖苷。Park 等(2008)采用高效液相色谱法和紫外可见分光光度法对花色素提取物进行定性、定量分析。结果表明,黑米花青素包括矢车菊素-3-葡萄糖苷,花青素-3-葡萄糖苷,锦葵素-3-葡萄糖苷,天竺葵素-3-葡萄糖苷和飞燕草素-3-葡萄糖苷。其中矢车菊素-3-葡萄糖苷的含量约占 95%,花青素-3-葡萄糖苷含量约占 5%。Mikihlemori 等(2009)利用高效液相色谱法-光电二极管阵列检测法和电喷雾质谱法研究了黑米色素的组成和热稳定性,结果表明,黑米花色苷色素主要成分是矢车菊素-3-葡萄糖苷及花青素-3-葡萄糖苷。根据上述研究结果可知,在不同的黑米品种中,其色素成分和化学结构有所不同,黑米色素的主要成分是花青素,主要的糖类配基为葡萄糖。

钟岩等(2008)对黑米色素的稳定性研究认为,黑米色素应该在 0~80 ℃ 条件下避光保存,氧化性或还原性较强的物质对黑米色素有较大的影响,蔗糖和葡萄糖对黑米色素无明显作用。

4.2.2.4　高粱色素

高粱中主要色素为高粱红色素,又称高粱红,高粱色素等,存在于高粱壳、子皮、秆中,主要成分为黄酮衍生物,如 5,7,4-三羟基黄酮,其分子式为 $C_{15}H_{10}O_5$,相对分子质量为 270.24。高粱红色素为水溶性色素,在弱酸性和中性条件下较稳定,对热稳定性较好,耐光性较强,可与金属离子形成络合物而影响色泽,对蛋白质染色力强。

此外,Awika 等(2004)还从黑高粱麸皮中提取出了花色素,并认为黑高粱麸皮和水果、蔬菜相比是花色素的一个很好的来源,和其他谷物花色素相比其抗氧化活性较高。

4.2.2.5 小米色素

王海棠等(2004)从小米中提得天然食用黄色素,通过显色反应、薄层层析和光谱分析,并与玉米黄色素和 β—胡萝卜素标准品相对照,表明其与玉米黄色素基本相同,确定其主要化学成分为类胡萝卜素,可能包括玉米黄素(3,3′-二羟基-β-胡萝卜素),隐黄素(3-羟基-β-胡萝卜素)和叶黄素(3,3′-二羟基-α-胡萝卜素)等。谭国进等(2004)通过对小米中黄色素稳定性研究表明,温度、碱性条件、氧化剂、还原剂、食品添加剂对小米黄色素稳定性无影响,而在光照和碱性条件下则有明显影响。

4.2.3 谷物中色素的应用价值

4.2.3.1 玉米色素

玉米黄色素除了作为食品着色剂和保健食品添加剂外,由于其本身具有的分子结构特征,使得它具有很强的抗氧化性,有研究发现,玉米黄色素具有减少癌症的发生和增强免疫的生物功能。主要是因为玉米黄色素的抗氧化作用,使其能防止自由基破坏细胞DNA 和其他分子,从而防止癌细胞的生成。流行病学研究表明,食用高含量类胡萝卜素的食物能降低各种癌症的危险。β-胡萝卜素能降低乳腺癌和肺癌的患病率。β-胡萝卜素已经证实由于具有维生素 A 原的活性而能增强人体对 Fe 的吸收;Garcl′a-Casal M(2006)研究了没有维生素 A 原活性的不同浓度的叶黄素和玉米黄素对 Fe 的吸收的影响,研究发现,补充叶黄素和玉米黄素也能显著增加人体对 Fe 的吸收。Richard 等(2007)研究显示,类胡萝卜素(β-胡萝卜素、α-胡萝卜素、叶黄素和玉米黄素)能通过猝灭单线态氧、清除自由基、减少活性氧簇产生的破坏,以及调节氧化还原敏感性转录因子,从而延缓肌肉纤维萎缩和肌肉强度的老化,并且可以减少炎症的发生。

花色苷类色素普遍具有抗氧化、消除自由基、降低血清及肝脏中脂肪含量、抗变异、抗肿瘤及防止人体内过氧化的作用。有研究表明,紫玉米籽粒色素可预防肝脏的损伤以及防痴呆和脑老化;大鼠试验研究表明,紫玉米色素对 Ph IP(2-氨基-1-甲基-6-苯基-咪唑并[4,5-b]吡啶)诱发的大肠癌有明显的抑制作用;紫玉米色素还可明显抑制高脂肪饮食者体重增加和体内脂肪组织积累,但对正常的膳食无明显影响。另外,花色苷不仅能与金属离子螯合,还能与金属离子、维生素 C 共同作用形成复合色素。Sarma 和Sharma(1999)研究表明,花青素能与 DNA 形成花色苷-DNA 复合色素,因该复合物的形成先于羟基自由基的暴露,因而可保护花青素和 DNA 免受氧化损伤。因此,花色苷类色素不仅是天然的食品着色剂,还被用来开发保健食品,具有广阔的应用前景。

4.2.3.2 高粱红色素

高粱红色素是典型的黄酮类化合物而具有较强的抗氧化活性,不仅可以作为食品的着色剂,也可用于熟肉制品、果冻、糕点、饼干、膨化食品等;还可开发用于饮料、保健食品,高粱红色素除着色外还具有生津止渴、消炎解热、扩张血管、降低血糖、降血压等作用;同时还可用于化妆品和医药行业的着色剂。

我国《食品添加剂使用卫生标准》(GB 2760—1996)规定:高粱红色素可用于熟肉制

品、果冻、糕点、饼干、膨化食品、冰棍、雪糕等,最大使用量为 0.4 g/kg。但在使用中应注意:①本品在 pH<3.5 时会发生沉淀,不宜用于过酸食品或饮料;②高粱红色素与某些高价阳离子,特别是铁离子反应会变成深褐色,为抑制金属离子的影响,可以添加少量焦磷酸钠;③磷酸钠和亚硫酸钠会使高粱红色素颜色加深,而维生素 C 则会使高粱红色素颜色变浅。

4.2.3.3　小米黄色素

JohnR N 等(2006)研究了小米在新型食品和非食品中的用途,在蛋糕、饼干、点心和酿酒方面已经利用小米来改善食品的营养价值及色泽和风味。玉米黄色素和小米黄色素作为一种食品添加剂,王海棠等将小米黄色素分别应用于人造奶油、人造黄油、糕点、冰淇淋、糖果、白酒和葡萄酒等,应用试验表明,小米黄色素可用于多种食品、饮料及糖果着色等,具有安全无毒、着色力强、色泽明亮自然及营养保健作用。王海棠等(2004)研究也表明,小米黄色素可用于多种食品、饮料及糖果着色。小米黄色素在硬糖中添加量 0.25% ~ 0.30%,呈鲜黄色,长期稳定;在软糖中添加量 0.3% ~ 0.4%,呈亮黄色,长期稳定;在面制品中呈蛋黄色,长期稳定;在人造黄油和人造奶油中添加量均为 0.5%,呈黄色,稳定;蛋黄酱用量仅为 0.1%,呈蛋黄色;配制保健酒用量 0.4%,呈亮黄色,稳定;冰淇淋添加量 0.4%,性能稳定;橙汁、菠萝汁等果汁饮料(10% 果汁)添加量 0.4%,呈亮黄色,稳定。

4.2.3.4　黑米色素

从黑米中提取的色素是一种天然色素,光、热稳定性均较好,色价较高,适合于饮料、糖果、糕点和肉食品等的着色。可见黑米色素是天然色素的重要来源。黑米色素不仅可作为食品染色剂,并具有多种保健功能,它对过氧化氢有消除作用,还具有清除羟基自由基以及超氧阴离子自由基的作用。

4.3　谷物中的维生素

4.3.1　谷物中维生素的分布

维生素分为水溶性维生素和脂溶性维生素两类。水溶性维生素是能溶解于水的维生素,包括维生素 C 和 B 族维生素(包括维生素 B_1、维生素 B_2、维生素 B_5、维生素 B_6、维生素 B_{12} 等);脂溶性维生素只能溶解于脂类物质中,难溶解于水,包括维生素 A、维生素 D、维生素 E、维生素 K 四种。脂溶性维生素如果过量就会在体内蓄积起来,引起不良反应。

植物组织是几种重要的维生素源,特别是维生素 C、维生素 A 原、B 族维生素和维生素 E。不同植物、不同品种、不同收获和储藏条件及不同加工方法都造成维生素含量的不同。一般来说,果蔬中含有丰富的维生素 C 和胡萝卜素,还含有少量的 B 族维生素;油料种子中富含维生素 E;谷物种子富含维生素 B_1、维生素 B_2 和维生素 B_6。

黄色籽粒的谷类含有一定量的类胡萝卜素,但 β-胡萝卜素含量比较低;黄色主要来源于叶黄素类,如玉米黄素。它们不能转化为维生素 A,但具有较强的抗氧化作用,对于预防视网膜黄斑变性等疾病有一定作用。

谷类中不含有维生素 D,只含有少量维生素 D 的前体麦角固醇。其中维生素 K 的含量也很低,例如小麦籽粒中的维生素 K 含量仅有 100 ~ 1000 pg/kg。然而,谷胚油中的维生素 E 含量较高,以小麦胚芽含量较高,达 300 ~ 500 mg/kg,玉米胚芽中含量次之。而且,胚芽中的维生素 E 以生物活性最高的 α-生育酚为主,还含有一部分生育三烯酚。故而,全谷类食品也是维生素 E 的来源之一,而精白处理后的米面维生素 E 含量极低。

谷类中一般不含有维生素 C,但 B 族维生素比较丰富,特别是维生素 B_1 和维生素 B_3 含量较高,是膳食中这两种维生素的最重要来源。此外,尚含一定数量的维生素 B_2、泛酸和维生素 B_6。

谷类籽粒中的维生素主要集中在外层的胚、糊粉层和谷皮部分,其中维生素 B_1 和维生素 E 主要存在于谷胚中,维生素 B_3、维生素 B_6 和泛酸主要集中于糊粉层中。随加工精度的提高,含量迅速下降。精白米是各种谷物主食中 B 族维生素含量最低的一种。

4.3.1.1 小麦

小麦由皮层(占 14.5% ~ 18.5%,包括外皮和糊粉层)、胚(占 1.1% ~ 3.9%)、胚乳(占 77% ~ 85%)组成。小麦的各种营养成分在麦粒中各组成部分的分布是不同的,淀粉集中在中部的胚乳,糊粉层和胚芽中含有非常丰富的蛋白质、维生素和矿物质。

小麦皮层包括外皮和糊粉层,外皮主要由纤维素组成,其他成分含量都很少;小麦糊粉又称麦粉蛋白粒,位于小麦籽粒外皮(包括表皮、果皮和种皮)和淀粉胚乳之间,占全粒干基的 6.0% ~ 8.9%。其中,水溶或脂溶性维生素以胆碱、肌醇、烟酸、生育酚(维生素 E)、泛酸(维生素 B_3)等居多,特别是烟酸和生育酚,含量分别达到 266 mg/kg 和 6 510 mg/kg。

麦胚在小麦籽粒中所占比例为 1.1% ~ 3.9%。小麦胚有多种营养成分。小麦胚芽中的维生素种类很多,含量丰富,主要有维生素 E 和 B 族维生素。小麦胚芽中的维生素 E 远比其他植物丰富,而且含有全价的维生素 E,是其他食品所无法比拟的。天然维生素 E 具有抗氧化作用、抗癌作用、抗不育功能,还能促进肝内和其他器官内泛醌的形成,在呼吸和能量代谢中起着重要的作用。小麦胚芽中 B 族维生素含量丰富,其中,维生素 B_1 的含量分别约是富强粉、大米和黄豆的 818 倍、11 倍和 217 倍,分别是牛肉、鸡蛋的 30 倍和 13 倍;维生素 B_2 的含量分别约是富强粉的 816 倍、大米的 10 倍、黄豆的 214 倍、牛肉的 4 倍以及鸡蛋的 2 倍;维生素 B_6 和维生素 B_3 的含量也大大高于上述几种食物中的含量。小麦胚芽中的维生素 B_1、维生素 B_2、维生素 B_6 相互作用,可大大提高营养价值,人体倘若缺乏这些成分,就可能诱发麻疹类皮肤病等。小麦胚芽中丰富的 B 族维生素可成为保健与疗效食品的天然 B 族维生素强化剂。

小麦的胚乳占整粒小麦的 77% ~ 85%,是小麦面粉的主要来源部位,其维生素含量都很少。

4.3.1.2 玉米

对玉米、稻米等多种主食进行营养价值和保健作用的各项指标对比,结果发现,玉米中的维生素含量非常高,为稻米、面粉的 5 ~ 10 倍。玉米含有多种维生素,其中脂溶性的维生素 E 含量较多,约为 20 mg/kg,黄玉米中含有较多的维生素 A 原——β-胡萝卜素,维生素 D 和维生素 K 几乎没有。水溶性维生素中含硫胺素较多,核黄素和烟酸的含量较少,且烟酸以结合型存在,单胃动物不能吸收。

甜玉米中含有多种维生素,其中,甜玉米籽粒中维生素 C 的含量一般为 7 mg/kg,比普通玉米高 1 倍左右;维生素 B_5 的含量为 2.2 mg/kg,而普通玉米的维生素 B_5 含量仅为 0.93 mg/kg;核黄素含量为 17 mg/kg,而普通玉米几乎不含核黄素;但甜玉米籽粒中一般不含硫胺素,而普通玉米的维生素 B_1 含量高达 38 mg/kg。

4.3.1.3　大米

稻米中 B 族维生素主要分布于谷皮和米胚中,胚中维生素含量占整粒米维生素含量的 56% 左右,大米外层维生素含量高,越靠近米粒中心含量越低。稻米中不含维生素 A、维生素 D 和维生素 C,维生素 B_1 和维生素 B_2 主要存在于胚和糊粉层中,所以,相对糙米而言,精米中维生素 B_1 的含量很低,长期食用高精度大米,会使人体内维生素 B_1 缺乏。维生素 E 主要存在于糠层中,其中 1/3 是维生素 E。并且,维生素在稻米中主要以衍生物的形式存在,如维生素 B_2 25% 是以酯化物的形式存在,米糠中的烟酸有 86% 以结合形式存在。

除了普通大米外,我国还分布有特色稻种红米和黑米,并日益受到人们的关注。雷永烨(1988)报道,每 1000 g 黑米平均含硫胺素为 4.1 mg,是白籼米、白粳米、白糯米平均含量(1.7,2.8,1.8 mg/kg)的 1.5 ~ 2.4 倍。每 1000 g 黑米平均含核黄素为 2.7 mg,是白籼米、白粳米、白糯米平均含量(0.7,0.8,0.44 mg/kg)的 3.4 ~ 6.8 倍。

4.3.1.4　小米

小米的营养含量均较大米多,尤其是 B 族维生素和维生素 E。据测定,每 1000 g 小米中含维生素 B_1 5.7 mg,维生素 B_2 1.7 mg,维生素 B_5 16 mg,维生素 E 55.9 ~ 223.6 mg;同时,还含有少量的胡萝卜素,每 1000 g 小米中含胡萝卜素 1.9 mg。另外,研究发现,小米中还含有 1.0 μg/g 的叶酸。

4.3.1.5　燕麦

燕麦属于八大粮食作物之一的禾谷类作物,分为有壳燕麦(皮燕麦)和无壳燕麦(裸燕麦)两种。我国种植的主要为裸燕麦,平常我们所食用的为裸燕麦,我国各地对莜麦的叫法不同,如华北地区亦称为"莜麦""油麦",西北地区称为"玉麦",东北地区则称为"铃铛麦"等。

燕麦含有丰富的维生素包括维生素 B_1、维生素 B_2、较多的维生素 E 及尼克酸、叶酸等(表4.2)。其中维生素 B_1、维生素 B_2 较大米的含量高,维生素 E 的含量也高于面粉和大米。

表 4.2　燕麦中的维生素含量　　mg/kg

维生素	含量	维生素	含量
维生素 B_1	7.0	尼克酸	9.0
维生素 B_2	1.1	维生素 E	28.0
维生素 B_6	1.6	叶酸	0.5

4.3.1.6 荞麦

荞麦属于蓼科荞麦属双子叶一年生作物,生产上栽培主要有甜荞麦(普通荞麦)和苦荞(鞭靼荞)两种。荞麦在我国属于小杂粮作物,种植历史悠久,主要分布在西北、东北、华北及西南,特别是云南、贵州和四川等高寒地区。近年来,农业和医学界的研究表明,荞麦(特别是苦荞麦)具有良好的食疗保健作用。

荞麦含有多种维生素,特别是维生素 B_1、维生素 B_2 和维生素 E 的含量显著高于其他作物,是维生素 B_1、维生素 B_2 的重要资源。特别是含有其他谷物类所不含的芦丁。芦丁是维生素 P 主要成分之一,属于黄酮类衍生物。芦丁具有多方面的生理功能,能维持毛细血管的抵抗力,降低其通透性及脆性,促进细胞增生和防止血的凝集作用。

其中苦荞中 B 族维生素明显高于甜荞,其维生素 B_1 是甜荞的 1.25 倍,比大米高,但比小麦粉和玉米粉低。维生素 B_2 是甜荞的 3.16 倍,高于大米、小麦粉、玉米粉 4~24 倍。维生素 PP 高于大米 82.1%,高于玉米粉 25.0%,与小麦粉相当。其芦丁含量是甜荞的 13.52 倍。

4.3.2 谷物维生素对制品品质的影响

4.3.2.1 精制谷物对营养价值的影响

谷类在研磨过程中,营养素会受到不同程度损失,其损失程度依种子内的胚乳与胚芽同种子外皮分离的难易程度而异,难分离的研磨时间长,损失率高,反之则损失率低。因此研磨对每种种子的影响是不同的,即使同一种子,各种营养素的损失率亦不尽相同。

此外,加工精度对谷物的维生素含量有显著的影响。小麦中各维生素的含量都随小麦出粉率的降低有明显减少的趋势。到出粉率为 66% 的时候,各维生素的含量已经降到一个相当低的水平(图 4.6)。同样大米的维生素随加工等级的提高而降低,等级越高,损失越大,并呈线性相关(表 4.3)。

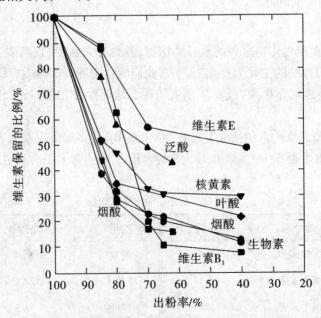

图 4.6 面粉出粉率与维生素存留率之间的关系

人们对谷类在研磨过程中所造成的维生素和矿物质的损失十分重视,早在 20 世纪 40 年代就提出了在食品加工的最后阶段增补或添加营养素的设想。经过长期的讨论,许多国家的食品药物管理局规定了富强面包添加营养素的标准,规定了硫胺素、烟酸、核黄素和铁的需要量,但钙和维生素 D 的添加量却视情况而定。

面粉在碾磨之后通常使用化学氧化剂如过氧化苯甲酰、二氧化氯、溴酸钾等进行处理,以增强筋力并改善色泽;但如果超标使用,会使面粉中的 B 族维生素损失率超过 15%。

表 4.3　不同加工等级大米的维生素含量

等级	种类	维生素 B_1/%	维生素 B_2/%	维生素 B_5/%
糙米	粳稻	0.35	0.08	2.30
	籼稻	0.34	0.07	2.50
94	粳稻	0.23	0.05	1.50
	籼稻	0.22	0.06	1.70
92	粳稻	0.22	0.05	1.50
	籼稻	0.18	0.06	1.60
90	粳稻	0.17	0.05	1.00
	籼稻	0.16	0.05	1.40

在经过碾磨的大米中,蒸谷米是营养价值较高的一种。蒸谷米是稻谷经过浸泡、汽蒸、干燥和冷却等处理之后再碾磨制成的米,稻谷中的维生素和矿物质等营养素向内部转移,因此碾磨后营养素损失少,而且容易消化吸收。"含胚精米"可以保留米胚达 80% 以上,从而保存了较多的营养成分。营养强化米是在普通大米中添加营养素的成品米,通常用造粒方式将营养素混入免淘米等中,以强化维生素 B_1、维生素 B_2、尼克酸、叶酸、赖氨酸和苏氨酸、铁和钙等营养素,无需淘洗即可直接烹调,从而减少了淘洗过程中营养成分的流失。

4.3.2.2　烹调、加工对谷类食品营养价值的影响

谷物食品必须经过烹调方可食用,主要是其中淀粉粒必须经过糊化才能被人体所消化吸收,但烹调加工会导致部分营养素遭受损失。据报道,淘米时,可使维生素 B_1 损失 30% ~60%,维生素 B_2 和尼克酸损失 20% ~25%,各种营养素的损失将随搓洗次数增多、浸泡时间延长、水量增加而增加。

米面在蒸煮过程中由于加热而受损失的主要是 B 族维生素,特别是维生素 B_1 损失较大。不同烹调方法时,谷类食物的维生素损失差异较大。谷物食品中维生素 B_1 在烹调中的损失来自溶水流失、加热损失、氧化损失、碱处理损失等多种途径。米饭烹调中,维生素 B_1 的损失通常在 20% ~30%,而加碱烹调可以使其破坏率大大上升。

在面包焙烤过程中,维生素 B_1 损失 10% ~20%,维生素 B_2 损失 3% ~10%,尼克酸的损失低于 10%。

发酵谷类加工品包括馒头、面包、发糕、包子等食品。它们用蛋白质含量高的面粉品种制成,在制作过程中经过酵母发酵,增加了多种 B 族维生素的含量;自发面粉中加入了磷酸氢钙和碳酸氢钠等膨发剂,使其中维生素 B_1 受到一定程度的破坏。

油炸的高温会使谷物中的维生素 B_1 全部损失,维生素 B_2 和尼克酸损失 50% 以上,是各种加工方式中营养损失最大的一种。方便面中非油炸方便面的营养价值大大优于油炸方便面。

粉皮、粉丝、凉粉、酿皮等食品是由谷类或薯类提取淀粉制成的。在加工过程中,绝大部分的蛋白质、维生素和矿物质伴随多次的洗涤水而损失殆尽,剩下的几乎是纯粹的淀粉,仅存少量矿物质,营养价值很低。除此外,在这类食品中添加明矾可能带来铝污染。

4.3.2.3 储藏对谷物营养价值的影响

在储存过程中,由于谷物储存条件和水分含量不同,不同维生素变化不同。稻谷在储藏期间维生素损失显著。据报道,糙米在室温下储藏两年半后,硫胺素平均损失 29.4%,核黄素平均损失 5.44%(倪兆祯,1981)。报道较多的是关于维生素 B_1,维生素 B_2 在稻谷中含量多少的研究(Ensminger 等 1983;钱泳文,1988)。

一般来说,维生素 E 在不良条件下损失较大。高温高湿可加速维生素 B_1 的破坏。因此,谷物储存应避光、通风、干燥和阴凉的环境才能减缓其营养成分的损失。

4.4 谷物中的矿物质

4.4.1 矿物质的功能

矿物质是人体内无机物的总称,是地壳中自然存在的化合物或天然元素。食品中的矿物质是由不同种类的元素和离子组成的,其中有许多是人类营养必不可少的,特别是一些微量元素,但是当摄入过量时则又成为有害的因素。矿物质是无法自身产生、合成的,每天矿物质的摄取量也是基本确定的,但随年龄、性别、身体状况、环境、工作状况等因素有所不同。人体内约有 50 多种矿物质,在这些无机元素中,已发现有 20 种左右的元素是构成人体组织、维持生理功能、生化代谢所必需的,除 C、H、O、N 主要以有机化合物形式存在外,其余均称为无机盐或矿物质。基于在体内的含量和膳食中需要不同,分为两类:一是常量元素,体内含量大于 0.01%,需要量为 100 mg/d,体内含较多的有 Ca、P、S、Na、K、Cl、Mg 等。二是微量元素,仅含微量或超微量,有 Fe、I、Cu、Zn、Se、Mo、Co、Cr、Mn、F、Ni、Si、Sn、V 等,前 8 种目前被认为是人体必需的微量元素;后者是人体可能必需的。矿物质的一般生理功能如下。

(1)构成人体组织的重要成分　钙、磷和镁是骨骼和牙齿的重要组成成分,磷和硫还是蛋白质的组成成分,铁为血红蛋白的组成成分等,细胞中普遍含有钾,体液中普遍含有钠。

(2)调节细胞间溶液的渗透压和机体的酸碱平衡　矿物质与蛋白质一起维持着细胞内外液一定的渗透压,对体液的潴留和移动起着重要作用。如钾离子主要存在于细胞内液,钠与氯离子主要存在于细胞外液,它们可通过调节细胞膜的通透性以保持细胞内外酸性和碱性无机离子的浓度,从而参与维持正常的渗透压和酸碱平衡。

（3）维持神经和肌肉的兴奋性　钙为正常神经冲动传导所必需的元素,它与钾、镁、钠协同作用,调节神经肌肉兴奋性,保持心肌的正常功能。

（4）机体重要生物活性物质的组成成分　许多酶含有微量元素,如碳酸酐酶含有锌,呼吸酶含铁和铜,谷胱甘肽过氧化酶含有硒和锌等。多种激素和调节因子也含有微量元素,如甲状腺素含碘,胰岛素含锌,铬是葡萄糖耐量因子的重要组成成分,维生素 B_{12} 中含有钴元素。

（5）参与体内的多种物质代谢和生理生化活动　如铜参与肾上腺类固醇的生成,铁参与血红蛋白中氧的运输。核酸是遗传信息的携带者,含有多种微量元素如铬、锰、钴、锌、铜等。这些元素对核酸的结构、功能和脱氧核糖核酸（DNA）的复制都有影响。

4.4.2　谷物中矿物质的种类与存在状况

谷物中含有 30 多种矿物质,但各元素的含量与品种、气候、土壤、肥水等栽培环境条件关系极大。谷粒中以磷的含量最为丰富,占矿物质总量的 50% 左右;其次是钾,占总量的 1/4 ~ 1/3;镁的含量也较高,但多数谷类钙含量低。锰的含量在各类食物中是比较高的。

在籽粒中,矿物质主要集中在外层的胚、糊粉层和谷皮部分,胚乳中心部分的含量比较低。在谷类的精制加工中,外层的胚、糊粉层和谷皮部分基本被除去,因此,加工精度越高,其矿物质的含量就越低。

谷类中矿物质的化合状态并非人类直接可以利用的形式,主要以不溶性形态存在,而且籽粒中的植酸常常与钙、铁、锌等形成不溶性的盐类,对这些元素的吸收有不利影响。例如,稻米的矿物质中,90% 以植酸盐的形式存在。植酸是磷元素的储藏形式,在种子发芽时由植酸酶水解,可以被幼芽利用。植酸和矿物质的分布类似,在谷粒的外层较多,胚乳中几乎不含植酸。所以,加工精度过低时,谷物的钙、铁、锌等矿物质利用率降低。

在各种谷物中,小米、荞麦、燕麦的铁含量较高,燕麦的钙含量较高。稻米的矿物质含量在各种粮食中最低。黑色、紫色、红色等有色品种中的矿物质含量高于白色品种。总体而言,粗粮的钾、镁含量远远高于精白米和精白面粉。

4.4.2.1　大米中的矿物质

糙米中的矿物质含量要比大米高。有学者对我国 252 份优质糙米样品中 18 种矿物质元素含量进行过测定,结果表明,含量大于 1 000 mg/kg 的有磷、钾、硫、镁四种,含量大于 100 g/kg 的有钙,含量 1 ~ 50 mg/kg 的有锌、锰、铁、铝、钠、铜、硼,含量小于 1 mg/kg 的有钡、钼、锶和钒。从矿物质元素的角度评估,糙米的营养价值优于精度加工的大米。在大米中,以植酸盐形式存在的磷就占总磷含量的 40%,核酸中占 46%,碳水化合物中占 10%,无机磷占 3%,磷脂中占 1%。米糠中磷元素的分布是:以植酸盐形式占 90%,核酸中占 4%,无机磷 2%,磷脂中占 1%。钾盐和镁盐是两种重要的植酸盐。米糠中富含植酸盐,从米糠可以提取植酸（肌醇六磷酸）,从而得到高附加值的肌醇。

除了普通大米外,研究发现,黑米中含有非常丰富的矿物质,其铁含量为 105 mg/kg,是普通大米的 2 倍,钙和锌的含量分别为 740 mg/kg 和 26 mg/kg,均高于普通大米。吴训贤

(1988)用黑米糠铁饲喂大鼠,结果表明,黑米糠铁可被吸收,相对吸收率为56%。添加抗坏血酸后,铁的相对吸收率无显著改变。添加瘦猪肉后,铁的相对吸收率提高到66%。徐飞(1989)报道,用白米和不同品系黑米饲喂缺铁性贫血大鼠,结果表明,30 d后黑米组大鼠贫血状况明显改善。

另外,吴国泉等(2000)通过对舟山红米和浙733常规稻种的矿物质硒、锌、铁、钙、铜和锰等比对分析表明,舟山红米中含有的微量元素硒、锌等是普通籼米浙733的2倍。

4.4.2.2 小麦中的矿物质

小麦皮层中矿物质主要集中在糊粉层,矿物质以钾、磷、镁、钙、锌、锰居多,特别是磷和钾的含量最多,分别达到11.7%和0.98%,高出香蕉的磷(9 mg/kg)、钾(472 mg/kg)含量;40%~50%的锌、锰和铜、70%以上的镁分布于糊粉层中,这可能与糊粉层中植酸含量高有关。小麦胚中含有钙、镁、铁、锌、钾、磷、铜、锰、硒等多种矿物质。特别是铁元素的含量较为丰富,每100 g胚中含铁约为914 mg。微量元素硒的含量也比较高,这些矿物质对维持人体健康,特别是促进儿童发育有重要作用,是一种很好的天然矿物质元素供应源。小麦胚乳中矿物质相对较少,但籽粒中大约50%的钙和钠,大约40%的锶和钴分布于胚乳中,而镁、锌、锰和铜的含量不到全籽粒的10%。

4.4.2.3 小米中的矿物质

小米中微量元素含量丰富,其中钙10~80 mg/g、镁180~270 mg/g、磷450~990 mg/g、钾0.070~0.110 mg/g、钠0.004~0.013 mg/g、锌0.053~0.070 mg/g、锰0.018~0.023 mg/g、铜0.010~0.018 mg/g和铁0.070~0.180 mg/g。硒含量也比较高,并以有机硒形式存在,目前国际上普遍认为硒与大骨节病、克山病、癌症和长寿具有密切的关系。山西农科院谷子所曾用小米、小扁豆专用品种的三种为原料,配制成食疗一号,进行S180肉瘤肝腹水型小白鼠试验和肿瘤病人食用试验,试验结果表明,食疗组的平均肿瘤重量明显低于对照组;在对癌症患者的食疗试验中,也初见成效。钙元素含量也较丰富,并在小米中存在形式比较稳定。Vidyavati等(2005)在使用龙爪稷(小米的一个品种,分布在印度东部)粉代替50%的黑木豆粉和西米粉制作papad(印度的一种小吃)时发现:与黑木豆粉和西米粉制作的papad相比,龙爪稷papad富含钙元素,烘烤的达到102 mg/g,油炸的为109 mg/g,并且没有影响papad的品质,证明了钙元素在小米中的稳定性。

4.4.2.4 其他谷物中的矿物质

(1)玉米 玉米矿物质含量按灰分测定在1.1%~3.9%的范围内。爆玉米花含量最高,普通玉米籽粒为1.3%,加工成粉后含量减半。矿物质中钾元素含量最高,其次为磷、镁,大米不同于其他谷物的是钙较少。

黑甜玉米中微量元素含量远远高于其他谷类作物,尤其是钾含量高达6 310~9 050 mg/kg,是其他谷物的3~8倍;黑甜玉米含铁高,是补血食品。锌的含量是其他谷物的3倍,是很好的补锌食品。含有丰富的钙、磷,是其他谷物的8~10倍。表4.4中列出了几种主要谷物中的矿物质含量。

(2)燕麦 燕麦含有人体所需的多种矿物质元素(表4.5),根据中国预防医学科学院营养与食品卫生研究所对食物成分的分析结果,燕麦粉中钙的含量高于其他谷类作物,磷、铁、锰、镁的含量高于大米、小麦粉、玉米面、高粱米、黄米面和小米,燕麦中锌的含量高于大米、小麦粉、玉米面、高粱米和小米,燕麦中硒的含量达0.696 μg/g,高于玉米、高粱、大黄米和大米,相当于小麦的3.72倍,玉米的7.9倍,大米的34.8倍。硒是人体极为重要的微量元素之一,有增强人体免疫力、延缓衰老、防癌抗癌的作用。燕麦中矿质元素的含量丰富,可满足人体对矿质元素的需求,尤其是儿童生长所需要的铁、锌等微量元素的含量特别丰富。

表4.4　几种谷类矿物质含量对比　　　　　　　　　　　　　　　mg/kg

	黑甜玉米	黑米	普通玉米	稻米	小麦
钾	9 050	2 390	1 640	1 100	1 270
铜	27.5	24.0	1.9	2.2	4.0
锌	60.0	23.6	18.7	17.2	22.8
铁	77.0	16.2	16.0	15.0	42.0
磷	3 810	1 122	210	200	268
钙	880	175	220	100	380

表4.5　燕麦中的矿物质含量　　　　　mg/kg

矿物质	含量	矿物质	含量
钙	450	镁	1400
铁	40	锌	35
磷	4400	铜	4

(3)荞麦　荞麦含有丰富的矿物质,如常量元素的P、K、Mg、Ca,微量元素的Cu、Fe、Zn、Mn等,荞麦是这些矿物质元素的重要资源。众所周知,人体营养需要的矿物质有20多种,荞麦能够提供人体大部分所需要的矿物质。其中,苦荞粉含镁量极高,钾、钙、铁、铜、锰的含量也很高。苦荞粉中还含有神奇的硒元素,含量为0.431 mg/kg,有抗氧化和调节免疫功能,有助于排除体内的有毒物质。表4.6列出了苦荞粉与甜荞粉矿物质成分的比较。

表4.6　苦荞粉与甜荞粉矿物质成分比较

矿物质	苦荞粉	甜荞粉	矿物质	苦荞粉	甜荞粉
钾/%	0.40	0.29	铜/(mg/kg)	4.585	4.00
钠/%	未检出	未检出			
钙/%	0.016	0.03	锰/(mg/kg)	11.695	10.30
镁/%	0.22	0.14	锌/(mg/kg)	18.50	17.00
铁/%	0.0086	0.014	硒/(mg/kg)	0.431	—

4.4.3 营养价值制品品质对矿物质的影响

4.4.3.1 精制谷物对营养价值的影响

精制是造成谷物矿物质损失的主要原因,因为谷物中的矿物质主要分布在糊粉层和胚组织中,使得碾磨时矿物质含量减少。故加工精度越高,营养素损失就越多。面粉中的各矿物质元素含量基本上是随着出粉率的降低而减少的。随着出粉率从100%降低到66%,面粉中的钙、铜减少了50%以上。磷、锌、铁的含量减少了80%以上,植酸磷的含量降得更多,达到90%以上(表4.7)。需要指出的是由于某些谷物乳小麦外层所含的抗营养因子在一定程度上影响到矿物质在体内的吸收,因此需要适当进行加工,以提高矿物质的生物可利用性。

此外,针对大米、小麦等谷物在加工过程中矿物质容易损失的情况,近年来,对于这些谷物进行营养强化的研究逐步增多。其中钙、铁和锌是主要强化的矿物质。常见的钙源有碳酸钙、氧化钙、葡萄糖酸钙、柠檬酸钙、乳酸钙、羟基磷酸钙以及各种氨基酸螯合钙等。碳酸钙属于无机钙,需要胃酸溶解才能吸收,对于胃酸缺乏的人不宜选用。葡萄糖酸钙和柠檬酸钙属于无机钙,可空腹吃,但葡萄糖酸钙含钙量较低,柠檬酸钙则是目前吸收率较高的。氨基酸螯合钙成本高,所以综合考虑选择柠檬酸钙为营养强化小麦粉钙源;铁强化剂包括无机铁,如硫酸亚铁,氯化亚铁等;小分子有机酸铁盐,如乳酸亚铁,柠檬酸亚铁、乙二胺四乙酸铁钠等。其中乙二胺四乙酸铁钠口感好,易溶于水,无肠胃刺激,在胃中结合紧密,进入十二指肠后铁才被释放和吸收。乙二胺四乙酸铁钠还具有促进膳食中其他铁源或内源性铁源吸收的作用,同时还可促进锌的吸收,且对钙吸收无影响。综合考虑铁含量、吸收率、稳定性等,可选择乙二胺四乙酸钠为营养强化铁源;允许使用的锌营养强化剂有氯化锌、硫酸锌、氧化锌、葡萄糖酸锌、乳酸锌、乙酸锌、柠檬酸锌和甘氨酸锌。由于乳酸锌具有苦涩味,葡萄糖酸锌含锌量低,所以一般选择柠檬酸锌或锌酵母作为锌营养强化剂。柠檬酸锌是母乳中锌的一种存在形式,这种锌剂无苦涩味,锌含量(31%~34%)高。

表4.7 不同等级面粉的矿物质含量 mg/kg

矿物质	小麦标准粉	小麦特一粉	全麦粉	矿物质	小麦标准粉	小麦特一粉	全麦粉
钙	310	270	380	镁	500	320	—
磷	1670	1140	3300	锌	2	3.9	
硒	74.2	67.9	—	锰	1	0.4	—
铜	0.6	0.3		铁	6	7	30

4.4.3.2 加工对谷类营养价值的影响

发酵谷类加工品,由于大部分植酸被酵母菌所产生的植酸酶水解,从而使钙、铁、锌等各种微量元素的生物利用性提高;自发面粉中由于加入了磷酸氢钙和碳酸氢钠等膨发剂,使钙含量得到提高,但矿物质的生物利用率不能如酵母发酵一样有所改善。

4.5 谷物中的酶类

酶(enzyme)是由生物活细胞所产生的、具有高效和专一催化功能的生物大分子,在可预见的将来所使用的所有酶都是蛋白质。酶的核心本质主要体现在酶是生物催化剂。它除具有一般催化剂的共性:如只改变反应的速率而不改变反应性质、反应方向和反应平衡点,在反应过程中不断消耗,可降低反应的活化能;还具有一般催化剂所不具有的特殊性能:高效性,高度专一性,高度受控性,易变性及代谢相关性等。温度、pH 值、水分活性、无机离子和底物浓度等因素均对酶的活性有较大影响。

谷物中的酶种类繁多,其中与谷物品质关系密切的主要是水解酶类和氧化还原酶类,包括淀粉酶、蛋白酶、纤维素酶、脂肪酶、脂肪氧化酶和植酸酶等,酶与谷物的储藏性、营养品质和谷物制品的加工品质有密切的关系。为了改善谷物食品的加工工艺和产品质量,保持其天然、安全品质,使用非谷物中提取的酶制剂(指从生物,如动物、天然植物、微生物中提取的具有酶特性的一类物质)已经成功应用并得到高度关注。

4.5.1 淀粉酶

淀粉酶属于水解酶类,是催化淀粉、糖原和糊精中糖苷键水解的一类酶的通称。按其作用方式可以分为四大类:①作用于淀粉分子(包括糖原)内部的 $\alpha-1,4$ 糖苷键的 $\alpha-$淀粉酶,$\alpha-$淀粉酶是一种内酶,它几乎能随意地裂解 $\alpha-1,4$ 糖苷键;②从淀粉分子链的非还原末端逐次水解下麦芽糖单位,作用于 $\alpha-1,4$ 糖苷键的 $\beta-$淀粉酶;③从淀粉分子链的非还原末端逐次水解下葡萄糖单位,作用于 $\alpha-1,4$ 糖苷键及分支点 $\alpha-1,6$ 糖苷键的葡萄糖淀粉酶;④只作用于糖苷及支链淀粉分支点的 $\alpha-1,6$ 糖苷键的脱支酶。淀粉酶很难对未破损的淀粉粒发生酶解作用,而破损淀粉粒或糊化的淀粉对淀粉酶的作用敏感,谷物中存在的水解淀粉酶主要是 $\alpha-$淀粉酶和 $\beta-$淀粉酶。

4.5.1.1 $\alpha-$淀粉酶

$\alpha-$淀粉酶在动物、植物和微生物中均广泛存在,在谷物中只有玉米、稻米、高粱、小米等几个品种含有 $\alpha-$淀粉酶,其他谷物只在发芽时才会大量产生,如大麦。一般 $\alpha-$淀粉酶酶活力的最适 pH 值为 $4.5 \sim 7.0$。但不同来源的 $\alpha-$淀粉酶的最适 pH 值有所不同,如高粱 $\alpha-$淀粉酶的最适 pH 值为 4.8,大麦 $\alpha-$淀粉酶的最适 pH 值为 $4.8 \sim 5.4$,小麦 $\alpha-$淀粉酶的最适 pH 值为 4.5。不同来源的 $\alpha-$淀粉酶具有不同的热稳定性和最适温度。通常,$\alpha-$淀粉酶在 40 ℃时活力最高,40 ℃以上容易失活。由地衣芽孢杆菌经液体深层发酵提炼的 $\alpha-$淀粉酶最适作用温度在 90 ℃以上。$\alpha-$淀粉酶是单成分酶,其相对分子质量为 50 000 左右,也是一种金属酶,每一个酶分子至少含有 1 个 Ca^{2+}。Ca^{2+} 不直接参与形成酶-底物络合物,但是它起着维持酶的构象的作用,从而使酶具有最高活力和最高稳定性,也具有使淀粉酶作用的 pH 值最适范围增广的效果。除去 Ca^{2+} 的淀粉酶,容易受蛋白酶的水解,Ca^{2+} 与酶蛋白结合的强弱随 $\alpha-$淀粉酶来源而异,一般是霉菌>细菌>哺乳动物>植物。其他二价碱土金属 Sr^{2+}、Ba^{2+}、Mg^{2+} 等也有使无 Ca^{2+} 的 $\alpha-$淀粉酶恢复活性的能力。动物唾液中的 $\alpha-$淀粉酶以 Cl^- 为激活剂。当 NaCl 与 Ca^{2+} 共存时,可显著提高 $\alpha-$淀粉酶的耐热性。此外,还原剂和氧化剂对 $\alpha-$淀粉酶也都有影响。研究证明,$\alpha-$淀粉酶的活性基主要是游离的—NH_2基,若活性基被破坏,酶的活性就会被抑制。

谷物 α-淀粉酶有多种同工酶,如从大麦芽 α-淀粉酶中已分离出 5~6 种同工酶,它们具有不同的热稳定性。

α-淀粉酶以随机的方式水解淀粉分子内的 α-1,4 糖苷键,但作用于淀粉分子中间的 α-1,4 糖苷键要比位于分子末端的 α-1,4 糖苷键敏感,不能水解支链淀粉的 α-1,6 糖苷键,也不能水解紧靠 α-1,6 糖苷键分支点的 α-1,4 糖苷键,但能越过分支点而切开内部的 α-1,4 糖苷键;不能水解麦芽糖,但可以水解含有 3 个或 3 个以上 α-1,4 糖苷键的低聚糖。由于它水解淀粉生成产物的还原性末端葡萄糖单位 C_1 碳原子为 α-构型,故称为 α-淀粉酶。

α-淀粉酶最初水解淀粉分子的速度很快,大分子质量的淀粉分子很快断裂成小分子,淀粉糊黏度急速降低,此现象称为液化或糊精化,故生产上又称 α-淀粉酶为液化酶。淀粉与碘的显色反应随分子质量的变小而呈现从紫、红到棕色直至无色的变化,这一点称为消色点。对直链淀粉分子的作用可以分为两个阶段,第一阶段,α-淀粉酶将直链淀粉分子任意迅速地水解成小分子糊精、麦芽糖和麦芽三糖;第二阶段,缓慢地将第一阶段生成的低聚糖水解为葡萄糖和麦芽糖。α-淀粉酶水解直链淀粉的最终产物为麦芽六糖、麦芽三糖和麦芽糖等。水解支链淀粉的最终产物除了葡萄糖和麦芽糖以外,还残留一系列具有 α-1,6 糖苷键的低聚糖,称为极限糊精。不同来源的 α-淀粉酶对分支点附近 α-1,4 糖苷键的作用有所不同,因此可得到结构不同的极限糊精。

α-淀粉酶对谷物的食用品质有很大的影响,放置一年以上的陈米煮饭不如新米好吃,主要原因之一就是陈米中的 α-淀粉酶活性丧失;发芽小麦搭配制粉,若用量过多,则影响面粉的食用品质;在谷物储藏中要注意分级保管;在谷物烘干时,要注意水分与烘干的温度,这些都与 α-淀粉酶活性有关。

4.5.1.2 β-淀粉酶

β-淀粉酶主要存在于高等植物中,哺乳动物体中不含此酶。在谷物中广泛存在,如大麦、小麦(玉米、稻米、高粱和粟中一般都只表现有 α-淀粉酶的活力,在发芽时才有 β-淀粉酶)。与 α-淀粉酶不同,β-淀粉酶存在于饱满的整粒谷物中,通常其含量并不随谷物发芽而急剧升高。近年来发现不少微生物中也有 β-淀粉酶存在,其对淀粉的作用方式与谷物的 β-淀粉酶大体一致,但耐热性优于谷物 β-淀粉酶。

β-淀粉酶作用的最适 pH 值为 5.0~6.0,不同来源的 β-淀粉酶的稳定性不同,大豆 β-淀粉酶比小麦和大麦的 β-淀粉酶稳定。

β-淀粉酶的相对分子质量一般高于 α-淀粉酶,一般在 50 000~60 000。β-淀粉酶的作用不需要无机化合物作辅助因素,酶蛋白中的巯基对 β-淀粉酶的活性是必需的。Ca^{2+}能够降低 β-淀粉酶的稳定性,70 ℃下加热 15 min,α-淀粉酶活性几乎没有损失,而 β-淀粉酶则完全失活。

β-淀粉酶作用于淀粉时也是水解淀粉分子中的 α-1,4 糖苷键,但不同于 α-淀粉酶,β-淀粉酶是一种外切酶,其分解作用从淀粉分子的非还原末端开始,按麦芽糖单位(2 个葡萄糖基)依次水解,同时发生转位,使产物由 α-型变为 β-型麦芽糖(沃尔登转位反应,Walden inversion),因此称为 β-淀粉酶。β-淀粉酶不能水解支链淀粉中的 α-1,6 糖苷键及其附近的 α-1,4 糖苷键,故遇到分支点就停止作用,并在分支点残留 1~3 个葡萄糖基。β-淀粉酶也不能跨越分支点去水解分支点以内的 α-1,4 糖苷键。与 α-淀粉酶一样,水解糖苷键也是发生在 C_1—O 键,而不是在 O—C_4 键。

β-淀粉酶作用于直链淀粉时,溶液中总有较大的淀粉分子存在,淀粉糊黏度下降很慢,而还原力不断增加,该酶又称为糖化酶。在理论上应 100% 水解直链淀粉成为麦芽糖(原分子中葡萄糖基为奇数时则有 1 个葡萄糖分子),但实际上因直链淀粉的老化、混有微量分支点以及氧化改性等因素,在很多情况下,只有 70%~90% 的直链淀粉降解成麦芽糖,β-淀粉酶作用于支链淀粉时,其中 50%~60% 转变成麦芽糖,而其他部分则为大分子极限糊精。

β-淀粉酶作用于淀粉分子时,也是从非还原末端逐个水解下麦芽糖,不能迅速使淀粉分子变小,但使其还原力直线上升,故又称为糖化酶。淀粉黏度不易下降,糊精化很慢,与碘呈色反应,不如 α-淀粉酶那样呈现出明显的颜色变化,只是由深蓝色变浅,不会变为紫红和无色。

4.5.1.3　葡萄糖淀粉酶

葡萄糖淀粉酶是一种外切酶,它作用于淀粉时,从非还原性末端开始以葡萄糖为单位逐个进行水解,并将生成的葡萄糖分子的构型由 α-型转变为 β-型。葡萄糖淀粉酶的底物专一性很低,它除了能从淀粉分子的非还原末端切开 α-1,4 糖苷键外,也能切开 α-1,6 糖苷键和 α-1,3 糖苷键,但速度很慢。理论上,葡萄糖淀粉酶可将淀粉 100% 地水解成葡萄糖,但事实上不同来源的葡萄糖淀粉酶对淀粉的水解能力有所差别。它也不能完全降解支链淀粉,推测可能是因为支链淀粉中一些 α-1,6 糖苷键的排列方式而不易被水解,而当有 α-淀粉酶参加作用时,葡萄糖淀粉酶可使支链淀粉完全降解。商业上各种不同纯度的葡萄糖淀粉酶主要是由霉菌中的曲霉和根霉生产的。

葡萄糖淀粉酶作用于淀粉糊时反应液的碘色反应消失很慢,糊液黏度的下降也很慢,但因酶解产物葡萄糖的不断积累,淀粉糊液的还原能力却上升很快,所以一般又称为糖化酶。葡萄糖淀粉酶的催化速度与底物分子大小有关,一般底物分子越大,水解速度越快。

不同来源的葡萄糖淀粉酶在糖化的最适温度和 pH 值方面也存在差别。例如:来源于曲霉的最适温度为 55~60 ℃,pH 值为 3.5~5.0;来源于根霉的为 50~55 ℃,pH 值为 4.5~5.5。

4.5.1.4　脱支酶

脱支酶又称为异淀粉酶,能催化水解支链淀粉、糖原和相关的大分子化合物中的 α-1,6-糖苷键。在谷物如大米、大麦、小麦和玉米中均发现有脱支酶的存在。脱支酶能专一地切开支链淀粉分支点的 α-1,6 糖苷键,从而剪下整个侧支,形成长短不一的直链淀粉。支链淀粉溶液经异淀粉酶水解后,其碘色反应从红色变成蓝色,不同来源的异淀粉酶对于底物作用的专一性有所不同。

根据作用方式不同,脱支酶可以分为直接脱支酶和间接脱支酶。前者水解未改性的支链淀粉和糖原中的 α-1,6-糖苷键,后者只能作用于已由其他酶改性的支链淀粉和糖原。根据对底物特异性的要求,又可将直接脱支酶分成支链淀粉酶和异淀粉酶,其主要区别在于前者能降解 pullulan(由酵母 pullularia pullulans 在淀粉糖浆中产生的一种黏稠性多糖,主要成分是由 α-1,6 键连接的聚麦芽三糖),而后者不能。

脱支酶对淀粉的作用是先将淀粉水解成 G_2-G_6 等一系列低聚糖,通过缩合反应或转葡萄糖基反应,将 G_5、G_6 水解成 G_2、G_3、G_4,而 G_3 需经过过渡物 G_4 最后降解成麦芽糖,淀粉最终可几乎完全转化为麦芽糖。

异淀粉酶活性需要金属离子激活。加入金属络合物 EDTA 进行反应,酶活性几乎全部丧失。镁离子和钙离子对酶活性略有激活作用,汞离子、铜离子、铁离子和铝离子则对酶活性有强烈抑制作用,此外,钙离子能提高异淀粉酶的 pH 值稳定性和热稳定性。

4.5.2 蛋白酶

蛋白酶,广泛存在于动植物和微生物中,是催化水解蛋白质和多肽的一类酶,其作用是将蛋白质肽链的肽键水解,使蛋白质转化成为多肽和氨基酸。蛋白酶种类繁多,目前尚无统一的分类标准。以对底物的作用方式可分为内肽酶和外肽酶,内肽酶作用于蛋白质多肽链内部的肽键,使蛋白质成为分子质量较小的多肽碎片;外肽酶(又称端肽酶)作用于蛋白质或多肽链的氨基或羧基末端的肽键,作用于氨基末端的称为氨肽酶,作用于羧基末端的称为羧肽酶。据来源可分为植物蛋白酶(如木瓜蛋白酶)、动物蛋白酶(如胃蛋白酶、胰蛋白酶和胰凝乳蛋白酶)和微生物蛋白酶;据酶作用的最适 pH 值可分为中性蛋白酶(最适 pH=6.0~8.0)、碱性蛋白酶(最适 pH=9.0~11.0)和酸性蛋白酶(最适 pH=1.0~3.0);据酶活性中心的化学性质可分为丝氨酸蛋白酶、巯基蛋白酶、金属蛋白酶和酸性蛋白酶。以酶活性中心的化学性质为基础的分类法是目前比较流行的分类法,但该方法仍不是很完善。除此以外,还可根据被水解的底物来分类,如胶原蛋白酶和弹性蛋白酶。

谷物中如小麦、大麦等含有少量的蛋白酶类,在发芽时酶活力有所增加。在小麦籽粒中蛋白酶类主要位于胚及糊粉层内,糊粉层内蛋白酶活力比胚部大 6~7 倍,胚乳部分基本无蛋白酶类。谷物中的蛋白酶与木瓜蛋白酶类似,属于内肽酶。近年的研究证明,在正常的小麦籽粒中有两种类型的蛋白酶,一种可引起面筋的软化,另一种可使蛋白质水解成低分子肽类,并把这两种酶分别称为 α-蛋白酶和 β-蛋白酶,前者是作用于蛋白质肽链中间的肽键,后者作用于蛋白质肽链的末端,产生小分子肽的片段。

谷物中的蛋白酶类对 pH 值和温度有较大的敏感性,如发芽小麦蛋白酶类对于面筋及血红蛋白作用的最适 pH=3.0~4.0,而对于酪蛋白为 5.8;面粉中蛋白酶的自动酶解作用在 pH 值大于 4.0 时,酶活力明显下降。在 pH 值为 10.5 时,发芽小麦在 55 ℃加热30 min,其中的蛋白酶类被钝化,而在 pH=3.6 时,同样条件的热处理,蛋白酶活力基本上没有损失。

4.5.3 酯酶

酯酶广义上是指具有催化水解酯键能力的一类酶的统称。根据对酯底物中酸部分的特异性要求,可将酯酶进一步分类:①羧酸酯水解酶;②硫酯水解酶;③磷酸一酯水解酶;④磷酸二酯水解酶;⑤硫酸酯水解酶,其中只有硫酯水解酶是根据底物中醇的部分命名的。对于谷物食用和营养品质影响较大的是脂肪酶和植酸酶。

4.5.3.1 脂肪酶

脂肪酶隶属于羧基酯水解酶类,是水解油脂酯键的一类酶的统称。脂肪酶广泛存在于动物、植物和微生物中。该酶特异性不强,既能水解油脂,也能水解一般脂类(无机酸或有机酸与一元醇所构成的酯类),但水解油脂的速度远远超过水解其他酯类的速度。不同来源的脂肪酶对其作用底物也有一定的专一性,许多脂肪酶对脂肪酸残基及酯键的位置有专一的选择性。如蓖麻子的脂肪酶对具有不对称碳原子的酸类所组成的酯容易发生水解作用,燕麦脂肪酶只能水解油脂分子上一个脂肪酸残基,猪胰脂肪酶作用于甘油三酯时,表现为 $Sn-1$(或 3)的酯键特异性。脂肪酶不能作用于分散在水中的底物分子,只有在甘油酯和水所组成的非均相体系乳浊液中才表现其活力,脂肪和水之间的界面是酶的作用部位。

大多数脂肪酶的最适 pH 值在 8.0 ~ 9.0,但也有少数脂肪酶的最适 pH 值偏酸性,如蓖麻脂肪酶最适 pH 值为 3.6,大多数脂肪酶的最适温度范围为 30 ~ 40 ℃,但某些食物中的脂肪酶甚至在冷冻至 −29 ℃ 时仍有活性。

脂肪酶对于谷物、油脂在储藏期间的稳定性有很大关系,大麦、棉籽中脂肪酶在发芽后迅速产生,而且含量增加很快。谷物中的脂肪酶作用于脂肪产生游离脂肪酸,促进了脂肪氧化作用,从而使食品具有不良的风味。因脂肪酶作用而产生的不良风味常被称为脂肪的水解酸败。在正常情况下,原粮中脂肪酶与它所作用的底物由于细胞的隔离作用,彼此不易发生反应,但制成成品粮以后,因结构破坏,给酶和底物创造了接触的条件,所以原粮比成品粮更容易保管。

4.5.3.2 植酸酶

植酸酶(phytase)又称籽酸酶,在小麦、稻米和玉米等谷物中广泛存在,可水解植酸生成肌醇和磷酸,其水解作用是分步进行的,将植酸分子上的磷酸基团逐个切下,形成植酸五磷脂至植酸一磷脂等一系列的中间产物,其最终产物是二磷酸肌醇与一些无机磷分子。植酸酶的相对分子质量在 40 000 ~ 120 000 之间,决定相对分子质量大小主要有两个方面:氨基酸残基的数量和糖基化的比例。氨基酸多寡是决定植酸酶相对分子质量大小和三维空间构型的重要因素,也是采用定点突变等方法改良植酸酶发酵效率和稳定性的重要因素。糖基化是提高植酸酶稳定性的重要因素。

谷物中 70% ~ 75% 的磷以植酸的形式存在。多数谷物如稻米、小麦、玉米和高粱的糊粉层内部都含有植酸,植酸通常以钙、镁复盐的形式即菲丁(phytin)存在,在米糠、麦麸中的含量特别丰富。植酸可与钙结合形成难溶态的钙,人类如果从谷物中吸收过多的植酸,就会与营养物质中的钙形成难溶性物质,降低钙的吸收利用。但在谷物中含有植酸酶,在面团发酵过程中,面粉和酵母中的植酸酶使植酸发生酶解,不仅不影响钙的吸收,而且反应生成的肌醇还是人类重要的营养物质。

植物来源的植酸酶有两种:一种是存在于植物籽实中的 6-植酸酶,它首先催化无机磷酸盐从肌醇的 6 位上脱落,最终酯解整个植酸,即肌醇-6-磷酸水解酶;另一种存在于植物组织中,称 3-植酸酶,它催化肌醇环第 3 位或第 1 位磷酸根从环上脱落(此过程需二价镁离子协同),即肌醇-3-磷酸水解酶。植酸酶只存在于成熟的种子中,干燥和冬眠的种子的植酸酶处于钝化状态,然而当谷物储藏条件不适当时,该酶就要催化植酸的水解作用,导致谷物中有机磷含量升高。

小麦糊粉层中植酸酶活性最高,约占39.5%,胚乳中次之,约占34.1%,盾片中约占15.3%,硬质小麦中植酸酶活性要高于软质小麦。

植物性植酸酶最适 pH 值为 4.0～6.0,pH 值小于 3.5 或大于 7.5 时完全失活。最适温度为 45～60 ℃,不同来源的植酸酶其最适温度差别较大,有的植酸酶可高达 77 ℃。钙对植酸酶活性有抑制作用。

植酸酶应用的营养学意义主要表现在:可提高植物性饲料原料中磷的利用效率。一般而言,通过使用植酸酶可以降低饲料中有效磷 0.1%,相当于配合饲料每吨节约磷酸氢钙 6 kg,按照国内年产饲料 1 亿吨、70% 饲料使用植酸酶,意味全国每年可以节省磷酸氢钙 42 万吨,即磷酸氢钙的排放减少 42 万吨。平均而言,使用植酸酶可以提高氨基酸消化率 2%～4%,能量利用率提高 2%～5%。植酸是干扰二价矿物元素吸收的重要因素,特别是铁、锌、锰、铜和钙的利用。在不添加微量元素的小猪、中猪、大猪日粮中,如果不添加植酸酶会出现严重的生长受阻和皮肤症状,生化指标显示严重的各种微量元素缺乏;如果补充植酸酶 500 U/kg,生长得到比较好的改善,上述缺乏症得到明显改善。

4.5.4 氧化还原酶

氧化还原酶类是催化两分子间发生氧化还原作用的酶的总称,可分为氧化酶和脱氢酶两类。一般说来,氧化酶催化的反应都有氧分子直接参与,脱氢酶所催化的反应中是伴有氢原子的转移。这一大类酶有生物氧化的功能,是一类获得能量反应的酶,需要辅助因子参加,如乙醇脱氢酶能催化乙醛转变为乙醇。

4.5.4.1 多酚氧化酶

多酚氧化酶(polyphenol oxidase,PPO)在植物体中广泛存在。早在 1907 年,Bertrand 等就从小麦麸皮中发现该酶的存在(酪氨酸酶,tyrosinase)。随着研究的深入,人们将其分为单酚氧化酶(monophenol oxidase,又称酪氨酸酶,tyrosinase)、双酚氧化酶(diphenol oxidase,又称儿茶酚氧化酶,catechol oxidase)和漆酶(laccase)。传统意义上的多酚氧化酶指的是儿茶酚氧化酶,小麦中的多酚氧化酶主要是前两种酶。多酚氧化酶能作用于羟基处于邻位的二酚及三酚类化合物(双酚氧化酶和漆酶),也能催化单酚,将其转变为邻1,2 酚(单酚氧化酶),并催化羟基酚到醌的脱氢反应,醌在植物体内发生自身聚合或与细胞内的蛋白质反应,产生褐色或黑色的沉积物,导致酶促褐变。

多酚氧化酶是一类铜结合酶,其分子中有两个铜结合区(CuA 和 CuB),两个铜离子均与三个组氨酸残基结合,该富含组氨酸的铜结合区域在不同种类植物间序列同源性最高,该保守区域也是 PPO 的活性中心。

通常在正常细胞中,PPO 位于质体中,而多酚类底物位于液泡中,由于与底物的隔离,PPO 处于潜伏状态,当组织损伤引起亚细胞区域化改变时才被激活,引起褐变。此外,衰老、去污剂(如 SDS,sodium dodecyl sulfate,十二烷基硫酸钠)、蛋白酶、尿素等处理也能激活 PPO 的活性。

谷物中许多变色现象如荞麦面蒸煮变黑,高粱粉加热色泽变深可能与多酚氧化酶有关。多酚氧化酶也可以参加有氧氧化,代替细胞色素氧化酶的地位。有时在面食加工中,褐变不仅影响食品的外观质量,还影响其内含蛋白质的营养价值。通过向面团中添加抗氧化剂(如维生素 C、亚硫酸氢钠等)可有效地防止褐变的发生。和面时最好避开 PPO 的最适 pH 值,以减少褐变的影响,但碱性也不宜太强,否则酚类会发生自动氧化,导致褐变。PPO 是热稳定性的酶,其最适反应温度为 50～60 ℃,高温将导致酶活性丧失。将面粉在湿度 15%、100 ℃高温下处理 8 min,面粉的 PPO 活性下降 50%～75%,从而能有效地防止面条加工中酶促褐变的发生。国内外也在开展低多酚氧化酶活性小麦品种的选育,以期获得高白度小麦新品种。

4.5.4.2　过氧化物酶和过氧化氢酶

过氧化氢酶和过氧化物酶均为含铁卟啉的结合酶类,它们在生物氧化过程中不能传递电子或氢,但对生物氧化过程中所产生的并对生物体有毒害作用的过氧化氢或过氧化物能起分解作用。

(1)过氧化物酶　过氧化物酶(peroxidase,POD)普遍存在于植物组织中,所有谷物中均有此酶,过氧化物酶通常不单独催化过氧化氢分解,只活化过氧化氢或其他过氧化物(如脂肪过氧化物)去氧化多种底物(如甲苯酚、邻苯酚等)。如邻苯酚可被过氧化物酶作用,发生如下的反应:

$$\text{(邻苯二酚)} + H_2O_2 \xrightarrow{\text{过氧化物酶}} \text{(邻苯醌)} + H_2O$$

催化反应的步骤如下所示:

$$E + H_2O_2 \Longleftrightarrow E - H_2O_2$$
过氧化物酶　　具有活性的中间产物
$$E - H_2O_2 + AH_2 \longrightarrow E + 2H_2O + A$$

在过氧化氢的存在下,过氧化物酶能起类似多酚氧化酶的作用,可用愈创木酚法来鉴别大米的新陈度。过氧化物酶对热不敏感,可耐高温,酶溶液加热至沸腾,冷却后仍可恢复活性。过氧化物酶在植物细胞中以两种形式存在,以可溶形式存在于细胞液中,或与细胞器相结合的形式而存在。研究发现过氧化物酶与乙烯生物合成、激素平衡、膜完整性和成熟及衰老过程的呼吸控制等生理功能有关。据报道,粮食的储藏变苦,如玉米面、燕麦片,与过氧化物酶有关。

由于过氧化物酶能催化 H_2O_2 氧化其他物质,故可利用该特性检测多种氧化的有机物和无机物,如 HRP(horseradish peroxidase,辣根过氧化物酶)就经常作为抗原或抗体的标记物,用于酶联分析(ELISA)中,从而在食品工业、临床检测以及环境监测中得到广泛的应用,如可用于检测人体内的葡萄糖、胆固醇、尿酸等物质。应用 HRP 进行检测的技术手段很多,包括紫外-可见分光光度法、荧光法、化学发光法和生物传感器等。

(2)过氧化氢酶　过氧化氢酶(hydrogen perexidase)广泛地存在于动物、植物和微生物中。过氧化氢酶催化过氧化氢分解,产生氧气和水。

过氧化氢酶又称为触酶(catalase,CAT),国际酶学委员会将其编号为 EC1.11.1.61。在六大酶类中属于第一大类——氧化还原酶类,是一类催化底物氧化还原反应的酶。过氧化氢酶具有高度的专一性,对过氧化氢有很强的分解作用。

在粮食储藏过程中,籽粒进行呼吸作用产生对籽粒有害的过氧化氢,使籽粒活性降低,过氧化氢酶能催化过氧化氢分解从而保护籽粒活性。因而过氧化氢酶活性在一定程度上反映了储粮的新鲜度。

过氧化物酶催化反应需要两种底物,其实质是:过氧化物酶催化共同体 RH:氧化脱氢,与此同时催化脱下的氢将 H_2O:还原为 H_2O,在此反应中,如果没有供体而只有底物 H_2O_2,反应不能进行。而过氧化氢酶底物只有一种,反应生成 H_2O 和 O_2。

(3)抗坏血酸氧化酶 该酶是以铜作为辅基的氧化酶,主要作用是激活分子氧来氧化抗坏血酸。抗坏血酸本身是一种还原剂,但是在面团中抗坏血酸脱氢酶的作用下脱氢成为脱氢抗坏血酸而具有氧化的性能。该酶只能作用于 L-抗坏血酸,对 D-抗坏血酸不能发生催化反应。面粉中的面筋强度可因加入 L-抗坏血酸而得到改善,如用软麦粉经快速发酵法生产面包就是在配方中加入较多量的抗坏血酸,并加强搅拌混入空气,以促使脱氢抗坏血酸的生产,起到氧化剂的作用。

$$\begin{array}{ccc}
& \overset{\displaystyle C == C}{\underset{O}{\underset{|}{\overline{}}}} & \\
HOCH_2CHOH - CH & CO & \overset{-2H}{\underset{+2H}{\rightleftharpoons}} \quad HOCH_2CHOH - CH \quad CO \\
\end{array}$$

抗坏血酸   脱氢抗坏血酸

抗坏血酸氧化酶是一种含铜的酶,位于细胞质中或与细胞壁结合,与其他氧化还原反应相偶联起到末端氧化酶的作用,能催化抗坏血酸的氧化,具有抗衰老等作用,在植物体内的物质代谢中具有重要的作用。丙酮酸、异柠檬酸、α-酮戊二酸、苹果酸、葡萄糖-6-磷酸、6-磷酸葡萄糖酸都可以在脱氢酶的作用下脱去 H 质子,把 H 质子转移给辅酶,然后再经过谷胱甘肽把 H 质子传递给抗坏血酸,在抗坏血酸氧化酶的作用下,抗坏血酸被氧化为 O_2,与 H 质子结合生成水。

(4)脂肪氧化酶 又称脂肪氧合酶(lipoxygenase,LOX,EC1.13.1.12),因能破坏胡萝卜素又称为胡萝卜素氧化酶,广泛存在于各种植物特别是豆科植物中,其中尤以大豆中活力最高。脂肪氧化酶是球蛋白酶类,不含辅基,不被氰化物、硫化物或叠氮化物抑制,可特异地催化顺、顺-1,4-戊二烯单位的多元不饱和脂肪酸的加氧反应,生成具有共轭双键的氢过氧化物。亚油酸、亚麻酸和花生四烯酸等都是脂肪氧合酶的作用底物,以亚麻酸为底物时酶活力最高,对油酸却没有作用。

小麦的脂肪氧化酶可氧化游离脂肪和单酰甘油中的 18:2 和 18:3 脂肪酸。脂肪氧化酶催化面粉中不饱和脂肪酸生成具有共轭双键的氢过氧化物,后者偶联氧化面粉中的类胡萝卜素使面粉增白。氢过氧化物能与面粉中的蛋白质或氨基酸反应,使食品产生不良风味,降低食品的营养价值,而且会使面粉产生酸败气味。氢过氧化物还能将面筋蛋白质中的巯基氧化为二硫键,从而强化了面筋蛋白质的三维网状结构,能增强面团的弹性。大豆产生豆腥味,稻米等谷物储藏期间产生陈臭等不良风味也均与脂肪氧化酶有关。

脂肪氧化酶相对分子质量为 102 000,等电点为 5.4,以亚油酸为底物时最适 pH 值为 9。大多数脂肪氧化酶的最适 pH 值为 7.0~8.0。脂肪氧化酶的耐热性较低,经轻度的热处理就可达到钝化的要求。研究表明,80 ℃是脂肪氧化酶的最高温度界限。

4.5.5　磷酸化酶

磷酸化酶(phosphorylase)作用机制类似水解酶,可以将 A—B 化合物分解为 AOH 和 B-phosphate。在动物、植物及微生物中都含有磷酸化酶,蜡质玉米、大麦、马铃薯和豆类中也都含有此酶。淀粉磷酸化酶为磷酸化酶的代表,在无机磷酸存在的情况下,可作用于淀粉分子的非还原末端的 $\alpha-1,4$ 糖苷键,生成 1-磷酸葡萄糖;在一定条件下,该酶也能催化 1-磷酸葡萄糖合成淀粉。它和淀粉的降解和合成有重要关系。

磷酸化酶只作用于淀粉分子的 $\alpha-1,4$ 糖苷键,对 $\alpha-1,6$ 糖苷键不能作用,也不能跨越 $\alpha-1,6$ 糖苷键对支链淀粉分子内部的 $\alpha-1,4$ 糖苷键起作用;它对 1-磷酸-α-D-葡萄糖的作用是专一的,对其β-异构体不起作用。这里的酶促反应是可逆的,但逆反应速度慢,且需要少量的淀粉或糊精作引发剂方可加速反应的进行。

4.5.6　纤维素酶

纤维素酶(cellulase)是作用于纤维素及其衍生物的 $\beta-1,4$ 葡萄糖苷键,将其降解为葡萄糖的一类酶的总称,是协同作用的多组分酶系。其主要组分是 $\beta-1,4$-葡聚糖内切酶,葡聚糖外切酶和 β-葡萄糖苷酶。前两种酶主要溶解纤维素,后一种酶将纤维二糖转化为葡萄糖,当这三种酶活性适当时,就能将纤维素完全降解。

(1)$\beta-1,4$-葡聚糖内切酶　$\beta-1,4$-葡聚糖内切酶(EC 3.2.1.4),也称 C_x 酶,作用于纤维素分子内部的非结晶区,随机水解 $\beta-1,4$-葡聚糖苷键,将长链纤维素分子切断,产生大量非还原性末端的小分子纤维素。

(2)葡聚糖外切酶　葡聚糖外切酶(EC 3.2.1.91),也称 C_1 酶或微晶纤维素酶,作用于纤维素链的非还原性末端,逐个地将葡萄糖水解下来,并将其构型由 β-型转变为 α-型。它对纤维寡糖的亲和力强,能迅速水解内切酶作用产生的纤维寡糖。

(3)β-葡萄糖苷酶　β-葡萄糖苷酶(EC 3.2.1.21),也称纤维二糖酶,水解纤维二糖和短链的纤维寡糖生成葡萄糖。对纤维二糖和纤维三糖的水解很快,随着葡萄糖聚合度的增加,水解速度下降。

纤维素酶一方面可将纤维素水解成葡萄糖等有效成分,另一方面它可以通过提高植物细胞壁的通透性而提高细胞内含物(蛋白质、脂肪、淀粉)的提取率,改善产品质量,简化食品加工工艺。纤维素酶还可将纤维素降解生成可发酵的糖,因此,纤维素酶在以谷物为原料的食品发酵中应用广泛。

脂类(lipids)是油脂及类脂的总称,是一大类不溶于水而易溶于乙醚、氯仿、石油醚等有机溶剂的化合物,其化学本质是脂肪酸和醇所形成的酯类及其衍生物。脂类由于种类繁多,其分类方式也有多种。按物理状态可分为脂肪和油;根据脂类的化学结构和组分,可将谷物中的脂类分为简单脂类(油脂、蜡)、复合脂类(磷脂、糖脂等)、异戊二烯系脂类(多萜类、甾醇类)三大类;按来源可分为乳脂类、植物脂、动物脂、海产品动物油、微生物油脂;按不饱和程度可分为干性油(碘值大于130,如桐油、亚麻子油、红花油)、半干性油(碘值介于 $100 \sim 130$,如棉籽油、大豆油等)、不干性油(碘值小于100,如花生油、菜籽油、蓖麻油等);按构成的脂肪酸可分为单纯酰基油和混合酰基油。

第 **5** 章

谷物脂类

脂类(lipids)是油脂及类脂的总称,是一大类不溶于水而易溶于乙醚、氯仿、石油醚等有机溶剂的化合物,其化学本质是脂肪酸和醇所形成的酯类及其衍生物。脂类由于种类繁多,其分类方式也有多种。按物理状态可分为脂肪和油;根据脂类的化学结构和组分,可将谷物中的脂类分为简单脂类(油脂、蜡)、复合脂类(磷脂、糖脂等)及异戊二烯系脂类(多萜类、甾醇类)三大类;按来源可分为乳脂类、植物脂、动物脂、海产品动物油、微生物油脂;按不饱和程度可分为干性油(碘值大于 130,如桐油、亚麻籽油、红花油)、半干性油(碘值介于 100~130,如棉籽油、大豆油等)、非干性油(碘值小于 100,如花生油、菜子油、蓖麻油等);按构成的脂肪酸可分为单纯酰基油和混合酰基油。

谷物中的脂类含量较少,除燕麦脂肪含量大于 6.0% 外,其他谷类食物的脂肪含量多在 1%~4% 之间,但它具有重要生理功能,脂类在谷物籽粒中的分布和含量对谷类的食用品质、蒸煮品质、烘焙品质和耐储性都有重要影响。

5.1 油脂

油脂是油与脂肪的统称。一般把在常温下呈液体的称为油,呈固体的称为脂。但从化学结构来看,都是脂肪酸与甘油所形成的甘油酯。常用下列结构式表示:

$$
\begin{array}{l}
R_1-\overset{\displaystyle O}{\overset{\displaystyle \|}{C}}-O-CH_2 \\[4pt]
R_2-\overset{\displaystyle O}{\overset{\displaystyle \|}{C}}-O-CH \\[4pt]
R_3-\overset{\displaystyle O}{\overset{\displaystyle \|}{C}}-O-CH_2
\end{array}
$$

如果 R_1、R_2、R_3 相同,这样的油脂称为单甘油酯;如果 R_1、R_2、R_3 不相同,称为混甘油酯。

脂肪酸是油脂分子中的主要成分,按照脂肪酸的化学结构和性质可将其分为饱和脂肪酸、不饱和脂肪酸及脂肪酸碳链上的氢原子被其他原子或原子团取代的脂肪酸。如果油脂成分中含饱和脂肪酸较多,则油脂在常温下呈固态;如果含不饱和脂肪酸较多,则油脂在常温下呈液态。谷类油脂的主要饱和酸是十六碳酸(棕榈酸),十八碳酸(硬脂酸);不饱和酸是油酸和亚油酸。

天然油脂大都为混合甘油酯,包括脂肪酸甘油三酯(三酰甘油,占 95% 以上),双脂肪酸甘油酯(二酰甘油)和单脂肪酸甘油酯(单酰甘油)。在谷类成熟的过程中,脂肪酸甘油三酯含量逐渐增高,单脂肪酸甘油酯和双脂肪酸甘油酯的含量逐渐减少。在谷类油脂原料的储存过程中,由于酵素的水解作用,脂肪酸甘油三酯逐渐减少,而单脂肪酸甘油酯和双脂肪酸甘油酯又逐渐增多。

5.1.1 谷物油脂的理化性质

5.1.1.1 谷物油脂的物理性质

油脂的物理性质与构成它的脂肪酸的碳链长短和不饱和程度以及它们在甘油基上

的结合位置有关。纯净的油脂是无色、无臭、无味的,但是,一般天然油脂尤其是植物油中往往因为溶有维生素、色素及非脂成分而常具有颜色和气味;油脂比水轻,相对密度在 $0.9 \sim 0.95$ g/ml,与相对分子质量成反比,与不饱和度成正比;不溶于水,易溶于乙醚、石油醚、氯仿、苯和四氯化碳等有机溶剂中,可以利用这些溶剂从动植物组织中提取油脂;因为油脂大都为多种混甘油酯的混合物,所以没有固定的沸点和熔点,天然油脂的熔点一般为一范围。油脂的熔点随构成脂肪酸的碳链长度的增加而升高,随脂肪酸的不饱和程度而降低,它们的含量越大,甘油酯的熔点就越低。硬脂酸熔点为 70 ℃,油酸熔点为 14 ℃,相应的,三硬脂酸甘油酯的熔点为 60 ℃,而三油酸甘油酯的熔点为 0 ℃。油脂的凝固点比其熔点稍低一些;油脂油腻性和黏度较大。油脂是脂肪酸的储备和运输形式,也是生物体内的重要溶剂,许多物质是溶于其中而被吸收和运输的,如各种脂溶性维生素(A、D、E、K)、芳香油、固醇和某些激素等。

5.1.1.2　谷物油脂的主要化学性质

(1)水解和皂化　油脂在酸、脂酶或蒸汽作用下水解为脂肪酸及甘油。在碱性溶液中水解,则生成甘油和高级脂肪酸盐(肥皂),因此油脂的碱性水解称为皂化。1 g 油脂完全皂化时所需氢氧化钾的毫克(mg)数称为皂化值。根据皂化值的大小,可以推算油脂或脂肪酸的平均相对分子量。皂化值越大,脂肪酸平均相对分子量越小。

工业上利用油脂的水解来制备高级脂肪酸和甘油;也用于肥皂的制作;油脂在人体中(在酶作用下)水解,生成脂肪酸和甘油而被肠壁吸收,作为人体的营养。

(2)加成反应　含有不饱和脂肪酸的油脂,在催化剂(如铂、镍)作用下可在不饱和键上加氢,这种化学反应称为油脂的氢化反应,简称油脂的氢化。氢化使不饱和脂肪酸变为饱和脂肪酸,液态的油变成固态的脂,所以常称为油脂的硬化,这种油称为氢化油或硬化油,其性质也和动物脂肪相似。本反应被应用于把多种植物油转变成硬化油,如用植物油制肥皂、人造奶油等。

油脂的不饱和双键还可以和卤素发生加成反应,生产卤代脂肪酸,称为卤化作用。利用油脂与碘的加成,可判断油脂的不饱和程度。100 g 油脂所能吸收的碘的克(g)数称作碘值,它可以用来判断油脂中不饱和双键的多少,碘值越大,表示油脂的不饱和程度越大;反之,表示油脂的不饱和程度越小。碘值大于 130 的为干性油,碘值小于 100 的为不干性油,碘值介于 $100 \sim 130$ 的半干性油。

(3)氧化与酸败　油脂长时间暴露于空气中,由于阳光、微生物、酶等作用,或被空气中的氧氧化而产生异味、异臭甚至具有毒性的现象称作酸败。酸败主要是由于油脂中不饱和脂肪酸易被氧化和分解而生成具有刺激性臭味的低级醛、酮、羧酸等。中和 1 g 油脂中游离脂肪酸所消耗 KOH 的毫克(mg)数称为酸值。酸值可表示酸败的程度。

酸败是含油食品变质的最大原因之一。酸败的油脂其物理化学常数都会有所改变,一般密度减小,碘值降低,酸值增高。酸败过程使油脂的营养素遭到破坏,发生酸败的油脂丧失了营养价值,甚至变得有毒。蛋白质在其影响下发生变性,维生素亦同时遭到破坏而失去生理功效,酸败产物在烹调中不会被破坏。长期食用酸败的油脂,机体会出现中毒现象,轻者会引起恶心、呕吐、腹痛、腹泻,重者则使机体内几种酶系统受到损害,或罹患肝疾。有研究指出,油脂的高度氧化产物能引起癌变。因此,酸败的油脂或含油食品不宜食用。在有水、光、热及微生物的条件下,油脂容易酸败,因此,储存油脂时应保存在干燥、不见光的密封容器中。

5.1.2　谷物中油脂的含量及分布

谷物中油脂含量很少,主要集中在谷类种子的糠层和胚芽中,胚乳所含脂肪不超过1%。如稻米、小麦的胚芽中脂肪含量约15%,玉米胚芽中脂肪含量可达30%左右,小米糠(小米壳和糠的混合物)中含油量为13%~14%,高粱糠(麸皮)含油7%~11%,高粱胚芽含油高达33%~42%。因此,谷物的加工副产品如米糠、玉米胚等可用于制油。从谷类种子的糠层和胚芽中提取出来的油脂叫作谷类油脂。谷类油脂的种类很多,有米糠油、米胚芽油、玉米胚芽油、各种麦胚芽油和小米糠油、高粱糠油、高粱胚芽油等,其中数量较大、具有生产价值的有米糠油、玉米胚芽油、小麦胚芽油。主要谷物籽粒的油脂含量如表5.1。

表5.1　主要谷物籽粒的油脂含量(以干粒质量计)

种　类	质量分数/%	种　类	质量分数/%
小　麦	2.1~3.8	玉米胚	23~40
大　麦	3.3~4.6	小麦胚	12~13
黑　麦	2.0~3.5	米　糠	15~21
稻　米	0.86~3.1	高　粱	2.1~5.3
小　米	4.0~5.5	玉　米	3~5

谷物油脂中含有丰富的亚油酸、卵磷脂和植物固醇,并含有大量维生素 E。例如,小麦胚芽油中的不饱和脂肪酸占80%以上,亚油酸含量达60%;大米胚芽油中含6%~7%的磷脂,主要是卵磷脂和脑磷脂;玉米胚油中不饱和脂肪酸的含量达85%,并含有丰富的维生素 E。不饱和脂肪酸对人体有较高的营养价值,如亚油酸、亚麻酸和花生四烯酸是人体必需的脂肪酸,它们是人体所必需,但人体自身又不能合成,必须靠摄取食物来供给,粮油食品是人体必需脂肪酸的主要来源。在保健食品的开发中谷胚油常常被作为营养补充剂使用,以替代膳食中富含饱和脂肪酸的动物油脂,可明显降低血清胆固醇,有防止动脉粥样硬化的作用。

稻谷中脂肪含量约小于整个谷粒的2%,而且分布很不均匀。胚芽中含量最高,其次是种皮和糊粉层,内胚乳中含量极少,故精度高的大米中脂肪含量较低;米糠主要由糊粉层和胚芽组成,所以含丰富的脂类物质。脂肪中的主要成分是脂肪酸,糙米的主要脂肪酸是油酸、亚油酸和棕榈酸。大米中的类脂物主要是蜡和磷脂。蜡主要存在于皮层脂肪(米糠油)中,含量为3%~9%。磷脂占大米全脂的3%~12%,卵磷脂在大米胚乳中与直链淀粉相结合,是非糯性大米胚乳中的自然成分,糯性大米胚乳中没有卵磷脂,大米中的脂肪类较易变化。它对大米的加工、储藏较重要。脂类物质变质可以使大米失去香味,产生异味,增加酸度等。

5.2 蜡

在植物油脂工业中,常把油脂以外的之类称为类脂,它们在油品制取过程中因其脂溶性而与油品一起取出,这类化合物可分为可皂化和不可皂化两种类型。与油脂一样具有皂化性能的有:蜡、磷脂、糖脂等;不可皂化的包括萜类、甾醇类等物质,它们都能溶于油脂与油溶剂中。

蜡属于简单脂类,是高级脂肪酸与高级脂肪醇所形成的酯。与油脂不同的是:形成蜡的醇不是甘油而是高级一元醇,它是粮食籽粒果皮和种皮细胞壁的重要组成部分。其作用是增加皮层的不透水性和坚硬度,对粮粒具有一定的保护作用。

5.2.1 植物蜡的组成

蜡是一类由高级脂肪酸和高级一元醇所形成的酯,其中的脂肪酸和醇都含偶数碳原子。最常见的酸是棕榈酸和二十六酸,最常见的醇为十六醇、二十六醇及三十醇。蜡广泛分布于动、植物界,如自然界中的昆虫、植物的果实、幼枝和叶的表面常有一层蜡,可起保护作用。在医药上常用的蜡有蜂蜡、虫蜡和羊毛脂等。蜂蜡又叫作"黄蜡",存在于蜜蜂窝中,主要成分为棕榈酸和三十醇所形成的酯,药剂上用作软膏的基质和制蜡丸;虫蜡又叫白蜡,是我国四川省的特产,它是一种树木的寄生虫——白蜡虫的分泌产物,主要成分是二十六酸和二十六醇所形成的酯,药剂上也用作软膏的基质;羊毛脂是硬脂酸、油酸及棕榈酸等与胆甾醇所形成的酯,其名称虽叫作脂,实际上是一种蜡,为淡黄色软膏状物,不溶于水,但可与二倍量的水均匀混合,药剂上也用作软膏基质。

5.2.2 蜡的性质及用途

蜡在常温下为固体,不溶于水,可溶于脂肪及脂溶剂中。蜡的熔点因种类不同而有所差异,一般为 60 ~ 80 ℃ 。蜡比油脂的稳定性更高,在空气中不易变质,难于皂化,在人体及动物消化道内也不能被脂肪酶所水解,故无营养价值;蜡在动植物油脂的加工过程中会溶入到油脂中而引起油脂混浊,降低油脂的透明度,所以需以脱蜡工艺将其除去。

米糠油中含蜡较多,约为 0.4% ,大豆含蜡 0.002% ,高粱含蜡 0.32% ,蜡质玉米可以抽出 0.01% ~ 0.03% 的蜡。米糠中的蜡叫米糠蜡,可以从糙米粒直接提取,也可以从米糠油、油脚和油饼中提取。

蜡的性质使它具有广泛的用途,如可用作鞣革上光、铸造脱模、磨光剂、光漆、药膏配料、绝缘材料、蜡烛及化妆品等工业部门的生产;而且与矿物蜡相比,糠蜡、玉米蜡等具有无毒性的优点,不会造成被包装物的污染,这就使其在食品和药品的包装上得到广泛的应用,如可用于新鲜水果的表面涂层,使水果保持新鲜,延长保藏时间。

5.3　磷脂

5.3.1　磷脂的种类

粮油中的含磷物质主要是磷脂。磷脂属于复合脂类,是由脂肪酸、醇(甘油醇或鞘氨醇)、磷酸及含氮碱基等结合而成的化合物,包括甘油磷脂,常见的有卵磷脂、脑磷脂,以及鞘磷脂,如磷脂酸、磷脂酰丝氨酸、二磷脂酰甘油(心磷脂)等。磷脂广泛存在于动植物中,尤其在动物的脑和神经组织、心、肝及肾等器官中含量较多,蛋黄、植物种子、胚芽及大豆中也含有丰富的磷脂。粮油原料中的磷脂主要为卵磷脂(胆碱磷脂)、脑磷脂(乙醇胺磷脂)、磷脂酸以及肌醇磷脂。

卵磷脂(phosphatidyl choline,PC)和脑磷脂(phosphatidyl ethanolamine,PE)的母体结构都是磷脂酸(phosphatidic acid 简称 PA),即甘油分子中的 3 个羟基有两个与高级脂肪酸形成酯,另一个与磷酸形成酯。磷脂酸中磷酸上的 1 个羟基与胆碱形成的酯是卵磷脂,磷脂酸中磷酸上的 1 个羟基与胆胺形成的酯则是脑磷脂。卵磷脂和脑磷脂的性质相似,都不溶于水而溶于有机溶剂,但卵磷脂可溶于乙醇而脑磷脂不溶,故可用乙醇将二者分离。二者的新鲜制品都是无色的蜡状物,有吸水性,在空气中放置易变为黄色进而变成褐色,这是由于分子中不饱和脂肪酸受氧化所致。卵磷脂存在组织脏器中,可控制肝脏脂肪代谢,防止脂肪肝的形成;脑磷脂存在脑髓、血小板等处,与凝血有关。卵磷脂有降低表面张力的能力,若与蛋白质或碳水化合物结合则作用更大,是一种极有效的脂肪乳化剂。它与其他脂类结合后,在体内水系统中均匀扩散,而使不溶于水的脂类处于乳化状态。

鞘磷脂的组成和结构与脑磷脂、卵磷脂不同,它是由神经醇、脂肪酸、磷酸及胆碱所组成。动物的脑及神经中含有大量的鞘磷脂,脾、肝及其他组织中含量较少。机体不同组织中鞘磷脂的成分不同,水解神经磷脂时所得到的脂肪酸有软脂酸、硬脂酸、枸焦油酸、二十四碳烯酸等。鞘磷脂是白色结晶,在光的作用下或在空气中不易氧化,比较稳定,不溶于丙酮及乙醚而溶于热乙醇中,这是鞘磷脂与卵磷脂、脑磷脂不同之点。鞘磷脂与蛋白质及多糖构成神经纤维的保护层,是细胞膜的主要组分。

5.3.2　谷物中磷脂的含量及分布

大豆中磷脂的含量特别丰富,约占干质量的2.8%,油菜籽中磷脂的含量约占干质量的1.5%;谷物粒子中磷脂的含量,小麦为 0.4% ~ 0.65%,糙米为 0.64%,玉米为0.2% ~0.3%,大麦为0.4% ~0.74%,黑麦为0.5% ~0.6%。植物油的毛油中含磷脂最丰富的是大豆油,为1.1% ~3.2%,谷类油脂中的玉米胚芽油和小麦胚芽油含磷脂也较多,分别为1% ~2%和0.08% ~2%,米糠油含磷脂较少,为0.5%,还有花生油和棉籽油分别为0.3% ~0.4%和0.3%。尽管在新鲜米糠的油脂中磷脂的含量较高(2% ~3%),但由于在制油和精炼的过程中,磷脂迅速水解,使米糠毛油中的磷脂只剩下了很少一部分。故经过精炼的食用米糠油,其磷脂含量降低至0.01% ~0.1%。米糠油中的磷脂以卵磷脂为最多,脑磷脂和肌醇磷脂次之,其他类型的磷脂很少。玉米胚芽油的磷脂含量与大豆油近似,其组成物质与大豆油磷脂也很近似。

磷脂大多集中在粮食种子的胚部,其大都与蛋白质、酶、苷、生物素或糖类结合在一起,以游离状态存在的很少,所以只有破坏其结合状态后才能获得较高的提取率。

5.2.3 磷脂的功用

磷脂是人类、动物和植物构成完整细胞膜的必要物质,它在人体的生理生化反应中起重要作用,可调节人体的生理机能。磷脂不仅是生物膜的重要组成成分,维持细胞和细胞器的正常形态和功能,而且对脂肪的运转和代谢起着重要作用,以促进肝中脂肪代谢,防止形成脂肪肝,有利于胆固醇的溶解和排泄,对人体有一定的营养价值,是一种营养添加剂,可用于医治某些疾病;另外,磷脂是一种抗氧化剂的增效剂,能增强油脂的抗氧化作用;在食品工业中,磷脂可作为很好的乳化剂和多种产品的配料之一。从大豆和玉米油中获得的磷脂已广泛地使用在食品加工中,例如人造奶油、面包、蛋糕、糖霜、非乳制品、糖果及冰淇淋等。

5.4 其他脂类

5.4.1 糖脂

糖脂(glycolipids)是含有糖基的脂溶性化合物。糖脂广泛存在于动物界、植物界、真菌和细菌中,但含量较少,仅占脂质总量的一小部分。米糠油中总糖脂的含量为 0.1% ~ 0.2%,精炼米糠油中总糖脂的含量降低至 0.05% ~ 0.1%。

糖脂按其结构可分为两大类:糖基酰甘油和鞘糖脂。糖基酰甘油结构与磷脂相类似,主链是甘油,含有脂肪酸,但不含磷及胆碱等化合物。糖类残基是通过糖苷键连接在 1,2-甘油二酯的 C-3 位上构成糖基甘油酯分子,这类糖脂可由各种不同的糖类构成它的极性头,不仅有二酰基油脂,也有 1-酰基的同类物;糖鞘脂分子母体结构是神经酰胺。脂肪酸连接在长链鞘氨醇的 C-2 氨基上,构成的神经酰胺糖类是糖鞘脂的亲水极性头。它分为中性和酸性两类,分别以脑苷脂和神经节苷脂为代表。脑苷脂是含糖、脂肪酸和鞘氨醇的类脂。动物细胞膜所含的糖脂主要是脑苷脂;神经节苷脂是含唾液酸的糖鞘脂,有多个糖基,又称唾液酸糖鞘脂。

鞘糖脂是动、植物细胞膜的重要组分,在脑和神经组织中含量很高,而在储脂中只有极少量。鞘糖脂分布在膜脂双层的外侧层中,非极性的碳氢长链埋在外侧脂层中,极性的糖链伸展到胞外水相中。用有机溶剂或去垢剂能将鞘糖脂从膜中抽提出来。另外,在细胞内有极少量糖脂,是糖链合成过程的中间载体。一些谷物及植物中的糖脂(硫脂)种类(缩写字母为简称):单半乳糖甘二酯(MGDG),双半乳糖甘二酯(DGDG),单半乳糖甘一酯(MGMG),双半乳糖甘一酯(DGMG),磺基异鼠李糖双酰甘油(SQD)。

谷类油脂的结合脂质中还有脂蛋白,它是由磷脂、甾醇、单脂肪酸甘油酯(单酰甘油)、双脂肪酸甘油酯(二酰甘油)和蛋白质等物质组成的。脂蛋白在油脂中的含量很少,如米糠油中只含 0.1% 的脂蛋白。

5.4.2 植物甾醇

甾醇又称固醇,是以环戊烷多氢菲为骨架的一种化合物,属于脂类中的不皂化物,广泛存在于动植物组织中。根据其来源不同可分为三大类:动物甾醇、植物甾醇和菌性甾醇。动物甾醇是主要以胆固醇为主,它广泛存在于动物组织中;植物甾醇种类繁多,一般有四种构型:谷甾醇、豆甾醇、菜油甾醇和菜籽甾醇,是一种广泛分布于植物中的天然活性物质,是植物细胞膜的组成成分,也是多种激素、维生素 D 及甾族化合物合成的前体;菌类甾醇主要为麦角甾醇。

谷类食物是膳食植物甾醇的主要来源之一,谷物中的甾醇主要以谷甾醇为主。植物甾醇一般分布于谷物的谷皮、糊粉层、胚乳、胚芽和谷壳中,谷物各结构中植物甾醇的组分和含量差别很大,其中以胚芽、麸皮和胚乳中含量最高。

谷类食物中,小麦面粉中的植物甾醇含量较高,为 470 ~ 860 mg/kg,随加工精度不同含量也随之变化。加工越精细,植物甾醇含量越低,即全麦粉>标准粉>富强粉>饺子粉。面粉中各甾醇所占比例基本一致,其中 β-谷甾醇占总甾醇的 50% 以上,其次是谷甾烷醇和菜油甾醇,豆甾醇含量很低;不同品牌和产地的大米中植物甾醇总含量比面粉低,在 100 ~ 160 mg/kg 之间,以 β-谷甾醇和谷甾烷醇为主;而糙米由于精制程度低,植物甾醇含量很高,达 527.1 mg/kg。其他谷类食品中植物甾醇含量比较高的还有紫米、薏米、荞麦米、青稞、小米、玉米等,含量均在 600 mg/kg 以上。表 5.2 中列出了部分谷物中甾醇的含量。

表 5.2　部分谷物中甾醇的含量　　　　　　　　　　　　　　　mg/100 g

种类	β-谷甾醇	菜油甾醇	豆甾醇	谷甾烷醇	总甾醇
黑龙江大米	7.74	2.49	2.37	1.56	13.10
小米	29.90	6.30	1.89	30.16	76.16
小站稻	9.32	2.49	2.37	1.60	15.78
高粱	14.26	4.64	1.32	3.08	23.66
玉米	22.54	5.19	2.32	23.88	60.46
全麦粉	48.08	13.46	1.81	14.66	85.49
富强粉(均值)	29.64	6.58	1.12	10.24	52.26

豆类的植物甾醇含量比谷物高。每 100 g 黄豆中,植物甾醇的含量超过 100 mg;每 100 g 豆腐约含植物甾醇 30 mg,250 g 豆浆可供应约 20 mg 植物甾醇。碳水化合物含量高的豆类中,植物甾醇含量相对较低。

植物油中含较多植物甾醇,以每 100 g 植物油为例,玉米油中植物甾醇约含 768 mg,玉米胚芽油中含量超过 1 000 mg,芝麻油中约含 700 mg 以上,菜籽油中含 513 ~ 979 mg,精练大豆油中约含 419 mg,花生油中约含 250 mg。可见,植物油是膳食中植物甾醇的一个重要来源。其中,选用玉米油烹调食物,是补充植物甾醇的好途径。

植物甾醇主要存在于各种植物油的不皂化物中,为油脂工业的副产物,它是稳定植物细胞膜的必需成分,同时具有重要的生理功能。如保持生物内环境稳定,控制糖原和矿物质的代谢,调解应激反应等,具有免疫调节、消炎退热、降低血脂和胆固醇、减少动脉硬化损伤、清除自由基及护养皮肤等多种生理功效。研究表明,植物甾醇在结构上与胆固醇相似,使植物甾醇可以竞争性地"占领"胆固醇在肠道中的吸收通道,抑制肠道对胆固醇的吸收。

大量流行病学和实验室研究证明,摄入较多植物甾醇与人群许多的慢性病发生率较低有关,如冠状动脉硬化性心脏病、癌症、良性前列腺肥大等。但人体不能合成植物甾醇,需要靠日常饮食摄取。现在植物甾醇已广泛应用于医药、化妆品、动物生长剂及纸张加工、印刷、纺织、食品等领域。

5.5 谷物脂类对制品品质的影响

5.5.1 谷物储藏加工过程中脂类的变化

谷物在储藏或加工过程中,劣变速度最快的是脂类。其变化主要有两个方面,一是氧化作用。脂类被氧化产生各种游离脂肪酸和低级醛、酮类等物质,而引起制品具有不快的刺激性臭味,并带有涩味和酸味,这种现象称为酸败。如大米的陈米臭与玉米粉哈喇味等。随着酸败的加剧,制品的脂质往往发生褐变。原粮由于种子中含有天然抗氧化剂,起了保护作用,所以在正常的条件下氧化变质的现象不明显。二是水解作用。主要受脂肪酶水解产生甘油和脂肪酸。各国多用脂肪酸值作为粮食劣变指标。一般,低水分粮尤其是成品粮,其脂类的分解以氧化为主;而高水分粮其脂类的变化则以水解为主,含水量高更易霉变,霉菌分泌的脂肪酶有很强的催化作用;正常含水量的粮食两种脂解作用可交互或同时发生。

一般,促进脂质变化的主要因素是热、光、氧气、水、酶和某些金属元素,对于干制的谷物而言,这些因素都是很难避免的。干制时,特别是空气对流干燥,由于热的作用以及物料接触大量的氧气,均促使了脂质的自动氧化和热氧化,由此可见,通过降低氧气浓度、减少接触面可降低氧化程度。但为了提高干燥效率,往往要增加接触面,所以在干制过程中就不可避免地发生某些脂质的劣变,这就要求在干制过程中加以控制,尽量降低其变败程度。为了取得高品质的干制品,人们常采用冷冻升华干燥,它能较好地保持干制品的品质;在水和酶存在下,可促进水解;一些重金属离子是脂肪氧化的促进剂,如铜、铁离子的存在可影响氧化速度。为了防止金属离子的作用,常添加柠檬酸、磷酸、氨基酸等金属络合剂,以减弱其促进氧化的作用。对含油酯的食品,在干制前采取添加抗氧剂等抗氧化措施,亦能有效地控制脂肪氧化。

油脂经长时间加热,会发生聚合作用,使油脂黏度增高,当温度≥300 ℃时,增稠速度极快;同时在高温下油脂分解生成酸、醛、酮等化合物,使酸价增高以及产生刺激性气味等变化。热变性的脂肪不仅味感变劣,而且丧失营养,甚至还有毒性。所以,食品工业要求控制油温在150 ℃左右,并且油炸油不宜长期连续使用。

酸败是含油谷物食品变质的最大原因之一。酸败的油脂其物理化学常数都会有所改变,一般密度减小,碘值降低,酸值增高,同时营养价值遭到破坏,甚至变得有毒。长期食用变质的油脂,机体会出现中毒现象,轻则会引起恶心、呕吐、腹痛、腹泻,重则使机体内几种酶系统受到损害,或罹患肝疾。因此,酸败过的油脂或含油食品不宜食用。含脂类的谷类在储藏期间由于受到日光、微生物、酶等作用,或被空气中的氧所氧化,油脂容易酸败,因此,储存油脂时应保存在干燥、不见光的密封容器中。

谷物在储藏过程中,常有变苦的现象。这与过氧化物酶和过氧化氢酶两种酶的作用及活性密切相关。过氧化氢酶主要存在于麦麸中,而过氧化物酶则存在于所有粮油籽粒中。谷物中的脂肪酸氧化物与过氧化物在氧化酶作用下生成不饱和脂肪酸甲酯聚合物,而这种脂肪酸甲酯聚合物是一种苦味物质。一般,谷物中脂类含量愈高,愈易变苦,如全玉米粉、高粱粉(脂类含量在3%以上)较全麦粉(脂类含量在2%以下)易变苦;加工精度愈高,如出粉率或出米率愈低,则愈不易变苦,高精度面粉很少有变苦现象,全麦粉则易变苦。

谷物在储藏过程中,由于温度、湿度和储藏方法不同,三酰甘油降解为脂肪酸和甘油,磷脂类的降解产生磷酸和酸性磷酸盐,少量蛋白质降解为各种氨基酸,碳水化合物氧化成有机酸以及微生物在生长繁殖过程中呼吸作用的中间产物,从而使谷物酸度增加。酸度增加的程度及所形成的酸性物质的性质,随储藏条件的不同而不同。如大米在储藏过程中发热霉变,往往酸度增高,香味散失,做米饭松散无味。

谷类所含脂肪多由不饱和脂肪酸组成,而谷类的加工形态一般是粉末。因此,这些脂肪易氧化酸败造成变味。脂肪的大部分在磨粉时常随胚芽被除去。

5.5.2 脂类对小麦面粉主要制品品质的影响

脂类虽然在面粉中的含量很少,但也是面粉中重要的功能性成分,它对制品品质的影响不可忽视。

极性脂与面筋蛋白结合后,面筋蛋白通过其糖基或者极性基与淀粉、戊聚糖或水等相互结合,增加面团弹性,改善面团强度,从而改变面团的加工性能。因此,极性脂质有利于面筋的形成,而非极性脂质不利于面筋的形成。

面粉中的脂类物质能够影响小麦粉的糊化特性。这是由于它与直链淀粉形成复合体,可抑制肿胀淀粉颗粒的破裂,使肿胀淀粉颗粒更加稳定,从而影响淀粉的糊化。脂类物质对面团的流变学特性也有影响,面粉脱脂后面团的形成时间增加,而对面团的稳定时间影响较小。在面团形成时,脂类对面筋网络结构的黏着力起重要作用;脱脂面粉制成的面条煮面时间缩短,干物质失落率增加;生产的蛋糕、面包体积、质地均不理想。

面粉中的类脂是构成面筋的重要部分,如卵磷脂是良好的乳化剂,使面包、馒头组织细腻、柔软,延缓淀粉老化。但是,面粉在不良储藏条件下,甘油酯在裂脂酶、脂肪酶作用下水解形成脂肪酸,而不饱和脂肪酸易氧化、水解而酸败,酸败变质的面粉焙烤蒸煮品质差,面团的延伸性降低,持气性减弱,面包或馒头的体积小,易开裂,风味不佳。

5.5.2.1 脂类对面包品质的影响

蛋白质的含量与质量是决定面包烘烤品质的主要因素,但普遍认为面粉中的脂类物质对面包烘烤品质影响也很大。

在面筋中脂类物质存在两种结合力,一是极性脂类分子通过疏水键与麦谷蛋白结合,二是非极性脂类分子通过氢键与醇溶蛋白分子结合,这两种结合力都可形成发酵面制品所需的面筋网络。面筋蛋白质与脂类物质结合越多、越强,网络的品质越好。有研究表明,面粉中脂类含量和类型对烘焙品质都有相当大的影响。在面包烘焙过程中,面粉的极性脂能抵消非极性脂的破坏作用,改进烘焙品质,其中特别是糖脂对于促进面团醒发和增大面包体积最为有效;同时在面团中,一部分糖脂结合到淀粉粒的表面,在烘焙温度下形成蛋白质-糖脂-淀粉复合物,使面包心软化,面包质地松软。并起着抗老化的作用。Chung、Bakers 等指出,当蛋白质的含量和质量一定时,面包的体积与极性脂质的含量呈显著正相关,而非极性脂质则会影响其烘焙效果,使面包质量下降,非极性脂质与极性脂质的比值与面包体积呈负相关。在面包生产中,常常使用极性脂作为改良剂来改善面包品质。

糖脂和磷脂都是良好的发泡剂以及面团中的气泡稳定剂,特别是有蛋白质存在时,其作用更为明显。

5.5.2.2 脂类对馒头品质的影响

小麦面粉中的脂类对馒头品质的影响作用主要体现在它可以和不同的蛋白质进行结合,从而影响面筋的网络结构。如前所述,极性脂与面筋蛋白结合后,面团的加工性能发生改变,面团弹性增加,面团强度改善。在面团形成时,脂类物质对面筋网络的黏着力起着重要作用。面粉中粗脂肪含量与馒头品质呈正相关,对馒头的体积和柔软度都有积极的作用。王杭勇(2005)认为在面粉中增加5%的油可降低面团吸水量,延长面团形成时间,增加面团的延伸性,对馒头具有一定的抗氧化作用。李昌文等(2003)指出脂质与淀粉形成复合物,阻止淀粉分子间的缔合作用,从而阻止淀粉的老化,故脂类物质对馒头具有一定的抗老化作用。目前有关脂类对馒头品质的影响报道较少,有待进一步研究。

5.5.2.3 脂类对面条品质的影响

脂类物质对面条品质的影响与其对面包品质的影响略有不同。一般认为,脂类物质对面条品质的影响主要是面条的表面黏度和蒸煮损失的影响。

脂类物质通过与直链淀粉结合形成复合体,减少了面条表面游离的直链淀粉的数量,这样蒸煮损失的直链淀粉量也相应变小。现在普遍认为甘油单酸酯是面粉中最有效的直链淀粉络合剂,它不但能减少蒸煮损失,而且能够改善面条的表观状态,这已成为面条生产中使用甘油单酸酯的理论依据。早在 1968 年 Dahle 和 Muenchow 就曾报道面粉脱脂后会增加直链淀粉的蒸煮损失并增加面条的黏性。Rho 等认为,脂类物质能够增加熟面条的表面硬度。张元培指出,脂类被提取后,干面条破损强度增加,煮面损失增加,煮面时间缩短,面条剪切强度和表面强度降低,重新添加回游离脂的小麦粉所制面条的品质得以完全恢复。林作楫研究认为非极性脂和极性脂对面条品质均有正效应,脂类物质可显著增加挂面的断裂强度和煮面强度,并且有利于改善面条色泽。

5.5.2.4 其他

对曲奇饼而言,决定曲奇饼品质的主要参数不是体积和比容,而是其直径/厚度比值。尽管在曲奇饼配方中加入了较多量的油脂,仍然不能替代原有小麦脂类的作用。面粉提取游离脂后,会降低曲奇饼的直径和评分,影响曲奇饼内部结构。

脂类对蛋糕品质的影响比对曲奇饼要复杂得多。提取面粉游离脂,蛋糕体积减小,其内部结构评分降低。用提取的游离脂重组面粉后,制得的蛋糕体积和外形完全恢复,但其内部结构评分只能部分恢复。

研究证实,面粉的游离脂含量及其组分对面包及其他面制品品质均有一定影响,因此,小麦或面粉的脂类是一项对品质评价,特别是对小麦育种计划的品质决定因素的良好补充。

5.5.3 脂类对稻米品质的影响

稻米中的脂类化合物含量不多,糙米中仅含 2.4% ~ 3.9% ,但它是组成生物细胞不可缺少的物质,同时也是稻米重要的营养成分之一。稻米中脂类化合物的组成及其变化对稻米的食用品质和储藏品质有着较大的影响。

组成稻米脂肪的脂肪酸主要包括亚油酸、油酸、软脂酸,还有少量的硬脂酸和亚麻酸。其中不饱和脂肪酸所占的比例较大。稻米在储藏过程中,其脂类在空气中的氧及稻米中相应酶的作用下极易发生氧化、水解,促使稻米陈化变质,导致稻米食用品质下降。

大米中脂肪成分的酸败是大米储存中风味劣变的重要原因,故游离脂肪酸测定成为判断大米新陈的指标。张向民等研究表明,在稻谷储藏过程中,非淀粉脂中脂肪酸组成百分含量变化均较明显,软脂酸和亚油酸含量相对减少,油酸含量相对增加,而淀粉脂中的脂肪酸含量在储藏过程中则变化不大。Yasumatsu 等提出非淀粉脂和淀粉脂在室温下储藏六个月其总的含量保持不变。然而,由于甘油酯的水解,使得非淀粉脂中游离脂肪酸含量增加,非淀粉脂中的亚油酸和亚麻酸氧化产生醛、酮、戊烷和己烷,从而导致陈米饭中羰基化合物含量增加。糯米中含有较多的非淀粉脂,所以更易于发生酸败。

米的胀性决定于其淀粉的吸水能力,而吸水能力与其表面积大小和内部所含脂肪酸的多少密切相关。脂肪酸值增高的大米,淀粉吸水率下降。稻谷因陈化引起工艺品质改变,如碾磨的米粒硬度和碎米率改变,蒸煮过程中体积膨胀率和吸水率增加,可溶性固形物减少,稠度降低,其部分原因就是游离脂肪酸的变化所致。稻米陈化过程中游离脂肪酸增多,伴随米饭变硬,甚至发生异味,米饭流变学特性受到损害。

淀粉糊在凝沉过程中,直链淀粉可与单酰甘油、游离脂肪酸形成结晶复合物外,还可与溶血磷脂酰胆碱形成复合物。米饭在冷却过程中会逐渐变硬,同时由于一些挥发性成分的散逸,从而失去新煮出米饭的风味。

类脂物含量对大米淀粉的最初糊化温度和黏度值影响较大。稻谷因陈化使碾制时米粒硬度以及破碎率改变,蒸煮过程中体积膨胀率和吸水率增大,可溶性固形物减少,米汤黏稠度降低,最大黏度值增高,引起这些变化的部分原因是大米中游离脂肪酸与直链淀粉构成复合体所致。

稻米在储藏过程中一直伴随着脂类的水解和氧化,脂类在糙米储藏过程中的变化会直接影响到糙米糊化特性。Marshall 等发现脂类对稻米淀粉糊化有不可忽视的影响。稻米中所含的磷脂和糖脂都可与稻米中的淀粉相互作用,降低淀粉的吸水性和膨胀性,提高淀粉的糊化温度。Larsson 等认为直链淀粉与脂形成的复合物能阻碍淀粉的糊化,从而可能对蒸煮大米的质构特性产生影响。Champagne 等用 DSC 研究了碾米精度和脱去米粒表面的非淀粉脂类对淀粉糊化的影响,指出稻米表面的脂类和非淀粉脂类对淀粉的糊化作用有影响。刘京生等用 DSC 研究淀粉的糊化时,发现未脱脂米粉淀粉的糊化温度较脱脂米粉的低。Richard 等在研究支链淀粉、直链淀粉和脂类对谷物淀粉膨润和糊化的影响时指出,淀粉膨润是支链淀粉的特性,而直链淀粉只起稀释剂的作用,但天然淀粉中的直链淀粉和脂类形成复合物时就起到抑制淀粉膨润的作用。刘宜柏对 51 个早籼稻品种的分析,认为稻米脂类含量较其他组分对稻米食味品质有更大的影响,认为稻米中的脂肪含量越高,米饭光泽越好,米粒的延伸性较佳。伍时照等的研究表明,稻米脂肪含量高是一些名优水稻品种的特异品质性状,在一定范围内脂肪含量越高,米饭适口性和香气越好,因而提高稻米脂肪含量能显著地改善稻米的食味品质。

5.5.4 其他

脂类在膨化食品的加工过程中也有一定的作用,淀粉脂能保护谷物淀粉中的直链淀粉在加工过程中不受高温挤压的影响而发生热裂解。

磷脂与脂肪共存,对于油脂的储存和加工会产生不利的影响,如增加吸湿性,促使脂肪氧化,会降低油脂的品质,影响油脂加工品的质量,因此,油脂精炼时,要进行脱磷,这样既净化了油脂,又可获得有价值的磷脂。

油脂中的微量成分,如难皂化物中的阿魏酸酯、维生素、植物甾醇等对于油脂的营养卫生价值具有重要的影响;但难皂化物中的蜡、不皂化物中的色素、结合脂质中的磷脂和挥发性成分中的有臭物质等却给油脂的精炼带来了一定的困难。

谷物主要给人类提供的是 50% ~ 80% 的热能、40% ~ 70% 的蛋白质、60% 以上的维生素 B_1。谷物作为中国人的传统粮食,几千年来一直是老百姓餐桌上不可缺少的食物,在我国的膳食中占有重要的地位,被当作传统的主食。

第 **6** 章

谷物营养

6.1　谷物营养与人体健康的关系

据考证,早在1万多年前的新石器时代,人类就已经有了农耕种植业。古代已把杂草驯化成作物,培育出不同于杂草的五谷杂粮,2400多年前我们的祖先就已经清楚地认识到了粮食的营养价值。中医典籍《黄帝内经·素问》已有"五谷为养,五果为助,五畜为益,五菜为充,气味合而服之,以补精益气"的论述。"五谷为养"是指黍、秫、菽、麦、稻等谷物和豆类是滋养人体的主食,是人体最合理的能量来源,同时也是蛋白质、膳食纤维、B族维生素和矿物质的重要供应者,对于保障膳食平衡有举足轻重的作用。

6.1.1　谷物中的营养素

6.1.1.1　碳水化合物与膳食纤维

谷类碳水化合物主要是淀粉,淀粉是含量最高的碳水化合物之一,其平均含量在70%左右,精米可达90%左右,大部分在胚乳中,它是人体所需热量的主要来源。淀粉通常含直链和支链淀粉两部分。淀粉微粒不溶于冷水;而支链淀粉只能在加压与加热条件下,才能溶于水,并能形成比较黏滞的溶液或糊状。淀粉受热时在水中发生糊化,糊化淀粉容易被人体消化吸收,是人类最理想、最经济的热能来源(米类、谷类及麦麸中膳食纤维含量最高,精米最低)。

淀粉颗粒大小与形状因不同谷物种类而不同,如大米淀粉颗粒的直径通常只有5 μm,而小麦为25～40 μm,淀粉颗粒形状也有大的透镜型颗粒等。淀粉颗粒中的直链淀粉与支链淀粉比例也取决于谷物种类及不同品种。通常谷物中含有25%～27%的直链淀粉,而蜡质大米或玉米等绝大多数淀粉为支链淀粉。谷物中还含有在人体小肠中不能被消化吸收的淀粉,称之为抗性淀粉,与膳食纤维的特性相似。

谷物中还含有少量(1%～2%)的游离糖类,如蔗糖、麦芽糖、果糖与葡萄糖等。所有的谷物都含非淀粉多糖,主要包括不溶性和可溶性非淀粉多糖。大多数谷物的不溶性非淀粉多糖的含量相似,但可溶型非淀粉多糖组成差别较大。小麦、黑麦和大麦的主要水溶性非淀粉多糖是阿拉伯木聚糖,而燕麦是β-葡聚糖。β-葡聚糖和阿拉伯木聚糖在小麦中的质量分数通常小于1%,而在大麦、燕麦和黑麦中的质量分数较高,分别为3%～11%、3%～7%、1%～2%。

6.1.1.2　蛋白质

蛋白质是构成生命有机体的重要成分,是生命的基础,它在人体和生物的营养方面占有极其重要的地位。谷物具有营养的一个重要方面,就是为人体提供维持健康不可缺少的蛋白质。

稻谷中的蛋白质依其溶解特性可分为清蛋白、球蛋白、醇溶蛋白、谷蛋白四种。这几种蛋白质在糙米及其组分中分布是不均匀的。糙米比大米含有较多的清蛋白和球蛋白。清蛋白和球蛋白集中于糊粉层和胚中,所以这种蛋白质在大米中的分布以外层含量最高。越向外层含量越低。稻谷中的蛋白质含量不高,糙米中含量在8%左右,白米中含量在7%左右,主要分布在胚及糊粉层中,胚乳中含量较少。稻谷的蛋白质含量越高,籽粒的强度就越大,加工时产生的碎米就越少。

小麦的蛋白质含量可从低于 6% 变化到高于 27%,大多数商品小麦的蛋白质含量为 8%~16%,平均为 13% 左右。小麦的主要储藏蛋白是醇溶谷蛋白与麦谷蛋白,米蛋白主要是米谷蛋白。小麦籽粒的各个部分都含有蛋白质,但分布很不均匀,主要存在于胚乳和糊粉层中,其中胚乳的蛋白质占了 72.0%,糊粉层中的蛋白质占了 15.0%。小麦中不同类型的蛋白质其分布也有一定的特点。清蛋白和球蛋白都是可溶性蛋白,它们主要集中在糊粉层和胚芽中,大多数生理活性蛋白酶也主要存在于这两类蛋白中,其氨基酸组成比较平衡,特别是赖氨酸、色氨酸和蛋氨酸含量较高;醇溶蛋白和谷蛋白是小麦的储藏蛋白质,这些蛋白质基本局限于胚乳中,约占籽粒蛋白质总量的 80%,它们的赖氨酸、色氨酸和蛋氨酸含量较低,所以在面粉的品质改良时需要添加营养强化剂。

玉米中的蛋白质主要是醇溶谷蛋白,大麦主要是大麦醇溶蛋白与谷蛋白,而燕麦主要是清蛋白与球蛋白。赖氨酸是大多数谷物的限制性氨基酸,色氨酸则是黑麦的第一限制性氨基酸。燕麦和糙米蛋白质的赖氨酸含量在谷物中是最高的。全粒玉米粉的蛋白质与小麦相当。小米蛋白质中氨基酸种类齐全,含有人体必需的 8 种氨基酸,其中除赖氨酸稍低外,其他 7 种氨基酸含量都超过了稻米、小麦粉和玉米,特别是小米中色氨酸含量较高,色氨酸能促进大脑神经细胞分泌一种催人欲睡的"血清素",因此小米有较好的催眠效果。

6.1.1.3　脂类

脂类包括脂肪和类脂,脂肪由甘油和脂肪酸组成,称为甘油酯。天然脂肪一般是甘油酯的混合物。脂肪在生理上的最主要功能是供给热能。而类脂一类物质对新陈代谢的调节起着重要作用。类脂中主要包括蜡、磷脂、固醇等物质。

稻米、小麦、大麦等谷物通常含脂质为 1%~3%,普通玉米含油量通常为 4%~5%,而高油玉米的含油量达 7%~9%。燕麦也比较高,为 5%~10%。

稻米的脂类主要存在于米糠中(占干重的 20%),糙米碾白时,胚和皮层大部分被碾去,故白米中基本上不含脂肪。稻米油的主要脂肪酸为亚油酸、油酸和棕榈酸,其必需脂肪酸中亚油酸占 29%~42%,亚麻酸为 0.8%~1.0%;玉米胚芽油中亚油酸含量为 34%~61%,亚麻酸为 0.6%。谷类中的脂肪含量虽然很低,但它具有很重要的作用,其含量是影响米饭可口性的主要因素,而且油脂含量越高,米饭光泽和蒸煮后的香气越好。据国外文献报道:米饭香味与米粒所含不饱和脂肪酸有关。大米中的脂类容易变化,它与大米的加工、储存关系也较密切。在谷类粮食的长期储存中,由于空气的氧化作用,脂肪会发生氧化酸败的现象,使谷类食品的香气逐渐减少,并产生令人不快的游离脂肪酸。

小麦籽粒富含碳水化合物和蛋白质,脂肪含量很低,一般为 2.94% 左右,但脂肪酸组成相当好,亚油酸所占比例很高,为 58%。脂类包括脂肪及磷脂、糖脂、固醇类、胡萝卜素和蜡质等物质,油脂是小麦籽粒中脂类的主要成分。小麦中脂质主要由不饱和脂肪酸组成,因易氧化和被酶分解而酸败变苦。因此,面粉在高温高湿季节储存,面粉不饱和脂肪酸易氧化酸败变质,使面粉烘焙品质变差,面团延伸性降低,持气性减退,面包体积小,易裂开,风味不佳。所以,面粉制粉时要尽可能除去脂质含量高的胚芽和麸皮,以减少面粉的脂肪酸含量,使面粉安全储藏期延长。

玉米籽粒中含有干物质 4.6% 左右的脂肪,近代研究培育的新品种,其脂肪含量可达

7%。玉米籽粒的脂肪主要含在胚芽中,一般胚芽含油达 35% ~ 40%。玉米的脂肪约有72% 液态脂肪酸和 28% 固体脂肪酸,其中有软脂酸、硬脂酸、花生油、油酸、亚麻二烯酸等。玉米脂肪皂化值一般为 189 ~ 192,碘化值为 111 ~ 130。此外,玉米还含有物理性质和脂肪相似的磷脂,它们和脂肪一样均是甘油酯,但酯键处含有磷酸,玉米含磷脂在 0.28% 左右。

6.1.1.4 维生素和矿物质

谷类是人类膳食维生素(主要是 B 族维生素)与矿物质的重要来源,这些微量营养素的含量取决于不同的组成部分,主要分布在种皮、胚芽与糊粉层中,因此,精加工谷物将造成这些微量营养素的损失。谷物一般不含维生素 C,维生素 B_{12}、维生素 A 以及 β-胡萝卜素(黄玉米除外),但是谷物是大多数 B 族维生素尤其是硫胺素、核黄素、烟酸的重要来源。谷物也是维生素 E 的很好来源。每 100 g 谷类含有的维生素 B_1 为 1.3 ~ 4.0 mg。糙米尼克酸含量最高,硫胺素最少。玉米中的尼克酸主要以结合型存在,只有经过适当的烹调加工,如用碱处理,使之变为游离型的烟酸,才能被人体吸收利用,若不经过处理,以玉米为主食的人群就易发生尼克酸缺乏而患癞皮病。

谷类食品含矿物质为 1.5% ~ 3.0%,高粱、黑麦、粟米等杂粮中铁的含量高于小麦、玉米、糙米中的含量(见表 6.1)。谷物中钠的含量低,但是钾元素含量高。全谷物含有较高的铁、镁、锌,同时还含有一定的硒等微量元素。谷物中大米的含硒量最高(100 μg/kg),谷物中硒含量的变化还取决于土壤硒含量。

表6.1　谷类作物食品的维生素和矿物质含量　　　　　　　　　　　　　　　　mg/100 g

食品	胡萝卜素	硫胺素	核黄素	烟酸	抗坏血酸	维生素 E	铁	锌
糙米	0.00	0.29	0.04	4.00	0.00	0.80	3.00	2.00
小米	0.02	0.45	0.10	3.70	0.00	1.40	4.00	3.00
玉米	0.37	0.32	0.10	1.90	0.00	1.900	3.00	3.00
粟米	0.00	0.63	0.33	2.00	0.00	0.07	7.00	3.00
高粱	10.00	0.33	0.13	3.40	0.00	0.17	9.00	2.00
黑麦	0.00	0.66	0.25	1.30	0.00	1.90	9.00	3.00
燕麦	0.00	0.60	0.14	1.30	0.00	0.84	4.00	3.00

稻谷经过加工后,矿物质随着加工精度的提高而逐渐损失。一般谷类中都含有植酸,它能和铁、钙、锌等人体必需的矿物质元素结合,生成人体无法吸收的植酸盐,所以人体对谷类中的矿物质吸收利用率很低。小麦粉在发酵过程中,其中的植酸可以被水解消除,因此,小麦粉做成馒头、面包后可以提高铁、锌等矿物质的吸收率。黑稻米每 100 g 含1 mg 色素、3 mg 维生素 C 和 0.2 mg 核黄素,铁、钙和磷含量均比无色素稻米高,使黑稻米具有强身健体和药用价值。荞麦含有其他谷物所不具有的叶绿素和芦丁,荞麦中的维生素 B_1、维生素 B_2 比小麦多 2 倍,烟酸是小麦的 3 或 4 倍,烟酸和芦丁都是治疗高血压的药物。大麦含有蛋白质、脂肪、糖类、钙、磷、铁、维生素 B_1、维生素 B_2、膳食纤维等,具有清

热消渴,益气宽中,补虚、壮血脉,养颜乌发等作用,营养丰富,易于消化,常食能使身体健美。

6.1.1.5 植物化学物质

谷物中含有许多有利于人体健康的生理活性组分,主要包括生育三烯甘油酯、生育酚与类胡萝卜素等抗氧化成分。Miller 的研究表明全谷物早餐食品的抗氧化成分的含量与水果及蔬菜类似。

木酚素是谷物中的一类植物雌激素,尽管其含量很低,但是由于谷物的日摄入量大,因此也是一个重要的来源。

6.1.1.6 抗营养组分

谷物中植酸的含量较高,以干基计,玉米、软小麦、糙米、大麦与燕麦的植酸质量分数分别为 0.89%、1.13%、0.89%、0.99% 与 0.77%。大多数谷物的植酸主要分布在糊粉层,也有少部分分布于胚芽。因此,制粉工艺对植酸含量的影响很大。植酸可以与铁、钙、锌等矿物元素结合从而降低这些矿物元素的吸收,因此,被认为是一种抗营养因子。

丹宁酸是褐色高粱的一种抗营养成分,它可以与蛋白质结合,降低其消化性。

6.1.2 谷物的发热量

由于目前谷物的品种、加工工艺和加工精度各不相同,其化学成分也会有所差异,因此谷物的发热量目前尚无权威的数字。

食物中所含蛋白质、脂肪和碳水化合物是三大供热营养素,它们在体内消化所产生的热量,用弹式热量计测量,其燃烧热分别为 23.64 kJ,39.54 kJ 和 17.15 kJ。脂肪和碳水化合物在体内被完全氧化,所产生的热量与热量计测得完全相同。蛋白质在体内不能完全燃烧,应扣除其产物所产生的热量 5.44 kJ/g。此外,三大营养素在消化过程中尚有少量损失,其消化率分别为 92%、95% 和 98%,亦应除去。通常均以净能量 16.7 kJ/g、37.6 kJ/g 和 16.8 kJ/g 作为蛋白质、脂肪和碳水化合物的热量转换系数。根据此计算公式,表6.2给出了部分谷物及其制品中中所含的热量。

表 6.2　谷物及其制品含热量　　　　　　　　kJ/g

谷物名称	发热量	谷物名称	发热量	谷物名称	发热量
玉米(白)	14.1	薏米	14.9	高粱米	14.7
玉米(黄)	14.0	荞麦粉	12.7	富强粉	14.6
莜麦面	16.1	籼米(标一)	14.7	富强粉切面	1.2
香大米	14.5	粳米(标二)	14.6	标准粉切面	1.2
米饭(蒸,粳米)	4.9	籼米(标二)	14.4	馒头(蒸,标准粉)	9.6
米饭(蒸,籼米)	4.8	粳米(标一)	14.4	馒头(蒸,富强粉)	8.7
小米粥	1.9	米粥(粳米)	1.9	花卷	9.1
燕麦片	15.4	玉米糁	14.5	挂面(富强粉)	14.5

续表 6.2 kJ/g

谷物名称	发热量	谷物名称	发热量	谷物名称	发热量
黑米	13.9	鲜玉米	4.4	面条(煮,富强粉)	4.6
小米	15.0	血糯米	14.4	挂面(标准粉)	14.4
通心粉	14.6	水面筋	5.9	米粉(干,细)	14.5
大黄米(黍)	14.6	烤麸	5.1	标准粉	14.4
江米	14.6	黄米	14.3	玉米面(白)	14.2
麸皮	9.2	机米	14.5	米面(黄)	14.2

6.1.3 谷物定量

谷物的容重是指单位体积中谷物的质量,常以 kg/m^3 或 g/cm^3 计。容重的大小取决于谷物的密度和粮堆的空隙度。千粒重是指 1000 粒谷物所具有的质量,以 g 为单位。因为谷物品种和成熟条件的差异,千粒重的差别较大。在相同水分的条件下,千粒重越大,表明谷物籽粒粒度大、饱满、充实。容重和千粒重是评价谷物品质的主要指标(见表 6.3)。

表 6.3 谷物容重及千粒重

谷物名称	容重/(kg/m^3)	千粒重/g	谷物名称	容重/(kg/m^3)	千粒重/g
小麦	680～820	17～47	稻谷	511～586.5	15～43
大麦	503～610	20～55	高粱	666～758	19～31
燕麦	600～770	15～45	荞麦	550～770	15～40
玉米	675－807	50～1100	粟米	600～758	1.8～2.8

6.2 不同谷物的营养与利用

6.2.1 稻米的营养与利用

稻米是中国人的主食之一,由稻子的籽实脱壳而成。稻米的主要成分是淀粉(占 85% 左右),主要供给人们能量。每克稻米人可吸收的能量为 15.5 kJ,高于小麦(13.6 kJ)和玉米(14.5 kJ)。稻米还含约 7% 的粗蛋白,虽比小麦和玉米(均为 10% 左右)低,但人体有效蛋白质含量三者相近(均为 5.5% 左右),赖氨酸含量高于小麦 65%,高于玉米 52%。此外,稻米还含少量的脂肪、粗纤维、灰分等。稻米中氨基酸的组成比较完全,蛋白质主要是米精蛋白,易于消化吸收,无论是家庭用餐还是去餐馆,米饭都是必不可少的。

稻米按照品种类型分为籼米、粳米和糯米三类;按加工精度不同可分为特等米和标准米;按产地或颜色不同可分为白米、红米、紫红米、血糯、紫黑米、黑米等;按收获季节可分为早、中、晚三季稻;按种植方法又可分为水稻和早稻。

大米可提供丰富 B 族维生素;大米具有补中益气、健脾养胃、益精强志、和五脏、通血脉、聪耳明目、止烦、止渴、止泻的功效;米粥具有补脾、和胃、清肺功效。

6.2.1.1　白米

白米是糙米经过精制后的一种米。白米是我国居民最主要的能量来源,长期以来,供给了人们其他食物无法取代的营养价值,但是随着白米的日益精制,厂商为了满足人们日益挑剔的口感,白米在加工过程中经过精磨、去掉大米外层部分等程序,白米的营养价值要远远低于其他糙米和其他精制米。不过就口感与香味而言,绝大多数人认为白米胜过其他精制米,如糙米、胚芽米等,所以人们大都愿意挑选白米食用。但事实上,稻谷中所富含的维生素 B₁、蛋白质、粗纤维、矿物质、铁及磷,都随着谷糠被碾磨而损失掉了,此外,稻谷原有的胚芽也被碾磨掉了,而胚芽中含有酵素及生长激素,对人体细胞有活化作用,但这些营养都会在加工过程中失去,令白米变成营养低而热量高的食物。

6.2.1.2　黑米

黑米又名乌米、黑粳米,古代是专供内廷的"贡米"。是稻米中的珍贵品种,由禾本科植物稻经长期培育形成的一类特色品种,可分为籼米型和粳米型两类,属于糯米类。其主要营养成分(糙米):粗蛋白质 8.5%～12.5%,粗脂肪 2.7%～3.8%,碳水化合物 75%～84%,粗灰分 1.7%～2%。黑米所含锰、锌、铜等无机盐大都比大米高 1～3 倍;更含有大米所缺乏的维生素 C、叶绿素、花青素、胡萝卜素及强心甙等特殊成分。黑米富含蛋白质、脂肪、碳水化合物、B 族维生素、维生素 E、钙、磷、钾、镁、铁、锌等营养元素,营养丰富;具有清除自由基、改善缺铁性贫血、抗应激反应以及免疫调节等多种生理功能;黑米中的黄酮类化合物能维持血管正常渗透压,减轻血管脆性,防止血管破裂和止血;有抗菌、降低血压、抑制癌细胞生长的功效,同时还具有改善心肌营养,降低心肌耗氧量等功效。

用黑米熬制的米粥清香油亮,软糯适口,营养丰富,具有很好的滋补作用,因此称成为"补血米"、"长寿米";在我国民间还有"逢黑必补"一说,黑米因独特的营养价值而被誉为"黑珍珠"和"世界米中之王"。黑米素有"药谷"之称,我国医学认为:黑米有补脾、养胃、强身、医肝疾、壮肾补精、生肌润肤、安神延寿等功效,可治头昏、目眩、贫血、白发、体虚、盗汗、腰膝酸软,肺结核、慢性肝炎、传染性肝炎等。明代医学家李时珍的《本草纲目》中记载:黑米古称"粳谷奴","有滋阴补阳、健脾暖肝、明目活血"的功效。

由于黑米具有较高的营养价值和保健功能,同时具有理想的营养品质和优良的经济性状,所以是加工营养保健食品的理想原料。目前,以黑米为原料加工的保健食品已有几十种,如发酵食品、饮料、糖果、糕点等。

6.2.1.3　紫米

紫米别名"紫糯米""接骨糯",俗称"紫珍珠",素有"米中极品"之称,民间又称其为"药谷"。紫米是水稻的一个品种,属于糯米类,仅四川、贵州、云南有少量栽培,是较珍贵的水稻品种,分紫粳、紫糯两种。墨江一带出产紫米历史久远。紫米有皮紫内白非糯性和表里皆紫糯性两种。紫米颗粒均匀,颜色紫黑,食味香甜,甜而不腻。紫米煮饭,味极香,而且又糯,民间作为补品,有紫糯米或"药谷"之称。紫米熬制的米粥清香油亮、软糯适口,因其含有丰富的营养,具有很好的滋补作用,因此被人们称为"补血米"、"长寿米"。

实际紫米并非黑米,紫米也并非黑糯米,两者不可混为一谈。这两者都是稻米中的珍品,它是近年国际流行的"健康食品"之一。与普通稻米相比,黑米和紫米不仅蛋白质的含量相当高,必需氨基酸齐全,还含有大量的天然黑米色素、多种微量元素和维生素,特别是富含铁、硒、锌、维生素 B_1、维生素 B_2 等。我国民间把黑米俗称"药米"、"月家米",作为产妇和体虚衰弱病人的滋补品,也用于改善孕产妇、儿童缺铁性贫血的状况。《本草纲目》和《神农本草经》中记载,黑米有滋阴补肾、健脾开胃、补中益气、活血化淤等功效。黑米和紫米中的膳食纤维含量十分丰富。膳食纤维能够降低血液中胆固醇的含量,有助预防冠状动脉硬化引起的心脏病。

紫米在全国仅陕西汉中、四川、贵州、云南有少量栽培,是较珍贵的水稻品种。它与普通大米的区别是,它的种皮有一薄层紫色物质。紫米煮饭,味极香,而且又糯,民间作为补品。中国云南墨江紫米生长在无任何污染的哈尼胶泥梯田上,具有补血益气、健肾润肝、收宫滋阴之功效,特别是孕产妇和康复病人保健食用,具有非常良好的效果。

因紫米产地限制,产量小,价值(格)高,在市场中销售的紫米多为黑米(10% 黑米加糯米)或黑米(类黑米)类添加3% ~5% 的纯天然紫米,并非纯正的墨江紫米。在选购中可根据以下方法进行鉴定:纯正的墨江紫米米粒细长,颗粒饱满均匀。外观色泽呈紫白色或紫白色夹小紫色块(不均匀)。用水洗涤水色呈黑色(实际紫色)。用手抓取易在手指中留有紫黑色。用指甲刮除米粒上的色块后米粒仍然呈紫白色。煮食纯正的紫米晶莹、透亮,糯性强(有黏性),蒸制后能使断米复续。入口香甜细腻,口感好。而黑米外观色泽光亮,黑色包裹整颗米粒。用指甲刮除色块后米粒色泽同大米。

6.2.1.4 血糯米

血糯米是带有紫红色种皮的大米,因为米质有糯性,所以称为血糯,天然的血糯米经过温水浸泡后,由于种皮的红色素被水溶液慢慢溶解,会逐渐出现紫红色水溶液,随时间延长,红色越来越浓。并在煮熟后,红色种皮会与胚(米粒)分离。假冒的血糯米是以劣质大米,通过紫红色的颜料染色而成。最明显的区别是浸泡在水里后,水质变红的速度明显快于血糯米真品,多洗几次就会露出白米的原形,而且烧煮后没有红色种皮出现

血糯米的功效:养肝、养颜、泽肤等,适用于营养不良、缺铁性贫血、面色苍白、皮肤干燥及身体瘦弱者食用。年轻女性不妨适当食用血糯米,以起到养颜护肤的作用。

6.2.2 小麦的营养与利用

6.2.2.1 小麦的营养

小麦是我国北方人的主食,自古就是滋养人体的重要食物。《本草拾遗》中提到:"小麦面,补虚,实人肤体,厚肠胃,强气力"。小麦粒由麦皮、糊粉层、胚乳和胚芽四部分组成,麦皮占 12% ~18%,糊粉层占 5% ~10%,胚乳占 75% ~82%,胚芽占 1.5% ~4%。糊粉层蛋白质含量高达 50% 以上,故有蛋白层之称,麦胚富含丰富的蛋白质和维生素 E,是天然的营养源;麸皮含有大量的蛋白质、维生素 E 和植酸。小麦不仅是供人营养的食物,也是供人治病的药物。

小麦籽粒含有丰富的淀粉、较多的蛋白质、少量的脂肪,还有多种矿物质元素和维生

素。小麦籽粒的蛋白质,主要由麦谷蛋白和醇溶蛋白组成,俗称面筋。它在面粉加水制成面团后,可形成有弹性的网状结构,经发酵膨胀后适于烤面包、蒸馒头。小麦食品工艺品质好坏,取决于蛋白质的含量与质量,这两者受品种和环境条件的影响都很大。籽粒蛋白质含量高的可达 20% 以上,一般为 10% ~ 15%,高于其他谷物。一般是硬粒小麦高于普通小麦,春小麦高于冬小麦。

6.2.2.2 小麦的利用

小麦的利用与其性状息息相关。硬质普通小麦含蛋白质、面筋较多,质量也较好,主要用于制面包、馒头、面条等主食品;软质普通小麦粉质多、面筋少,适于制饼干,糕点、烧饼等;粒制特硬、面筋含量高、质量较韧实的硬粒小麦,适于制作通心面,意大利式面条和挂面。少数地区也有种植普通小麦供放牧或收籽粒作饲料用的。小麦籽粒还可以作为制葡萄糖、白酒、酒精、啤酒、酱、酱油、醋的原料;麦粉经细菌发酵转化为谷酸钠后,可提制味精。面粉加水揉成面团后,可漂洗出湿面筋,经油炸后制成油面筋,作为美味副食品。

小麦经研磨,筛分等工序处理后,得到面粉、麸皮和胚芽,可分别进行利用。小麦面粉除可直接制作面包、馒头、面条、糕点之外,根据不同需要,还可把面粉中的淀粉和面筋质分离出来,分别加以利用。面筋质经清洗、干燥后,可制成面筋、活性面筋和变性蛋白、油面筋等。淀粉可用于生产变性淀粉、糊精、淀粉糖和其他发酵食品等。麸皮中含有纤维、蛋白质、脂肪、糖类等物质,通常可作为饲料。麸皮进行膨化处理后,可制成高纤维糊、食品,新鲜的麸皮含有 β-淀粉酶,可作为生产饴糖的糖化酶。由于麦胚中含有较高不饱和脂肪酸容易氧化变质,不利于面粉的储存。用含胚的面粉烘焙食品、烤制面包,其品质差。同时胚芽中含有蛋白质、维生素 E 等,可以直接用来制作胚芽食品,如胚芽饼干,还可进一步加工提取蛋白质、麦胚油和维生素 E 等营养素。在小麦加工过程中,将小麦胚芽单独提取出来,作为食品工业和医药工业原料,制作各种营养保健食品,可以提高其食用价值和经济价值,增加企业经济效益。因此,加快麦胚食品研制和开发,提高粮食利用率,是我们面临的重要任务。

6.2.3 玉米的营养与利用

6.2.3.1 玉米的营养价值

玉米被称为是抗癌防衰的粗粮佳品。

自清代以来,晶莹润泽的玉米就有"珍珠米"的美称。它是我国北方人民的主食之一。玉米饼、玉米粑、粥,颜色金黄,口感清香,粗粮细作的玉米糕点,更是别有风味。

现在,欧美许多国家正在兴起玉米食品的热潮,其原因是:单纯追求精制食品的道路,导致了肥胖症、心血管病、结肠癌等"富贵病"患病率大大上升。在尝到这个苦头之后,特别是美国,对于玉米食品更为重视,连美国前总统里根每天早餐都要食玉米片。人们越来越多地发现玉米对于人体健康所起到的重大作用,特别是在防癌、抗癌上更为突出,引起世界医学界的极大重视。

据测定,每 100 g 玉米中含蛋白质 8.5 g,脂肪 4.3 g,糖类 72.2 g,钙 22 mg,磷 210 mg,铁 1.6 mg,还有胡萝卜素、维生素 B_1、维生素 B_2 和烟酸等维生素。玉米胚中脂肪量约占52%,在粮食作物中,其含量仅次于大豆。玉米由三类基本物质组成,除脂肪外,麸质占40%,玉米特有的胶蛋白占30%。玉米富含维生素 E 和维生素 A,前者有利于抗细胞衰老,后者对视力十分有益。玉米中的维生素 B_1、维生素 B_2、烟酸和铁质等高出大米4倍。玉米所含的脂肪为米面的 4~5 倍,而且富含不饱和脂肪酸,其中50%为亚油酸,还含有谷固醇、卵磷脂等,能降低胆固醇、防止高血压、冠心病、心肌梗死的发生,并具有延缓脑功能退化的作用。

玉米的保健作用在国内外普遍收到赞赏,特别是其抗癌、抗衰老之功效颇为人们所称道。据报道,在秘鲁山区和格鲁吉亚这些世界著名的长寿地区,人们都把玉米作为日常的主要食品。在非洲一些国家和意大利、西班牙、巴西等国家,癌症发病率很低,他们的主粮就是玉米。研究者认为,玉米含有较多的亚油酸,多种维生素、纤维素和多种矿物质,特别是含有丰富的镁、硒等物质,具有综合性的抗癌防衰老作用。

中医认为,玉米具有补中益脾、止渴消肿之功效。但玉米多以须入药。玉米须,在我国民间百草中占有重要位置。中医认为,玉米性甘平,微温,具有利尿、止血、利胆、降压等作用,主治肾炎水肿、高血压、糖尿病、胆囊炎、急性肝炎等病症。

6.2.3.2 玉米的利用

在人们心目中,玉米属于不起眼的粗粮,其实,粗粮不粗,用玉米可以做出各中精美食品,例如营养高于大米的玉米片在许多国家流行;玉米配以牛奶、果汁制成的各种方便食品,营养丰富,热值低,风味美;膨化乳粉,则是以玉米粉为主要原料,加入奶粉、食糖、维生素、矿物质等精制而成。此外,玉米经过精加工,可制作罐头、面包、饼干、糕点、饮料等可口食品。

玉米可以榨油。利用玉米胚榨油,其出油率为1%左右。玉米油用来烹调,燃点较低可以保持蔬菜的色泽和香味。有关资料介绍,玉米油含烟酸 0.1%~1.7%,油酸 19%~49%,亚油酸 36%~62%,还含有亚麻酸等成分,易被人体所吸收。值得提出的是,玉米油是一种良好的药物,长期食用,可以降低胆固醇,软化动脉血管,是动脉硬化症、冠心病、高血压、脂肪肝、肥胖症患者和老年人理想的食用油。长期食用血脂均有明显下降。

6.2.4 高粱的营养与利用

6.2.4.1 高粱的营养

高粱,俗称蜀黍、芦稷、荻草、荻子、芦粟等,属于禾本科高粱属一年生草本,性喜温暖、抗旱、耐涝,古老的谷类作物之一。种子卵圆形,微扁,质黏或不黏。高粱的种类甚多,按高粱穗的外观色泽,可以分为白高粱、红高粱、黄高粱等,按品种和性质可分为黏高粱和粳高粱。按性状及用途可分为食用高粱、糖用高粱、帚用高粱等。我国栽培较广,以东北各地为最多。高粱的果实称为高粱米,一般含淀粉 60%~70%。每 100 g 高粱米中含蛋白质 8.4 g,脂肪 2.7 g,碳水化合物 75.6 g,粗纤维 0.3 g,灰分 0.4 g,钙 7 mg,磷 188 mg、铁 4.1 mg,硫胺素 0.14 mg,核黄素 0.07 mg,尼克酸 0.6 mg、维生素 B_1 0.26 mg、维生素 B_2 0.09 mg。每 100 g 高粱米的发热量为 1525.7 kJ。高粱中含的脂肪及铁较大米多,高粱皮膜中含有一些色素和鞣酸,加工过粗,则饭红色,味涩,不利蛋白质的吸收消化。

高粱有一定的药效,中医认为,高粱性味甘平微寒,和胃健脾,消积止泻,具有和胃、健脾、消积、温中、涩肠胃、止霍乱的功效,可以用来治疗湿热、下痢、小便不利等。高粱中含有单宁,有收敛固脱的作用,患有慢性腹泻的病人常食高粱米粥有明显疗效,但大便燥结者应少食或不食高粱。高粱不仅供直接食用,还可以制糖、制酒。高粱根也可入药,平喘、利尿、止血是其特长。它的茎秆可榨汁熬糖,农民叫它"甜秫秸"。

6.2.4.2 高粱的利用

高粱米制成的各式食品,均以软、韧、香、糯的特色而备受青睐。高粱具有凉血、解毒之功,可入药,用于防治多种疾病。以高粱米加葱、盐、羊肉汤,共煮粥食,能治疗阳虚盗汗,常吃高粱粥,可治积食等消化不良症。取高粱米入锅炒香,磨粉食用,可治疗小儿消化不良。用高粱米和红枣共煮成粥,具有宜脾健胃、助消化的作用。丹宁是一种水溶性色素,广泛存在于植物体内,粮食中高粱含丹宁最多,主要集中在皮层。丹宁有涩味,并妨碍消化吸收,容易引起便秘,降低食用品质,加工过程中如采用碱液处理工艺,可制得洁白的高粱米,丹宁含量可降至很低,蛋白质消化率可增加40%。丹宁的含量范围一般为种仁总量的0.03% ~0.46%。高粱的皮色越深,丹宁含量越多。由于丹宁具有涩味,妨碍人们的食欲和消化,所以制米的原料,以新鲜、皮色浅、丹宁含量少为宜;而作为制取淀粉的原料,则可选用皮色深,丹宁含量较多的陈高粱。

我国农村的广大地区,高粱的谷粒可供食用、酿酒(高粱酒)或制饴糖。糖用高粱的秆可制糖浆或生食;帚用高粱的穗可制笤帚或炊帚;嫩叶阴干青储,或晒干后可作饲料;颖果能入药,能燥湿祛痰,宁心安神。而随着高粱被利用的普及,人们以高粱为主要原料生产出了各种各样的食品,如以高粱为主体生产的高粱发酵食品:高粱威士忌酒、小曲高粱酒、永川糯高粱小曲酒;以及以高粱和小麦等其他谷类复合生产的糯高粱小麦混酿小曲白酒、清香型白酒、浓香型麸曲白酒等各式酒类。山西省临汾市从20世纪80年代就利用高粱生产的高粱熏醋,色泽棕红,鲜艳清亮,深受广大消费者的好评。受以高粱为原料生产醋的启发,也有厂家以苹果和高粱为主要原料生产出了苹果高粱保健醋饮料,以及用高粱和大米复配生产的米醋饮料也逐渐走进广大消费者的视野。以高粱粉为原料加工而成的蒸高粱面卷、高粱面鱼儿、油茶面、酒糕等民间美味也是各种极好的营养食品。

6.2.5 燕麦的营养与利用

6.2.5.1 燕麦的营养

燕麦也叫野麦或雀麦,为禾本科一年生草本植物燕麦的种子。燕麦的脂肪含量居所有谷物之首,相当于大米、白面的4~5倍,且其脂肪主要由单一不饱和脂肪酸、亚麻油酸和次亚麻油酸所构成,单是亚麻油酸就占了全部不饱和脂肪酸的35% ~52%。燕麦又含有人体所需的8种氨基酸与维生素 E,其含量亦高于大米与白面。燕麦还含有维生素 B_1、维生素 B_2 与叶酸,以及钙、磷、铁、锌、锰等多种矿物质与微量元素。燕麦是谷物中唯一含有皂苷素的作物,它可以调节人体的肠胃功能,降低胆固醇。因为燕麦中富含两种重要的膳食纤维:可溶性纤维和非可溶性纤维。可溶性纤维能大量吸纳体内胆固醇,并排出体外,从而降低血液中的胆固醇含量;非可溶性纤维有助于消化,能预防便秘的发生。燕麦不但营养成分丰富,而且营养价值极高,已被列为保健食品。

燕麦味甘性温,能补虚止汗。现代研究表明,燕麦所含亚麻油酸是人体最重要的必须脂肪酸,它能维持人体正常的新陈代谢活动,同时又是合成前列腺素的必要成分,对维护人体的性机能亦有重要作用。燕麦所含不饱和脂肪酸与脂肪酸及可溶性纤维和皂甙素等,可以降低血液中胆固醇与甘油三酯的含量,既能调脂减肥,又可起到帮助降低血糖的作用。燕麦所含维生素 B_1、维生素 B_2、维生素 E 及叶酸等,可以改善血液循环,帮助消除疲劳,又有利于胎儿的生长发育。燕麦所含丰富的纤维素有润肠通便的作用,可以帮助老年人预防肠燥便秘,并有预防脑血管病的功效。燕麦所含钙、磷、铁、锌、锰等矿物质和微量元素,则能预防骨质疏松症,促进伤口愈合,以及防止发生贫血病等。

6.2.5.2　燕麦的利用

由于口感不甚佳,燕麦过去多被当作喂马的饲料,近年来人们才认识到它是一种极好的保健食品,因而大量以燕麦为保健主体的食品,如营养麦片、燕麦营养保健挂面、燕麦保健酒等产品相继出产。但是专家建议,燕麦最好是煮粥食用,人人皆可食,凡高血压、血脂异常、脂肪肝、冠心病、糖尿病、肥胖症、自汗盗汗、动脉硬化症、贫血病、前列腺炎、前列腺肥大等患者,以及老年人、孕妇、产妇、幼儿等,均适宜经常吃燕麦粥。有些百岁老人就是每天早晨吃一餐燕麦粥。

现阶段人们食用最多的是经切粒和压片处理过的燕麦片,这种燕麦片在加工过程中很好地保存了燕麦原有的营养成分,为了满足人们对营养的多方面需求,在加工过程中加入了各种如钙、铁、锌等营养强化剂。也有用燕麦为主要原料制成的燕麦饮料、燕麦营养乳和燕麦发酵饮料等,在各种各样的面包和蛋糕中,也有燕麦的身影,如以燕麦粉和小麦粉复合制成的燕麦蛋糕、燕麦酥饼、燕麦饼干等美味的食物,使人们在生活中很好地利用了燕麦的营养价值。现在还有人利用燕麦芽代替大麦芽生产啤酒,从而赋予了啤酒更多的风味和更好的口感。

燕麦虽然营养丰富,但一次不可吃得太多,否则有可能造成胃痉挛或者腹部胀气,故必须适量进食,这一点也是不可以轻视的。

6.2.6　其他谷物的营养与利用

6.2.6.1　大麦

大麦系禾本科一年生草本植物,又名饭麦、赤膊麦。我国是世界上栽培大麦最早的国家之一,青藏高原是大麦的发祥地。《诗经·周颂》里有"贻我来牟"之句,来,是小麦;牟,是大麦。《吕氏春秋》也有"孟夏之昔,杀三叶而获大麦"的记载。直到今天,大麦仍然是青藏高原和西南地区的主要粮食作物,我国长江以北各省亦有出产。

中医很早就认识到大麦的药用价值,称其味甘、咸,性微寒,有益气补中,利水通淋等作用。实际上,中医常将大麦芽作为药用。现代研究表明,每100 g 大麦的营养成分为:粗蛋白8 g、脂肪1.5 g、可利用糖类75 g、粗纤维0.5 g、热量1 380.72 kJ、矿物质钙15 mg、磷200 mg、铁1.5 mg、钠4 mg、钾180 mg、灰分0.9 g、维生素 B_1 0.09 mg、维生素 B_2 0.03 mg、维生素 B_6 0.25 mg 等成分;每100 g 所含磷及尼克酸分别为200 mg 和4.8 mg,是谷类中含量之冠。因此,大麦常用于病后体虚、慢性胃炎、消化不良、肾炎水肿、泌尿系感染等病症的辅助治疗。

在巴基斯坦,大麦作为治疗心血管病的食药来使用。中东地区之所以心脏病发生率较低,便和他们常食大麦制品有关。现代营养学家认为,大麦是一种美味的低钠、低脂的健康食物,它既可以提供能量,又能帮助减肥。大麦中含有一种化合物,具有抑制肝脏产生"坏胆固醇"的能力,而坏胆固醇能够损害血管并导致心脏病和中风的发生。有报告称只要每天吃三次大麦制品(如大麦粥、大麦饼、大麦面包等),连续六周,血胆固醇可以下降15%。粗加工的大麦对健康更有益,日常生活中,大麦面粉可以全部或部分地代替小麦面粉来食用。

大麦还有改善消化和减轻便秘的功能。美国医学家发现,病人在食用大麦后,肠蠕动规则,胀气消失,腹痛减轻,若每天吃三块大麦粉做的松饼,便秘便可以减轻和消除。大麦中含有抗癌成分,该成分可抑制在肠中产生的致癌毒素的形成,进而有预防肿瘤的作用。据研究认为,抗突变活性可能存在于特殊的类脂结构中,而从大麦中已分离出酰基葡基固醇。用大麦75～100 g,加水煮粥,熟时加入适量白糖或红糖调匀,作早餐或点心食用,可用于辅治膀胱癌。

6.2.6.2　荞麦

荞麦为蓼科植物荞麦的种子,是一种极具营养价值的谷类食物。它含有蛋白质、脂肪、淀粉、氨基酸、维生素 B_1、维生素 B_2、维生素 P、芦丁、总黄酮、钙、磷、铁、镁、铬等,营养成分十分丰富。其中蛋白质含量为10%～13%,且赖氨酸和精氨酸含量较高。据研究,营养功效指数小麦为59,大米为70,而荞麦粉为80,高于其他作物;荞麦脂肪2%～3%,其中对人体有益的油酸、亚油酸含量很高,这两种脂肪酸在人体内起着降低血脂的作用。

现代研究表明,荞麦对心脑血管有保护作用。荞麦中含有丰富的维生素 P,也叫柠檬素,此种物质可以增强血管壁的弹性、韧度和致密性,故具有保护血管的作用。荞麦中又含有大量的黄酮类化合物,尤其富含芦丁,这些物质能促进细胞增生,并可防止血细胞的凝集,还有调节血脂、扩张冠状动脉并增加其血流量等作用。故常吃荞麦对防治高血压、冠心病、动脉硬化及血脂异常症等很有好处。

荞麦所含镁和铬有利于防治糖尿病,特别是其中的铬,更是一种理想的降糖能源物质,它能增强胰岛素的活性,加速糖代谢,促进脂肪和蛋白质的合成。通过临床观察发现,一些糖尿病患者使用荞麦后,血糖和尿糖均有不同程度的下降,究其原因,很可能与荞麦所含铬元素密切相关。荞麦所含热量虽高,却不会引起肥胖,恰恰相反,还会起到调脂减肥的作用。

在此也要指出,荞麦中所含蛋白质及其他过敏物质,凡体质易过敏者当慎重或不食荞麦。除此之外,荞麦人人皆可食,尤其适宜于高血压、血脂异常、冠心病、糖尿病、肥胖症、动脉硬化症、食欲缺乏、胃肠积滞、慢性泄泻以及自汗盗汗等患者食用。

6.2.6.3　薏米

薏米是补身药用佳品。据医药部门化验分析,薏米含蛋白质15.93%,脂肪6.083%,总磷6.628%,钙178.64 mg/kg,铁76.14 mg/kg,锌23.52 mg/kg,锰2.22 mg/kg,镁19.49 mg/kg,铜2.94 mg/kg,并含有17种氨基酸,其中8种为人体必需氨基酸。从薏米营养成分含量测定结果可以看出,薏米的蛋白质含量比大米、玉米高,脂肪含量也比玉米高。同时,有关专家分析发现,薏米内重金属及有毒物质残留量极低,是典型的"绿色食品"。而薏米中所含有的各种微量元素都是人体必需的,基本上符合世界卫生组织公布的人体必需微量元素。近年来的研究还发现薏米含有许多活性成分,如薏米仁酯、薏米素、阿魏酰豆甾醇、薏米多糖等中性葡聚糖。

薏米的药理作用在我国古代医药书中有许多记载,《神农本草经》、《医药别录》等列薏米为上品,性味甘淡微寒,有利水消肿、健脾去湿、舒筋除痹、清热排脓等功效,为常用的利水渗湿药。薏米常用于小便不利、水肿、脚气及脾虚泄泻等疾病的治疗,尤以脾虚湿胜者特别适用。凡出现水肿腹胀,食少泄泻,脚气水肿等脾虚湿胜症状,可用薏米与茯苓、白术、黄芪等药配伍。因薏米性偏凉,能清利湿热,亦可用于湿热等症,如《杨氏经验方》单用薏米煎服,治疗砂石热淋。薏米还可用于湿痹拘挛等风湿患者。薏米能渗湿,又能舒筋脉,缓解痉挛。若风湿身痛发热者,经常将薏米与麻黄、杏仁、甘草同用,如服用麻杏苡甘汤,可得到有效缓解。若风湿久痹,筋脉挛急,水肿,用薏米煮粥服,像《食医心镜》就推荐服用薏米粥。若湿郁热蒸,蕴于经络,可用薏米与滑石、连翘一起做成宣痹汤。此外,薏米对于肺痈、肠痈有奇效,可清肺肠之热,排脓消痈。若患者出现肺痈胸痛,咳吐脓痰时,可把薏米与苇茎、冬瓜仁、桃仁等同用,做成《千金方》中的"苇茎汤"。常吃薏米可祛湿、健脾。如果是脾虚者食用,可先把薏米炒一下,这样没有那么寒凉,健脾效果更好。直接用薏米煲汤煮水,则其祛湿清热功效可发挥得淋漓尽致。

6.2.6.4 小米

小米的营养价值较高,是一种具有独特保健作用、营养丰富的优质粮源和滋补佳品,《本草纲目》上记载,小米"治反胃热痢,煮粥食,益丹田,补虚损,开肠胃",一直受到人们的重视和喜爱。据测定,小米蛋白质含量达 11.2% ~13.4%,脂肪含量 4.5%,比普通稻米高 1% ~3%。所含蛋白质、脂肪均高于大米、面粉。人体必需的 8 种氨基酸含量丰富而比例协调,如赖氨酸 0.22% ~5.24%,蛋氨酸 0.4%,色氨酸 0.25%,亮氨酸 1.87%,苏氨酸、异亮氨酸及缬氨酸等含量在 0.42% ~2.88% 之间。维生素的含量亦较丰富,每 100 g 小米中含有维生素 B_1 0.12 mg,尼克酸 1.6 mg,胡萝卜素 0.19 mg,维生素 E 5.59 ~22.36 mg,钙 29 mg,磷 240 mg,铁 4.7 mg 以及镁、硒等,这些元素对人体均具有重要作用。由于小米不需精制,它保存了许多的维生素和无机盐,小米中的维生素 B_1 可达大米的几倍。小米中的无机盐含量也高于大米。小米的另一个特点,它的各营养成分均易于被人体吸收,消化率达 90% 以上。小米富含蛋氨酸,具有抗脂肪肝的作用,富含色氨酸,促进人体胰岛素分泌,提高进入脑内的色氨酸数量,所以小米是一种无任何副作用的高效安眠食品。

小米不含麸质,不会刺激肠道壁,是属于比较温和的纤维质,容易被消化,因此适合搭配排毒餐食用。小米粥是健康食品,可单独熬粥,亦可添加大枣、红豆、红薯、莲子、百合等,熬成风味各异的营养品,这些粥都很适合排毒,有清热利尿的功效,营养丰富,也有助于美白。小米磨成粉,可制成糕点,美味可口。将小米、紫米、玉米馇、红豆、绿豆、花生、红薯一起煮成黏稠状,这种粥营养较全面,富含丰富的碳水化合物、蛋白质、脂肪、微量元素和维生素,尤适宜食欲欠佳、肠胃不好以及贫血的人食用。

6.3 谷物营养的强化

人体所需的各种营养均由食物供给,食品是保证营养的物质基础。任何一种天然食物不可能包括所有的营养素,进入人体的营养素还涉及消化、吸收、利用等种种因素,在代谢的过程中各个营养素又必须比例适宜才能协同作用,相互制约,发挥最大的效能。因此,不可避免地产生了营养缺乏和过剩。无论营养缺乏和过剩都可引起疾病,营养缺乏是由于身体营养不足以增生新组织、补偿旧组织和维持正常机能的结果,主要有蛋白质-能量营养不良、维生素缺乏、营养性贫血等。蛋白质-能量营养不良是目前我国较严重的营养问题,主要是儿童,而食物中某种维生素长期不足或缺乏可引起代谢紊乱及出现病理状态,形成维生素缺乏症。其原因除食物中维生素含量不足外,更多是由于维生素在体内吸收有障碍,破坏分解增强和生理需求量增加引起的。其他还有缺碘引起的甲状腺肿,缺硒引起的克山病,缺铁引起的缺铁性贫血等。

6.3.1 谷物营养强化的机制

谷物是我国老百姓的主食。中国人的营养绝大部分来自于大米。但是随着人们生活条件的提高和谷物加工的日益精细化,以及环境污染等因素,使得谷物的营养成分大量流失,造成人们的营养不均衡,缺乏维生素、钾、铁、钙等营养素。这些营养素缺乏就会造成人体机能障碍、影响少年儿童的发育,慢性疾病以及年轻人亚健康的问题。因此,在谷物中添加一些营养素,可以让人们的营养更全面。长期食用"营养强化谷物"可有效提高各种稀缺营养素的摄入量,对儿童健康发育和全民族身体素质的提高都有好处。所谓的谷物营养强化,就是在谷物加工过程中人为加入一些人体所必需的,但是谷物本身又容易缺乏的营养素,以保证人体的营养需要。

6.3.1.1 补充谷物自身营养素的缺乏以及在加工和使用过程中营养素的损失

天然食品中没有一种是营养齐全的,即没有一种天然食品能满足人体的各种营养素需求。谷物也不例外。以米、面为主食的地区,除了可能有多种维生素缺乏外,人们对其蛋白质的质和量均感不足。此外,内陆地区及山区的食物易缺碘,还有的地区缺硒。因此,有针对性地对谷物进行强化,补充谷物缺少的营养素,可大大提高谷物的营养价值,改善人们的营养和健康水平。

以小麦粉为载体制成营养强化面粉,作为改善公众营养的措施之一,是解决维生素A、维生素 B_1、维生素 B_2 以及铁、钙、锌、叶酸、烟酸等微量矿物质和维生素缺乏症的有效途径。食用营养强化小麦粉消除微营养素缺乏症是许多国家的成功经验,它的效果已被许多国家的实践所证明。

众所周知,稻谷籽粒中的营养成分分布很不均衡。维生素、脂肪等大都分布在皮层和胚中。在碾米过程中,随着皮层与胚的碾脱,其所含有营养成分也随之流失。因此,大米加工精度越高,营养成分损失越多,所以高精度米虽然食味好、利于消化,但其营养价值比一般低精度米要差,此外,大米在淘洗、蒸煮过程中也将损失一定的营养成分,见表6.4。

表6.4 大米淘洗过程中营养素的损失

损失营养素名称	标一籼米			标一粳米		
	淘洗前含量/（mg/100 g）	淘洗后含量/（mg/100 g）	损失量/%	淘洗前含量/（mg/100 g）	淘洗后含量/（mg/100 g）	损失量/%
维生素 B_1	0.10	0.06	38.35	0.16	0.12	25.91
钙	13.88	7.61	45.17	10.54	2.30	78.18
磷	110.13	85.46	22.40	102.7	83.19	19.00
铁	13.88	8.63	37.82	10.54	8.76	16.89

6.3.1.2 适应不同地区、不同人群生理及职业的需要

对一个地区或者特定人群实施主食营养强化前,应对这些地区或人群的食物种类及膳食营养状况做全面细致的调查研究,因为,对于不同地区、年龄、性别、工作性质以及处于不同生理、病理情况的人来说,他们所需营养是不同的,对谷类进行不同的营养强化可以分别满足其需要。例如,在我国南方多以大米为主食,且人们喜食精米,只是有的地区膳食中缺少维生素 B_1 而产生脚气病。因此,可考虑对该地区的精米进行适当的维生素 B_1 强化。

6.3.1.3 预防营养不良

对全世界来说,维生素 A、铁和碘缺乏是三个主要的营养问题,特别是在发展中国家营养素缺乏发生率较高。从预防医学的角度看,谷物营养强化对预防和减少营养素缺乏病,特别是某些地方性营养缺乏病具有重要的意义。例如,可以对缺碘地区的人群采取大米加碘以降低当地甲状腺肿大的发病率。

近年来对谷类制品强化赖氨酸的营养效果颇引人注意。据报道,小麦粉用 0.25% L-赖氨酸盐强化后营养价值提高 128%,大米用 0.05% L-赖氨酸盐强化后营养价值提高 44%。日本必需氨基酸协会从 1984 年开始在日本国内许多地区的小学午餐中供给小学生 L-赖氨酸强化面包,一年后检查他们的身高、体重。结果表明,L-赖氨酸强化组的孩子平均身高增加 5.7 cm,平均体重增加 4.4 kg,比同龄孩子平均身高显著增加。

6.3.1.4 营养强化剂的选择机制

(1)易被吸收和利用 谷物制品营养强化剂应尽量选取那些易于被吸收、利用的营养添加剂。例如可作为钙强化用的强化剂很多,有氧化钙、硫酸钙、磷酸钙、磷酸二氢钙、葡萄糖酸钙和乳酸钙等,其中人体对乳酸钙的吸收量最好。此外,钙强化剂的颗粒大小与集体的吸收、利用性能密切相关。胶体碳酸钙颗粒小(粒径 0.03 ~ 0.5 μm),可与水组成均匀的乳浊液,其吸收利用比轻质钙(粒径 30 ~ 50 μm)好。

在钙强化时也可使用某些含钙的天然物质,如骨粉及蛋壳粉。它们分别由脱胶骨和鸡蛋壳制成,生物有效性很高。通常骨粉含钙 30% 左右,其钙的生物有效性为 83%;蛋壳粉含钙约 38%,其生物有效性为 82%。

（2）稳定性要求 许多食品营养强化剂遇光、热和氧等会引起分解、转化而遭到破坏，因此，在食品的加工及储存等过程中会发生部分损失。为减少这类损失，可通过改善强化工艺条件和储藏方法提高强化剂的稳定性来实现。同时，考虑到营养强化食品在加工、储藏过程中的损失，进行营养强化食品生产时需适当提高营养强化剂的使用剂量。

（3）对食品感官的增益性 食品大多数有其美好的色、香、味等感官性状，而食品营养强化剂也多具有本身特有的色、香、味。在强化食品时应尽量保持食品的原有感官性状。例如，用蛋氨酸强化食品时容易产生异味，应避免使用；当用大豆粉强化食品时易产生豆腥味，故多采用大豆浓缩蛋白或分离蛋白。此外，铁强化剂易使食品呈黑色，维生素 B_2 和 β-胡萝卜素呈黄色，维生素呈酸味。使用上述强化剂进行强化时应该避免对食品感官品质带来不良的影响。

（4）普遍性和经济性 谷物制品营养强化的目的主要是改善广大公众的营养，提高国民健康水平。因此，谷物制品营养强化时应注意成本，控制价格不能过高，否则不易推广。强化工艺和加工设备必须切实可行，容易获得，以保证将待强化的营养素顺利添加到谷物制品中。

6.3.2 谷物的工业性强化

大米是中国人民的主食，中国人的营养来源有一半来自于大米。由于中国人在消费大米时的偏好，使得企业不得不适应消费者的消费习惯。追求大米的白度，使得白米加工越来越精，这就使得大米的营养成分严重流失。人类的两种主食，一种是小麦，一种是水稻。这两种主食都有一个统一的特性，就是微量营养素都在果实的外层，当加工深度越高，营养损失就越大。为了克服这一缺陷，西方国家早在70年前就开始进行面粉营养强化，以美国为先，在全国进行面粉营养强化。根据世界卫生组织的调查，自美国开始进行面粉营养强化以来，美国人民的身体素质有了很大的提高，他们的身高、爆发力、耐力、平均智商等指标都好于其他国家。就是今天，美国的经济已经十分发达，老百姓的营养摄取已经是十分丰富和多样化，但是美国还坚持主食营养强化不放弃。

目前世界上已有70多个国家推行主食营养强化，由此可见中国的主食谷物营养强化势在必行。由于以谷物为主食的人群中，最可能缺乏的营养素除了多种维生素外，蛋白质的质和量的缺乏也是导致人们营养失调的主要原因之一。因此，在谷物的工业化营养强化过程中，主要强化的营养素有：氨基酸类营养强化、维生素类营养强化、矿物质及微量元素营养强化和多不饱和脂肪酸营养强化四类，在强化时既可单一营养素强化，也可复合营养素强化。

6.3.2.1 氨基酸营养强化

蛋白质的营养决定于它所含必需氨基酸的组成和比例。大米中赖氨酸和苏氨酸所占比例远低于人体需要。研究表明，在人类中添加氨基酸可以大幅度提高蛋白质效价，能使其营养价值几乎达到动物蛋白水平。在人类食物中添加 1 g L-赖氨酸盐，可增加 10 g可利用的蛋白质。

由于赖氨酸是大米的第一限制性氨基酸，其世界年总产量约为5万吨，在我国仅有 1 000 t左右，性能又不太稳定，因此在大米中还可以直接强化蛋白质和复合氨基酸。有关复合氨基酸方面，日本首先开发了能促进钙吸收的酪蛋白磷酸肽，它是易被人体吸收的寡肽,是一种能抑制血管紧张素转换酶活性而使血压降低的特殊短肽,还能消除机体自由基,国内也开发出了上述部分产品。

另外,日本已成功地合成了含有硒的蛋氨酸和半胱氨酸,添加含硒氨酸制作的各种强化食品在美国等一些国家深受欢迎。我国在此方面也取得了可喜的进展,已有 D,L-丙氨酸、L-天冬氨酸、L-缬氨酸、L-异亮氨酸等投入生产,以上产品都可以在大米中复合使用。

赖氨酸和牛磺酸也可用于营养强化,赖氨酸属于 8 种人体必需氨基酸之一,也是需要量最多的氨基酸。市场上有赖氨酸盐和赖氨酸天门冬氨酸盐,赖氨酸盐为无色、无味的结晶性粉末,易溶于水,对食品的色、香、味没有影响;赖氨酸天门冬氨酸盐为白色粉末,易溶于水,但有异味,使用时应注意对食品口味的影响。牛磺酸为白色结晶性粉末,无异味,可溶于水,对食品色泽及口味均没有影响,在强化过程中,要适当考虑加工过程的损失量。赖氨酸主要用于谷物制品中氨基酸的强化,应该注意的是,在使用过程中应该考虑食品中原有的含量,正确计算添加量。牛磺酸是一种氨基磺酸,不属于必需氨基酸。有研究表明,牛磺酸对婴幼儿的大脑和视神经发育起了非常重要的作用,对机体还具有排毒和抗氧化的作用。国标中对牛磺酸的使用范围比较宽松,可以添加在婴幼儿食品、乳制品、谷物制品、饮料以及乳饮料中。在供中小学生食用的营养强化食品中,适度强化牛磺酸,对促进学生的大脑发育和保护视觉神经有好处。

6.3.2.2 维生素营养强化

维生素是一类小分子有机物质,与蛋白质等大分子不同的是无需分解即可被吸收,并运送至全身各组织发挥它们的特定功能。如一旦摄入不足,就会导致相关新陈代谢过程的紊乱,出现特有的症状,严重时会危及生命。已知的维生素共有 13 类,一般按其溶解性能分为水溶性和脂溶性两大类。维生素 A、硫胺素(维生素 B_1)及核黄素(维生素 B_2)是我国居民最容易缺乏的三种维生素。

食品营养强化剂使用标准(GB 14880—2007)规定了维生素 A、维生素 D、维生素 E、维生素 B_1、维生素 B_2、维生素 B_6、维生素 B_{12}、维生素 C、维生素 K、烟酸、胆碱、肌醇、叶酸、泛酸和生物素等 15 中维生素的使用量和使用范围。其中维生素 A、维生素 D、维生素 E、维生素 K 属于脂溶性维生素,其他属于水溶性维生素。

维生素 A 是构成视觉细胞的感光物质,维持上皮细胞和生殖系统正常功能,促进生长和骨发育,提高免疫力,具有防癌作用,参与铁和锌代谢。缺乏维生素 A,会使上皮细胞的功能减退,导致皮肤弹性下降,干燥,粗糙,失去光泽。有几种胡萝卜素,如 α-胡萝卜素、β-胡萝卜素、γ-胡萝卜素的分子结构有一部分与维生素 A 相同,因此,这几种胡萝卜素到了人体的小肠部位,肠黏膜细胞分泌的胡萝卜素加氧酶可使它们氧化裂解,部分转化为维生素 A,因此胡萝卜素被称为维生素 A 前体或维生素 A 源。虽然人体对胡萝卜素的吸收转化率较低,但胡萝卜素来源广泛,价格低廉,故发展中国家的主要维生素 A 的来源仍是来自于胡萝卜素的转化。胡萝卜素属脂溶性物质,需要有油脂同时存在下,方能被吸收利用。因此工业上主要的强化对象以人造奶油、色拉油、芝麻油等含脂食品作为维生素 A 的强化源。但是,需要注意的是,过量摄入维生素 A 会导致维生素 A 中毒,因此,在工业上进行强化时,应注意量的控制。

硫胺素(维生素 B_1)是所有维生素中最不稳定的一种,其稳定性与介质的 pH 值、温度、电解度、缓冲剂类型等有关,亚硫酸盐、亚硝酸盐对硫胺素有很强的破坏作用。人类在谷物磨粉和加热烹饪过程中,肉类、果蔬类在加工过程中,均有很大损失。维生素 B_1 缺乏时,可引起多种神经炎症,如脚气病。维生素 B_1 缺乏所引起的多发性神经炎,患者的周围神经末梢有发炎和退化现象,并伴有四肢麻木、肌肉萎缩、心力衰竭、下肢水肿等症状。18~19 世纪脚气病在中国、日本,尤其在东南亚一带广为流行,当时每年约有几十万人死于脚气病。中国古代医书中早有治疗脚气病的记载,中国名医孙思邈已知用谷皮治疗脚气病。在现代医学上,维生素 B_1 制剂治疗脚气病和多种神经炎症有显著疗效。

核黄素(维生素 B_2)是人体内黄酶的辅基,黄酶是维持物质代谢的重要生物催化剂。动物实验结果表明,维生素 B_2 还具有使动物适应寒冷环境的作用,从而推断维生素 B_2 能提高人体耐寒能力。当人体缺乏维生素 B_2 时,黄酶的合成发生障碍,人体内物质代谢紊乱,最常见的体征就是长"口疮",即口腔溃疡,还会出现唇炎(嘴唇肿胀,发红、裂口等)、口角炎(口角发生特征性干裂)、舌炎(舌肿胀、裂口疼痛)、眼睛充血、畏光、视物模糊、白内障、脂溢性皮炎、阴囊炎、伤口不易愈合等症状。近年来,随着生物化学研究的发展,发现维生素 B_2 对于人体生长和生命健康十分重要,缺乏维生素 B_2 不仅影响蛋白质、脂肪、糖类的代谢和能量的释放,还与某些肿瘤的发生、再生障碍性贫血的发展以及未老先衰有一定关系。

维生素 E 又名生育酚或产妊酚,在食油、水果、蔬菜及粮食中均存在,于 1988 年人工合成成功,现有片剂、注射剂、栓剂等剂型。近年来,维生素 E 又被广泛用于抗衰老方面,认为它可消除脂褐素在细胞中的沉积,改善细胞的正常功能,减慢组织细胞的衰老过程。维生素 E 多储存于肝脏、多脂肪组织、心脏、肌肉、睾丸、子宫、血液、副肾、脑下垂体等之中。

维生素 C 又称为抗坏血酸,为人体必需的重要营养物质。近年来,随着对维生素 C 认识和研究的不断深化,其功效不仅仅局限于防治"坏血病",而是涉及许多方面,如健脑、人体免疫、抗癌等。维生素 C 为水溶性维生素中最易被破坏的维生素。过度烹煮和加热均可使维生素 C 损失增加。所使用的强化剂有水溶性的维生素 C 及其钾、钠盐,也可在含脂食品中强化脂溶性的维生素 C 棕榈酸酯、硬脂酰酯等。

由于谷物自身各种维生素的不足以及在加工过程中大量维生素的损失,因此工业上对谷物维生素的强化十分必要,但是由于各种维生素的物理化学性质的不同,以及某些维生素自身的不稳定性,导致在工业上同时强化这些维生素还存在一定的困难,但对某些维生素进行单独强化在工业上已经有了广泛的应用,如在印度尼西亚,肯尼亚和乌干达等国家,在面粉中都添加 B 族维生素,越来越多的国家也开始在谷物中强化维生素。

6.3.2.3 矿物质与微量元素的强化

矿物质在营养学上是指生物体所必需的无机盐中的某些元素,也是人体中除碳、氢、氧、氮之外所存在的各种元素的统称,共 50 余种。含量较多(0.01% 以上)的有钙、磷、钾、硫、钠、氯、镁 7 种,称"大量元素"或"常量元素";含量低于 0.01% 的称微量元素,其中世界卫生组织明确的必需微量元素有 14 种,铁、锌、铜、锰、铬、铝、钴、硒、镍、钡、氟、碘、锡、硅。微量元素与其他有机营养素不同,它们不能在人体内合成,只能从食物中获取,也不能在代谢过程中消失,除非排出体外。缺乏微量元素,会使机体内很多酶失去活性或作用减弱,引起蛋白质、激素、维生素的合成和代谢障碍,对人体的生长发育、新陈代谢、组织呼吸、氧化还原过程,以及造血、成骨、精神及神经功能和智力发育等一系列生命现象产生严重影响。

从我国近年来所做许多营养调查来看,各类人群缺乏钙、铁、碘、锌等无机盐的情况相当严重。无机盐的缺乏与其吸收利用受到各种因素的影响,如人体对磷的吸收率达到80%,而对钙的吸收率在40%以下,铁的吸收率更低,平均只有2% ~ 10%。因此,虽然膳食中无机盐的供给量不低,但人体真正能利用的都较少,不能满足机体的需要。

食品营养强化剂使用标准(GB 14880—2007)中制定了 Ca、Fe、Zn、Mg、Cu、Mn、I、和 Se 等允许使用的矿物质的使用范围和在食品中的强化量。在进行营养强化时,需要根据食品的特点选择不同的矿物盐,其原则是吸收利用率高,对食品、色、香、味、形没有影响,价格尽可能低廉。

铁是人体中重要的金属元素之一,是组成红细胞中血红蛋白的重要成分。铁也是体内一些酶的组成成分。如果食物中缺乏元素铁,胃肠道吸收有障碍,或丢失铁过多,就可造成铁缺乏症。铁缺乏症可分为缺铁、缺铁性红细胞生成和缺铁性贫血三个过程,这是缺铁程度上的差别。由于临床上只重视缺铁性贫血,而对缺铁状态重视不够,致使不少人健康受影响。就食品强化剂而言,二价铁比三价铁盐更易吸收,磷酸盐或含有大量植酸的食品能减少铁的吸收。缺铁患者对铁的吸收较多,妇女对铁的吸收比男子多,儿童则能随着年龄的增加而降低对铁的吸收。各国允许的铁强化剂较多,中国准用的有 13 种。一般亚铁盐强化剂比正铁盐的相对生物效价高。还原铁粉(还原铁、羰基铁、电解铁)由于稳定性好而在日本普遍得到应用。此外,富马酸亚铁、亚油磷酸基制成的食用富铁酵母,也是国内已广泛使用并取得较好效果的铁强化源。

锌在人体内的含量以及每天所需摄入量都很少,但对机体的性发育、性功能、生殖细胞的生成却能起到举足轻重的作用,故有"生命的火花"与"婚姻和谐素"之称。锌是体内数十种酶的主要成分。锌还与大脑发育和智力有关。美国一个大学发现,聪明、学习好的青少年,体内含锌量均比愚钝者高。锌还有促进淋巴细胞增殖和增强活动能力的作用,对维持上皮和黏膜组织正常、防御细菌、病毒侵入、促进伤口的愈合也有重要作用。锌缺乏时全身各系统都会受到不良影响。尤其对青春期性腺成熟的影响更为直接。我国经全国食品添加剂标准化技术委员会审定,卫生部公布列入使用卫生标准的锌强化剂有:氯化锌、硫酸锌、氧化锌、葡萄糖酶锌、乳酸锌、乙酸锌(乙酸锌)、柠檬酸锌和甘氨酸锌,其中无机锌3种,有机锌5种。锌强化剂在配伍过程中,要注意营养素之间在生物利用率方面可能有的协同作用,也可能有的抵抗作用。如将锌和其他微量营养素共同进补,将比单独补充锌或维生素对生长具有更大的促进作用。锌的吸收也收到其他营养素的影响,如锌的吸收利用就受铁的影响。

钙是人体骨骼和牙齿的主要成分,是构成机体组织的主要成分,并使骨骼有一定的硬度,起着支撑身体的作用。血液中的钙,具有维持脑及心脏功能正常,负担所有正常细胞生理状况的调节及分泌激素、凝固血液等作用,细胞没有钙便不能生存。钙在人体中的作用有维持细胞的生存和功能。长期缺钙将导致钙从骨骼迁移至血液和软组织,使骨骼减少而血钙和软组织钙增加的反常现象,从而导致骨质疏松和骨质增生,血钙因常年处于高水平而导致动脉硬化、高血压、各种结石症和老年痴呆。我国人民以素食为主,而植物性食物中的植酸、草酸有整合作用而使钙不易被吸收,这是中国人缺钙的一个间接

因素。在各种钙的强化剂中,有机态的钙(如葡萄糖酸钙、乳酸钙)的利用率较碳酸钙、氯化钙等无机态钙高。近年来,中国研制的由牡蛎壳制成的活性(离子)钙。钙含量高达50%以上,在胃酸中可全部溶解,并以钙的形式被吸收。

6.3.3　膳食中谷物营养强化

国外很多国家对谷物的营养强化技术研究较早,并提出了多种强化工艺,生产出了多种营养强化米和营养强化面粉,并且制定了大米和面粉的营养强化标准。但在我国,对于食品强化问题历史上曾有过争议。反对者认为,人类一直食用"天然食物"而未出现大问题,加入食品中的营养素在加工和储藏过程中的损失是一种浪费。20世纪80年代以来,随着我国营养食品的发展,大米营养强化对提高全民族体质和健康水平起到了重要作用,已引起了国内不少单位的重视和关注,并开始着手这方面的研究。20世纪90年代,江、浙、沪等地曾少量生产销售过营养强化大米,但是至今没有形成规模。由于我国的营养强化谷物并未形成规模,因此绝大多数的消费者只能在平时的饮食中注意对谷物的营养强化。

6.3.3.1　膳食中氨基酸营养强化

由于谷物中的蛋白质含量较低,而且所含必需氨基酸的比例与人体相差较大,因此,其质和量都无法满足人体的需求。在我国居民的膳食中,蛋白质的主要来源是肉、蛋、奶和豆类食品,一般而言,来自于动物的蛋白质有较高的品质,含有充足的必需氨基酸。植物性蛋白质通常会有 1~2 种必需氨基酸含量不足,所以素食者需要摄取多样化的食物,从各种组合中获得足够的必需氨基酸。一块像扑克牌大小的煮熟的肉含有 30~35 g 的蛋白质,一大杯牛奶有 8~10 g,半杯的各式豆类含有 6~8 g。所以一天吃一块像扑克牌大小的肉,喝两大杯牛奶,一些豆子,加上少量蔬菜、水果和饭,就可得到 60~70 g 的蛋白质,足够一个体重 60 kg 的长跑选手所需。个别人的需求量比较大,可以多喝一杯牛奶,或是酌量多吃些肉类,就可获得充分的蛋白质。

各种食物合理搭配是一种既经济实惠,又能有效提高蛋白质营养价值的有效方法。每天食用的蛋白质最好有三分之一来自动物蛋白质,三分之二来源于植物蛋白质。我国人民有食用混合食品的习惯,把几种营养价值较低的蛋白质混合食用,其中的氨基酸相互补充,可以显著提高营养价值。例如,谷类蛋白质含赖氨酸较少,而含蛋氨酸较多。豆类蛋白质含赖氨酸较多,而含蛋氨酸较少。这两类蛋白质混合食用时,必需氨基酸相互补充,接近人体需要,营养价值大为提高。

另外,每餐食物都要有一定质和量的蛋白质。人体没有为蛋白质设立储存仓库,如果一次食用过量的蛋白质,势必造成浪费。相反如食物中蛋白质不足时,青少年发育不良,成年人会感到乏力,体重下降,抗病力减弱。而且食用蛋白质要以足够的热量供应为前提。如果热量供应不足,肌体将消耗食物中的蛋白质来做能源。每克蛋白质在体内氧化时提供的热量是 18 kJ,与葡萄糖相当。用蛋白质做能源是一种浪费,是大材小用。

6.3.3.2　膳食中维生素营养强化

虽然维生素的种类繁多,性质各异,但它们一般不能在体内合成,或合成量少,不能满足机体的需要,必须由食物不断供给,虽然其需求量极少,但是由于没有一种天然食物含有人体所必需的全部维生素,所以以谷物为主食的人们需要摄取多种多样的其他食物以满足对各种维生素的需求。

维生素 A:动物肝脏、蛋黄、奶油和鱼肝油中天然维生素 A 含量最高;在植物性食品中,深颜色(红、黄、绿色)的蔬菜如番茄、胡萝卜、辣椒、红薯、空心菜、苋菜及某些水果如香蕉、柿子、橘子、桃等中含有较多的胡萝卜素。

维生素 E 在自然界分布甚广,一般不易缺乏。植物油中维生素 E 含量较多,与亚油酸等多烯脂肪酸含量平行。某些因素可能影响食物中维生素 E 含量,如牛奶因季节不同则含量不同。此外,维生素 E 不太稳定,在储存及烹调过程中都会有损失。

维生素 B_1 的食物来源:粗粮、豆类、花生、瘦肉、内脏及干酵母等都是维生素 B_1 的良好来源。但须注意加工、烹调方法,避免破坏。某些鱼及软体动物体内含硫胺素酶,可分解破坏硫胺素,而硫胺素就是维生素 B_1。如加热就可使硫胺素酶破坏,故不生吃鱼类和软体动物,就可维持食物中的维生素 B_1 的含量。

维生素 B_2 的食物来源:维生素 B_2 又称核黄素,植物能合成核黄素,而动物则一般不能合成。肠道菌虽可合成少量维生素 B_2,但不能满足需要,故维生素 B_2 主要须依赖食物供给。维生素 B_2 在自然界中分布不广,只集中于肝、肾、乳、蛋黄、河蟹、鳝鱼、口蘑、紫菜等少数食品中。绿叶蔬菜中的维生素 B_2 含量略高于其他蔬菜。干豆类、花生等食物中维生素 B_2 含量尚可。烹调及谷类加工可损失较多维生素 B_2,应加以注意。

尼克酸:食物中尼克酸含量较高的有动物肝脏、瘦肉、粗粮、花生、豆类、酵母等。

叶酸:动物肝、肾及水果、蔬菜、麦麸等食物中含量丰富。肠道功能正常时,肠道菌群也能合成一部分。故一般不致缺乏。

维生素 B_{12}:植物性食品含量甚少,其食物来源主要是动物性食品,肉、乳及动物内脏中含量较多,豆类经发酵可含维生素 B_{12}。人体结肠中微生物可合成维生素 B_{12},但不能被吸收,只能随粪便排出。

维生素 C 的食物来源:新鲜植物中维生素 C 较多,如柿椒、苦瓜、菜花、芥蓝等蔬菜以及猕猴桃、酸枣、红果、沙田柚等水果。某些野菜、野果中维生素 C 含量高于常用蔬菜。维生素 C 在储存、加工及烹调处理过程中极易被破坏,而植物中的有机酸及其他抗氧化剂能够对维生素 C 起保护作用。

6.3.3.3 膳食中矿物质与微量元素的强化

食物中钙的来源十分广泛,各种奶制品中钙含量十分丰富,牛、羊奶及其奶粉、奶酪、酸奶、炼乳等奶制品中都含有大量的钙源,大量的动物骨骼 80% 以上都是钙,虽然大多数都不溶于水且难以吸收,但是通过特殊的烹调方式能使钙得到充分的吸收,鱼虾等水产品中的钙源也十分丰富。大豆是高蛋白食品,钙的含量也很高,500 g 豆浆含钙 120 mg,150 g 豆腐含钙就高达 500 mg,其他豆制品也是补钙的良品。蔬菜中也有许多高钙的品种,雪里蕻 100 g 含钙 230 mg;小白菜、油菜、茴香、芫荽、芹菜等每 100 g 钙含量也在 150 mg 左右。

食物中含铁丰富的有动物肝脏、肾脏,其次是瘦肉、蛋黄、鸡、鱼、虾和豆类。绿叶蔬菜中含铁较多的有苜蓿、菠菜、芹菜、油菜、苋菜、荠菜、黄花菜、番茄等。水果中以杏、桃、李、葡萄干、红枣、樱桃等含铁较多,干果有核桃,其他如海带、红糖、芝麻酱也含有铁。食物中铁的吸收率在 1% ~22%,动物性食物中的铁较植物性食物易于吸收和利用。动物血中铁的吸收率最高,在 10% ~76% 之间;肝脏、瘦肉中铁的吸收率为 7%;由于蛋黄中存在磷蛋白和卵黄高磷蛋白,与铁结合生成可溶性差的物质,所以蛋黄铁的吸收率还不足 3%;菠菜和扁豆虽富含铁质,但是由于它们含有植酸(小麦粉和麦麸中也有),会阻碍铁的吸收,铁的吸收率很低。现已证明维生素 C、肉类、果糖、氨基酸、脂肪可增加铁的吸收,而茶、咖啡、牛乳、植物酸、麦麸等可抑制铁的吸收,所以膳食应注意食物合理搭配,以增加铁的吸收,可吃些富含维生素 C 的水果及蔬菜(如苹果、番茄、椰花菜、马铃薯、包心菜等)。

　　锌普遍存在于食物中,只要不偏食,饮食里的锌供应量一般是够的,糙米含锌量较高,但是因为锌主要存在于胚部和谷皮之中,人们平时食用加工过细的糙米造成了大量锌的丢失。动物性食物中锌不仅含量高,而且吸收率也比植物性食物高,如肉类中锌的吸收率高达 30% ~40%,而植物性食物吸收率一般只有 10% ~20%。锌的主要来源是富含锌的食物,如牡蛎、动物肝脏、鱼、蛋、奶、肉、鲱鱼、虾皮、紫菜、鱼粉、芝麻、猪肝墨鱼干、螺、蘑菇等。植物性食物中的各种豆类、坚果类含锌也较多,蔬菜类以大白菜、白萝卜、紫萝卜、茄子青菜、豆荚、黄豆等黄绿色蔬菜里含锌较多。麸皮、地衣、炒葵花子、炒南瓜子、山核桃、松子、酸奶、花生油、水果、花生等也富含锌源。

　　随着社会工业化的发展及人们生活方式的改变,也影响到人体内微量元素的平衡并导致许多疾病,如婴儿母乳喂养不足引起某些微量元素缺乏使婴儿生长发育异常并易患疾病;食物加工过于精细会丢失某些微量元素,从而导致饮食中微量元素的缺乏,饮食的过于单调使体内微量元素失衡引起疾病;而由于铝制品炊具的广泛应用,使人体内铝元素过多及其他微量元素的失衡可引起老年性痴呆。微量元素和矿物质的补充主要依靠食物,因此人们的饮食应当丰富多样、粗细搭配,以维持体内微量元素含量的正常与均衡,一旦有明显缺乏或过量引起相关疾病者应尽早就医,并及时给予药物治疗。

本章在对谷物中的水分、湿空气的特性作简单介绍后，从干燥过程中的热质传递、薄层干燥和深床干燥3个方面介绍谷物干燥的基本原理。在对深床干燥过程进行分析时，需要知道谷物的一些物理特性、热特性以及吸湿特性等参数的值，干燥特性一节对此作了介绍。在干燥方法一节，只对谷物干燥实践中普遍采用的方法作重点介绍。在最后一节主要介绍干燥稻谷引起的应力裂纹及其对稻谷碾米品质的影响，对干燥引起的谷物理化特性变化以及其他谷物加工特性的变化只作简单介绍。

第 **7** 章

谷物干燥

7.1　谷物干燥原理

谷物干燥过程是干燥介质把热量传递给谷物,同时带走谷物水分的过程,是谷物与干燥介质之间进行热量及水分传递的过程。湿空气是最为常用的干燥介质。下面主要从谷物水分、湿空气特性、热质传递及谷物薄层干燥和深床五个方面分别加以论述。

7.1.1　谷物中的水分

7.1.1.1　谷物中水分存在形式

根据水分与谷物组分结合力的强弱可以将其分为结合水和非结合水。结合水包括物料细胞壁内的水分、谷物内毛细管中的水分及以结晶水的形态存在的水分。结合水借化学力或物理化学力与物料相结合,由于结合力强,其蒸汽压低于同温度下纯水的饱和蒸汽压,除去结合水分较困难。非结合水包括机械地附着于谷粒表面的吸附水和存在于谷粒内部较大孔隙中的水分。非结合水分与物料的结合力弱,其蒸汽压与同温度下纯水的饱和蒸汽压相同,干燥过程中除去非结合水分较容易。物料的结合水分与非结合水分的划分只取决于物料本身的性质,而与干燥介质的状态无关。谷物中的水分还可以分为平衡水分和自由水分两部分。与结合水、非结合水的划分不同,平衡水分与自由水分的划分除取决于物料自身性质外,还取决于干燥介质的状态,介质状态改变时,平衡水分和自由水分的数值将随之改变。

7.1.1.2　谷物水分含量表达形式

谷物可以看作是由其中的干物质和水分组成的混合物,有干基水分和湿基水分两种表达形式。干基水分为谷物中每千克干物质所含的水分质量,通常用 M(kg_{H_2O}/$kg_{干物质}$)表示,在进行工程设计计算时多采用干基水分。湿基水分是指水分质量占相应湿谷物质量的百分比,通常用 M'(%)表示,在商业贸易中湿基水分应用较多。根据干物质不变的原则,可以推导出两者之间存在如下换算关系:

$$M' = \frac{M}{1 + M} \tag{7.1}$$

7.1.1.3　水分分布的不均匀性

对一批谷物来说,不同谷粒之间的水分含量可能会有很大的差异,这与谷物收获时就存在粒间水分差异及收后处理有关。有研究显示,平均水分含量为26%的同一稻穗上最低水分的稻粒为10.1%(湿基),而最高水分的稻粒达37.4%(湿基),收后储藏可以降低水分差。谷物粒间水分的不均匀性是导致烘后谷物水分不均匀的主要因素之一。在收获谷物水分较高时,同一稻穗上的稻粒水分分布为多态分布。

就单一谷粒来说,胚和胚乳之间的水分含量存在差异。平均水分含量为36.0%的稻粒,胚部的水分为48.2%,胚乳部位的仅为30.7%,而果皮部分的水分达到52.6%。谷物不同组织结构部位水分含量差异是由其物质组成和细胞结构不同造成的,水分含量不同会对谷物的干燥特性产生影响。谷粒内外层之间水分含量也存在差异,干燥过程中这种不均匀性会增大。

7.1.2 湿空气的特性

通常采用的干燥介质(热空气)是含有一定量水分的,废气的湿含量更高,所以将它们通称为湿空气。可以认为谷物干燥的过程也就是湿空气与谷物相互"作用"的过程,在了解谷物干燥原理之前,应当先了解湿空气的特性。

7.1.2.1 相对湿度

相对湿度是指在一定温度和压力下,湿空气中水蒸气的分压 P_v 与相同温度和压力下的饱和水蒸气分压 P_{vs} 之比,一般用 RH 表示,即

$$RH = \frac{P_v}{P_{vs}} \tag{7.2}$$

一定压力下饱和水蒸气分压与温度的关系可由 Clausius–Clapeyron 方程确定。

$$\ln\left(\frac{P_{vs}}{R}\right) = \frac{A + BT + CT^3 + DT^3 + ET^4}{FT - GT^2} \tag{7.3}$$

美国农业工程师协会推荐的经验公式(7.3)在 273.16 K<T<533.16 K 范围内适用,其中 $R = 2105649.25$,$A = -27405.53$,$B = 97.54$,$C = -0.15$,$D = 0.126 \times 10^{-3}$,$E = -0.485 \times 10^{-7}$,$F = 4.350$,$G = 0.394 \times 10^{-2}$。

7.1.2.2 湿含量

湿含量是指 1 kg 干空气所含有的水蒸气的质量,是表明湿空气中水蒸气数量多少的一个状态参数,一般用 $d(\mathrm{kg_{H_2O}/kg_{干空气}})$ 表示。假设体积为 $V_a(\mathrm{m}^3)$ 的湿空气中含有 W_{ad}(kg)干空气和 W_v(kg)水蒸气,则:$d = W_v/W_{ad}$。可以把湿热空气看成是理想气体,对干空气和水蒸气分别应用状态方程得

$$P_{ad}V_a = (W_{ad}/M_{ad}) R_0 T_{abs} \tag{7.4}$$

$$P_v V_a = (W_v/M_v) R_0 T_{abs} \tag{7.5}$$

式中　P_{ad}、P_v——湿空气中干空气、水蒸气的分压,Pa;
　　　R_0——气体常数;
　　　T_{abs}——湿空气的绝对温度,K;
　　　M_{ad}、M_v——干空气、水蒸气的相对分子质量。

由式(7.4)、(7.5)得 $d = (M_v/M_{ad})P_v/P_{ad}$。由于 $M_v/M_{ad} = 0.622$,则

$$d = 0.622 \frac{P_v}{P_{ad}} \tag{7.6}$$

按照道尔顿定律,湿空气的压力为干空气分压(P_{ad})与水蒸气分压(P_v)之和,即 $P_a = P_{ad} + P_v$,则有

$$d = 0.622 \frac{P_v}{P_a - P_v} \tag{7.7}$$

式(7.2)代入式(7.7)得

$$d = 0.622 \frac{RH \cdot P_{vs}}{P_a - RH \cdot P_{vs}} \tag{7.8}$$

7.1.2.3 比热容

比热容是指单位质量物质每升高或降低 1 ℃时吸收或放出的热量,一般用 c [kJ/(kg·K)]表示。湿空气的比热容可以看成其中干空气比热容(c_{ad})与水蒸气比热容(c_v)之和,用 c_a[kJ/(kg$_{干空气}$·K)]表示 1 kg 干空气所对应的湿空气的比热容,则有式(7.9),一般 c_{ad} 取 1.005 kJ/(kg·K),c_v 取 1.883 kJ/(kg·K)。

$$c_a = c_{ad} + dc_v \tag{7.9}$$

7.1.2.4 比容

比容为 1 kg 干空气所对应的湿空气的体积,一般用 V(m³/kg$_{干空气}$)表示,即 $V = V_a/W_{ad}$,由式(7.4)、式(7.7),同时令 $R_0/M_{ad} = R_{ad}$,得式(7.10)。R_{ad} 称为干空气的气体常数,$R_{ad} = 287.1$ J/(kg·K)。

$$V = \frac{R_{ad} T_{abs}}{P_a}(1 + 1.608 d) \tag{7.10}$$

7.1.2.5 焓

湿空气的焓值是指 1 kg 干空气所对应的湿空气中含有的热量,等于其中干空气的热量与水蒸气热量之和,一般用 I(kJ/kg$_{干空气}$)表示。规定在 0 ℃时的焓值为 0。由于干空气的比热容为 $c_{ad} = 1.005$ kJ/(kg·K),则干空气的焓值 $I_{ad} = 1.005T$。水蒸气焓值包括水分汽化潜热 L_0 和升温显热两部分,可以取 $L_0 = 2\,500$ kJ/kg$_{H_2O}$,由于水蒸气比热容 $c_v = 1.883$ kJ/(kg·℃),则 $I_v = (1.883T+2500)d$。最后得湿空气的焓值公式

$$I = 1.005T + (1.883T + 2500)d \tag{7.11}$$

7.1.2.6 湿焓图

湿空气的湿含量 d、焓 I、相对湿度 RH、水蒸气分压 P_v,以及干球温度 T(℃)、湿球温度 T_{wb} 等状态参数之间是相互联系的,只要给出其中两个状态参数的值,就可以通过计算求出其他参数,也就是说这个湿空气的状态就确定了。由式(7.3)知,湿空气的状态参数与大气压有关。在一定大气压下,将湿空气的多个状态参数绘制在一张图上,只要知道湿空气的任意两个状态参数,就能通过其对应的坐标确定该湿空气对应的状态点,从而可以查得该湿空气其他状态参数的值。这个图称为湿焓图,又称 $I-D$ 图。$I-D$ 图以焓为纵坐标,湿含量为横坐标,采用 135°斜坐标系。$I-D$ 图中各状态参数曲线的走向如图 7.1 所示。压力下的湿空气 $I-D$ 图见图 7.2。

在 $I-D$ 图上还可以表示出湿空气的状态变化过程,如图 7.1 中,0→1 表示等湿升温过程;0→2 表示增湿升温过程,0→3 表示等焓增湿过程。空气一般要经过加热以后才能用于干燥,如果采用换热器加热,空气的湿含量不变而温度升高,该过程为等湿升温过程;如果是采用燃油直接加热,由于燃烧会产生一定量的水分,该过程为升温增湿过程。

干燥过程中干燥介质将热量传递给谷物，如果这部分热量全部用于蒸发水分，则该热量又以水蒸气的形式返回到湿空气中。这个过程中湿空气的热焓不变而湿含量增大，是一个等焓增湿过程。实际的干燥过程中，热风带进去的热量不可避免地有一部分用于谷物升温，还有一部分通过干燥机机壁散失，所以，热风的焓值将有所降低，实际过程如图 7.1 中 0→3′所示，是一降焓增湿过程。烘后谷物在通风冷却的过程中，空气在温度升高的同时不可避免地带走少部分谷物的水分，所以，谷物冷却过程中空气经历的是升温增湿过程。

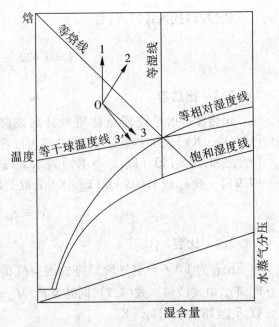

图 7.1 *I–D* 图中各状态参数曲线的走向

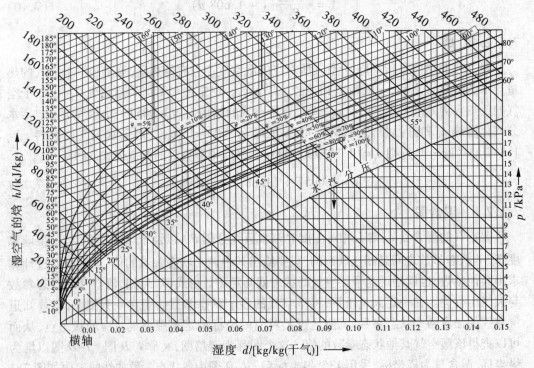

图 7.2 压力下的湿空气 *I–D* 图

7.1.3 干燥过程中的热质传递简介

干燥过程就是谷物和干燥介质之间进行热量和水分传递的过程。热量传递包括传导、对流和辐射三种方式,而对流干燥是主要的谷物干燥形式。如图7.3所示,热风流过谷物颗粒时,在谷粒表面附近,介质的温度高于谷粒表面的温度,热量通过对流从介质传递给谷粒表面,使谷粒外层温度高于内层的温度。在谷粒内部,热量又以传导的形式由温度较高外层向温度较低的内层传递。与此同时,在谷粒表面附近,由于热风中的水蒸气分压低于谷粒表面的水蒸气分压,谷粒表面的水分以蒸汽的形式进入干燥介质中。由于谷粒表层水分含量降低,低于内层的水分含量,谷粒内的水分在内外层水分浓度差的作用下由内向外传递,最终达到干燥的目的。在距谷粒表面一定距离处,介质的温度或水蒸气分压不再发生变化,这个薄层称为边界层。可以认为,介质与谷粒之间的热质交换发生在边界层内。

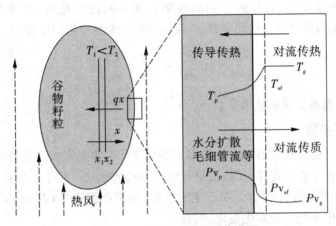

图7.3 干燥过程中的热质传递图

7.1.3.1 对流传热

传热是指热量在空间上发生位置转移的过程。传热过程中热流总是由高温物体流向低温物体或从物体的高温部分流向物体的低温部分,因此,传热是由温度梯度或温度差推动的。对流传热是指流动介质各部分发生相对位移时引起的热量传递现象。对于对流传热,牛顿冷却定律指出:单位时间内通过单位面积内的热量 $q[\text{J}/(\text{m}^2 \cdot \text{s})]$ 与流体与物体表面之间的温度差成正比,即

$$q = h_s(T_g - T_{sf}) \tag{7.12}$$

式中　h_s——表面对流换热系数,$\text{W}/(\text{m}^2 \cdot \text{K})$。

对流换热系数是反映流体与固体之间对流传热能力大小的物理量,值越大表明对流传热能力越强。流体的种类、运动状态、物理性质、物料的形状、大小及温度等因素都对对流换热系数产生影响。

7.1.3.2 传导传热

传导传热是指静止介质之间的热量传递过程。如图7.3所示,谷粒内与 x 轴垂直的两个平面上的温度分别为 T_1、T_2 且 $T_1 < T_2$,间距为 Δx。如果热传导过程中谷粒内的温度场不随时间而变化(即定常传热),根据傅里叶第一传热定律:单位时间通过单位面积内的热量(称为热流密度,q_x)与 x 方向的温度梯度成正比,即

$$q_x = -k \frac{T_2 - T_1}{x_2 - x_1} = -k \frac{\mathrm{d}T}{\mathrm{d}x} \tag{7.13}$$

因为热流方向与温度梯度方向相反,式(7.13)中取负值。k 为导热系数,单位为:$W/(m \cdot K)$,它是表明物料导热性能大小的物理量,k 值越大,物料的导热性能越强。

实际上谷粒内部可能在 x、y、z 三个方向上都存在温度梯度,如果各方向上的导热系数相同,则总的热流密度为

$$q = -k \left(\frac{\partial T}{\partial x} + \frac{\partial T}{\partial y} + \frac{\partial T}{\partial z} \right) \tag{7.14}$$

实际的干燥过程中,谷粒内部的温度场是随时间而变化的(即非定常传热),$T = f(x, y, z, t)$,根据傅里叶第二传热定律,T 随时间和位置的变化满足方程

$$\frac{\partial T}{\partial t} = \alpha \left(\frac{\partial^2 T}{\partial x^2} + \frac{\partial^2 T}{\partial y^2} + \frac{\partial^2 T}{\partial z^2} \right) \tag{7.15}$$

式中　α——导温系数或热扩散系数,m^2/s。

7.1.3.3　分子扩散

一般认为,谷物干燥过程中水分转移主要靠分子扩散来完成。类似傅里叶第一导热定律,费克提出分子扩散定律:扩散通量与浓度梯度成正比。对于水分扩散来说,浓度梯度可以由水分含量梯度来代替。对于定常扩散,如果扩散系数(D,m^2/s)在各方向上相同,且干燥过程中不随水分发生变化,则有

$$J = -D \left(\frac{\partial M}{\partial x} + \frac{\partial M}{\partial y} + \frac{\partial M}{\partial z} \right) \tag{7.16}$$

同样,实际干燥过程中的扩散多为非定常扩散,则水分含量随时间和位置的变化满足方程

$$\frac{\partial M}{\partial t} = D \left(\frac{\partial^2 M}{\partial x^2} + \frac{\partial^2 M}{\partial y^2} + \frac{\partial^2 M}{\partial z^2} \right) \tag{7.17}$$

7.1.4　谷物的薄层干燥

薄层干燥是指谷物干燥层的厚度很薄,可以是单层谷粒也可以是多层谷粒,在进行干燥过程计算时,可以认为干燥介质通过该层谷物后温度和相对湿度没有发生显著变化,即谷物处在稳定均匀温度场和相对湿度场中。美国农业工程师协会(ASAE)规定薄层的厚度不应大于三层谷粒的厚度。

对于一个干燥过程,如果能够知道干燥室内不同位置处的物料及干燥介质的状态参数(主要指温度和湿度/水分含量)随干燥时间的变化,我们就对该过程有了彻底的了解。对于薄层干燥而言,由于水分在空间上是均匀的,等于平均水分。因此,薄层干燥研究的目的在于揭示水分随时间的变化过程,即干燥动力学。与反应动力学研究中用反应速率表示反应快慢一样,干燥研究中用干燥速率表示干燥进行的快慢。干燥速率是指单位时间内通过单位干燥面积的失水量。根据干燥速率的不同将整个干燥过程分为恒速干燥

阶段和降速干燥阶段。

7.1.4.1 恒速干燥阶段

恒速干燥阶段是降水速率不随干燥进行而降低的阶段。在该阶段,谷粒表面就像存在一层自由水,谷粒表面的水蒸气分压 P_{vsf} 等于湿球温度时的水蒸气分压 P_{vwb};干燥速度等于同一条件下自由水分的蒸发速度;谷物温度不升高,等于干燥介质的湿球温度;空气通过对流传递给物料的热量 Q_1 等于水分蒸发吸收的热量 Q_2。

$$Q_1 = h_s A (T_a - T_{wb}) \ , \ Q_2 = -\rho_d V_d L_0 \frac{dM}{dt} \ ,$$

令 $Q_1 = Q_2$,得恒速阶段的干燥速率

$$\frac{\rho_d V_d dM}{A dt} = \frac{h_s}{L_0 (T_a - T_{wb})} \tag{7.18}$$

式中 ρ_d ——谷物的干物质密度,kg$_{干物质}$/m^3;

       V_d ——干物质体积,m^3;

       A ——干燥面积,m^2;

       L_0 ——自由水分汽化热,kJ/kg$_{H_2O}$;

       T_a ——热风温度,K。

在恒速干燥阶段,物料内部水分扩散到表面的速度等于表面水分蒸发的速度,干燥速度取决于干燥介质的温度、相对湿度和介质流速,属于外部控制阶段。恒速干燥阶段结束时物料的含水量称为临界水分含量。高水分物料干燥开始时存在一个恒速干燥阶段,但持续时间较短。

7.1.4.2 降速干燥阶段

当水分含量低于物料的临界水分含量时,物料表面的水蒸气分压 P_{vsf} 低于 P_{vwb},干燥动力变小,干燥速率降低,进入降速干燥阶段;同时,物料内部出现水分梯度,物料温度开始上升,高于湿球温度。在该阶段,谷物表面的水分蒸发速度大于内部水分的转移速度,属内部控制阶段。一般情况下,谷物的干燥均处在降速干燥阶段。通常用干燥曲线表示干燥过程,干燥曲线也可以用干燥方程(即干燥模型)来表示。干燥方程可以通过对干燥曲线的简单拟和而得到,也可基于一定的水分转递机制推导而得。据此,描述谷物降速干燥阶段的模型可分为理论模型、半经验模型和经验模型三大类。

(1)理论模型及其简化   对于像谷物这样的毛细管多孔性物料,降速干燥的水分转移机制十分复杂,包括:由毛细现象导致的液体流动、水分浓度差导致的液体流动(液体扩散)、渗透压导致的液体流动、重力作用导致的液体流动、水分浓度差导致的水蒸气移动(水蒸气扩散)、温度差导致的水蒸气移动(热扩散)。苏联学者 Luikov 全面考虑了温度梯度、水分梯度、压力梯度及其交互作用对水分和热量传递的影响,提出了著名的 Luikov 方程。实际上,只有当物料温度很高(该温度已大大超过谷物干燥时所使用的温度)时,由压力梯度产生的水分流动才显著,所以对谷物干燥来说压力的影响可以忽略不计,而只考虑温度梯度和水分梯度的影响。Husain 等(1972)研究指出:在谷物干燥中,可以不考虑温度与水分的耦合效应。另外,Brooker 等(1974)及 Meiring 等(1977)研究认

为:温度梯度对水分传递的影响很小,将其忽略仍能满足谷物干燥工程设计的精度要求。这样,对于谷物干燥来说,影响水分转移的主要因素是水分梯度。如果谷物内的水分转移主要靠扩散来完成,则 Luikov 方程最终简化为费克第二扩散定律

$$\frac{\partial M}{\partial t} = \nabla^2 DM \tag{7.19}$$

如果 D 不随 M 而变化,采用直角坐标系时,式(7.19)转变为式(7.17);采用球坐标系时,式(7.19)可写为式(7.20);采用柱坐标系,忽略水分在轴向上的扩散(即无限圆柱)则有式(7.21)。

$$\frac{\partial M}{\partial t} = D\left[\frac{\partial^2 M}{\partial r^2} + \frac{2}{r}\frac{\partial M}{\partial r}\right] \tag{7.20}$$

$$\frac{\partial M}{\partial t} = D\left[\frac{\partial^2 M}{\partial r^2} + \frac{1}{r}\frac{\partial M}{\partial r}\right] \tag{7.21}$$

式中 r 为球内任意一点的半径,或无限圆柱内任意一点的半径。

球的半径或圆柱的半径用 r_0 表示,在 $M(r,0) = M_i$($r<r_0$ 时)和 $M(r_0,t) = M_{eq}$($t>0$ 时)边界条件下对方程(7.20)、(7.21)分别求解得方程(7.22)、(7.23)。

$$MR = \frac{6}{\pi^2}\sum_{n=1}^{\infty}\frac{1}{n^2}\exp\left[-\frac{n^2\pi^2 D}{r_0^2}t\right] \tag{7.22}$$

$$MR = \sum_{n=1}^{\infty}\frac{4}{\lambda_n^2}\exp\left[-\frac{\lambda_n^2 D}{r_0^2}t\right] \tag{7.23}$$

式中 $MR = \dfrac{\bar{M} - M_e}{M_i - M_e}$,称为水分比;

$\bar{M}$、M_i、M_e——谷粒的平均水分、干燥初始水分、平衡水分,%;

t——干燥时间,h;

λ_n——第一类零阶贝塞尔函数的第 n 个正根。

将小麦、玉米、大豆看作球体,将稻谷、大麦、燕麦看作无限圆柱体,分别根据式(7.22)、式(7.23)预测的平均水分与实验结果基本一致。这说明,尽管谷粒的形状不规则,但是可以将其视为简单的球体或无限圆柱体,这样就能对费克第二扩散方程进行求解,预测谷粒平均水分随干燥时间的变化。

如果干燥时间较长,可以只取方程(7.22)、(7.23)的前一项或前两项($n=1$ 或 2),称为简化的理论方程。如果谷粒为球形颗粒,并且只取前一项,则方程简化为

$$MR = \frac{6}{\pi^2}\exp\left[-\frac{D\pi^2}{r_0^2}t\right] \tag{7.24}$$

扩散方程的简化形式由于较为简单,并能满足工程的精度要求(尤其是在干燥时间长时),在实践中应用相对较为广泛。

（2）半经验模型及其改进 假设干燥过程与冷却过程之间存在相似性，Lewis(1921)提出以牛顿冷却速率方程的形式来描述谷物的薄层干燥过程，即干燥速度与谷物平均水分与平衡水分的差成正比

$$\frac{\mathrm{d}\bar{M}}{\mathrm{d}t} = -K(\bar{M} - M_e) \tag{7.25}$$

其中 K 为干燥常数，与物料特性、干燥条件等因素有关，必须通过试验确定。尽管该方程对干燥过程的描述有些"粗糙"，但还是得到了广泛的应用，主要原因如下：①可以不顾及干燥过程的详细传递机制，将所有因素都归结到常数 K 中；②针对具体的干燥过程，只需确定了干燥常数就可以设计、优化和其他计算；③可以避免求解繁杂的偏微分方程。

对式(7.25)积分可得 Newton 方程

$$MR = \exp(-Kt) \tag{7.26}$$

该方程对开始阶段的干燥速率估计偏高而对后期的干燥速率估计偏低。Page(1949)提出方程(7.26)的改进形式，即方程(7.27)，称为 Page 方程，该方程对干燥开始阶段的干燥速率估计偏高。为了使 Page 方程能够更好地反映谷物的薄层干燥特性，有研究者对 Page 方程进一步改进，提出方程式(7.28)。

$$MR = \exp(-Kt^n) \tag{7.27}$$

式中 n 为常数，与物料特性和干燥条件有关。

$$MR = \exp[-(Kt)^n] \tag{7.28}$$

类似的薄层干燥方程很多，如式(7.29)实际是对式(7.24)的简化，式(7.30)则是对式(7.29)的进一步简化。

$$MR = \frac{6}{\pi^2}\exp(-Kt) \tag{7.29}$$

$$MR = A_0\exp(-K_0t) \tag{7.30}$$

Henderson(1974)为了提高 Newton 方程在干燥初期的拟合度，提出

$$MR = A_0\exp(-K_0t) + A_1\exp(-K_1t) \tag{7.31}$$

式中 A_0、A_1、K_0、K_1 为常数。

与理论模型相比，这些干燥模型在谷物干燥研究中应用较多。在应用之前要先确定模型参数，一般是先选定一方程作为回归模型，而后对实验数据($\bar{M}$-t)进行回归分析，建立方程中的参数 K、n 与干燥条件及谷物初始条件的关系式。

（3）经验模型 经验方程是根据实验数据直接建立干燥时间与水分含量之间的关系。方程(7.32)是 Thompson 于 1967 年提出来的，玉米的干燥时间可表示为

$$t = A\ln MR + B(\ln MR)^2 \tag{7.32}$$

式中 $A = -1.862 + 0.00488T$，$B = 427.4\exp(-0.033T)$，温度 T 采用华氏温度。也有采用该方程的形式描述稻谷、小麦和大豆干燥的。

7.1.5 谷物的深床干燥

7.1.5.1 谷物深床干燥的偏微分模型

薄层干燥方程反映的是谷物的薄层干燥特性,但在工程实践中,谷物的干燥都是采用深床干燥的形式。谷物的深床干燥模型可分为偏微分模型、平衡模型和对数模型。平衡模型和对数模型主要用于谷物的低温干燥,偏微分模型既可用于低温干燥,又可用于高温干燥。这里只介绍偏微分模型。

偏微分模型是根据传质传热的基本理论,用一组偏微分方程表示谷物的干燥过程,为了简化计算,作如下假设:①干燥过程中谷物的收缩可以忽略不计;②单粒谷物内部的温度梯度忽略不计;③干燥机机壁绝缘,其比热容忽略不计;④谷粒间的传热忽略不计;⑤气体流动及谷物流动均为活塞流;⑥已知准确的薄层干燥方程和谷物平衡水分方程;⑦在很短的时间(dt)内,热风和谷物的比热容不变;⑧与 $\partial T/\partial x$、$\partial H/\partial x$ 相比 $\partial T/\partial t$、$\partial H/\partial t$ 可以忽略不计。

如图7.4所示偏微分模型,设谷床为固定床,取厚度 dx 的谷物薄层为研究对象,干燥时间为 dt。

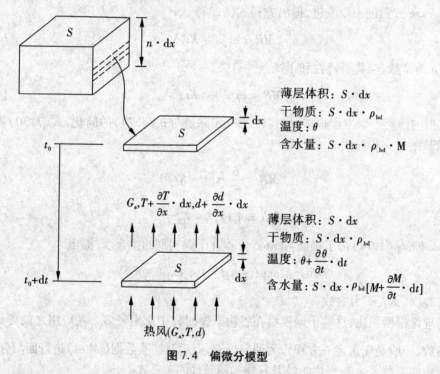

图7.4 偏微分模型

(1)水分平衡方程–传质的热风方面

dt 时间段内:薄层谷物失去的水分=热风得到的水分

薄层谷物失去的水分: $-S \cdot dx \cdot \rho_{bd} \cdot \dfrac{\partial \bar{M}}{\partial t} \cdot dt$

通过薄层的热风量: $G_a \cdot S \cdot dt$

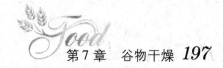

该体积的热风得到的水分：$G_a \cdot S \cdot \mathrm{d}t \cdot \dfrac{\partial d}{\partial x} \cdot \mathrm{d}x$

令两者相等得：

$$\frac{\partial d}{\partial x} = -\frac{\rho_{bd}}{G_a} \frac{\partial \bar{M}}{\partial t} \tag{7.33}$$

（2）热传递方程–传热的热风方面

$\mathrm{d}t$ 时间段内：热风通过对流传递谷物的热量＝热风通过薄层前后热量的变化＋谷粒间气体在 $\mathrm{d}t$ 时间内显热的变化。

热风与谷物间的对流换热热量：$Q = h_s \cdot a \cdot S \cdot \mathrm{d}x \cdot (T - \theta) \cdot \mathrm{d}t$

空气经过薄层前后热量的变化：$Q_1 = G_a \cdot S \cdot \mathrm{d}t \cdot (c_a + d \cdot c_v) \cdot \dfrac{\partial T}{\partial x}\mathrm{d}x$

薄层内谷粒间空气显热的变化：$Q_2 = S \cdot \mathrm{d}x \cdot \varepsilon \cdot \rho_a \cdot (c_a + d \cdot c_v) \cdot \dfrac{\partial T}{\partial t}\mathrm{d}t$

由 $Q = Q_1 + Q_2$ 得

$$h_s \cdot a \cdot S \cdot \mathrm{d}x \cdot (T - \theta) \cdot \mathrm{d}t = (\rho_a \cdot c_a + \rho_a \cdot d \cdot c_v)\left(V_a \frac{\partial T}{\partial x} + \varepsilon \frac{\partial T}{\partial t}\right) S \cdot \mathrm{d}t \cdot \mathrm{d}x$$

由于 $\varepsilon \dfrac{\partial T}{\partial t}$ 与 $V_a \dfrac{\partial T}{\partial x}$ 相比可以忽略不计，则

$$\frac{\partial T}{\partial x} = \frac{-h_s \cdot a}{G_a \cdot c_a + G_a \cdot d \cdot c_v}(T - \theta) \tag{7.34}$$

（3）热平衡方程–传热的谷物方面

$\mathrm{d}t$ 时间段内：热风通过对流传递给谷物的热量＝谷物中水分蒸发所需热量＋水蒸气升温所需热量＋谷物升温所需热量

从谷物中蒸发的水分量：$G_a \cdot S \cdot \mathrm{d}t \cdot \dfrac{\partial d}{\partial x} \cdot \mathrm{d}x$

蒸发该水分（温度为 θ）所用热量：$Q_3 = L^* \cdot G_a \cdot S \cdot \mathrm{d}t \cdot \dfrac{\partial d}{\partial x} \cdot \mathrm{d}x$

该部分水蒸气从 θ 升温到 T 所用热量：$Q_4 = G_a \cdot S \cdot \mathrm{d}t \cdot \dfrac{\partial d}{\partial x} \cdot \mathrm{d}x \cdot c_v \cdot (T - \theta)$

谷物升温所用热量为：$Q_5 = S \cdot \mathrm{d}x \cdot \rho_{bd} \cdot (c_{pd} + \bar{M} \cdot c_w) \cdot \dfrac{\partial \theta}{\partial t} \cdot \mathrm{d}t$

由 $Q = Q_3 + Q_4 + Q_5$ 得

$$\frac{\partial \theta}{\partial t} = \frac{h_s a (T - \theta)}{\rho_{bd} c_{pd} + \rho_{bd} c_w \bar{M}} - \frac{L^* + c_v(T - \theta)}{\rho_{bd} c_{pd} + \rho_{bd} c_w \bar{M}} G_a \frac{\partial d}{\partial x} \tag{7.35}$$

（4）薄层干燥方程–传质的谷物方面

如前所述，薄层干燥方程有多种形式，可以采用如下通用形式表示。

$$MR = f(M, T, \theta, \cdots\cdots) \tag{7.36}$$

式中　W——干燥床层厚度,cm;

　　　T_i——热风初始温度,K;

　　　d_i——热风初始湿含量,%;

　　　θ_i——谷物初始温度,K;

　　　M_i——谷物初始水分,%。

以上 4 个方程(7.33)、(7.34)、(7.35)、(7.36)就构成了谷物深床干燥的偏微分模型。边界条件为:$T(0,t)=T_i(0<t)$、$\theta(x,0)=\theta_i(0 \leqslant x \leqslant W)$、$d(0,t)=H_i(0<t)$、$M(x,0)=M_i(0 \leqslant x \leqslant W)$。

分层厚度与时间增量的确定与干燥方法、干燥段高度、热风温度、热风风量有关,对于谷物高温干燥,分层厚度一般不大于 1 cm,时间增量一般不大于 10^{-2} h。Bakker-Arkema(1974)给出如下确定时间增量和分层厚度的原则:$\Delta t < \rho_{bd} c_{pd}/(a h_s)$,$\Delta x < G_a c_a/(a h_s)$

对于上述 4 个偏微分方程,只能采用数值方法求解,通常是有限元法或有限微分法。不论是采用有限元法或有限微分法,求解过程都十分繁琐,通过编制一定的程序,利用计算机进行计算求解是一个行之有效的方法,称为计算机模拟。通过计算机模拟,使我们能够了解谷物和热风各状态参数的变化过程和谷物干燥机制。通过模拟不同工艺条件下的干燥过程,对输出结果进行比较,能够设计或改进现有的谷物干燥机。

7.1.5.2　谷物深床干燥的总体热质衡算

总体热质衡算就是根据谷物和干燥介质在经过一个干燥段后热量守恒和水分守恒,在假定已知某些状态参数的情况下,求出未知状态参数。假设干燥过程中谷物只从热风中获得热量,而且干燥机对外绝热。干燥过程可以用图 7.5 所示表示。

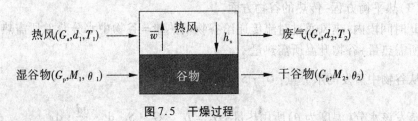

图 7.5　干燥过程

水分衡算:根据谷物失去的水分等于热风增加的水分,可得

$$G_p(M_1 - M_2) = G_a(d_2 - d_1) \tag{7.37}$$

热量衡算:根据进口处谷物和热风焓值的和等于出口处谷物和热风焓值的和,可得:

$G_a I_1 + G_p(c_{pd} T_1 + M_1 c_w T_1) = G_a I_2 + G_a(c_{pd} T_2 + M_2 c_w T_2)$,整理得

$$G_a(I_1 - I_2) = G_p(i_2 - i_1) \tag{7.38}$$

其中, $i_1 = c_{pd} T_1 + M_1 c_w T_1$, $i_2 = c_{pd} T_2 + M_2 c_w T_2$,$I_1$、$I_2$ 可由式(7.11)表示。

传质动力学方程

$$G_p(M_1 - M_2) = \bar{w} \cdot A \tag{7.39}$$

传热动力学方程：

$$G_p(i_2 - i_1) + \bar{w} \cdot A \cdot L_{fg} = h_s \cdot A(\theta_2 - \theta_1) \qquad (7.40)$$

要设计一定产量、一定降水幅度（谷物的初始水分和烘后水分已知）的干燥单元，G_p、M_1、M_2、θ_1 是已知的，c_{pd}、c_w 可查阅相关资料得到。对于间接式热风干燥，热风的湿含量 d_1 可以认为等于外界空气的湿含量 d_0，d_0 可由当地气象资料中查得。热风温度 T_1 可根据经验事先选定，我国目前混流干燥机热风温度一般为 80 ~ 120 ℃，顺流干燥热风温度一般为 120 ~ 160 ℃。这样，未知项 G_a、T_2、d_2、θ_2 就可以通过求解式（7.37）、式（7.38）、式（7.39）、式（7.40）组成的方程组得到具体的值。

实际上，确定平均干燥速率的值是比较难求的。在工程设计计算中一般先设定谷物的烘后温度 θ_2 和废气温度 T_2，即可利用式（7.37）、式（7.38）求出气流量 L 和湿含量 d_2，根据 d_2 和设定的 T_2 值，通过查 I–D 图可以得出废气的相对湿度，排出废气的相对湿度不可能达到 100%。也可先设定烘后温度 θ_2 和废气湿含量 d_2，求出 G_a 和 T_2，T_2 不可能低于 θ_2。这种处理方法计算较简单，在工程设计中应用较多，但一些参数的确定要有工程经验才行。

衡算法只涉及谷物和热风的初状态和末状态，而不能提供干燥过程中各参数的变化情况。谷物干燥过程分析困难的直接原因在于用于干燥的热量有多少用来蒸发水分，又有多少用来升高谷物的温度，上述衡算法不论是先设定烘后温度 θ_2 和废气温度 T_2，或是先设定烘后温度 θ_2 和废气湿含量 d_2，其实质就是对用于干燥的热量进行人为的分配，而谷物干燥是传热和传质同时进行的过程，热量的分配有其自身的规律，这是衡算法不科学的本质所在。

7.2　谷物干燥特性

谷物的干燥特性包括物理特性、热特性以及吸水特性，这些特性直接影响到谷物与干燥介质之间的热量传递和水分传递，在进行谷物干燥过程分析时十分必要。例如，在根据准数关系求对流换热系数时要知道谷粒的几何尺寸；在进行微分热质衡算时需要知道谷物床层的比表面积、容积密度、孔隙度等。

7.2.1　谷物的物理特性

7.2.1.1　谷粒的当量直径和比表面积

谷粒的当量直径（d_e）是指与谷粒体积相等的球体的直径，根据式（7.41）计算。如果将谷粒看作棱体，其长、宽、高分别是 L、W、H，可由式（7.42）求出几何平均直径，由式（7.43）求出当量直径

$$d_e = \left(\frac{6V_{k,e}}{\pi} \right)^{1/3} \qquad (7.41)$$

$$d_{gm} = (LWH)^{1/3} \qquad (7.42)$$

$$d_{\mathrm{p}} = \left[L\, \frac{(W + H)^2}{4} \right]^{1/3} \tag{7.43}$$

谷粒的比表面积是指单位体积的谷粒所拥有的面积。如果将谷粒看作球体，由当量直径可以求出谷粒的比表面积 $A/V = 6/d_{\mathrm{e}}$。一些谷物颗粒的当量直径及比表面积见表7.1。

表7.1　一些谷粒的当量直径和比表面积

谷物品种	d_{e}/mm	$(A/V)/(\mathrm{m}^2/\mathrm{m}^3)$	数据来源
小麦	—	1 820	Giner & Calvebo(1987)
小麦	3.48	1 873	Bekasov and Denisov(1952)
小麦	4.26*		Tabatabaeefar(2003)
软麦	—	1 181	Bakker-Arkema(1971)
大麦	—	1 483	Bakker-Arkema(1971)
稻谷	—	1 132	Wratten(1969)
稻谷	3.40**	1 508	Tabatabaeefar(2007)
玉米	—	784	Brooker et al.(1974)
玉米	7.37	810	Bekasov and Denisov(1952)
玉米	7.88	760	Pabis and Henderson(1962)

注：*几何平均直径，**按棱体计算的当量直径

7.2.1.2　谷粒密度

谷粒密度为单粒谷物的质量与其体积的比，用 ρ_{k}（kg/m³）表示，$\rho_{\mathrm{k}} = W_{\mathrm{k}}/V_{\mathrm{k}}$。谷粒密度也可表示为干物质密度，$\rho_{\mathrm{kd}} = W_{\mathrm{kd}}/V_{\mathrm{kd}}$。水分含量是谷物干燥过程中变化最明显的量，也是影响谷粒密度的主要因素，一般采用线性方程表示谷粒密度随水分含量的变化。一些谷物的谷粒密度见表7.2。

表7.2　一些谷物的谷粒密度、容积密度和孔隙度

谷物品种	$M(\mathrm{kg}_{\mathrm{H_2O}}/\mathrm{kg}_{\text{干物质}})$	$\rho_{\mathrm{k}}/(\mathrm{kg}/\mathrm{dm}^3)$	$\rho_{\mathrm{b}}/(\mathrm{kg}/\mathrm{dm}^3)$	孔隙度*/%	数据来源
小麦	0.10~0.20	1.29~1.49	—	—	Pabis(1982)
小麦	0.14~0.20	1.37~1.38	725~780	0.38~0.40	Muir & Sinha(1988)
稻谷	0.14~0.15	—	540~600		Webb(1991)
玉米	0.10~0.20	1.19~1.25	600~850		Pabis(1982)
大麦	0.14~0.20	1.34~1.37	593~667	0.44~0.50	Muir & Sinha(1988)
燕麦	0.14~0.20	1.30~1.33	480~555	0.52~0.59	Muir & Sinha(1988)

*孔隙度为 storage MC 时的值

7.2.1.3　谷物床层的孔隙度

就一批谷物来说，颗粒间孔隙体积与这批谷物总体积的百分比称为孔隙度，一般用 ε

（小数）表示，则 $\varepsilon = (V_b - V_k)/V_b$。将 $V_k = W_k/\rho_k$，$V_b = W_b/\rho_b$ 带入该式，并忽略谷粒间空气的重量，即 $W_k = W_b$，可得式（7.44），在已知谷粒密度和谷床容积密度时可由该式计算出空隙度。水分含量也对孔隙度产生影响，一般认为两者之间存在线性关系。一些谷物的孔隙度见表 7.2。

$$\varepsilon = 1 - \frac{\rho_b}{\rho_k} \tag{7.44}$$

7.2.1.4　谷物床层的容积密度及比表面积

就一批谷物来说，其质量与体积的比称为容积密度，用 ρ_b（kg/m³）表示，$\rho_b = W_b/V_b$。其中体积包括谷粒体积和粒间孔隙体积。容积密度也可表示为干物质密度的形式，即 $\rho_{bd} = W_{bd}/V_{bd}$。一些谷物的容积密度见表 7.2。容积密度与含水量有关，与水分含量对谷粒密度和孔隙度的影响相似，容积密度随水分含量线性变化。

一批谷物谷粒表面积的和与总体积的比称为谷床的比表面积，用 a（m²/m³）表示。a 的值可以由谷粒的比表面积求出。设谷床中含有 n 个谷粒，每个籽粒的表面积为 A，体积为 V，总体积为 $V_b = nV$，由 ε 的定义式可求出 $V_b = V_k/(1 - \varepsilon) = nV/(-\varepsilon)$，则

$$a = (1 - \varepsilon)\frac{A}{V} \tag{7.45}$$

Fontana（1983）测得 18% 水分的长粒稻、中粒稻、短粒稻的 a 值分别是 2 437、2 361、2 050 m²/m³

7.2.1.5　粮层阻力

当空气穿过谷物层时，由于空气和谷粒之间的摩擦及涡流作用，要消耗空气一定的能量，表现为空气穿过粮层以后压力要降低，这个压力降低值即为粮层阻力。单位高度上的粮层阻力称为单位粮层阻力，用 ΔP（Pa/m）表示。美国农业工程师学会（ASAE）推荐经验公式（7.46）中，Q 为气流量，a、b 是系数，取值见表 7.3。

$$\Delta P = \frac{aQ^2}{\ln(1 + bQ)} \tag{7.46}$$

表 7.3　式（7.46）中一些谷物的常数 a，b 取值

谷物品种	$a/(\mathrm{Pa \cdot s^2/m^3})$	$b/(\mathrm{m^2 \cdot s/m^3})$	$Q/[\mathrm{m^3/(s \cdot m^2)}]$
小麦	2.70×10^4	8.77	0.005 6 ~ 0.203
小麦	8.41×10^3	2.72	0.000 56 ~ 0.020 3
玉米	2.07×10^4	30.4	0.005 6 ~ 0.304
玉米	9.77×10^3	8.55	0.000 25 ~ 0.203
稻谷	2.57×10^4	13.2	0.005 6 ~ 0.152
大麦	2.14×10^4	13.2	0.005 6 ~ 0.203
高粱	2.12×10^4	8.06	0.005 6 ~ 0.203

除气流量这一影响单位粮层阻力的主要因素外，以下因素也对单位粮层阻力产生影

响:①谷物品种:不同品种的谷物由于其颗粒大小及几何特性的不同,单位粮层阻力将有很大的差异。②杂质的性质与含量:对于大杂质,含量越高单位粮层阻力越小,而对于小杂质,杂质含量越高单位粮层阻力越大。③粮堆孔隙度与装粮方式:孔隙度越大单位粮层阻力越小,由于装粮方式的不同将导致孔隙度的不同,对粮层阻力产生影响。④气体温度:空气温度升高则动力黏度系数变小,单位粮层阻力将降低,这一点在进行高温连续谷物干燥机的设计时可能涉及。

7.2.2 谷物的热特性

7.2.2.1 比热容

谷物的比热容通常用 $c_p[kJ/(kg_{干物质} \cdot K)]$ 表示。比热容主要受谷物的化学构成影响,对于谷物床层来说,其中空气的比热容较小,可以忽略不计。谷物的比热容可以看成其中干物质比热容(c_{pd})与水分比热容(c_w)之和。水在 $0 \sim 80$ ℃范围内的比热容为 $4.186 kJ/(kg \cdot K)$,则谷物的比热容为 $c_p = c_{pd} + 4.186M$。由于不同的谷物其化学组成不同,c_{pd} 也不同,一些研究者提出更具一般意义的经验公式(7.47),一些谷物的参数取值见表7.4。

$$c_p = c_{pd} + aM' \tag{7.47}$$

表7.4 式7.47中一些谷物的参数取值

	c_{pd}	a	M'	数据来源
玉米	1.470	0.036	1%<M'<30	Kazarian & Hall(1965)
玉米	1.370	0.027	0<M'<30	Koschatzky(1973)
小麦	1.260	0.036	55<M'<35	Mohsenin(1980)
小麦	1.452	0.030	1%<M'<32	Kazarian & Hall(1965)
稻谷	1.109	0.046	10%<M'<17	Haswell(1954)
大米	1.197	0.038	10%<M'<17	Haswell(1954)
燕麦	1.277	0.032	10%<M'<17	Haswell(1954)
高粱	1.397	0.032	0<M'<30	Sharma & Thompson(1973)

比热容随温度呈线性变化,这一规律只有在谷物内不存在结冰水分时才适用,如果谷物的含水量超过其结合水分临界含量,当温度低于 0 ℃时,其中的自由水分将发生相变转变为冰,这部分结冰的水分在发生相变时虽然吸收热能但并不表现为温度上升。玉米、小麦、大麦、燕麦的的结合水临界含量分别是 22.2%、22.7%、22.2%、19.7%。

7.2.2.2 导热系数

导热系数就是温度梯度为 1 ℃时,单位时间内通过单位截面积的热量。由于导热是有方向性的,与比热容相比,导热系数除与谷物的化学构成有关外,还与其结构有关,如各部位的化学构成是否均匀,是否各向同性。对于谷物床层来说,由于谷粒之间空气的

导热系数比谷粒的导热系数要小,所以谷物的导热系数与谷物的容积密度有关,关系式如下:

$$k = a + b\rho_b \tag{7.48}$$

谷物的导热系数还与谷物的含水量和温度有关,但是,温度对导热系数影响较小。谷物水分与导热系数之间存在经验关系式(7.49),式中一些谷物的参数取值见表7.5。

$$k = k_b + a_1 M' \tag{7.49}$$

表 7.5　式(7.49)中一些谷物的参数取值

谷物品种	k_b	a_1	$M'/\%$	数据来源
玉米	0.1409	0.0011	$0.9 < M' < 30.2$	Kazarian and Hall(1965)
稻谷	0.0865	0.0013	$9.9 < M' < 19.3$	Wrattenal et al(1969)
小麦	0.1170	0.00113	$0.7 < M' < 20.3$	Kazarian and Hall(1965)
高粱	0.0976	0.0015	$0 < M' < 25$	Sharma and Thompson(1973)

7.2.2.3　热扩散系数

在谷物加热及冷却的过程中,存在非稳态传热现象,使谷物颗粒内部存在温度梯度,与用水分扩散系数来表示扩散性能相似,通常用热扩散系数 $\alpha(\mathrm{m^2/h})$ 来评价谷物的导温性能。α 是表示热量扩散进入或离开物料速率的量度,它与导热系数、比热容及密度之间存在如下关系:

$$\alpha(M) = \frac{k(M)}{c(M)\rho_b} \tag{7.50}$$

在已知谷物的导热系数、比热容和容积密度时,可以由式(7.50)求得热扩散系数。热扩散系数也可由试验测得,然后建立其与谷物水分、谷物温度等影响因素之间的经验关系。谷物的热扩散系数一般在 $10^{-8}\,\mathrm{m^2/s}$ 的数量级以上。

7.2.2.4　对流换热系数

对流换热系数分体积对流换热系数和面积对流换热系数,分别用 h_v $[\mathrm{kW/(m^3 \cdot K)}]$、$h_s[\mathrm{kW/(m^2 \cdot K)}]$ 表示,$h_v = a \times h_s$。通常采用无因次分析法求对流换热系数,其中以利用努塞尔准数 Nu 最为常见。一方面,Nu 与 h_s 之间的关系式为 $Nu = h_s d_e / k_a$;另一方面,Nu 的值可以根据其与雷诺数 Re,普朗特数 Pr 的经验数关系式求出,通常是 Re、Pr 的指数函数。

$$Nu = C\,Re^m\,Pr^n \tag{7.51}$$

式中　参数 m、n 的值由试验确定。$Re = \rho_a v_a d_e / \mu$,反映边界层出的气流速度;$Pr = c_a \mu / k_a$,反映气体的热物性,$\mu$:热风的动力黏度 $[\mathrm{kg/(m \cdot s)}]$,$c_a$:热风的定压比热容 $[\mathrm{kJ/(kg \cdot K)}]$,$u_a$:气流速度(m/s)。

对于填充床,$Re < 350$ 时,$Nu = 1.95\,Re^{0.49}\,Pr^{1/3}$;$Re > 350$ 时,$Nu = 1.064\,Re^{0.59}\,Pr^{1/3}$。

在根据 Nu 与 Re、Pr 的经验关系求出 Nu 的值后,再根据 Nu 的定义式求出其中的未知量 h_s 的值。Pabis(1967)在总结前人的研究结果后提出如下经验关系:$10<Re<40$ 时,$Nu = 1.40\ Re^{0.214}$,$1000>Re>40$ 时,$Nu = 0.338\ Re^{0.6}$。

可以采用同样的思路,根据斯坦顿数 St、传热因子 j_h 来求对流换热系数。$St = h_s/(u_a\rho_a c_a)$,$j_h = St \cdot Pr^{2/3}$。经验关系 $St = (2.0048/\varepsilon)\ Re^{-0.957}\ Pr^{-2/3}$,以及 $50<Re<1000$ 时,$j_h = 0.61\ Re^{-0.41}$,在谷物干燥研究中有应用。关于大麦干燥,前人总结出经验关系:$j_h = 3.27\ Re^{-0.65}$。

在谷物干燥的温度范围内,可以认为 Pr 是一常数,与式(7.58)中的 C 合并为一个常数,这样,方程就只有一个变量,即气流速度。直观经验也告诉我们,影响对流换热系数最大的因素是气流速度,两者之间一般是指数函数关系。如 Bakker-Arkema(1974)就玉米干燥中对流换热系数 $h_s[W/(m^2 \cdot K)]$ 与气流量 $G_a[kg/(m^2 \cdot s)]$ 之间建立如下经验关系。这类关系式简单直观,在谷物干燥研究中的应用更为广泛。

$$h_s = 100\ G_a^{0.49} \tag{7.52}$$

7.2.3　谷物的吸水/失水特性

7.2.3.1　水分扩散系数与干燥常数

水分扩散系数(D)是描述干燥快慢的重要物理量。D 主要是由谷物自身的特性和状态决定的,自身特性主要指其组分构成和结构。谷物温度是影响 D 的重要因素,谷物水分也有影响,其次,干燥条件(如热风温度、热风流速)也会对 D 产生一定的影响。通常用 Arrhenius 方程来表示谷物温度对水分扩散系数的影响,式(7.53)为中粒稻的水分扩散系数与温度的关系。为考虑其他因素的影响,通常在 Arrhenius 方程的指数项或指前因子项中引入这些量,式(7.54)同时考虑温度和水分对玉米水分扩散系数的影响。式(7.55)表示温度对小麦干燥过程中水分扩散系数的影响,这种形式较为简单。

$$D = 33.6\exp\left(-\frac{6240}{\theta}\right) \tag{7.53}$$

$$D = 1.5132 \times 10^{-4}\exp\left(-\frac{21513}{\theta} + (0.045\theta - 5.5)M\right) \tag{7.54}$$

$$D = 1.12 \times 10^{-8}\exp(0.033(\theta - 273.15)) \tag{7.55}$$

式中　D 的单位为 m^2/h,谷物温度 θ 的单位为 K。食品干燥过程中的扩散系数一般在 $10^{-12} \sim 10^{-6}\ m^2/s$ 范围内,谷物干燥的水分扩散系数也在此范围内,处于较低的区域。Rafiee(2008)采用 35 ~ 70 ℃ 的热风干燥初水分 26% ~ 27%(d.b.)的小麦,热风流速 0.3 m/s,测得水分扩散系数在 $2.28 \times 10^{-11} \sim 1.14 \times 10^{-10}\ m^2/s$ 之间。干燥常数(K)是描述干燥快慢的一个经验参数。与扩散系数相比,干燥常数除受物料自身特性影响外,更多地受热风条件(温度、相对湿度、流速)的影响。一般采用 Arrhenius 方程表示干燥温度对 K 的影响。

D、K 与其影响因素的关系式通过薄层干燥试验确定。在不同影响因素下,测定水分随干燥时间的变化,选用上述的薄层干燥方程为回归方程,求出 D 或 K 的值,然后建立

D、K 与影响因素的关系式。可以选用多个薄层干燥方程,根据回归分析的决定系数的大小确定最适合的薄层干燥模型。

7.2.3.2 谷物的平衡水分

当谷物处在一定温度和湿度的空气中时,如果谷物表面的水蒸气分压大于周围空气的水蒸气分压,则谷物的水分向周围空气转移,反之,则谷物从周围空气中吸收水分。当谷物的水蒸气分压与周围空气的水蒸气分压相等时,谷物的含水量与周围空气达到平衡,不再发生变化,这时的水分称为谷物的平衡水分。谷物的平衡水分除与谷物自身的特性有关外,还与周围空气的温度及相对湿度、水蒸气分压、水分平衡方式有关。谷物通过吸湿达到的平衡水分往往比通过解吸达到的平衡水分要低,这种现象称为吸湿滞后。在低温通风干燥时由于干燥时间长,可以认为干燥介质与谷物之间的解析达到平衡状态,可根据平衡水分–相对湿度关系由热风的相对湿度预测谷物的最终水分。以下是ASAE 推荐的 5 个平衡水分方程。

（1）G. A. B. 方程

$$M_e = \frac{1}{100} \frac{A \cdot B \cdot C \cdot RH}{(1 - B \cdot RH)[1 + (C - 1) \cdot B \cdot RH]} \tag{7.56}$$

（2）改进的 Henderson 方程

$$M_e = \frac{1}{100} \left[\frac{\ln(1 - RH)}{-A(T + C)} \right]^{1/B} \tag{7.57}$$

（3）改进的 Chung & Pfost 方程

$$M_e = \frac{1}{100B} \left[(\ln A - \ln((T + C) \ln RH)) \right] \tag{7.58}$$

（4）改进的 Oswin 方程

$$M_e = \frac{(A + B \cdot T)}{100} \left(\frac{RH}{1 - RH} \right)^{1/C} \tag{7.59}$$

（5）改进的 Halsey 方程

$$M_e = \frac{1}{100} \left[\frac{-\exp(A + B \cdot T)}{\ln RH} \right]^{1/C} \tag{7.60}$$

式中　T——温度,℃;

　　　RH——相对湿度(小数);

　　　M_e——平衡水分,$kg_{H_2O}/kg_{干物质}$;

　　　A、B、C——系数。方程(7.57)中的系数见表 7.6。

表 7.6　式 (7.57) 中一些谷物的系数 A、B、C 及 RH、T 范围

品　种	$A/\times 10^{-5}$	B	C	RH	$T/℃$
大麦	2.2919	2.0123	195.267	0.20 ~ 0.95	0 ~ 50
黄玉米	8.6541	1.8634	49.810	0.20 ~ 0.95	0 ~ 50
稻谷	1.9187	2.4451	23.318	0.20 ~ 0.95	0 ~ 50
高粱	0.8532	2.4757	113.725	0.20 ~ 0.95	0 ~ 50
硬小麦	2.3007	2.2587	55.815	0.20 ~ 0.95	0 ~ 50
软小麦	1.2299	2.5558	64.346	0.20 ~ 0.95	0 ~ 50

7.2.3.3　水分的汽化热

自由水分从液态转变为气态时需要能量,另外,谷物内部的水分与谷物组分之间存在物理作用和化学作用,要蒸发水分必须有额外的能量来克服这部分作用力,因此,谷物水分的汽化热应是上述两部分之和。水分含量不同时,水分与谷物组分的作用力不同,所以,谷物的水分汽化热与水分含量有关,Gallaher(1951)就汽化热与谷物水分含量建立关系式(7.61),其中 $L_0 = 2500.8 - 0.00237T(\text{kJ/kg})$ 。

$$L^* = L_0 [1 + a\exp(bM)] \tag{7.61}$$

式中　一些谷物的参数取值见表 7.17,L^*,kJ/kg_{H_2O}。

表 7.17　式 (7.61) 中一些谷物的参数取值

	a	b	$M/(\text{kg}_{H_2O}/\text{kg}_{干物质})$
硬麦	1.7	-17.6	0.10 ~ 0.26
软麦	3.9	-23.6	0.10 ~ 0.20
玉米	2.1	-17.0	0.10 ~ 0.24
稻谷	3.2	-21.7	0.10 ~ 0.14
大麦	1.0	-19.9	0.09 ~ 0.22
高粱	1.2	-19.6	0.10 ~ 0.24

7.3　谷物干燥方法

7.3.1　谷物干燥方法分类

可以按照不同的标准对谷物干燥方法进行分类,具体见图 7.6。自然通风干燥(near-ambient)中,不对空气进行人为加热,但经过风机以及风管的摩擦加热,空气会升温 1 ~ 5 ℃。对于低温通风干燥,人为将空气加热升温 5 ~ 15 ℃。高温干燥时热风温度一般在

50～200 ℃。需要说明的是,不同干燥方式往往是相互联系的。如果选择固定床干燥,介质温度就不能太高,否则干燥不均匀性会很大,也影响烘后谷物的品质。如果采用高温介质,就应采用移动床。移动床干燥往往是连续式的,而固定床干燥往往是分批式的。流化床、沸腾床在谷物干燥中也有应用,但很少。红外、微波加热也可用于干燥,但更多的还处于实验室阶段。我国20世纪60～70年代采用的蒸汽间接加热谷物,然后通风带走水分,属于接触式干燥,这种方式在谷物干燥上现已不再采用。实际的谷物干燥实践中,对于高水分粮主要采用高温连续式移动床对流加热干燥;低温及自然通风干燥也有采用,但由于降水速度缓慢,主要用于低水分粮的干燥。

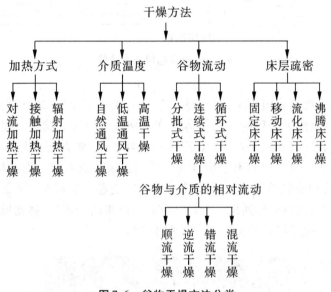

图7.6　谷物干燥方法分类

7.3.2　低温及自然通风干燥

对于低温及自然通风干燥来说,由于风温较低,去水能力较弱,因而干燥时间较长,为了保证谷物在水分将至安全水分之前不发生霉变,只能用于低水分粮的干燥。实际上,自然通风更多地用来降温,在降温的同时也起到降水作用。

图7.6为一简单的低温通风干燥装置,由于其主体就是一个谷仓,又称干燥仓。它是由仓体、通风孔板、布粮器、风机、加热器组成,有的还配备有清仓搅龙和卸粮搅龙。进粮时,谷物经过旋转布粮器的均匀抛撒,使床层上表面水平且谷物与杂质均匀分布。湿谷物进仓后即启动风机和加热器,用低温热风干燥谷物。随着湿谷物不断入仓,仓内的干燥带也不断上移,装满以后继续通风干燥一段时间,最后达到干燥整仓谷物的目的。采用风量一般为 1～3 m²/(min·t)。这种干燥仓易造成下部谷物过干,为此谷床不易太厚。

为了既增加床层厚度又保证干燥的均匀性,对仓式干燥机进行多种改进。可以在仓内安装立式搅龙,对粮食进行搅拌。搅龙除自转外还能绕仓中心公转,同时还可以在半径方向上移动。由于搅龙的搅拌作用,使谷物床层变得疏松,有利于提高干燥速率、降低干燥不均匀度和减小粮层阻力。也可以在仓底安装输送搅龙,与仓外的斗提机相连,斗提机与仓顶安装的输送搅龙相连,这样在干燥的同时能够实现谷物的循环,使每层谷物干燥的机会均等,达到均匀干燥的目的,称为循环式干燥仓。如果能保证由仓底输送搅龙排出的谷物全部达到安全水分,则不必进行谷物循环,称为连续式干燥仓。

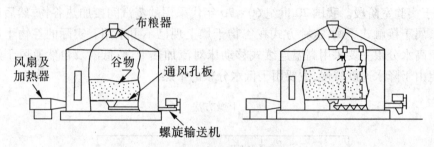

图7.6 低温通风干燥装置

上述仓干燥系统在我国的应用并不普遍。国外农场中较多采用这种干燥系统,谷物收获后立即入仓干燥,干燥后的谷物再运输到大型粮库中长期储存。在我国,农场干燥这个环节被弱化,收获的谷物要么由农户自然晾晒干燥,要么交由粮库进行人工干燥。图7.7为我国科研人员设计的用于房式仓的低温通风干燥系统。由风机、加热器、送风软管、粮堆进风管和出风管组成。进风管与出风管交替交错排列,保证通风的均匀性。也可不开启加热器,进行自然通风。干燥结束后可以将软管收起,移动风机,用于其他仓的通风干燥。该系统可将谷物水分由17%降至14%。

图7.7 用于房式仓的低温通风干燥系统

7.3.3 顺流干燥法

顺流干燥法是指干燥介质流向与粮流方向一致的干燥方法,如图7.8所示。图中同时给出了顺流干燥中谷物水分、谷物温度和干燥介质温度沿床层变化的情况。在顺流干燥中,由于热风与谷物的流向相同,高温热风首先与高湿低温谷物接触,所以,选用的风温可以很高,国内一般选用120~160 ℃,国外由于谷物流速高,最高风温可达250 ℃。风温高则干燥机的热效率就高。但是,顺流干燥时的粮层较厚,一般为0.6~0.9 m,气流阻力较大,风机功率较大。

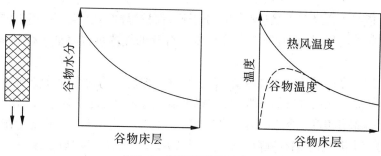

图7.8　顺流干燥法示意图

图7.9为一顺流干燥机的结构简图,截面为方形。最上部为储粮段,以下分别是布风段、干燥段和缓苏段。每段的降水幅度在3%左右,根据总降水幅度的不同,可以采用多级干燥多级缓苏,最后谷物经冷却段由排粮机构排出。在布风段,热风经过通风节的均匀布风,向下穿过粮层,带走谷物水分,废气从角状管排出。通风节的结构见图7.9,谷物经圆筒内向下流动进入干燥段,热风从圆筒外向下流动穿过粮层,达到谷物和干燥介质均匀向下流动的目的。

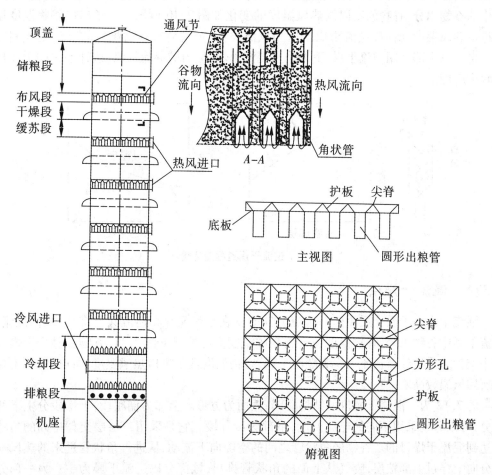

图7.9　顺流干燥机的结构简图

缓苏是指在谷物经一干燥过程后停止干燥,保持温度不变,维持一定时间段,使谷粒内部的水分向外转移,降低内外的水分梯度。合理的缓苏可以降低干燥热耗,防止应力裂纹出现。

谷物经过干燥以后往往温度较高,必须经过冷却使谷物的温度降低到一定的程度才能进行长期储藏。我国现行标准规定,如果外温低于 0 ℃,冷却后的谷物温度不得超过 8 ℃,如果外温高于 0 ℃,冷却后的谷物温度不得超过外温 8 ℃。谷物的冷却过程以降温为主,但降温的同时也必然存在降水现象。谷物冷却是通过角状管实现空气进出的。对于顺流干燥机,往往采用两个冷却段,可以先顺流冷却后逆流冷却,也可以先逆流冷却后顺流冷却。逆顺流冷却效果较好,但在逆流冷却段存在急冷现象,对谷物品质不利。顺逆流冷却时,冷却段处于负压状态,而上面的干燥段处于正压状态,干燥废气容易顺冷却段下行,影响冷却效果,废气中的水分也易在干燥段内壁处结冰,造成干燥机局部阻塞。

谷物干燥时要求排粮机构卸粮均匀,并且产量在一定范围内可调。谷物排粮方式有六叶轮式、栅板式、翻版式、振动栅板式等多种形式,其中六叶轮式排粮应用最广。

在谷物水分低时,采用顺流干燥降水作用不明显,而采用逆流干燥可以提高降水幅度,所以,在干燥机的下段可采用逆流干燥,这种干燥机称为顺逆流干燥机。逆流干燥过程中的谷物水分、谷物温度以及热风温度的变化如图 7.10 所示。由于出口谷物温度接近进口热风温度,所以,逆流干燥中所用风温要低,否则会对谷物烘后品质产生不利影响。也可以上部采用顺流干燥,下部采用混流干燥,称为顺混流干燥,这种形式的干燥机还较少应用。

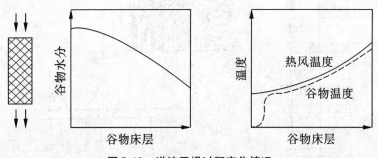

图 7.10　逆流干燥过程变化情况

7.3.4　混流干燥法

混流干燥中干燥介质流向与粮流方向既存在顺流又存在逆流甚至错流,故称混流。混流干燥中谷物水分、谷物温度和干燥介质温度变化情况见图 7.11,谷物在整个干燥过程中交替多次地经过逆流干燥和顺流干燥,谷物温度低于进口热风温度,所以,混流干燥中所用风温较高。

图 7.12 为一混流干燥机的结构简图,截面为方形。上部为储粮段,干燥段分上下两部分,可以分别采用不同的热风温度,下部为冷却段。它是采用一层层交替排列的角状管达到混流干燥目的。谷物经角状管之间的空隙向下流动,从进气角状管进来的热风一部分向上穿过上部粮层,废气从上面的角状管排出,该部分以逆流干燥为主。另一部分热风向下穿过下部粮层,废气从下面的角状管排出,这部分以顺流干燥为主。其实在热

风进出角状管的位置还存在错流干燥。

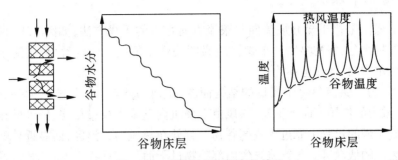

图 7.11 混流干燥过程变化情况

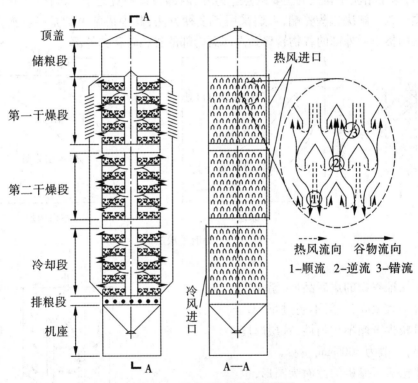

图 7.12 混流干燥机的结构简图

混流干燥机的粮层厚度一般为 200～300 cm, 干燥介质表观风速为 0.3～0.4 m/s。粮层较薄, 气流阻力小, 风机功率也较小。由于谷物流经干燥段时交替地经过高温干燥区和低温干燥区, 与顺流干燥机相比风温要低一些, 我国一般选用 80～120 ℃。

角状管的截面形状主要有五角形和三角形两种, 进出气角状管交错排列。在确定角状管截面积时, 应保证热风在角状管截面上的风速一般不超过 6 m/s, 避免废气带走粮食。为了在角状管长度方向上达到均匀送风的目的, 角状管可以采用变截面形式。

我国设计制作的混流干燥机多采用中间进风方式, 国外则较多地采用单侧进风方式, 废气道位于粮柱的两侧。包括顺流干燥机在内, 不论是采用单侧送风或是双侧送风, 都要尽量保证热风在气流方向上均匀分布。

7.3.5 错流干燥法

错流干燥法是指干燥介质流向与粮流方向垂直的干燥方法,如图 7.13 所示。图中同时给出谷物水分、谷物温度和干燥介质温度的变化情况。可以看出:错流干燥中内外层谷物受热不均匀,降水也不均匀。

图 7.14 为一错流谷物干燥机的结构简图,截面为圆形。干燥机的内外壁开有通风孔,谷物在重力的作用下向下流动,热风由干燥机内壁垂直穿过粮层,经外壁排出。谷物在整个错流干燥的过程中靠近内壁的谷物一直处在热风的高温区,而靠近外壁的谷物却一直处在热风的低温区。最终将导致内部谷物过干而外部谷物干燥不彻底,谷物烘后水分不均匀,这是错流干燥机的主要缺点。另外,内部谷物一直处于高温区,将降低谷物的烘后品质。为了解决这些弊端,人们采用了多种方法,其中最常见的是谷物换向器。谷物流经换向器以后外部的谷物转移到内部而内部的谷物转移到外部。

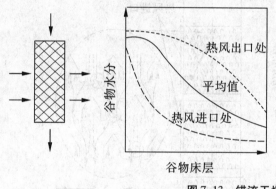 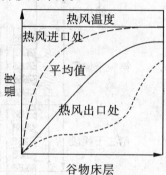

图 7.13 错流干燥法

为了保证谷物的烘后品质,错流干燥的风温不宜太高,一般不超过 80 ℃。为了尽量减少干燥不均匀性,粮层厚度不能太厚,一般为 300 mm 左右。

上述错流干燥机的截面为圆形,也可采用方形截面。错流干燥方式在国外尤其是美国应用较多,在我国的应用正逐渐减少。国外多采用燃油炉加热空气,燃油炉及风机皆放置在干燥机的内腔中,冷风由外向内穿过冷却段粮层后进入风机,流出风机后经燃油加热,再由内向外穿过粮层,实现干燥。国内主要采用燃煤加热,庞大的供热设备(热风炉、换热器和风机)只能放在干燥机外部,这就需要在干燥机的侧壁开洞引入热风和冷风。

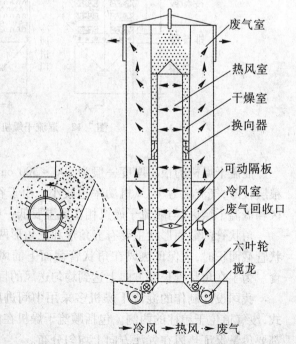

废气室
热风室
干燥室
换向器
可动隔板
冷风室
废气回收口
六叶轮
搅龙

→冷风 →热风 ·→废气

图 7.14 错流谷物干燥机的结构简图

错流干燥机具有结构简单、造价低的优点,如果对谷物烘后品质要求不高,选择错流干燥机是明智的。顺流干燥机谷物烘后品质好,但是结构较复杂,造价高,电耗也高。混流干燥机介于两者之间。

7.3.6 批量式循环干燥

图 7.15 为一批量式循环干燥机的结构简图,上部为缓苏段,下部为干燥段,一般采用错流干燥的形式。一次干燥后的谷物经斗提机再次进入干燥机上部的缓苏段进行缓苏,平衡谷粒内外水分。由于采用循环干燥,每次干燥的降水幅度小,在干燥之前又进行充分的缓苏,有利于提高谷物烘后品质,对于稻谷特别适合。该类干燥机产量小,不能连续生产,使用的风温低,以燃油供热为主。为实现连续生产并提高产量,通常是几台干燥机并联使用。

批量循环干燥机在我国南方地区应用较广,主要用于稻谷干燥。上述的顺流、混流、逆流干燥机属高温连续干燥机,处理量大,降水幅度大,在我国北方地区应用较广,主要用于高水分玉米的干燥。

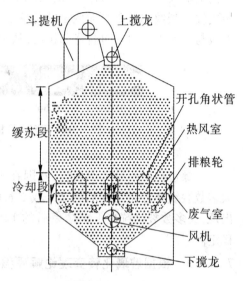

图 7.15 批量式循环干燥机的结构简图

7.4 谷物干燥过程中理化特性的变化

7.4.1 干燥对谷物力学特性的影响及应力裂纹

7.4.1.1 干燥对谷物力学特性的影响

干燥通过降低谷物的水分而对谷物籽粒的多种物理特性产生影响,其中对力学特性的影响最为显著。谷物在干燥过程中由于受热而升温,温度的变化也会对其物理特性产生影响。干燥在改变谷物籽粒力学特性的同时,由于内外层之间水分和温度的不同,也使得不同部位具有不同的力学特性,产生内部应力。当应力大于谷物籽粒自身的强度时,籽粒会在某个点发生破坏,出现裂纹。具有裂纹的谷物在后来的处理和加工中容易发生破碎,影响其加工性能。

稻谷胚乳的抗压强度和抗拉强度在水分低于 8.87% 时受水分的影响不大,较高时随水分升高而降低。抗压强度还受到温度的影响,只是与水分的影响相比,温度产生的影响较小,在水分含量较高时,温度变化的影响更小。在水分含量相同时,压缩破坏强度比拉伸破坏强度大得多,所以稻谷在拉应力的作用下更容易发生破裂。由于拉伸破坏强度比较小,谷物籽粒在发生较小变形时所产生的应力就超过拉伸破坏强度,而这时的变形还处于弹性变形范围内,因此,弹性模量是研究谷物籽粒破裂时的一个重要力学特性参数。水分和温度对弹性模量的影响趋势与对抗压、抗拉强度的影响相似。

7.4.1.2 应力裂纹的形成与发展

对稻谷裂纹断面的扫描电镜观测表明,裂纹断面可分为两个区域,一个靠近中心,沿淀粉粒边缘断裂,另一个靠近外围,沿细胞壁界面断裂;随干燥时间延长,外围区域所占的比例增大。图7.16为高速摄像机拍摄的裂纹产生及生长过程(注意两条裂纹之间的短裂纹),裂纹起源于颗粒内部靠近表面处,开始生成于腹部靠近表面的位置,然后沿着大致与长轴垂直的方向向背部扩展,从生成到扩展完成在瞬间(0.004 s)完成。

| 0.001 s | 0.002 s | 0.003 s | 0.004 s | 0.005 s |

图7.16 高速摄像机拍摄的裂纹产生及生长过程

干燥过程中不易出现裂纹,原因在于颗粒还处于橡胶态,弹性较好,能够经受应力。大多数裂纹在停止干燥后的2 h或更长时间后开始出现,有的裂纹在干燥停止9 h后才出现,大多数裂纹粒在干燥结束后的12 h内出现,所有的裂纹都在24 h内出现并达到稳定。

7.4.1.3 根据玻璃化转变理论解释稻谷裂纹的形成—T_g裂纹理论

玻璃化转变是指无定形物质从玻璃态到橡胶态或从橡胶态到玻璃体的转变。干燥过程中谷物温度和水分的变化可以使其所处的相态发生变化。发生玻璃化转变时,无定形固体的热特性和物理特性发生明显变化。处于玻璃态时,黏度和弹性模量高而比热容、比容、膨胀系数低;处于橡胶态时,黏度和弹性模量低,比热容、比容、膨胀系数大。稻谷在橡胶态和玻璃态的体积热膨胀系数分别为 $4.99×10^{-4}/℃$、$0.86×10^{-4}/℃$ 和 $4.26×10^{-4}/℃$、$0.89×10^{-4}/℃$。从玻璃态转变到橡胶态使稻谷的热膨胀系数增大到原来的5倍左右。

稻谷干燥过程中的相态转变如图7.17所示。在室温下稻谷处于玻璃态,因受热而温度高于 T_g 时,稻粒从玻璃态进入橡胶态。随干燥的进行,靠近表面的部分水分含量降低。水分降低到一定程度时,外层从橡胶态返回玻璃态,而中心部位仍停留在橡胶态。随干燥进行,玻璃化区域向中心部位不断扩展。

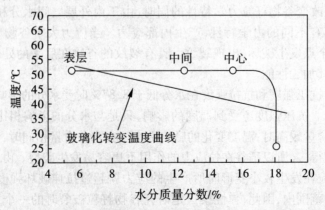

图7.17 干燥过程中稻谷内外层的水分变化

T_g裂纹理论认为：如果处于不同相态的内外两层，其热特性和吸湿特性的差异足够大，而且外层玻璃态的体积与中心橡胶态的体积相比达到一定程度，裂纹将在两层的交界处产生。由于橡胶态时的热膨胀系数是玻璃态时的5倍左右，中心部分趋于膨胀而外层趋于收缩，因此，外层受到拉应力而内层受到压应力。由于稻谷(长粒稻)的拉伸强度是压缩强度的1/14～1/7，裂纹将在外层(该层受拉应力作用)内扩展。水分梯度是反映内外层吸湿特性差异的重要量度。水分梯度越大，内外层T_g的差别越大，热膨胀系数的差别也越大，越易导致裂纹形成。

根据T_g裂纹理论，除上述的过度干燥外，干燥后的缓苏和冷却也可以导致裂纹。在停止加热的条件下，缓苏完成时稻谷的温度不会高于干燥结束时的温度。如果缓苏温度低于T_g(如图7.18中B点所示)，在水分由内层向外层转移的同时，外层因温度降低而进入玻璃态。随温度进一步降低，将有足够体积的外层进入玻璃态，而中心部位仍处于橡胶态，如果这时内外层的水分梯度足够大，将由于内外层特性(如热膨胀系数)的不同而产生裂纹。如果缓苏温度高于T_g(如图7.18中A点所示)，在发生玻璃化转变之前水分梯度已经消失，不会出现裂纹，随后冷却到T_g以下也不会出现裂纹。

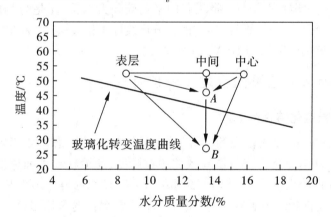

图7.18 不同缓苏温度时稻谷颗粒内不同部位的水分变化过程

7.4.1.4 裂纹、破碎和整精米率

裂纹率是指一批谷物中发生裂纹的谷粒占谷粒总数的百分比。观察裂纹的简单方法是，将谷物籽粒水平放置在玻璃板上，带胚的一侧朝下，玻璃板下方放一灯泡作光源，通过肉眼就可以观察裂纹。发生裂纹的谷粒可能有一条裂纹也可能有多条裂纹，为了更为全面反映裂纹发生的程度，定义了应力裂纹指数

$$SCI = 5\,m + 3d + s \tag{7.62}$$

式中　m——100个籽粒中裂纹数超过两个的籽粒的数量；

　　　d——具有两个裂纹的籽粒数量；

　　　s——仅有一个裂纹的籽粒数量。

SCI高说明双裂纹粒和多重裂纹粒的数量多。

破碎敏感度是一个反映谷物在输送或运输的过程中由于受到撞击而发生破碎的潜在可能性的指标。没有标准的测定方法。测定的一般原则是：将一定量的样品以一定的

流速进入特定的破碎或撞击装置,粉碎一定时间后取出全部样品,用一定孔径的筛(一般为 4.76 mm 的圆孔筛)筛理一定时间。粉碎后样品的总重量记为 W_T,筛面上样品的重量记为 W_R,则破碎敏感度 B 为

$$B = \frac{100 \times (W_T - W_R)}{W_T} \tag{7.63}$$

整精米率(HRY)是整精米占净稻谷试样质量的百分率。我国稻谷标准 GB 1350—1999 中对整精米的定义为:糙米碾磨成精度为国家标准一等大米时,米粒长度仍达到完整精米粒平均长度的 4/5(含 4/5)的米粒。美国标准中只要求达到完整精米率平均长度的 3/4。

裂纹粒在碾米时容易破碎,是导致 HRY 降低得一个主要原因。但是,出现裂纹的稻谷在碾米的过程中未必都破碎。在长时间缓苏后,尽管有些样品的 HRY 与对照样品的 HRY 接近,但与对照样相比这些样品仍有相当数量的裂纹粒。淀粉糊化产生的凝胶通过填充裂纹面之间的缝隙可以愈合裂纹,这样,籽粒的完整性就因部分糊化而得到改善,从而使得 HRY 较高。HRY 不是与一批稻谷的平均破碎力相关,而是与"硬粒"(在三点弯曲试验中可以经受 20 N 力的稻谷)所占的百分比线性正相关;裂纹率与"弱粒"(破碎力 < 20 N)的百分比线性正相关,与 HRY 线性负相关。

7.4.2 干燥对谷物主要组分理化特性的影响

7.4.2.1 对淀粉理化特性的影响

淀粉是以淀粉粒的形式存在的,干燥可以对淀粉粒的形态产生影响。对初水分为 28.8% 的糯稻,150 ℃流化干燥可以导致淀粉粒膨胀,使淀粉粒多面体的棱变得较为平滑。初水分 24% 的小麦 40 ℃干燥时其淀粉为 A-型,60 ℃时开始出现 V-型,这是由于脂肪酸或磷脂与直链淀粉形成了复合物;随温度升高 V-型的含量增多;X-射线衍射测得的结晶度随干燥温度升高而增大,在 40 ℃时为 100%,100 ℃时达到 142%;80 ℃、100 ℃干燥的样品,其淀粉粒中的 95% 仍有较强的双折射现象。

初水分 25% ~ 33% 的稻谷在 80 ℃、90 ℃下流化干燥,然后缓苏不同时间。对淀粉的 DSC 测定结果表明,与对照样(35 ℃干燥)相比,干燥导致 T_0,T_p,T_c 向高温飘移,而糊化热焓降低,这说明干燥导致淀粉糊化。随干燥温度升高,这些变化进一步加剧。糊化在高温缓苏过程中仍有发生;在干燥温度较高时,缓苏过程中的糊化度升高有限,且糊化主要发生在干燥阶段。除干燥温度和缓苏条件外,初始水分也对糊化程度产生影响。初水分较低时,温度对糊化度的影响较小。尽管干燥和缓苏温度高于淀粉的糊化温度,可由于干燥时谷物内的自由水含量相对较低,不能保证淀粉完全糊化,所以淀粉的糊化只是部分糊化。

通过对淀粉糊加热过程中黏度变化的测定,也是了解淀粉理化特性的重要方法。各研究关于干燥和缓苏对衰减值和糊化温度的影响得出的结论比较一致。与对照样相比,干燥处理导致衰减值降低、糊化温度升高;随干燥温度升高和缓苏时间延长,这种变化得到进一步加强。糊化温度高可能是淀粉部分糊化和形成直链淀粉-脂肪复合物造成的,糊化形成的淀粉胶阻止水分的进入导致淀粉膨胀温度升高;也有研究者推测,可能由于

干燥导致淀粉中剩余的蛋白质含量增大,阻遏了糊化过程中水分进入淀粉粒,导致糊化温度升高,而后来的研究显示淀粉粒糊化特性的变化不能归因于其中的剩余的蛋白。在温度较低时干燥对淀粉糊黏度的影响有限;如果干燥温度高,干燥谷物的终水分低,缓苏温度高且时间长,使得稻谷经受强烈的热处理,将会使峰值黏度和终黏度明显降低。

干燥对淀粉的影响还体现在其他一些方面,例如:110 ℃干燥的玉米,其淀粉和玉米粉凝胶的最大储能模量和损耗模量比58 ℃干燥玉米的要高;与对玉米粉凝胶的影响相比,干燥对淀粉胶储能模量和损耗模量的改变较大。

7.4.2.2 对蛋白质理化特性的影响

干燥可以导致谷物中的蛋白质发生变性,使得蛋白质的溶解性降低。初水分为45%的玉米,54 ~ 130 ℃流化床干燥至12% ~ 15%。采用顺序提取法提取各蛋白组分,70%乙醇+0.5%乙酸钠+0.6%2-巯基乙醇提取的称为谷蛋白-1,pH = 10 硼酸钠缓冲液+0.6%2-巯基乙醇提取的称为谷蛋白-2,pH = 10 硼酸钠缓冲液+0.6%2-巯基乙醇+0.5%SDS提取的称为谷蛋白-3。研究发现,随干燥温度升高,清蛋白、球蛋白和醇溶蛋白的溶解性显著降低。而谷蛋白-2 和谷蛋白-3 的含量增大直到 110 ℃,130 ℃时有所降低。不溶性蛋白在 130 ℃时显著增多。54 ℃干燥样品的蛋白溶解性与冻干样品的相比变化不大。SDS-PAGE 显示在高温干燥条件下一些水溶性和盐溶性的多肽消失,而醇溶蛋白和谷蛋白-1 的电泳图谱变化不大。

7.4.3 干燥对谷物加工特性的影响

7.4.3.1 对稻谷碾米加工特性的影响

评价稻谷碾米加工特性的主要指标有:出米率(TRY)、整精米率(HRY)、大米的白度等。其中 HRY 最为重要,相关研究也最多。

首先,干燥条件对 HRY 的影响存在种间差异。在干燥条件相同的情况下,中粒稻比长粒稻的 HRY 要高。种间差异的原因主要在于不同品种间,籽粒的形状、几何尺寸、质地存在差异。干燥工艺也对 HRY 有很大影响,在干燥过程中或干燥结束后进行缓苏能有效降低裂纹率、增大 HRY,这也是现有的稻谷干燥中普遍采用缓苏阶段的原因。

合理的干燥和缓苏条件对保证 HRY 也很必要。干燥条件包括干燥温度、热风相对湿度、干燥时间。有研究表明,对稻谷只加热达到 80 ℃而不让失水,对 HRY 的影响很小。如果加热的同时失水(即干燥),温度达到 50 ℃以后 HRY 就开始降低。这说明,只有热风温度并不能完全解释干燥对 HRY 的影响,还要考虑干燥介质的蒸发去水能力(1 kg 干空气所能带走的最大水分量)。初水分 16% ~26% 的稻谷在三种热风条件下干燥,21 ℃,50% RH 环境下放置 2 ~5 d 后测 HRY。HRY 随干燥时间的变化见图 7.19。采用 43.5 ℃,39% RH 的热风条件(对应的平衡水分为 9.5%),长时间干燥对 HRY 几乎没有影响,而采用 60 ℃,17% RH 的热风条件(对应的平衡水分为 5.8%),干燥导致 HRY 快速降低。

缓苏条件包括缓苏温度和缓苏时间,缓苏条件的选择与前期的干燥条件有关。干燥温度高、热风相对湿度低、干燥时间长使得一次降水的幅度增大,籽粒内外层的水分梯度增大,容易出现裂纹,导致 HRY 降低。为保证 HRY,应在较高温度下缓苏,且缓苏时间要长一些。例如:初始水分 20.4% 的稻谷采用 60 ℃,17% RH 的热风干燥 50 min(一次降水幅度为6.6%)后,在60℃条件缓苏40 min可以使整粒质量分数达到对照样(21.7℃,46.7% RH条件下干燥)的98%。干燥时间为90 min(一次降水幅度达到9.2%)时,60℃缓苏60 min也只能使整粒质量分数达到对照样的86.2%,80℃缓苏60 min可以达到95%。缓苏时稻谷周围空气的相对湿度对裂纹率有很大影响,相对湿度在30%~75%范围内时裂纹率较低,过高或过低都易导致裂纹出现。

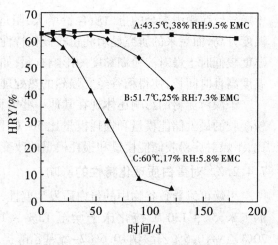

图7.19　HRY随干燥时间的变化

7.4.3.2　对玉米湿磨加工特性的影响

玉米除用作饲料外,主要用于生产淀粉,湿磨法是生产玉米淀粉的主要方法,因此,干燥对玉米湿磨加工特性的影响受到更多关注。淀粉得率越高、淀粉中剩余的蛋白含量越低,表明玉米的湿磨性能好。硬质和马齿形湿玉米在70~110℃薄层干燥至约12.0%水分。研究表明,随干燥温度升高,淀粉得率降低,淀粉中蛋白质的含量增大,浸泡性能降低。淀粉得率还随初始水分提高而减小。与马齿形玉米相比,干燥对硬质玉米湿磨加工特性的影响更明显。

添加淀粉酶可以显著提高玉米的淀粉得率。加酶后,高温(80℃、120℃)干燥玉米的淀粉得率提高是由于淀粉-纤维以及淀粉-谷蛋白的分离更为彻底;而低温(30℃)干燥玉米的淀粉得率提高只是由于淀粉-纤维的分离更为彻底。高温干燥导致淀粉得率降低的原因在于,淀粉-面筋蛋白的分离变得困难,这也使得淀粉的品质降低。

7.4.3.3　对小麦面粉品质的影响

17%,25%,37%水分的小麦在40,60,80、100℃流化干燥60 min,研究干燥温度和初始水分都对面团混合时间(MT)和面包体积(LV)产生的影响。结果表明,干燥温度升高使面团混合时间延长,与对照样相比40~60℃(因品种和初始水分而异)干燥使面包体积增大,这与小麦后熟的影响相似;进一步升高温度将导致面包体积降低,在水分含量高时降低的幅度更大,说明这时小麦受到热损伤。

不论是小麦面粉加工特性的改变还是玉米湿磨特性的改变,实际上都是其组分理化特性变化的延伸;稻谷干燥后HRY的变化实际上是其力学特性变化的延伸。关于干燥对物理特性影响的研究较为系统深入,而对于理化尤其是加工特性影响的研究还只是停留在现象揭示阶段,对其机制的研究还很少。与其他加工过程相比,干燥过程中物料的水分含量相对较低,这使得理化特性变化的程度相对较低,研究起来也比较困难。另外,为了使研究结果更容易用于实际的干燥操作,很多研究只是建立干燥条件与变化结果之间的关系。实际上决定谷物变化程度的直接因素是谷物籽粒自身的温度、水分和干燥时间,其他如干燥、缓苏条件只是外因。测定谷物籽粒的温度比较困难,谷物水分随干燥进行又不断变化,且籽粒内不同部位的水分、温度也可能不断变化,这些都给从根本上了解干燥对谷物理化特性的影响带来实际困难。

谷物在储藏期间,由于品质变化以及虫、霉的繁殖发育,一般以调控粮食水分、温度与粮堆中气体成分为基本条件。水分、温度与粮堆中气体成分间既互相促进,又互相制约。只有采用适当的储藏技术,使粮食处于干燥、低温和适当的气体条件下,才能达到安全保粮的目的。

第 **8** 章

谷物储藏

8.1 谷物储藏概述

8.1.1 谷物储藏的基本类型

8.1.1.1 机械通风

通风是指使温度相对低的气流穿过谷物,从而控制谷物温度,达到保持谷物品质、延缓谷物陈化的目的。现代化的通风技术始于第二次世界大战以后,当时谷物产量增加,谷物的储藏通常达到 1 年以上。同期在大型的粮食仓库投入使用,以降低谷物储藏的成本。

(1)通风的目的 通风的基本目的是使谷物的温度保持一致,同时使谷物的温度降低到安全储藏标准。通常我们讲的通风并不包括采取大量的气流运动来干燥谷物。

几乎所有的食品都适合于低温储藏,虽然谷物并不像其他食品那样易于腐坏,但低温储藏更能保持其品质。低温储藏不但能够抑制霉菌的生长,而且还能抑制害虫的繁衍。将谷物冷却到 15 ℃或更低些时,即可阻止害虫完成其生命周期,免于这些害虫的迅速繁衍和对谷物的损害。

自然通风能使高达 50 t 以上的散装谷物温度均匀地下降到冷却的程度。因为干燥的谷物本身是一种热的不良导体。散装谷物边缘的稳定较谷堆中央的温度下降得快。散装谷物的温差造成了气流从高温谷区流向低温谷区。散装谷物内气流的流动方向取决于当环境温度下降时谷温亦下降,或当春、夏季环境温度增高时谷温亦增高的情况。

通风还可以消除谷物中的不良气味。通风可以消除或减低霉味或由于采用质量不好的干燥机干燥谷物以及采用化学药剂所产生的不良气味。有些气味仅需很短时间的通风即可除去,而有些气味却需要较长时间的通风才能消除。

酸味或发酵的气味以及有机酸味采用通风却很难完全除掉。消除发霉谷物的气味并不能改善霉菌对谷物的损坏情况。

通风能使谷物水分平衡。当大量的各种不同水分含量的谷物堆集在一起时,采用通风即可加快水分迁移和水分平衡。研究表明,对于混堆在一起的干、湿玉米来说,其水分平衡情况不是很明显。

使用通风系统有利于熏蒸剂的使用。通过通风系统即可将熏蒸剂应用于深仓或筒仓中的谷物中。费利普斯(1957)是最早利用通风系统使用熏蒸剂的研究者之一。斯托里在 1967 年就研究了利用通风系统对平房仓及筒仓对谷物施用熏蒸剂的方法,并在含有熏蒸剂的通风气流的通风熏蒸方式——单向通风与环流通风之间做了比较。

利用通风系统消除谷物干燥后的余热。消除谷物干燥后的余热是干燥通风和仓内冷却系统配合进行的。从干燥角度讲,谷物经干燥后是在一专用冷却仓内冷却的,而就粮仓内冷却而言,谷物是在储藏仓内冷却的,干燥与粮仓冷却所用的气流速度大大高于干燥的储藏谷物所采用的通风速度。

(2)机械通风系统的组成 储粮机械通风系统的基本组成部分是通风机,连接风机与粮仓的风管,通风管道,粮堆以及操作控制设备等。

(3)通风条件的判断与选择 根据不同的通风目的,确定是否可以通风的各种条件

组合,我们称为"通风操作条件"。了解操作条件之前,要知道通风原则,并对通风条件进行分析,通风操作条件又分为允许通风的大气条件、结束通风的条件和其他附加条件三类。

1)确定通风的原则　一个机械通风系统组成以后,只是具备了实施机械通风的硬件要素,而何时才应该实施机械通风,还必须取决于以下软件条件,即确定通风的原则。

第一个原则,希望通风达到的目的要与通风具有的功能、通风的合适时机相协调。

第二个原则,通风时的大气条件应能满足通风目的的需要。

第三个原则,确定通风大气条件时,既要保证有较高的效率,又要保证有足够的机会。

第四个原则,确定通风的大气条件,应能限制不利通风副作用。

第五个原则,通风中必须确保储粮的安全。

以上五条原则涉及大气的温度、湿度、露点,粮堆的水分、湿度、露点等参数之间的关系和各种条件的组合,要同时满足以上五个原则就要设法在上述诸多参数中找出最佳的平衡点。

2)允许通风的大气条件　允许通风的大气条件是指在一个通风作业阶段开始以后,满足通风目的要求的大气温度、湿度、露点等参数的上限、下限数值。当大气温度、湿度符合该组条件时,则允许启动通风机通风,否则暂停通风,但不一定停止通风作业。

允许通风的温度条件:我国《机械通风储粮技术规程》规定,除我国亚热带地区以外,开始通风时的气温低于粮温的温差不小于 8 ℃,通风进行时的温差要大于 4 ℃;考虑到我国广东等亚热带地区四季温差较小,为保证有足够的通风机会,只能牺牲一部分效率,而规定开始通风的温差为 6 ℃、通风进行中温差为 3 ℃。

对自然通风降温来说,一般要求气温低于粮温即可通风。

对降水通风和调质通风要求通风后的粮温不超过该批粮食的安全储藏温度。

允许通风的湿度条件:《机械通风储量技术规程》中的湿度条件一律使用绝对湿度,这样更为明确,条件的表达方式也更为简洁。

对降水通风的湿度条件《机械通风储量技术规程》规定

$$P_{S1} < P_{S21} \tag{8.1}$$

式中　P_{S1}——大气绝对湿度压力值,kPa;

　　　P_{S21}——粮食水分减一个百分点,且粮食温度等于大气温度时的平衡绝对湿度压力值,kPa。

在机械通风中,降水和降温往往是同时存在的。在通风中往往表现为干燥过程尚在进行,冷却过程已经结束。因此《机械通风储量技术规程》为了避免出现因为粮温变化而发生通风效果逆转现象,直接将粮温等于气温作为测定粮食平衡绝对湿度的条件。

另外,将粮食水分减一个百分点,是为了进一步增加通风的湿差,以提高通风效率。

对调质机械通风的湿度条件,《机械通风储量技术规程》规定

$$P_{S2} \geqslant P_{S22} \tag{8.2}$$

式中　P_{S2}——当前粮温下的粮食平衡绝对湿度压力值,kPa;

　　　P_{S22}——粮食水分增加 2.5%,且粮食温度等于大气温度时的平衡绝对湿度压力

值,kPa。

所使用的平衡绝对湿度曲线是解吸曲线,而同一湿度下对应的吸附曲线平衡水分值一般比解吸曲线低2%~2.5%,因此将粮食水分增加2.5%作为湿差,就是为了补偿两种曲线之差,确保调质通风中能够有效地增湿。

对降温通风,一般仅要求通风中不增湿,并且可以不考虑干燥前沿滞后的问题,因此通风的湿度条件很简单:

$$P_{S1} \leqslant P_{S2} \tag{8.3}$$

3)允许通风的露点条件 粮食通风中的结露问题有两种类型,一类是气温低于粮堆露点时,粮堆内部散发出的水蒸气遇冷空气而引起的结露,俗称"内结露"。实践证明"内结露"在机械通风中影响并不严重,随着引入粮堆的大量低湿空气将粮堆内的高湿空气带走,结露会很快停止。因此,除自然通风以外,这类结露可以不作为通风控制条件。另一类结露是粮温低于大气露点温度,空气中的水汽凝结在冷粮上而引起的结露,俗称"外结露"。这类结露的水分源于不断引入粮堆的空气。"外结露"在地下粮库等低温型粮库中的误通风中屡见不鲜,往往导致影响储粮安全的严重后果。为防止"外结露"的发生,一般尽量避免粮温低于大气露点时通风。

4)结束通风的条件 结束通风是指通风的目的基本达到,粮堆的温度、水分梯度基本平衡,可以结束通风作业的条件。

结束降温机械通风的条件:

①$t_1 - t_2 \leqslant 4 \, ℃$;

②每米粮堆温度梯度小于1 ℃;

③每米粮层厚度粮堆水分梯度小于0.3%水分。

结束降水机械通风的条件:

①干燥前沿移出粮面(底层压入式通风时),或移出粮堆地面(底层吸出式通风时);

②每米粮层厚度粮堆水分梯度小于0.5%;

③每米粮层厚度粮堆温度梯度小于1 ℃。

结束调质通风的条件:

①粮堆水分达到预期值,但不超过安全储存水分;

②粮堆水分和温度梯度同降水通风的梯度要求。

为了达到结束通风的条件,一般在通风目的基本达到后,还应适当延长一段通风时间,使得粮堆内的温度、水分趋于均匀,有利于安全储藏。

(4)机械通风的操作管理 在粮食入仓前,需要对风网进行一系列最后检查。主要包括通风管道是否通畅,是否有积水或异物;通风管道衔接部位是否牢固,尤其是吸出式通风系统,要严格检查风道是否漏粮;通风机和防护网固定是否牢固,与风道连接处密封是否良好。

粮食入仓过程中要随时注意不要损坏风网(特别是地上笼风道);采用机械输送入仓时,应采用散粮器,以减轻粮食的自动分级;入粮后要平整粮面,以确保粮堆各处阻力均匀;在通风前要开粮仓房门窗,防止通风开始后仓内外空气阻力差对仓体建筑造成破坏,同时也给通风室内外空气交换提供通道;通风前要检查设备的接地线是否可靠,电动机和控制电路接线是否正确,防止通风机反转,对大功率的风机要求装备自动空气开关或者其他具备自动继电保护功能的控制器;通风中经常检查通风机运转是否正常,如果电动机温升过高或设备剧烈振动,要立即停机检查。对吸出式通风系统,要经常观察出风口是否有粮粒或异物被吸出。如设备自动停机,一定要先检查停机原因,排除故障后才能重新启动;定期对粮情进行检测。

在通风过程中,每检测一次粮温或水分,都应按照通风的判断条件重新确定一次是否允许继续通风。

(5)机械通风后的隔热保温　粮食机械通风降温作业完成后,为了有效地保持粮食有较长时间的低温,应采取必要的隔热保温措施,以减缓粮食吸热而引起的温升速度,保证在夏季有较低的温度,从而延缓粮食陈化,保持粮食品质及新鲜程度。对条件好的仓房(建仓时作隔热保温处理),只需要做好密闭工作。

8.1.1.2　适时密闭

密闭与通风相反,它是通过减少粮食与外界空气接触,避免外温外湿影响和害虫感染,来提高储粮稳定性的一种措施。具体要求和做法如下:

(1)长期密闭储藏的粮食的具体要求　长期密闭储藏的粮食,水分应在安全标准以内,各部位水分、温度基本上一致,没有害虫,杂质少。

(2)密闭压盖的实施时间　要根据目的而定。为了保持低温干燥的密闭压盖,应在春季气温回升以前进行。为了高温密闭杀虫的压盖,应在热粮进仓时随即进行,如小麦趁热入仓,压盖密闭。

(3)密闭方式　密闭方式可分为整仓密闭与压盖密闭两种。

1)整仓密闭　适宜于密闭条件好的仓房。方法是将门、窗及一切透气的缝隙加以密封,只留一个门供检查时进出,门内再挂一层厚的门帘,以防止早晚检查粮情时,外界高温侵入。

2)压盖密闭　对于密闭性能较差的仓房,可用压盖粮面的办法,增强密闭性能。压盖物料要求清洁无虫,压盖物不宜与粮面直接接触,以免杂物混入粮内。压盖应做到平、紧、密、实,以利于隔热隔湿,并防止空隙处结露。压盖物要经常检查,如有返潮现象,应及时更换,以免增加粮堆表层水分,引起发热霉变。

通风与密闭,应严格掌握温湿度变化规律与粮质条件。盲目通风及不适当密闭都会给储粮安全带来不良后果。

对密闭的粮堆同样要加强检查,注意粮情变化。

8.1.1.3　低温储藏技术

低温储藏能抑制虫、霉繁殖和粮食呼吸,增强粮食的耐储性,易于保持品质。低温储藏是今后努力发展的一种储藏方法。

(1)低温储藏的理论根据　粮食的呼吸作用以及其他分解作用主要受温度、水分的影响。一般水分正常的粮食,只要粮温控制在 15 ℃以下,就能抑制呼吸,使粮食处于休眠状态,延缓陈化,保持品质;粮温在 20 ℃以下,也有明显效果。储粮害虫一般在 25 ~ 35 ℃时,最为活跃,低于这个温度,繁殖增长不快,17 ℃以下或者更低,就不能完成其生活史,或者不能很快生长发育。微生物的活动,也主要受温度、水分的影响。粮食微生物绝大多数是中温性微生物,它们的生长适宜温度为 20 ~ 40 ℃。安全水分标准以内的粮食,粮温在 20 ℃ 或 15 ℃ 以下,可以防止发热霉变。

(2)低温储藏技术措施　低温储藏的技术措施,主要包括如何取得低温和保持低温两个方面。

1)取得低温的方法　①自然通风冷却:在寒冷季节,将仓库门窗打开,结合深翻粮面、挖沟、扒塘,或利用机械设备,通过转仓、风溜等措施,降低粮堆温度。②机械通风冷却:在气温下降季节或寒冷冬季,将外界冷空气送入粮堆,或将粮堆内湿热空气抽出,使粮堆保持均匀一致的低温。

2)保持低温的方法　机械制冷——谷物冷却机:利用制冷设备产生冷气,送入仓房或粮堆中,使粮食处于低温状态。这种方法粮温不会随气温上升而回升,可以人为地控制所需温度,储粮效果好。

(3)谷物冷却机低温储粮技术

1)低温的作用　低温能抑制储粮的呼吸作用,降低粮食的呼吸损耗,延缓粮食品质陈化,保持粮食的新鲜度和食用品质;控制虫霉对储粮的危害,避免粮食遭受虫害而造成的损失和防止粮食发热、霉变;有利于解决大米(包括糙米)等成品粮安全储藏度夏问题;不用或少用化学药剂处理粮食,保持储粮卫生,防止污染,为绿色食品的生产提供合格的原料;不受自然气候条件的限制,冷却通风可在任何需要的时候使用;谷物冷却机适用于各类具备机械通风系统的仓型,包括高大平房仓、立筒仓、浅圆仓、钢板仓等,对于隔热密闭条件比较好的仓型,使用效果更佳,并可将设备移动到多个库点使用;由于谷物冷却机是将冷却空气直接送入散装粮堆内,冷却空气的温湿度可以人为设定,不但比传统的机械制冷储粮方式具有更高的冷却效率和节能效果,而且可以根据实际需要设置送入冷风的温湿度;在降低储粮温度的前提下,可以减少储粮水分损失和合理地提高安全储粮水分,改善粮食加工工艺品质,增加储粮和加工及销售环节的综合效益;谷物冷却机低温储粮技术可以同我国传统的自然低温储粮技术、机械通风、化学防治等多种技术结合使用,并能获得理想的综合应用效益。

2)谷物冷却机　谷物冷却机的研究始于前联邦德国。波恩农业工程研究所、联邦粮食加工研究所等单位做了大量的粮食冷却储藏方面的研究。1958 年开始投入工业化生产,到 1965 年前联邦德国已有 8 家公司生产该设备(单台设备处理能力为 30 ~ 500 t/d)。目前谷物冷却机的技术已比较完善,能实现微机全自动控制,在西欧获得了较广泛的应用,在德国采用谷物冷却机低温储藏的粮食,基本上不需熏蒸杀虫。

谷物冷却机是一种可移动式的制冷调湿通风机组。该机组由制冷系统、温湿度调控系统和送风系统组成。主要部件有通风机、冷凝器、蒸发器、压缩机、膨胀阀、后加热装置、控制柜及可移动机架及防护板等。

按通风机设置在蒸发器前和后的位置,谷物冷却机分为前置式和后置式两种;按谷物冷却机制冷量区分,通常制冷量在 100 kW 以上的称为大型机,50 ~ 100 kW 的称为中型机,50 kW 以下的称为小型机。

谷物冷却机的工作环境要求尽量避免强阳光辐射,阳光辐射可能导致机器工作不正常或调节失灵,应尽可能地将机器置于建筑物的背阴处或北侧,在夏季应防止电气控制柜直接曝晒;放置冷却机的地面必须平整,以保证机器放置平稳,排水通畅。

3）工作原理　外界空气在通风机产生的压力差作用下,经过滤网进入蒸发器,通过热交换被冷却;当被冷却的空气相对湿度超过设定值时,后加热装置对被冷却空气进行加热,将其相对湿度降低到设定要求,再通过通风管道和空气分配器进入粮堆,自下而上地穿过粮堆,从而降低粮堆温度,控制湿度,达到低温控湿储粮目的。

4）谷物冷却机的特点　保持水分冷却通风:通过合理调控送入粮堆空气的温度和相对湿度,在保持储粮水分的前提下,降低储粮温度。

降低水分冷却通风:将送入粮堆的冷却空气的相对湿度调节到低于被冷却粮食水分相平衡的相对湿度,在合理的范围内降低储粮水分,降低储粮温度。

调质冷却通风:对储粮水分过低不利于加工的粮食,适当调高送入粮堆冷却空气的相对湿度将储粮水分调整到符合保鲜要求和适宜加工的范围。

调湿通风:在不需要制冷通风的条件下,仅使用谷物冷却机的通风和电加热装置或单独使用通风装置,分别完成如下三个功能运作:①将送入粮堆空气的相对湿度调节到低于被通风粮食水分相平衡的相对湿度,在合理范围内降低储粮水分,降低储粮温度。②将送入粮堆空气的相对湿度调节到等于或高于被通风粮食水分相对平衡的相对湿度,在确保安全储粮需要的前提下,充分利用自然低温和湿度条件,实现保持水分通风降温储粮和调质通风。③单独使用谷物冷却机的通风装置进行机械通风储粮。

(4)保持低温的方法和注意事项

1）降温后做好密闭工作,有条件的可采用粮面压盖的办法。

2）必须在低温干燥天气进仓查粮,防止高温高湿侵入仓内。

3）加强检查,防止结露。检查部位着重在粮堆表层、靠墙壁、门口、覆盖物接头处和其他空隙处,随时注意粮堆各层之间和粮温与气温之间的温差,防止结露。

4）结合改建仓库,将墙壁及仓顶敷设隔热层。目前,我国已试用的隔热材料,有谷壳、膨胀珍珠岩、聚苯乙烯泡沫塑料等,哪一种最经济适用,还有待进一步试验研究。有条件的地区,可因地制宜修建地下仓、半地下仓。

8.1.1.4　气调储粮技术

在密封粮堆或气密库中,采用生物降氧或人工气调改变正常大气中的 N_2、CO_2 和 O_2 的比例,使在仓库或粮堆中产生一种对储粮害虫致死的气体,抑制霉菌繁殖,并降低粮食呼吸作用及基本的生理代谢。这种控制调节环境气体成分为依据,使粮食增加稳定性的技术称为气调储藏。

实验证明,当氧气浓度降到2%左右,或二氧化碳浓度增加到40%以上,或在高 N_2 浓度下霉菌受到抑制,害虫也很快死亡,并能较好保持粮食品质。

气调储藏的途径有生物降氧和人工气调两大类,二者各有不同的理论根据。生物降氧是通过粮食生物体的自身呼吸,将塑料薄膜帐幕或气密粮粒空隙中的氧气消耗殆尽,并相应积累了高含量的二氧化碳。它们能达到缺氧的机制,是以生物学因素为理论根据的。人工气调则是应用一些机械设备,如燃烧炉、制 N_2 机,它们的燃料可以用木炭、液化石油气、煤油等,亦可用分子筛或真空泵,先抽真空再充入氮气或二氧化碳气体。这些应用催化高温燃料、变压循环吸附、充入或置换等方法借以改变粮堆原有的气体成分,强化密封系统,使大气达到高浓度的氮,高浓度的二氧化碳或其他气体,因此是以人工气调为依据的。

(1)气调储藏防治虫害的作用 储粮害虫的生活条件与所处环境的气体成分、温度、湿度分不开。使用最有效的杀虫气体组成，按粮种提高粮温到一定范围，并按实际情况延长处理时间，均能提高气调杀虫的效果。当氧浓度在2%以下，储粮害虫就能致死。当有高二氧化碳和低氧混合气体同时起作用时就更具毒性。杀虫率所需的时间取决于环境温度。大气温度愈高，达到95%杀虫率所需的暴露时间就愈短，所以高温可以增加气调的效率。此外，在比较低的湿度下处理比在较高的湿度下处理更为有效。因为害虫生存中经常面临的一个重要问题是保持其体内的水分，免于过分散发以确保生命的持续，生活在干燥状态的储粮害虫，常具有小而隐匿的气门，气门腔中存在阻止水分扩散的疏水性毛等，在正常情况下，所有气门处于完全关闭或部分关闭状态，如果在低氧和一定二氧化碳以及相对湿度为60%以下的干燥空气中，则能促使害虫气门开启，害虫体内的水分因此而逐渐丧失。经试验，黄粉虫幼虫在高二氧化碳和低氧浓度下，其失水率较正常状态高出2~7倍。同样观察到储粮害虫处于1%氧与高浓度氮气混合处理时，其相对湿度与害虫致死呈现负相关。赤拟谷盗、杂拟谷盗、银谷盗的致死率均随相对湿度降低而显著增加。

目前国内外为防治仓库储粮害虫因使用单一气体气调熏蒸而易产生抗性的问题作了众多的研究，试验证实采用两种或两种以上或与空气混合来控制害虫，效果更为显著，如 CO_2 与溴甲烷，CO_2 与 PH_3 混合使用，都能提高 CO_2 对仓库害虫的毒性，据德斯马查利丁报道：就防治赤拟谷盗和杂拟谷盗来说，用25%的 CO_2 和剂量为 50 mL/L 的磷化氢熏蒸配合，其防治效果明显优于高 CO_2 或高剂量 PH_3 熏蒸，也同样适用于防治谷斑皮蠹和谷蠹，这就称为混合气调。

混合气体毒杀仓储害虫的效果比单一气体好，当采用 CO_2 浓度为40%~60%；N_2 为20%，O_2 为20%的气体处理粉斑螟卵时，经48 h，受试卵全被杀死，可见有氧的存在比纯二氧化碳气体毒力更高。

(2)抑制霉菌的作用 气体对真菌的代谢活动有明显的影响。能理想地将氧降低至0.2%~1.0%，不仅控制了储藏物的代谢，也明显影响到真菌的代谢活动。

当粮堆氧浓度下降到2%以下时，对大多数好气性霉菌具有显著的抑制作用，特别是在安全水分范围内的低水分粮以及在粮食相对湿度在65%左右的低湿条件下，低氧对霉菌的控制，其作用尤为显著。但是有些霉菌对氧气要求不高，极能忍耐低氧环境，例如灰绿曲霉、米根霉，能在0.2%氧浓度下生长。当气调粮堆表面或周围结露时，在局部湿度加大的部位就会出现上述霉菌，有些兼厌气性的霉菌如毛霉、根霉、镰刀霉等亦能在低氧环境中生长。

报道资料对刚收获的湿玉米（水分17%~23%）采用缺氧密闭储藏，由于缺氧的结果，微生物区系逐渐减小，杂色曲霉分生孢子的发芽率降低到20%以下，娄地干酪青霉和烟曲霉等真菌亦不能生长，但水分超过23%的玉米会出现轻微的酒精味，最好在密闭2~3个月以后再进行烘干处理，降低水分至安全再继续存放。

粮食上的霉菌对低二氧化碳有较强适应能力，只有当二氧化碳浓度提高到40%以上才能有明显的抑制作用。研究表明温度和二氧化碳等气体对麦氏青霉孢子发芽的交互作用，随着 CO_2 浓度的增加显著地降低孢子的发芽率，虽然此比例中氧浓度恒量，二氧化碳已增加到足以单一气调制菌的能力。如果采取低氧气调,应尽可能将粮堆间隙中的氧排除或将氮提高到99%以上,氧控制到0.5%以下才能见效。

气体组成中CO_2对真菌的代谢活动有明显的影响,当CO_2浓度增加到60% ~ 90%时,能抑制小麦或玉米内的霉菌生长及青霉或黄曲霉毒素的产生,据报道,用二氧化碳储藏11.8% ~ 25.4%高水分花生仁时,可防止黄曲霉和黄曲霉毒素的形成。

高水分粮采用人工气调,证明氮气同样能收到抑制霉菌的效果。因此气调储藏可作为高水分粮的应急储藏措施,也是可行的。

霉菌类型的演变是:田间真菌如芽枝霉及交链孢霉逐渐减少,储藏真菌(青霉和曲霉)在各种情况下还会增加。

但在用氮气控制真菌时,采用含O_2在0.3%的工业N_2中,只能减少霉菌发展速度;只有在纯N_2,含O_2在0.01%时,真菌生长、繁殖才全部被抑制。

氮气抑制黄曲霉毒素的产生,这在湿小麦、花生与湿玉米中均获得证实,而黄曲霉毒素的产量与真菌的生长成正比。

(3)降低呼吸强度 呼吸是和生命紧密相连的,呼吸强度是粮食主要的生理指标。在储藏期中,粮食呼吸作用增强,有机物质的损耗会显著增加,粮食易劣变。在缺氧环境中,粮食的呼吸强度显著降低,当粮食处于供氧不足或缺氧的环境条件下,并不意味着粮食呼吸完全停止,而是靠分子内部的氧化来取得热能,在细胞内进行着呼吸来延续其生命活动。这种呼吸过程称为缺氧呼吸或分子间内呼吸。

由于正常的呼吸作用是一个连续不断从空气中吸收氧的氧化过程,缺氧呼吸所需氧是从各种氧化物中取得的,即是从水及被氧化的糖分子中的OH^-中获得的,与此同时,必须放出H^+。所以缺氧呼吸是在细胞间进行的氧化过程与还原过程。有氧呼吸和缺氧呼吸两者间的共同途径是相同的,都由复杂的、各种酶参与反应,其中脱氢酶、氧化酶是起着决定性作用的酶。呼吸产物的共同点是都要放出二氧化碳和热能,也都有氧化过程。但当粮食由有氧呼吸方式变为缺氧呼吸方式时,由于粮堆环境中氧受到限制,粮食呼吸强度也相应降低到最低限度。缺氧呼吸时氧化1 mol葡萄糖所放出的热量(117 kJ)较之有氧呼吸时放出的热量(2 821 kJ)缩小了30倍。可见缺氧呼吸可降低粮食生理活动,减少干物质的损耗。与此同时,不论缺氧呼吸还是有氧呼吸所产生的二氧化碳都能积累在粮堆中,相对地抑制粮食的生命活动,并抑制虫霉繁殖。但积累高浓度的二氧化碳只有在密闭良好的条件下才能获得。据文献报道,当二氧化碳积累量达40%以上浓度时,就可杀死储粮害虫,当二氧化碳浓度达到70%以上时,绝大部分有害霉菌可被抑制。因此,在实践中缺氧储藏具有预防和抑制储粮发热的效果,而且,干燥的粮食采用缺氧储藏,可以较好地保持品质和储粮稳定性。因为在干燥的粮食中,它们呼吸的共同途径都是兼有缺氧呼吸,即不仅发生着正常的有氧呼吸,而且还发生缺氧呼吸过程,常常由于整个呼吸水平极其微弱,即使有缺氧呼吸在细胞中进行,它们所形成的呼吸中间产物也是极其有限的、微不足道的,对粮食的品质和发芽率都不致有重大影响。

8.1.1.5 缺氧储藏技术

缺氧储藏就是在密封条件下,形成缺氧状态,达到安全储藏的储粮方法。缺氧储藏属于气调储藏方法的一种。

(1)缺氧储藏的原理 缺氧储藏的原理是粮堆在密封条件下,利用粮食、仓虫、好氧微生物的呼吸作用,或者采用其他方法,造成一定程度的缺氧和二氧化碳的积累,使害虫窒息死亡,好氧性微生物受到抑制,粮食呼吸强度降低,从而达到安全储藏的目的。

1)缺氧储藏防治害虫 据科学实验和大量的生产实践表明,粮堆含氧量降到2%以下,能够致死各种害虫,降到5%左右,保持一定时间,也有致死和抑制作用。同时,密封粮堆可以防止外界害虫感染。

2)缺氧储藏抑制防霉 粮堆在缺氧条件下,好氧性微生物受到抑制;有些能耐低氧的霉菌,在缺氧条件下可勉强生活,但生长微弱,发育不良。同时,粮堆在密封状态下,防止了外部微生物的感染。因此,缺氧储藏具有明显的制菌防霉作用。另外,在缺氧环境中,粮食的呼吸强度显著降低,放出的热量较少,加上缺氧的抑菌作用,因而具有预防和制止储藏发热的作用。

3)缺氧储藏的品质变化 缺氧储藏粮食的品质,从目前试验和生产实践情况看,对安全水分粮食基本无影响,有些还略优于常规保管的品质;对高水分粮的影响较为显著,水分越高,影响越大。因此,安全水分的粮食才能长期缺氧储藏,半安全、不安全粮只能用它作为临时保管手段和应急措施。

(2)脱氧技术 我国目前研制和使用的脱氧技术,有自然缺氧、微生物辅助降氧、燃烧循环脱氧、制氮机降氧等,其中自然缺氧简单易行,是常用的方法。

1)自然缺氧 自然缺氧,是在密封粮堆中,依靠粮食、微生物和害虫等生物体的呼吸作用,逐渐消耗粮堆中的氧气,增加二氧化碳含量,使粮堆自身达到缺氧。这种方法,操作简单,除塑料薄膜外,不需其他设备,只要使用得当,操作认真,便可取得良好效果。其适用范围是:安全水分粮食,凡属降氧快,能在一个月左右将粮堆中的氧降至致死(2%以下)或抑制(5%左右)害虫要求的品种;对无虫粮,虽属降氧较慢的品种,也可起到防虫、隔湿的作用。半安全水分粮食,可以作为临时手段,短期储藏。高水分粮食,可以作为应急处理措施,抑制发热、霉变、生芽。

2)微生物辅助降氧 微生物辅助降氧,就是利用微生物的呼吸作用,消耗粮堆内的氧气。各地使用这种方法,对解决低水分稻谷等自身降氧慢的困难,收到一定效果。微生物辅助降氧,一般采用在粮面设置发酵箱的方法。应用的菌种应符合以下条件:①应用安全,对人畜无害,不污染粮食;②呼吸强度大,对氧的要求不严格,脱氧快;③方法简单,易于培养,繁殖速度快;④菌种和培养料容易取得,成本低。实践表明,以酵母菌(古巴2号酵母、04号啤酒酵母等)、黑曲霉菌、根霉菌较为理想。

3)燃烧循环脱氧 燃烧循环脱氧,就是将密封粮堆中的氧气抽至木炭燃烧炉中,使氧与木炭经燃烧生成二氧化碳,冷却后再送回反应堆,反复循环,达到缺氧。

4)制氮机降氧 SL-180型氮气发生器,简称制氮机。这种制氮机是以煤油作燃料,在机内经过高温完全燃烧,生成含氧0.2%～0.5%、二氧化碳13%～14.5%的气体,将生成气体充入密封粮堆,置换出空气,使粮堆达到缺氧。

8.1.1.6 "双低"储粮技术

"双低"储藏,又称低氧低药量储藏。这种法方具有操作简单,防治效果好,费用低的优点,深受广大基层保粮职工的欢迎,目前已经成为我国粮食储藏的一项主要技术措施,得到广泛推广应用。"双低"储藏是气调防治与化学防治相结合的一种方法。由于粮堆处于密封状态,磷化氢气体向外渗漏少,能保持粮堆内具有较长时间的有效浓度;粮堆内含氧量降低,二氧化碳含量增加,恶化了害虫的生态条件,对磷化氢毒效的发挥起了增效作用;在低氧、低药加上低水分的联合效应下,粮食的生命活动和微生物的繁殖受到了抑制,害虫死亡,因而使粮食处于稳定状态,能够安全储藏。

安全水分的储粮,凡降氧较困难,用自然降氧法不易达到杀虫、防霉、制热效果的,均可采用"双低"方法储藏。

为了保障粮食的食用卫生,目前"双低"储藏使用的药剂只限于磷化铝片一种。

根据"双低"储藏的要求,一般应先密封降氧,当氧降至适当程度(氧在 12% 以下、二氧化碳 4% ~8% 为宜),或已不再下降而开始回升时施药,才能发挥低氧低药的联合效应,保证效果。害虫比较严重的粮食,也可边密封、边施药。

施用磷化铝片的剂量,应根据降氧程度、害虫的种类、虫期、虫口密度等具体情况来确定。凡粮堆含氧量降到适当程度,虫种耐药力较弱,虫期较单一,虫口密度较小,粮温度高的,每立方米施用磷化铝 0.5 ~1 g;降氧情况较差,虫种耐药力较强,虫期较复杂,粮温较低的,每立方米用 1 ~1.5 g;虫害密度较大,边密封、边投药的,每立方米可用 1.5 ~2 g;最低剂量,每立方米不得少于 0.5 g。

8.1.2 谷物的安全储藏水分

水分在谷物的安全储藏中也是极为重要的。微生物,特别是某些种类的真菌是谷物劣变的主要原因。三个主要控制着真菌在粮食上生长速率的因素是水分、时间和温度。三个因素中水分是最重要的。在低含水量时,真菌不会生长。但是当水分达到 14% 或稍微超过这个水平时,真菌即开始生长。当水分含量在 14% ~20%,只要稍微提高水分水平,就会改变真菌的生长速率,同时也会改换真菌品种发展。因此如果要使粮食储存一段时期,重要的是要了解储粮任何一部位的水分含量,而不是粮食的平均含水量。因为在实践中,某粮堆的平均含水量可能是 14%,而粮堆内的不同部位,或不同的粮粒的含水量可能是很大的。因此在粮食储藏过程中应该密切注意最高含水量,而不是平均含水量。

人们看到一个仓库中的粮堆表面积似乎是均匀的,就会很容易地联想整个仓库中粮食含水量也是均匀的。事实上这种情况即使有的话,那也是很少的。从一块地上收获的谷物在水分含量上可能由于土壤的不同及成熟度不同而有很大的差异。在单颗粮粒内部或每颗粮粒之间在水分含量上确实不一样。如果谷物来自不同地段,则水分含量肯定是不一样的,过去我们总以为经过一定时期,粮堆会趋向平衡,只有当谷物储存于稳定的条件下才会发生这样的情况,而事实上这种情况不会发生。此外其他一些力量也常常干扰这种平衡。

水分含量的测量即使在最有利条件下也是非常困难的,为了完全正确,必须测出水分,而不是其他易挥发的物质。因此我们不能单纯测量质量的损失,这就意味着要使用费歇尔试剂或等价物。

如果粮堆中的某一区域有很高的水分含量,那么微生物就会在那里生长。由于新陈代谢的结果,在微生物生长的过程中,它们既要产生水分又要产生热量,从而导致更大的损害。

粮堆中的水分和其周围空气中的水分处于平衡状态;这种平衡的水分含量被认为是与某一相对湿度的大气相平衡的水分含量。不同种类的谷物,即使是属于同一类型的谷物也可能有不同的水分含量,尽管如此所有谷物都与其粮堆中空气的相对湿度处于平衡状态。

粮食吸附/解吸等温线示意如图8.1所示,处于同一相对湿度空气中的同种谷物也可能有不同的水分含量,这取决于这种谷物是获得还是失去水分。这种现象称为滞后现象。

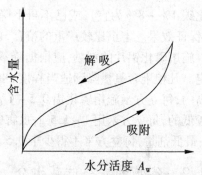

图8.1　粮食吸附/解吸等温线示意

粮食的安全储存水分含量几乎完全取决于该谷物对水分的吸附滞后特性。在储存中谷物与其周围空气的水分含量逐渐趋于平衡,谷物储存中最具有损害性的因素之一是霉菌的生长。当谷物的水分含量与相对湿度低于70%的空气相平衡时,霉菌不会生长。主要粮食的最高水分水平通常被认为是:玉米13%,小麦14%,大麦13%,燕麦13%,高粱13%,稻谷12%~13%。像所有的规则一样,本规则经常也有例外。最高水分将因湿度、粮堆中水分的均匀性以及其他因素而发生变化。

粮食的品质和储藏稳定性与 A_w 有相当密切的关系,这种关系比与水分含量的关系更密切。A_w 不仅与微生物的繁殖有关,与自动氧化,褐变反应等也密切相关(图8.2)。

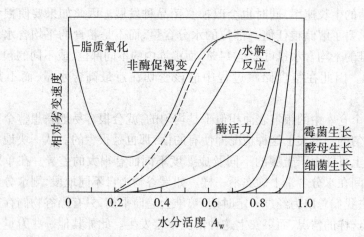

图8.2　水分活度与粮食劣变速度示意

简单地说水是粮食劣变的主要因素之一,是欠合理的,因为粮食是活的有机体,在储藏过程中进行着生命活动,从这个意义上来说,水对粮食储藏是不可缺少的。有研究表明:大米储藏过程中,过低的水分对其食用品质的保持是不利的。但是,粮食在储藏过程中,由于水存在的量及其状态,在一定条件下却能使得粮食品质发生劣变。

8.1.3 谷物储藏生态系统

谷物是一个组成复杂而具有活性的有机体,其组成远比一般的有机材料复杂。在正常的谷物储藏过程中,谷物进行着微弱的生命活动,谷物在储藏过程中并非独立存在,而是以谷堆形式与其他因素相互作用,形成一个人工的储藏生态系统。谷物的储藏不同于食品和一般物质的储藏。大部分食品在加工的过程中往往采取一些措施以利于食品的储藏,同时加工过程钝化了食品中的绝大部分活性成分,使得食品更稳定;一般的物质其化学组成远没有谷物和食品那样复杂,而且通常都没有活性,更重要的是一般物质不直接进入人体。由于谷物组成的复杂性,同时谷物组分之间在储藏过程中的相互作用,使得谷物储藏过程中的变化机制研究难度更大。

谷物储藏系统是由谷堆围护结构、谷物籽粒、有害生物和物理因子四部分组成的生态体系。各组成之间有着密切的联系,相互影响,相互作用,构成了一个独特的生态系统。

首先,谷堆是一人工生态系统。人类将谷物储存于一定的围护结构内,自觉或不自觉地把一些其他生物类群和杂质也带到了这个有限的空间中,形成谷物储藏生态系统。该系统时刻受到外界生物类群的侵染和不良气候因子的影响。但随着谷物储藏技术的发展,今天人类已经能够对该系统实现有效控制。无论是生物群落还是环境因子都是可控的。如人们可以通过气调储藏改变谷堆内气体组成,低温储藏调节温湿度,并对谷堆中的有害生物进行人为控制,这是谷物储藏生态系统的一个显著特点,也是区别于自然生态系统的一个重要标志。

谷物储藏生态系统没有真正的生产者。谷物是谷堆生物群落的主体,已完成营养制造和能量固定的光合作用,在储藏过程中只能被动地受消费者及分解者的消耗,同时为了维持自己生理活动还必须自我供应,营养物质只减不增,是一个有限资源。在谷物储藏生态系统中,之所以将谷物籽粒称为"生产者",因为它们是食物链中第一个营养级,是谷堆中一切生物的能量和物质的源泉。但这个"生产者"是不生产的生产者,只能是物质和能量的储存者。

另一方面,谷物储藏生态系统具有不平衡性。谷物储藏生态系统由于受强烈的人为活动干扰,在一般情况下处于非生态学稳定状态。消费者的多种层次均处于抑制状态,分解者也同样处于不活动状态。更由于谷物本身的休眠,造成系统本身很少有自我调节和补偿能力(物质循环),整个系统的热焓始终保持下降趋势。一旦压抑消费者的环境因子失控而变得对它们有利,就会很快引起一级消费者(储粮微生物或植食性储粮虫、螨)生物量急剧增加,加速该系统热的散失。通过控制环境条件,使谷物储藏生态系统处于非生态学稳定状态,是谷物安全储藏的根本。

与成熟生态系统比较,谷物储藏生态系统受环境干扰大,生物量小,种群层次有限(种群营养水平一般只处于两个层次,一级是粮食,一级是植食性虫螨和微生物,只在管理粗放的谷堆中,才能发现食菌性虫、螨和捕食寄生虫螨的天敌),食物链短,食物网不复杂,个体或物种的波动大,生活循环简单,个体寿命短,种群控制以非生物为主,故谷堆属于未成熟的生态系统。

围护结构可以看作是谷物储藏生态系统的背景系统(因为很少有无围护结构的谷

堆),它决定了谷物储藏生态系统的"几何"边缘,对谷物储藏生态系统中生物群落的生态变化及演替有非常密切的关系。围护结构不仅关系外界环境因素对储粮的作用,也关系到有害生物(害虫及微生物)侵袭谷堆生态系统的可能性及危害程度。不同围护结构的谷物储藏生态系统,一般都会表现出不同的特征,即表现出不同的储藏性能。如立筒仓(结构包括钢混、砖混合钢板仓)、地下仓、房式仓、拱形仓、土圆仓、露天谷垛等。它们的气密性、隔热性、防潮性以及隔离有害生物入侵的能力有所不同。谷物籽粒是谷物储藏生态系统生物群落的主体,是粮堆生态系统中能量的来源和能流的开端。参与对系统"气候"变化和生物群落演替的调节,是主要因素。在储藏过程中不能再制造养分,而是处于缓慢的分解状态,可以认为是谷物储藏生态系中的特殊"生产者"。不同的谷物由于其籽粒结构及组成的差别,表现为不同的储藏性能。如原粮和成品粮之间的储藏特性能有很大的差别,不同粮种之间的这种差别更是明显。有害生物包括昆虫、螨类及其他节肢动物和微生物,能够适应一般储粮环境,大部分时间生活于储粮中。有害生物的活动直接或间接地消耗谷物营养,造成极大损失,导致品质下降,故称有害生物。这些有害生物是谷物储藏生态系统的消费者,昆虫、螨类及其他动物处于相同的或不同的营养层次,直接或间接地依赖于谷物而生存。微生物是谷物储藏生态系统的分解者或转化者,通过分泌出酶,将谷物中的营养物质分解是影响谷物储藏稳定性及品质的重要因素。

影响储藏稳定性的非生物因子主要指温度、湿度、气体、水分等。非生物因子的变化都与生物群落的变化或演替有着十分密切的关系。将非生物因子控制到理想水平,就十分有利于谷物的安全储藏。

8.2 谷物储藏过程中的变化

8.2.1 影响谷物储藏稳定性的主要因素

8.2.1.1 水分

一般来说粮食是能够进行相当长时间的储存,谷物通常收获时水分较低,若储存中不受气候影响而又能防止害虫及鼠类的危害则很容易储存数年。在理想的储存条件(低温,惰性气体等)下安全储存期可达数十年。通常谷物一年收获一次,在某些热带地区收获两次,但是谷物的消费则是一年到头在进行,因此实际所有的谷物都要储存。储粮方法多种多样,不管采用哪种储存方式,粮食的水分含量总是影响储粮质量的第一要素。

8.2.1.2 温度

温度是影响粮食安全储藏的主要因素之一。在粮食储藏过程中,温度主要影响粮食本身的呼吸作用,同时影响粮食害虫的生长以及粮食微生物的生长。温度对酶促反应有直接的影响,呼吸作用是具有酶催化的一系列生化过程,因此呼吸作用对温度变化很敏感。谷物呼吸作用最适温度一般在 $25 \sim 35 \, ^\circ\text{C}$。

粮食体内的某一个生化过程能够进行的最高温度或最低温度的限度分别称为最高点和最低点,在最低点与最适点之间,粮食的呼吸强度随温度的升高而加强。根据凡·霍夫定律,当温度升高 $10 \, ^\circ\text{C}$ 时,反应速率增大 $2 \sim 2.5$ 倍,这种由温度升高 $10 \, ^\circ\text{C}$ 而引起的反应速率的增加,通常以温度系数(Q_{10})表示。

影响谷物储藏生态系统的外部因素主要包括太阳辐射、大气辐射、地温和生物群落的呼吸作用。

太阳辐射少部分直射储粮围护结构,引起围护结构表层升温。围护结构的热能一部分返回大气,另一部分以传导的方式透过围护结构,再以辐射、对流或传导的方式向粮堆内部传入。大部分热能被仓内空间吸收,引起仓温升高,这部分能量以对流方式进入粮堆内。

大气温度升高会引起外层围护结构升温,当仓温或粮温较低时,就向里传导热能,引起仓温或粮温升高;另外,热空气可通过门窗及其洞、缝以较快的速度对流,从而引起粮堆温度上升。

地温的变化也会引起粮温的变化,但一般对地上仓影响较小,地下仓影响较大。

储粮微生物和储粮害虫的呼吸作用也会影响粮食的温度,在某些条件下这种影响还很大。另外,当储藏条件发生变化时,粮食自身的呼吸作用也会加剧粮温的上升。

虽然粮堆温度的变化情况比较复杂,但有一定的周期性变化规律。粮温的变化往往受到仓温和外界温度变化的影响,在正常情况下气温的日变(气温在一昼夜间发生变化称为日变)的最高值发生在午后 2:00 左右,最低值则发生于日出之前。一昼夜间气温最高值与最低值之差,称为气温的日变振幅。在北半球,年变(气温在一年各月间发生的变化,称为年变)的最热月份常在 7~9 月,最冷月份发生于 1~3 月;南半球(如澳大利亚),年变的最热月份正好和北半球相反。在一年中最热月份的平均气温与最冷月份的平均气温之差,称为气温的年变振幅。

通常仓温的变化主要受气温影响,它也有日变与年变的规律。仓温日变的最高值与最低值的出现,通常较气温日变推迟 1~4 h。一年中,气温上升季节,仓温低于气温;气温下降季节,仓温高于气温。仓温变化的昼夜振幅与年变振幅,通常较气温的变化振幅小,而仓温最高值低于气温的最高值,仓温的最低值高于气温的最低值。在空仓或在包装储藏的仓库中,仓温高低有分层现象,上部仓温较高,下部仓温较低。

仓温的变化与围护结构的隔热条件直接相关,隔热条件好的粮仓受外界气温变化的影响小,而隔热条件差的粮仓受外界气温变化的影响较大。如钢板仓与砖木结构、水泥仓相比较受外界温度影响较大一些。另外仓温的变化幅度也与仓壁与仓顶的颜色有关,仓壁与仓顶刷白色的仓房,仓温要比未刷白的低 2~3 ℃,仓顶吊顶的仓温要比未吊顶的低 3~5 ℃。

外界温度影响粮仓温度,而粮仓温度的变化必然影响到粮食温度的变化。但是,由于粮食的导热性较差,粮堆中空气流动十分微弱,因此,尽管粮温的变化也受外温影响,但有其特殊的规律。粮温的日变化也有一最低值和最高值,其出现的时间比仓温最低值和最高值的出现迟 1~2 h。通常能观察到得粮温日变化的部位仅限于粮堆表层至 30~50 cm 深处;再深处粮温的变化即不明显,特别是近年来兴建的高大平房仓和浅圆仓,即使在一年的高温季节粮堆深层的温度也很低,有的粮堆深层的温度在 8~9 月份也只有 4~5 ℃或更低。一般情况下,粮堆表面以下 15 cm 处,日变化为 0.5~1 ℃,早晨 8:00 左右粮温与气温比较接近,适合于粮食入仓。

8.2.1.3 气体

氧与水一样都是自然界普遍存在的物质。氧的反应性很强,易于和许多物质起化学反应。氧能使得粮食中的各种成分氧化,降低营养价值,甚至有时产生过氧化物等有毒物质,在大多数场合下使粮食的外观发生变化。因为粮食是有生命的有机体,一般对生命体来说,多余的氧在大多数场合下是有害的。然而对生命有机体而言氧又是不可缺少的。

通常情况下,谷物在储藏过程中几乎不可避免地受到氧的影响,即使处于休眠或干燥条件下,谷物仍进行各种生理生化变化,这些生理活动是粮食新陈代谢的基础,又直接影响粮食的储藏稳定性。呼吸作用是粮食籽粒维持生命活动的一种生理表现,呼吸停止就意味着死亡。通过呼吸作用,消耗 O_2,放出 CO_2 并释放能量。呼吸作用是以有机物质的消耗为基础。呼吸作用强则有机物质的损耗大,结果造成粮食品质下降,甚至丧失利用价值。粮堆的呼吸作用是粮食、粮食微生物和储粮害虫呼吸作用的总和。

呼吸作用分为有氧呼吸和无氧呼吸。

有氧呼吸是活的粮食籽粒在游离氧存在的条件下,通过一系列酶的催化作用,有机物质彻底氧化分解成 CO_2 和 H_2O,并释放能量的过程。有氧呼吸是粮食呼吸作用的主要形式,其总反应式为:

$$C_6H_{12}O_6 + 6O_2 \longrightarrow 6CO_2 + 6H_2O + 2\ 820\ kJ$$

产生的能量大约70%储藏在 ATP 中,其余的热量则以热能散发出来。这就是为什么呼吸作用是粮食发热的重要原因之一。

有氧呼吸的特点是有机质的氧化比较彻底,同时释放出较多的能量,从维持生理活动来看这是必需的,但对粮食储藏却是不利的,因此储藏期间人为地将有氧呼吸控制到最低水平。

无氧呼吸是粮食籽粒在无氧或缺氧条件下进行的。籽粒的生命活动取得能量不是靠空气中的氧直接氧化营养物质,而是靠内部的氧化与还原作用来取得能量的。无氧呼吸也称缺氧呼吸,由于无氧呼吸基质的氧化不完全,产生乙醛,因此,与发酵作用相同。无氧呼吸可用下式表示:

$$C_6H_{12}O_{66} \longrightarrow 2C_2H_5OH + 2CO_2 + 117.15\ kJ$$

一般情况下,粮食在储藏过程中,既存在有氧呼吸,也存在无氧呼吸。处于通气情况下的粮堆,以有氧呼吸为主,但粮堆深处可能以无氧呼吸为主,尤其是较大的粮堆更为明显;长期密闭储粮的粮堆,则以无氧呼吸为主。

粮食籽粒在储藏中的呼吸强度可以作为粮食陈化与劣变速度的标准,呼吸强度增加,也就是营养物质消耗加快,劣变速度加速,储藏年限缩短,因此粮食在储藏期间维持正常的、低水平呼吸强度,保持粮食储藏期间基本的生理活性,是粮食保险的基础。但强烈的呼吸作用对储藏是不利的。首先,呼吸作用消耗了粮食籽粒内部的储藏物质,使粮食在储藏过程中干物质减少。呼吸作用愈强烈,干物质损失愈大。其次,呼吸作用产生的水分,增加了粮食的含水量,造成粮食的储藏稳定性下降。另外,呼吸作用中产生的 CO_2 积累,将导致粮堆无氧呼吸进行,产生的酒精等中间代谢产物,将导致粮食生活力下

降,甚至丧失,最终使粮食品质下降。呼吸作用产生的能量,一部分是以热量的形式散发到粮堆中,由于粮堆的导热能力差,所以热量集中,很容易使粮温上升,严重时会导致粮堆发热。

8.2.1.4　光线

光照在粮食储藏过程中的作用几乎没有报道。Harrington 指出:紫外线可能缩短收获前的种子寿命和加速储藏种子的变质。关于这方面报道很少的原因大概是粮食储藏过程中很少经受光线的直接照射。

日光中的紫外线具有较高的能量,能活化氧及光敏物质,并促进油脂的氧化酸败,油脂在日光的紫外线作用下,常能形成少量的臭氧,与油脂中的不饱和脂肪酸作用时就形成臭氧化物,臭氧化物在水分的影响下,就能进一步分解为醛和酸,使油脂酸败变苦。另外,在日光照射下,油脂中的天然抗氧化剂维生素 E 会遭到破坏,抗氧化作用减弱,因此,油脂的氧化酸败速度也会增加。另外,油脂在 550 nm 附近的黄色可见光谱具有最大吸收。因此,在 550 nm 的可见光对油脂氧化影响很大。

8.2.2　谷物储藏过程中主要组分的变化

8.2.2.1　蛋白质

粮食在储藏过程中蛋白质的总含量基本保持不变,一旦发现变化即为质变。研究发现,在 40 ℃ 和 4 ℃ 条件下储藏 1 年的稻米,总蛋白含量没有明显的差异,但水溶性蛋白和盐溶性蛋白明显下降,醇溶蛋白也有下降趋势。H. Balling 等人报道,大米在常规条件下储藏,3 年后(乙)酸溶性蛋白有明显降低,到第 7 年,所有样品的酸溶性蛋白含量几乎降低到了原来的一半,可能是部分酸溶性蛋白与大米中糖及类脂相互作用形成其他产物的结果,但另有其他学者则认为是稻米蛋白中巯基氧化为二硫键所致。

大米经储藏度夏后,蛋白质中的巯基(—SH)含量有明显的变化,这种巯基含量在很大程度上反映了蛋白质与大米品质变化的关系。研究表明,随储藏过程的进行,大米中—SH 基含量逐渐减少,并发现大米在储藏过程中米饭的 V/H(黏度/硬度比值)与—SH 基含量的变化呈线性关系。而且—SH 基含量的变化超过 V/H 值的变化,说明大米储藏过程中还存在着蛋白质以外的其他影响大米流变学特性的因素。同时,经还原剂处理的大米,蒸煮的米饭黏度/硬度比值明显提高。

进一步的研究表明,大米储藏过程中淀粉粒蛋白的量明显增加,这种淀粉粒蛋白量的增加与大米储藏过程中蛋白质提取率的下降似乎存在着某种关系。

研究表明,小麦在 40 ℃ 和自然室温条件下储藏 3 年,蛋白质总量并没有发生变化,但储藏过程中盐溶、醇溶蛋白提取率降低,而麦谷蛋白的提取率逐渐增加,这种变化与小麦品质逐步改善密切关联。研究还认为储藏过程中盐溶、醇溶蛋白部分降解,低分子质量麦谷蛋白亚基进一步交联,与小麦面团流变学特性密切相关的高分子麦谷蛋白亚基含量增加。

V. Suduarao(1978)报道,新收获的小麦醇溶蛋白含量最高,由于小麦的后热作用,谷蛋白含量逐步增加,储藏 4 个月(常规储藏)的小麦中,谷蛋白与醇溶蛋白的比例从原来的 0.33∶0.88 转变为 1.3∶1.9。

同时新收获小麦的蛋白质中巯基含量比储藏四个月后的巯基含量高得多,但二硫键比储藏后要低得多。

8.2.2.2 碳水化合物

淀粉在储藏期间,其含量下降不明显。但随着储藏时间的延长,淀粉的性质发生改变,主要表现在黏性下降,糊化温度升高,吸水率增加,碘蓝值明显下降。值得注意的是,稻米在储藏过程中总的直链淀粉没有明显变化,但不溶于热水的直链淀粉含量却随储藏时间的延长而逐渐上升,这与米饭黏性下降,糊化温度升高相一致。

同黏度一样,不溶于热水的直链淀粉含量变化可作为反映稻米陈化的一个重要指标。储藏期间碳水化合物的另一个变化是非还原糖含量的下降和还原糖含量的增加,尤其是蔗糖含量的减少较为常见。但由于还原糖和非还原糖的变化不如脂类和胚中酶的变化来得快,所以实际中很少用其作为储粮安全指标。

淀粉在粮食储藏过程中由于受淀粉酶作用,水解成麦芽糖,又经酶分解形成葡萄糖,总含量降低,但在禾谷类粮食中,由于基数大(占总重的80%左右),总的变化不明显,在正常情况下淀粉的量变一般认为不是主要方面。淀粉在储藏过程中的主要变化是“质”的方面。具体表现为淀粉组成中直链淀粉含量增加(如大米、绿豆等),黏性随储藏时间的延长而下降,涨性(亲水性)增加,米汤或淀粉糊的固形物减少,碘蓝值明显下降,而糊化温度增高。这些变化都是陈化(自然的质变)的结果,不适宜的储藏条件会使之加快与增深,这些变化都显著地影响淀粉的加工与食用品质。质变的机制是由于淀粉分子与脂肪酸之间相互作用而改变了淀粉的性质,特别是黏度。另一种可能性是淀粉(特别是直连淀粉)间的分子聚合,从而降低了糊化与分散的性能。由于陈化而产生的淀粉质变,在煮米饭时加少许油脂可以得到改善,也可用高温高压处理或减压膨化改变由于陈化给淀粉粒造成的不良后果。

还原糖和非还原糖在粮食储藏过程中的变化是另外一个重要指标。在常规储藏条件下,高水分粮食由于酶的作用,非还原糖含量下降。但有人曾报道,在较高温度下,小麦还原糖含量先是增加,但到一定时期又逐渐下降,下降的主要原因是呼吸作用消耗了还原糖,使其转化成 CO_2 和 H_2O,还原糖的上升再度下降说明粮食品质开始劣变。

8.2.2.3 脂质

在储藏过程中,粮食中的脂类变化主要是氧化和水解。氧化作用产生氧化物和糖及化合物,水解作用产生脂肪酸和甘油,低水分粮食是成品粮的脂类物是以氧化为主,而高水分粮食的脂类则以水解为主,正常水分的粮食两种脂解作用可以交替或同时发生。储藏温度升高时,解脂速度加快。脂肪酸的变化对粮食的种用品质、食用品质有影响。稻米的陈化过程中游离脂肪酸增多,使米饭硬度增加,米饭的流变特性受到损害,甚至产生异味。小麦在储藏期间,通常在物理性状还未表现品质劣变之前,脂肪酸早已有所升高,而种子生活力显著下降。虽然脂肪酸含量与储粮品质有很好的相关性,但由于储粮的原始状况不同及仓储条件的差异,仅以脂肪酸值的大小作为储粮品质劣变指标尚欠妥当,而以游离脂肪酸的增长速度作为储粮变质敏感指标则比较合理。另外,粮食在储藏期间,极性脂类的分解比游离脂肪酸的增加更为迅速。从理论上讲,测定糖脂及磷脂等极性脂的变化比测定游离脂肪酸的变化更能反映储粮的早期劣变。但是,粮食籽粒中极性脂的含量甚少,测定方法繁琐,故实际应用起来尚有一定的难度。

粮食中脂类变化主要有两方面,一是被氧化产生过氧化物与由不饱和脂肪酸被氧化后产生的羰基化合物,主要为醛和酮类物质。这种变化在成品粮中较明显。如大米的陈化臭与玉米粉的哈喇味等。原粮中由于种子含有天然氧化剂,起了保护作用,所以在正常的条件下氧化变质的现象不明显。另一变化是受脂肪酶水解产生甘油和脂肪酸。自20世纪30年代发现劣质玉米含有较高脂肪酸以来,研究者多用脂肪酸值作粮食劣变指标。特别是高水分易霉变粮食更明显,因为霉菌分泌的脂肪酶有很强的催化作用。

影响水解酸败和氧化酸败的许多因素是相同的,而且在许多情况下氧化酸败是由脂肪最初水解释放出来酯化的脂肪酸所引起的。影响酸败的因素主要包括以下几个方面的内容:

(1)原料质量 原料的质量对谷物及其产品的稳定性有很大影响,物理损伤及在收获前气候潮湿时,粮食污染有解脂性微生物会直接影响其储藏稳定性。比如说,污染真菌的小麦粉制成的饼干中会有肥皂异味,这是因为真菌中的脂解酶水解饼干中的乳脂所引起的。

(2)加工条件 用抗氧化剂来防止食品中的酶促酸败是不可行的,因此通常采用加热处理来钝化酶,这个条件必须严格控制,首先要"杀死"酶,但又不能使内源性抗氧化剂受到破坏(防止非酶促酸败),因此有必要强调酶对热的敏感性,随水分活度的增大而增大。在一些情况下,热处理可以破坏谷物的某些功能特性,如加热小麦粉会使面筋活性丧失,因此要选择其他方法,对胚强化的小麦粉应把胚分开蒸煮以钝化酶。

(3)储藏条件 温度:动力学作用,温度降低反应速度变慢,稳定性增大,脂解作用依赖于油在物料中的扩散作用,在低温条件(油固化温度以下)下,这种作用的发生受到抑制。水分活度:脂肪水解可以发生在大多数谷物本身的水分活度低得多的条件下,如在小麦粉制品中,水解酸败可在水分低至5%时发生。然而小麦制品中在环境条件($A_w = 0.65$)下的反应速度比在水合物料中要小得多。减少非酶促酸败通常推荐的水分条件是小于5%。

(4)空气 除O_2可以防止氧化酸败,但不能防止水解酸败,脂肪氧化有酶促和非酶促两种。仅需少量的氧,通常1%左右就可以发生脂肪氧化。

(5)抑制剂 适合谷物制品的脂酶抑制剂(防止水解酸败)尚未发现。尽管抗氧化剂对脂氧合酶引发的氧化作用无效,但它可以延缓非酶促氧化酸败的发生。

研究发现,300 mg/kg的薄荷提取物能有效地抑制麦片和米片的酸败,100 mg/kg的香子兰醛对滚筒干燥的小麦片来说是特别有效的抗氧化剂。

(6)颗粒大小 颗粒小表面积大易发生氧化酸败,但颗粒大物理和感觉特性差,所以两者必须协调起来。

8.2.2.4 挥发性物质

新鲜粮食与储藏一段时间后的陈化粮食相比,其挥发性物质的组成与含量有较大差别。陈米中糖及化合物比新米中高,特别是高沸点的正戊醛、正己醛含量增加更为明显,这些高沸点的醛类有难闻的陈米味。一般而言,质量好的大米挥发性物质中具有较多的硫化物和少量羰基化合物。米饭的气味取决于这两种化合物含量之间的平衡。与大米相似,小麦中挥发性物质与面包烤制中的香味显著相关。由于挥发物与大米新鲜程度密切相关,国外已将其作为稻米品质劣变的重要指标。我国虽没有将挥发物直接作为品质变化指标,但挥发物的变化对米饭或面包的香味有重大影响,品尝评分值在一定程度上间接反映了挥发物质的变化。

8.2.2.5　酶

谷物随着储藏期间的增长,各种酶的活性呈现出不同的变化。当粮食籽粒活力丧失时,与呼吸作用相关的酶,如过氧化氢酶、过氧化物酶、谷氨酸脱羧酶和脱氢酶的活力降低,而水解酶类,如蛋白酶、淀粉酶、脂肪酶和磷脂酶的活性却增加。酶活性的变化趋势在一定程度上能反映储粮的安全性。由于酶的活性与种子生活力密切相关,并且其活性降低也表现在发芽率降低之前,所以,酶活力可以作为粮食品质劣变的灵敏指标。

随储藏时间的延长谷氨酸脱羧酶活力下降,特别是在有利于劣变的水分下。酶似乎只在胚中出现,储藏中酶活力下降的速度依赖谷物的水分含量。林可欧和索恩(1960)发现在谷氨酸脱羧酶和发芽百分率之间存在着对数关系(以 r 表示相关系数,则小麦,$r=0.920$;玉米,$r=0.949$)。在小麦和玉米中这两个相关系数较发芽率与游离脂肪酸之间的相关系数(小麦,$r=0.754$;玉米,$r=0.433$)高得多。

研究表明谷氨酸脱羧酶试验与脂肪酸度相比是人工干燥和储藏稻谷更可靠的生活力指标。在五种环境条件下储藏稻谷和玉米24周,并定期测定发芽率,四唑染色加速陈化的作用及谷氨酸脱酸酶活力,谷氨酸脱羧酶活力下降是在发芽率下降之前。

8.2.3 发热与霉变对谷物品质的影响

由于微生物在粮食上的生长繁殖,导致粮堆发热乃至霉变,使粮食发生一系列的生物化学变化,造成粮食品质变劣。

8.2.3.1　粮堆发热

储粮生态系统中由于热量的聚集,使储粮(粮堆)温度出现不正常的上升或粮温该降不降反而上升的现象,称为粮堆发热。引起粮堆发热的因素有很多,但是大多数情况下都与微生物的生长繁殖有关。粮堆发热违反粮温正常变化规律,导致储粮生态系统内粮食出现异常现象,影响粮食品质。

粮食发热的原因是多方面的,但总的来讲,是储粮生态系统内生物群落的生理活动与物理因子相互作用的结果。

粮食储粮生态系统的主要因子,其代谢活动及品质对发热有一定作用,但因为粮食在储藏过程中代谢很微弱,所以产生的热量正常情况下不可能导致发热。

有害生物的活动是造成储粮发热的重要因素,尤其微生物的作用是导致发热的最主要因素。粮食在储藏过程中,储藏真菌逐步取代田间真菌起主导作用,在湿度为70%~90%时,储藏真菌即开始繁殖,特别是以曲霉和青霉为代表的霉菌活动,在粮堆发热过程中提供了大量的热量,据测定,霉菌的呼吸强度比粮食自身的呼吸强度高上百倍乃至上万倍。在常温下,当禾谷类粮食水分在13%~14%以下时,粮食和微生物的呼吸作用都很微弱。但当粮食含水量较大时,微生物的呼吸强度就要比粮食高得多。粮食水分愈大,微生物的生命活动愈强,这就是高水分粮易于发热的主要原因,另外,储藏虫、螨也对粮食发热有促进作用,但都没有微生物作用显著。

粮食发热是个连续的过程,通常包括生物氧化三个阶段,即出现—升温—高温。高温持续发展而供氧充足和易燃物质生成积累时,可能达到非生物学的自然阶段。粮堆发热出现的条件和时间与粮食质量和储藏环境有关,通常有四种情况:①粮质过差或由于储粮水分转移,劣质粮混堆、漏水、浸潮以及热机粮(烘干粮或加工粮)未经冷却处理等原因,粮食可以随时出现发热;②储粮虫、螨的高密度集聚发生,既可以引起局部温湿度升高,又为微生物创造了适宜的生态环境,造成储粮"窝状发热"等;③春秋季节转换时期,出现温差,储粮结露,出现粮食发热;④一般质量差的粮食发热,多发生在春暖和入夏之后,粮温升高,粮食水分越高,发热出现越早,这就是高水分粮难易度夏的根本原因。

8.2.3.2 粮食霉变

储粮发热的继续即引起粮食霉变,通常粮食发热不一定霉变,而霉变往往伴随着发热。一般粮食都带有微生物,但并不一定都受到微生物的危害而霉变,因为除了粮食本身对微生物具有一定的抵御能力外,储粮环境条件对微生物的影响,是决定粮食霉变与否的关键。环境条件有利于微生物活动时,霉变才可能发生。

(1)粮食霉变过程和微生物的作用 粮食霉变是一个连续而统一的过程,有一定的规律,其发展的快慢,主要由环境条件对微生物的适宜程度而定。快者一至数天,慢者数周,甚至更长时间。霉变的发展过程,会由于条件的变化而加剧、减缓或中止,所以是可以预防的。

粮食霉变,一般分为三个阶段,即初期霉变阶段(就是大多数储粮微生物与粮食建立腐生关系的过程)、生霉阶段(是储粮微生物在粮食上大量生长繁育的过程)和霉烂阶段(是微生物使粮食严重腐烂分解的过程)。通常以达到生霉阶段作为霉变事故发生的标志。

粮食霉变有一定的发展阶段。正确认识和掌握这个过程,以及各阶段的关系和特点,将有助于在储藏过程中制定有效措施,防止粮食霉变的发生和发展。

(2)粮食霉变的类型 依据储粮微生物生长发育所要求条件,以及导致微生物活动的原因,可将粮食霉变概括为劣变霉变(因为粮食质量差而易受微生物侵害发生的霉变称为劣变霉变)、结露霉变(因为温差过大或水分过高引起的结露,有利于微生物侵害而发生的霉变,称为结露霉变)、吸湿生霉(因外界湿度大而使粮食吸湿,受微生物感染发生的霉变,称为吸湿霉变)、水浸霉变(因为粮食直接浸水或受雨,使微生物得以侵害而引起的霉变称为水浸霉变)四种。这四种霉变类型的划分是相对的,在粮食霉变发生过程中,环境因素的影响是复杂的,有时虽有侧重,但各种霉变类型往往不是孤立发生的。因此在设计防霉措施或处理方法时,必须充分考虑到这些,以求达到防霉抑菌的双重效果。

粮食发热、霉变后,微生物生理活动活性增加,某些微生物(如黄曲霉)分泌的真菌毒素使粮食带毒,其中许多是致癌物质。

(3)由微生物引起的粮食品质变化

1)粮食的变色和变味 粮食的色泽、气味、光滑度和食味都是粮食新鲜程度及健康程度的重要指标,所以从粮食的色泽气味可了解霉变的发生与菌变程度。许多微生物可以使粮食变色。微生物菌体或群落本身具有颜色,存在于粮食籽粒内外部时,可使粮食呈现不正常颜色。如交链孢菌、芽枝酶、长蠕孢菌等具有暗色菌丝体,当这类霉菌在麦粒表层中大量寄生时,便可使麦粒和胚部变为黑褐色;镰刀菌在小麦和玉米上生长时,由于其分生孢子团有粉红色,所以侵染的小麦、玉米也成粉红色。此外某些微生物分泌物具有一定的颜色,也能使寄生的基质变色。如黄青霉、桔青霉能分泌黄色色素,紫青霉分泌暗红色色素,构巢曲霉分泌黄色色素,分别使大米变为黄色、赤红色等。禾谷镰刀菌等分泌紫红色色素,可使小麦呈紫红色。

粮食的有机成分在微生物作用下被分解而发生变化,形成有色物质。坏死的粮食组织也带有颜色。如蛋白质分解时产生的氨基化物呈棕色,硫醇类物质多为黄色等。极端发热的粮食呈黑褐色,是由于粮食中积累的氨基酸与碳水化合物产生黑色蛋白素的缘故。

变质米是米粒失去原有的色泽而变为红色、黑色、褐色等,表面可出现生霉现象,发出霉臭,轻微的只是失去光泽。变质米是由于在田间受病原菌的侵染,或储藏期受霉菌的侵染而形成的。如黑蚀米是一种细菌寄生引起的变质米,其病原细菌(Bacterium itoana)在谷粒成熟期前后由颖隙或伤口等处侵入,侵入米粒糊粉层及淀粉组织的上层部分,形成暗褐色病斑。病斑多生于米粒顶端,其侵染虽只在表层组织,但碾白不能除掉,煮饭也不消失。又加红变米是一种节卵孢霉引起的,一般在夏季高温期发生,白米表面产生一点一点的红色,有时为紫红色或暗褐色,经过一个期间,扩展到全面,完全失去米的本来面目。洗涤红变米时,水成暗紫红色,该菌发育的最是温度为 24～28 ℃,最高温度为 36 ℃,最低温度为 11 ℃,17 ℃以下发育缓慢。受害米对动物无毒性作用。米粒受害后变色深浅和含水量有关系:水分 19.6% 以下,米粒呈红色;水分 19.6%～27% 呈紫红色至暗紫红色;水分 25%～50% 呈暗红色乃至暗褐色或灰色,水分 15.5% 以下的米粒上该菌不能繁殖。此外,某些青霉、曲霉等霉菌侵染大米后,米粒呈黄色至褐黄色,米粒全部变成或呈病斑状。

小麦在储藏期间胚部往往变成深棕色到黑色称为"胚损粒"或"病麦"。变色胚部含有很高的脂肪酸,并且很脆,当磨粉时这种破碎胚进入小麦粉中带来不利影响,使小麦粉中有不明显的黑斑。由 20%"胚损粒"的小麦磨成的小麦粉制成的面包体积小,风味不好。在实验室内可用各种方法使胚部变成棕色,如热处理、高温结合、高水分处理,有毒气体或酸处理,真菌和细菌侵染等。但试验证明,自然变色的主要原因可能是由于储藏真菌的侵染。

微生物引起粮食变味,变质粮食会失去原有的良好风味,并产生种种令人有不快的甚至难以忍受的感觉。粮食的变味包括食味和气味两个方面。微生物的作用是使粮食产生异味的原因之一。微生物本身散发出来的气味,如许多种青霉有强烈的霉味,可被粮食吸附。霉变愈严重粮食的霉味愈难以消除,严重霉变的粮食经过加工过程的各道工序制成成品粮,再经过各道工序制成食品,仍会感到有霉味存在。

组成粮食的各种有机成分在微生物的分解作用下,生成许多有特殊刺激嗅觉和味觉的物质。如高水分粮食在通风不良条件下进行储藏时,出于粮食中碳水化合物被微生物发酵利用,便产生某些酸与醇,使粮食带有酸味和酒味。严重霉变的粮食,粮食中蛋白质被微生物分解产生氨、氨化物、硫化物、硫化氢;有机碳化物被分解产生的各种有机酸、醛类、酮类等都具有强烈刺激气味。

粮食严重变味以后,一般异味很难除去。轻微异味可以用翻倒、通风、加温、洗涤等方法去除或减轻,还可以用臭氧、过氢化物等处理去除异味。

2)粮食发芽率 储藏真菌的侵染使种子丧失发芽力是无可置疑的。菲德尔和金氏的豌豆试验很有说服力:豌豆样分成两组,一组接种几种曲霉;另一组不接种,同时放在85%相对湿度和30 ℃下,经过 3 ~8 个月后,接种的发芽率为零,不接种的发芽率在95%以上。克利斯坦逊等人的试验,将含水分17% ~18%的玉米样品分成两组,一组接种储藏真菌,另一组不接种,同时放在 15 ℃下两年。结果接种的玉米发芽率为零,没有接种的玉米发芽率为96% 。

各种微生物对种子生活力的影响程度不同。据有人试验对豌豆种子伤害最强的是黄曲霉,其次是白曲霉、灰绿曲霉。白曲霉的不同菌株彼此在杀死含水量16% ~17%的小麦种子的速度上相差极大。镰刀菌、木霉、单端孢霉、灰霉、蠕形菌、轮枝霉等某些种能够形成对粮食种子发芽及幼苗生长有害的毒素。细菌中如马铃薯杆菌、枯草杆菌等类群中,有若干品系能抑制种子发芽。

在测定发芽率时,必须注意种子应先进行表面消毒,器皿也应消毒和添加无菌水,并在清洁环境中操作,防止外部微生物污染。因为种子外部附有大量的微生物,器皿及水中也有微生物,空气中漂浮着微生物。如果操作不注意,由于水分及温度对微生物生长的有利条件,便会发霉不发芽,而并非是霉菌侵染胚部而造成发芽率低。所以这种发芽率降低是假象。

(4)粮食食用品质的变化

1)粮食的质量损耗 粮食中的碳水化合物是微生物的呼吸基质和能量的来源。粮食上的微生物特别是霉菌能分泌大量的水解酶,将碳水化合物水解而吸收。粮食在霉变过程中,随着霉菌的增殖,在霉菌淀粉酶的作用下进行活跃的淀粉水解过程,非还原糖水解成还原糖,表现为粮食中淀粉含量的降低,非还原糖减少,还原糖增加。还原糖又作为呼吸基质而被利用,然后转化为二氧化碳和水。最终使粮食中的淀粉和糖损失,干重下降。

2)脂肪酸增加 粮食在霉变过程中,由于霉菌的脂肪酶的分解作用,将粮粒中的脂肪分解为脂肪酸和甘油,甘油容易继续氧化,而脂肪酸积累致使脂肪酸值增高。由于霉变发生,粮食的脂肪酸值与发芽率变化比较明显,所以常用这两项来说明霉变情况。

霉菌能够利用多种脂肪酸作为碳源。如在玉米上接种阿姆斯特丹曲霉培养两周后,脂肪酸值为284.1,培养四周后,脂肪酸值减少到247.9,说明该菌已将脂肪酸进一步分解利用。

克里斯坦逊等人试验:从玉米上分离的寄生曲霉、黄曲霉、白曲霉和阿姆斯特丹曲霉,接种在已抽出油的玉米粉和已抽出油又加入油的玉米粉。在含油的玉米粉中,四种曲霉都能使脂肪酸值升高,当达到一定的程度时又下降。脂肪酸值的数量的多少,依霉菌种类不同而不同。在已抽油的玉米粉中没有一种霉菌使已抽油玉米粉的脂肪酸值升高。这个试验说明玉米粉的脂肪酸值升高,是由于霉菌的脂肪酶对玉米脂肪的分解作用而形成的。

霉菌种类不同,分解脂肪产生脂肪酸的数量不同。耐吉鲁等人用消毒玉米接种霉菌,两周后,发现接种白曲霉的玉米脂肪酸值为748;接种阿姆斯特丹曲霉的玉米脂肪酸值为384。鹤田理等人从玉米和高粱上分离的七种曲霉,分别接种在表面消毒的玉米上,培养一定时间,测玉米的脂肪酸值。结果说明白曲霉、土曲霉、黄曲霉、谢瓦曲霉、阿姆斯特丹曲霉能使玉米和高粱的脂肪酸值明显升高,杂色曲霉使脂肪酸值升高不明显,局限曲霉几乎不使脂肪酸值升高。并提出要完全控制霉菌生长,在 28 ℃时,相对湿度应控制在 68% 以下;在 18 ℃时,相对湿度应控制在 76% 以下。

一般来说粮食霉变发热的劣变程度与脂肪酸值之间有较高的正相关。脂肪酸值和变质粮粒百分比的相关系数为:病麦 0.847;热变质小麦 0.651;酸败玉米 0.978;点翠玉米 0.827。

3)总酸度升高　粮食霉变中,除去游离脂肪酸的积累外,还有磷酸、氨基酸及有机酸的增加,所以总酸度也会升高。

小麦霉变中,用石油醚提取的脂类含量一般都下降,波梅兰等人报道,达夫托和波梅兰兹(1965)研究在高温高湿条件下霉变的硬粒和软粒小麦,霉菌量从 1 000 cfu/g 增加到 2 000 000 cfu/g,脂类总含量下降 40%,非极性脂类下降 20% 左右,极性脂类仅为正常小麦的 1/3。同时,糖脂和磷脂含量迅速下降。

4)含氮量一般变化不显著　霉变过程中蛋白质氮的含量减少,氨态氮和胺态氮的含量增加。说明蛋白质在霉变过程中,蛋白质的分解作用比较旺盛。如西能利的试验:玉米中氨基酸的含量,完好成熟的玉米中通常含游离氨氮约 110 mg,而严重霉变玉米中则高达 330 mg[指中和 100 g 玉米(干重)中游离羧基所需的氢氧化钾毫克数]。

(5)粮食加工工艺品质的变化　稻谷霉变以后,粮食组织松散易碎,硬度降低,加工时碎米粒及抱腰率增高。严重霉变的稻谷能用手指捻碎。霉变发热的小麦磨成的小麦粉工艺性能很差,面筋质的含量和质量下降,影响发酵和烘烤性。如霉变小麦磨出的小麦粉,做面团很黏,发酵不良,烘烤出的面包体积较小,横切面纹理和面包皮色都差。如优质小麦制成的面包体积有 720 cm³,而高水分霉变小麦制成的面包体积只有 515 cm³。

8.2.3.3　粮堆发热霉变的预防

首先,要做好粮食入仓前的备仓工作。粮食入仓前一定要做好空仓杀虫,完善仓房结构(主要是仓墙、地坪的防潮结构和仓顶的防漏雨)等。

其次,要把好粮食入仓关。入仓的粮食要"干、饱、净",严禁"三高"粮食入仓。

另外,要做好粮食储藏的管理工作。粮食的水分含量要在安全水分以下,水分较高的粮食应及时降水,做好合理通风、适时密闭。

定期对粮食储藏劣变指标进行测定。发现粮食品质有劣变的迹象时,应对粮食及时处理。

8.3　各类谷物的储藏方法

8.3.1　小麦和小麦粉的储藏

小麦是世界性的主食。我国小麦产量仅次于稻谷,主要产区在长城以南,长江以北的黄淮平原,包括河南、山东、河北、山西南部、陕西关中和江苏、安徽的北部。

小麦具有较好的耐储性,适合长期储藏,在正常条件下储藏 3 年,仍能保持良好的品质,是一种重要的储备粮。新收获的小麦,通过储藏一段时间后,不论种用品质、工艺品质和食用品质,都会得到全面改善。

8.3.1.1 小麦的储藏特性

(1)吸湿性强 小麦皮薄,组织松软,没有外壳保护,含有大量亲水物质,故容易吸收空气中的水分。在储藏期间容易受外界湿度影响而增加含水量。小麦吸湿后麦粒的体积胀大,粒面变粗,容重减轻,千粒重加大,散落性降低,淀粉、蛋白质水解,使用价值降低,容易遭受微生物侵害,引起发热霉变,因而做好防潮工作,保持小麦干燥,是安全储藏小麦的重要措施。在相同的温度和湿度条件下,小麦的平衡水分始终高于稻谷,这与小麦籽粒结构及成分的特点有关。不同品种、类型的小麦之间的吸湿能力也有差异。通常小麦的吸湿性,白皮小麦大于红皮小麦,软质小麦大于硬质小麦,瘪粒与虫蚀粒大于完整饱满粒。红皮小麦皮层较厚,吸湿较慢,因此耐储性明显优于白皮小麦。

(2)后熟期较长 小麦的后熟期比较明显,新收获的小麦,需要经过几个星期甚至2~3个月才能完成后熟期(以发芽率达80%为完全成熟)。后熟期的长短,因种植季节和品种不同而有差异。如春小麦的后熟期较长,冬小麦的后熟期较短。红皮小麦的后熟期较长,个别品种达3个月,白皮小麦的后熟期较短,个别品种仅7~10 d。

后熟中的小麦,呼吸量大,代谢旺盛,会放出大量湿热,并常向粮堆上层转移。因此,遇气温下降,粮温与气温(或仓温)存在较大温差时,即易出现粮堆上层出汗、结露、发热、生霉等不良变化。

后熟作用完成后,小麦中的淀粉、蛋白质、脂肪等物质得到充分合成,干物质达到最高含量,因而生理活动减弱,品质有所改善,储藏稳定性也大大提高。

(3)呼吸强度弱 通过后熟期的小麦呼吸作用微弱,比其他禾谷类粮食都低。因此,小麦有较好的耐储性,正常条件下储藏2~5年仍能保持良好的品质。

(4)耐高温 小麦有较高的耐热性能,其蛋白质和呼吸酶具有较高的抗热性,小麦经过一定的高温,不仅不会丧失生命力,而且能改善品质。小麦较耐高温,水分在17%以上时,干燥温度不超过46 ℃,水分在17%以下时,干燥温度不超过54 ℃,酶的活性不会有明显降低,发芽力仍能得到较好的保持,工艺品质良好。但过度的高温会引起蛋白质变性,同时使得其工艺品质下降。充分干燥的小麦在70 ℃下放置7 d,面筋质并无明显变化。小麦水分愈低,其耐热性愈强。这一特性,为小麦采用高温密闭储藏提供了条件。

(5)易受虫害 小麦无外壳保护,皮层较薄,组织松软,是抗虫性差、染虫率高的粮种,除少数豆类专食性虫种外,几乎所有的储粮害虫都能侵蚀小麦,其中以玉米象和麦蛾等害虫危害严重。多种储粮害虫喜食小麦是因为小麦的成分和构造符合害虫的生理需要和习性。而且小麦成熟、收获、入库时正值高温、高湿季节,非常适合害虫的繁育和发展。这时,从田间到晒场以及到仓库的各个环节中,都有感染害虫的可能,一旦感染了害虫就会很快繁殖蔓延,使小麦遭受重大损失。因此,入库后切实做好害虫防治工作,是确保小麦安全储藏的重要技术措施。

8.3.1.2 小麦的储藏方法

储藏小麦的原则是"干燥、低温、密藏"。通常采用的储藏方法有以下几种:

(1)常规储藏 常规储藏小麦的方法,主要措施是控制水分,清除杂质,提高入库粮质,坚持做到"四分开"(水分高低分开、质量好次分开、虫粮与无虫粮分开、新粮与陈粮分开)储藏,加强害虫防治与做好密闭储藏等。

(2)热密闭储藏 热密闭储藏小麦,可以防虫、防霉,促进小麦的后熟作用,提高发芽率。具体方法是:利用夏季高温曝晒小麦,注意掌握迟出早收,薄摊勤翻的原则,在麦温达到42 ℃以上,最好是50~52 ℃,保持2 h,然后迅速入库堆放,平整粮面后,用晒热的席子、草帘等覆盖粮面,密闭门窗保温。做好热密闭储藏工作,其一是要求小麦含水量降到10%~12%,其二要求有足够的温度和密闭时间,入库后粮温在46 ℃左右,密闭7~10 d;粮温在40 ℃左右,则需密闭2~3周。

(3)冷密闭储藏 冷密闭储藏即低温密闭储藏,是小麦安全储藏的基本途径。小麦虽耐温性强,但在高温下持续储藏,会降低其品质。而低温储藏,则可保持品质及发芽率。

冷密闭储藏的操作方法有两种,一是在冬季寒冷的晴天,将小麦出仓摊开冷冻或利用皮带输送机进行倒仓,并与溜筛结合进行除杂降温,使麦温降至0 ℃左右或5 ℃以下,然后趁冷入仓,并关闭门窗进行隔热保冷密闭储藏;二是在冬季寒冷的晴天,对粮堆进行机械通风,使麦温降低到0 ℃左右或5 ℃以下,然后再进行隔热保冷密闭储藏。通过如此处理的小麦,能有效地抑制虫霉生长繁殖,避免虫蚀霉烂损失;稳定粮情,延缓品质劣变。另外,利用地下仓储藏小麦,也能延缓小麦品质劣变。

(4)"双低"储藏和"三低"储藏 小麦可采用"双低"储藏和"三低"储藏。

8.3.1.3 小麦粉的储藏特性

(1)极易感染虫霉 由于小麦粉失去皮层保护,营养物质直接与外界接触,故极易感染虫霉。

(2)吸湿作用和氧化作用强 小麦粉的总活化面大,吸湿作用和氧化作用强。小麦粉虽然孔隙度比小麦大5%~15%,但由于颗粒小,孔隙微,故气体与热传递受到很大阻碍,造成导热性差,湿热不易散失。据试验,同时把同温度小麦与小麦粉从热仓转入冷仓,经2~3 d,小麦温度已经降到仓温,而小麦粉4~5 d仍没有降到仓温。

(3)粉的"成熟"与"变白" 刚磨好的小麦粉,品质较差,存放一段时间,其品质得到改善,面筋弹性增加,延伸性适中,做成的面包大而松软,面条粗细均匀等,这种现象称为小麦粉的成熟。与此同时,由于其中所含的脂溶性色素氧化,使得小麦粉变白,从色泽看品质似乎有了提高,而营养价值却有所下降。

(4)酸度增加或变苦 小麦粉的酸度一般随储藏时间的延长而逐渐增加,温度越高,水分越大,酸度增加越快。这主要是小麦粉中的脂肪在酶和微生物或空气中氧作用下被不断分解产生低级脂肪酸和醛、酮等酸、苦、臭物质,使小麦粉发酸变苦。

(5)成团结块 由于小麦粉粉粒间有较大的摩擦力,在储藏期间堆垛下部小麦粉常因上中层压力影响,出现压紧现象。如水分超过14%,储存3~4个月,压紧就会转变为结块。若无发热现象发生,结块经过揉搓,倒袋松散后,不影响品质;若结块同时发热霉变,则粉粒会被菌丝体黏结成团块,品质就显著降低,以至于不能食用。

(6)发热霉变 小麦粉颗粒细小,与外界接触面积大,吸湿性强;同时粉堆孔隙小导热性特差,最易发热霉变;刚出机的热小麦粉未经摊晾即行堆垛,往往也易引起发热。小麦堆垛发热部位随气候而异,一般春夏季节发热多从上层开始,逐渐向四周发展,秋冬季节发热多从中下层开始,逐渐向四周发展,如堆垛内水分与温度分布不均匀,发热则从水分大、温度高部位先开始,然后向四周扩散。外界湿度引起的生霉,一般先发生在堆垛下部的外层。

8.3.1.4 小麦粉的储藏方法

(1)控制水分 由于小麦粉是比较难储藏的品种,所以储藏中要严格控制水分和储藏温度。一般认为小麦粉水分在 13% 以下,温度在 30 ℃ 以下,可以安全储藏;水分13% ~14%,温度在 25 ℃ 以下,变化较小;水分 14% ~14.5%,温度在 20 ℃ 以下,通常可储藏 2 ~3 个月;水分再高,储藏期就更短。另外,新出机的小麦粉,温度较高而散热缓慢,不宜立即堆垛。

(2)注意储藏条件 小麦粉是直接食用的成品粮,要求仓房必须清洁、干燥、无虫;包装器材应洁净无毒;切忌与有异味的物品堆在一起,以免吸附异味。

(3)合理堆放 小麦粉储藏多系袋装堆放,袋装堆放有实堆、通风堆等。干燥低温的小麦粉,宜用实堆、大堆,以减少接触空气的面积;新加工的热机粉宜堆小堆、通风堆,以便散湿散热。不论哪种堆型,袋口都要向内,堆面要平整,堆底要铺垫好,防止吸湿生霉。堆垛高度应根据粉质和季节气候而定,水分在 13% 以下的小麦粉,一般可堆高 20 包。长期储藏的小麦粉要适时翻桩倒垛,调换上下位置,防止下层结块。倒垛时应注意原来在外层的仍放在外层,以免将外层吸湿较多的小麦粉堆入中心,引起发热。大量储存小麦粉时,新陈小麦粉应分开堆放,便于推陈储新。

(4)密闭防潮 由于小麦粉吸湿性强,导热性差,采取低温入库密闭储藏,可以延长安全储藏期限。即在春暖以前,将水分在 13% 以下的小麦粉,利用自然低温入库密闭储藏。密闭方法,可采用全仓密闭或粮堆压盖密闭,也可采用塑料膜密闭粮堆的方法。这样既可防潮、防霉,又能造成一定的缺氧环境,减少氧化作用和害虫感染。

(5)严防虫害 小麦粉容易生虫,一旦生虫,较难清除,熏蒸杀虫效果虽好,但虫尸仍留在粉内,影响粉质和食用。因此,小麦粉要严格做好防虫工作。防虫的主要办法是彻底做好小麦、面粉厂、面袋及仓房器材的清洁消毒工作,以防感染。

8.3.2 稻谷和大米的储藏

我国是世界上主要产稻国之一,稻谷产量约占全国粮食总产量的 50%,占世界粮食总产量的 35%,居世界第一位,在国家储备粮中占有重要的地位。

稻谷在储藏期间,由于其本身呼吸作用以及微生物与害虫生命活动的综合影响,往往会发热、霉变、生芽,导致稻谷品质劣变,丧失生命力,造成重大损失。稻谷呼吸作用和微生物与害虫生命活动的强弱,与稻谷的水分、温度以及大气的湿度与氧气等因素密切相关,其中水分与温度又是最主要的因素。这些因素对稻谷呼吸作用与微生物和害虫生命活动的影响不是孤立的,而是相互联系的,它们之间既有互相促进的一面,又有互相制约的一面。因此,在保管工作中,要善于利用各种因素相互制约的一面,控制其中的某一个因素,以压制其他的不利因素,从而把稻谷呼吸强度和微生物与害虫的生命活动压制到最微弱的程度,以防止稻谷发热、霉变、生芽,确保稻谷安全储藏。

8.3.2.1 稻谷的储藏特性

稻谷的颖壳较坚硬,对籽粒起保护作用,在一定程度上抵抗虫害及外界温、湿度的影响,因此,稻谷比一般成品粮好保管。但是稻谷易生芽,不耐高温,需要特别注意。

（1）不耐高温，易陈化　由于稻谷的胶体结构疏松，较大水分的稻谷对高温的抵抗力较弱，在烈日下曝晒或在高温下烘干，均会增加爆腰率和变色率，降低食用品质与工艺品质。水分为20%以上的高水分稻谷，如果进行高温快速干燥或干燥后又吸湿，都会导致米粒曝腰。因此，潮湿稻谷最好进行自然干燥，如采用人工加热烘干，则应注意控制加热温度、加热时间、烘干速度和水分变化，以免爆腰率升高，降低加工大米质量。

大量的研究表明，高温能促使稻谷脂肪酸增加，引起品质下降。不同水分的稻谷，在不同温度下储藏3个月，脂肪酸含量的变化差异较大。在35℃下储藏的各种水分的稻谷，脂肪酸的含量都有不同程度的增加，加工大米的等级也明显降低。水分与温度越高，脂肪酸上升、品质下降就越明显。但水分低的稻谷对高温有较强的抵抗力。

稻谷经过一段较长时间的储藏后，尽管在储藏期间并未发生发热、霉变、生芽或其他危害，但由于原生质胶体结构松弛，酶的活性与呼吸能力衰退，表现为发芽能力下降或丧失，失去种用价值；米质变脆，加工易碎，出米率低；黏性降低，酸度增加，色泽不良，食味不好，失去新鲜感和固有的香气，甚至出现难闻的异味——陈米味，这种现象称为"陈化"。

稻谷陈化的速度，对于不同种类和不同水分、温度的稻谷而言是不相同的。通常籼稻较为稳定，粳稻次之，糯稻最易陈化。与小麦相同，水分、温度较低的时候，稻谷的陈化速度慢；水分、温度较高时，则陈化速度快。

（2）易发热、结露、生霉、发芽　新收获的稻谷生理活动性强，早、中稻入库后积热难散，在1～2周内上层粮温往往会突然上升，超过仓温10～15℃，出现发热现象，即使水分正常的稻谷，也会出现这种现象。稻谷发热的部位一般从粮堆内水分大、杂质多、温度高的部位开始，然后向周围扩散。这是因为杂质多的粮食或杂质区含水量高，带菌多、粮粒间的孔隙又被堵塞，所以很容易发热、生霉。因此，稻谷入仓前要进行适当的干燥，以降低水分，但要避免曝晒或干燥速度过快；同时在稻谷入仓时，要尽量减少自动分级。

对高温和发热的稻谷，要及时采取降温措施。但是要注意在气候转换季节往往会因粮堆内外温差过大而引起粮堆结露，所以要根据实际情况合理降温。

稻谷萌芽的需水量低（23%～25%），因此，不论在田间、打谷场或在仓库里，只要受到雨淋、潮湿或结露，水分达25%，温度适宜，通气良好，就会发芽。

（3）易变黄　稻谷在收获期间，遇到长时间连续阴雨，未能及时干燥，常会在堆内发热产生黄变。变黄的稻谷称为黄粒米，也称为黄变谷、沤黄谷或稻箩黄。

稻谷在储藏期间也会发生黄变，这与它的温度和水分有密切关系。研究表明证明，粮温的升高时引起稻谷黄变的重要因素，水分则是另一个不可忽视的因素。粮温与水分互相影响、互相作用，就会加速黄变的发展，粮温越高、水分越大、储藏时间越长，黄变就越严重。黄粒米不论在仓外还是仓内均可发生，稻谷的水分越高，发热的次数越多，黄粒米的含量也越高。黄粒米的发生，一般情况下是晚稻比早稻严重，这是因为晚稻在收割时，气温低、阴雨天多，稻谷难以干燥的缘故。

稻谷黄变后，发芽率下降，米饭黏度降低，酸价升高，碎米增多，品质明显变劣。

8.3.2.2　稻谷的储藏方法

储藏稻谷的原则是"干燥、低温、气密"。遵照此原则，在储藏过程中就能抑制稻谷的呼吸作用与虫霉生长繁殖的能力，减少外界不良因素的影响，避免稻谷发生有害的生理

活动与生化变化,防止虫霉感染,从而就能实现安全储藏,较长期地保持稻谷的品质与新鲜度。通常储藏稻谷的方法有以下几种:

(1)常规储藏 常规储藏是指基层粮库普遍广泛采用的一种储藏稻谷的方法,即从稻谷入库到出库的整个储藏周期内,通过提高入库质量,坚持做到"四分开"储藏,加强粮情检查,并根据粮情变化与季节变化采取适当措施进行有效防治的储藏方法。这种方法可以保持稻谷安全储藏,其主要措施是:

1)严格控制入库稻谷的水分,使其符合安全水分标准 稻谷的安全水分标准,应随种类、季节与气候条件来确定。一般情况下,粳稻的安全水分可以高一些,籼稻应该低一些;晚稻可以高一些,早稻应该低一些;冬季可以高一些,夏季应该低一些;北方可以高一些,南方应该低一些。稻谷的安全水分界限见表8.1。

表 8.1 稻谷的安全水分界限

稻谷温度/℃	籼稻水分/%		粳稻水分/%	
	早籼	中、晚籼	早、中粳	晚粳
30 左右	13 以下	13.5 以下	14 以下	15 以下
20 左右	14 左右	14.5 左右	15 左右	16 左右
10 左右	15 左右	15.5 左右	16 左右	17 左右
5 左右	16 以下	16.5 左右	17 左右	18 以下

上述安全水分标准并非绝对的,只是一个参考值,因为安全水分除与温度有关以外,还与稻谷的成熟度、纯净度、病伤粒等都有密切关系。如稻谷籽粒饱满、杂质少、基本无虫、无芽谷、无病伤粒,其安全程度就高;反之,其安全程度就低。

2)清楚稻谷中的有机杂质(如稗粒、杂草、瘪粒、穗梗、叶片、糠灰等) 入库时由于自动分级作用,甚至聚积在粮堆的某一部位,形成杂质区。杂质中的稗粒、杂草和瘪粒含水量高,带菌量多,吸湿性强,呼吸强度大,很不稳定。而糠灰等细小杂质则会减少粮堆的孔隙度,容易促使粮堆内湿热积聚,导致霉菌和仓虫大量繁殖。因此,入库前应该进行风扬、过筛或机械除杂,使杂质含量降低到最低限度,以提高稻谷的储藏稳定性。通常把稻谷中的杂质含量降低到0.5%以下,即可提高它的储藏稳定性。

3)稻谷分级储藏 入库的稻谷要做到分级储藏,即要按品种、好次、新陈、干湿、有虫无虫分开堆放,分仓储藏。

稻谷的种类和品种不同,对储存时间和保管方法都有不同的要求。因此,入库时要按品种分开堆放。种子粮还要按品种专仓储存,避免混杂,以确保种子的纯度和种用价值。

同一品种的稻谷,它的质量并不是完全一致的。入库时要坚持做到不同品种、不同等级的稻谷分开堆放,也就是说,出糙率高、杂质少、籽粒饱满的稻谷要与出糙率低、杂质多、籽粒不饱满的稻谷分开堆放。

上年收获的稻谷,由于储存了一年,已开始陈化,它的种用价值与食用价值往往会随之发生一些变化;而当年收获的稻谷,由于未经储藏或只经过短期储藏,通常尚未陈化,故它的种用价值与食用价值良好。因此,入库时要把新粮与陈粮严格分开堆放,防止混杂,以利商品对路供应并确保稻谷安全储藏。

入库时要严格按照稻谷水分高低(干湿程度)分开堆放,保持同一堆内各部位稻谷的水分差异不大,以避免堆内发生因水分扩散转移而引起的结露、霉变现象。

入库时,有的稻谷有虫,有的无虫。这两种稻谷如果混杂在一仓,就会相互感染扩大虫粮数量,增加药剂消耗和费用开支。因此,入库时要将有虫的稻谷与无虫的稻谷分开储藏。

4)做到适时通风降温 稻谷入库后,特别是早中稻入库后,粮温高、生理活动旺盛,堆内积热难以散发,容易引起储粮发热,导致粮堆表上层结露、生霉、发芽,造成损失。因此,稻谷入库后应及时通风降温,缩小粮温与外温或粮温与仓温的温差,防止结露。根据经验,采用离心式通风机、通风地槽、通风竹笼与存气箱等通风设施在 9 ~ 10 月、11 ~ 12 月和 1 ~ 2 月分三个阶段,利用夜间冷凉的空气,间歇性地进行机械通风,可以使粮温从 33 ~ 35 ℃,分阶段依次降低到 25 ℃左右、15 ℃左右和 10 ℃以下,从而能有效地防止稻谷发热、结露、霉变、生芽,确保安全储藏。

5)防治害虫 稻谷入库后,特别是早中稻入库后,容易感染储粮害虫。因此,稻谷入库后应及时采取有效措施防治害虫。通常多采用防护剂或熏蒸剂进行防治,以预防害虫感染,杜绝害虫危害或使其危害程度降低到最低限度,从而避免稻谷遭受损失。

6)密闭储藏 完成通风降温与防治害虫工作后,在冬末春初气温回升以前粮温最低时,采取行之有效的办法压盖粮面密闭储藏,以保持粮堆处于低温(15 ℃)或准低温(20 ℃)状态,减少虫霉危害,保持稻谷品质,确保安全储藏。

常用的密闭方式有全仓密闭、塑料薄膜盖顶密闭、干河沙或草木灰压盖密闭等方式。

(2)低温密闭储藏 由于稻谷的耐热性较差,所以储藏温度越高稻谷的品质劣变越快。因而有条件的地方应尽量采用低温储藏措施。

实现低温的方法有自然低温、机械通风和机械制冷(使用谷冷机或空调)等。

(3)"双低"和"三低"储藏 对水分在安全标准以内的稻谷,在气温不高的情况下(低温),可以用塑料薄膜密封粮堆,进行自然缺氧储藏(低氧),这就是所谓的"双低"储藏。如果自然缺氧不能有效地控制储粮害虫,则可以投入低剂量的化学药剂(磷化铝),实现"三低"储藏。

(4)气调储藏 气调储藏(controlled atmosphere)有悠久的历史,是从气密储藏(airtight storage)发展而来。

在密封粮堆或气密库中,采用生物降氧或人工气调改变正常大气中的 N_2、CO_2 和 O_2 的比例,使得仓库或粮堆中产生一种对储粮害虫致死的气体,抑制霉菌繁殖,并降低粮食呼吸作用及基本的生理代谢。这种以控制调节环境气体成分为依据,使粮食增加稳定性的技术叫气调储藏。

实验证明,当氧气浓度降到 2% 左右,或二氧化碳浓度增加到 40% 以上,或在高 N_2 浓度下霉菌受到抑制,害虫也很快死亡,并能较好保持粮食品质。

(5)高水分稻谷特殊储藏 南方产稻区,在稻谷收获季节,往往会遇上连续阴雨和低温天气,使大批稻谷来不及晒干而发芽霉变。对这些稻谷通常可以采用以下方法储藏:

1）通风储藏 一是在安装了通风地槽或通风竹笼等通风设施的仓房里储存散装稻谷，二是在普通仓房里储存包装稻谷，可以堆成若干个较小的非字形、半非字形或井字形通风垛，也可堆成通风道形的通风垛，然后选择在气温较高、湿度较低的有利时机进行通风，从而确保安全储藏。

2）低温储藏 将高水分稻谷包装储存在空调低温仓内，利用窗式空调机作冷源，使仓内温度控制在 20 ℃以下，进行低温储藏，可以抑制稻谷的呼吸作用，控制虫霉危害，并能安全度过夏季，保持它的品质和新鲜度。

8.3.2.3 大米的储藏特性

（1）失去外壳保护，储藏稳定性差 大米失去皮壳保护，营养物质直接暴露于外，对外界温度、湿度和氧气的影响比较敏感，吸湿性强，带菌量多，害虫、霉菌易于直接危害，易导致营养物质加速变化；糠粉中所含脂肪易于氧化分解，生成脂肪酸使大米酸度增加。

（2）大米易爆腰 大米储藏适宜低温、干燥，但不能曝晒或烘干，否则造成大量爆腰。实践证明：干燥大米急速吸湿或水分高的大米急速散湿，都会造成大量爆腰。据试验，用水分 15.64% 的粳米在 50% 的相对湿度条件下摊晾 8.5 h，降水 2.48%，爆腰率由 2% 增加至 100%；水分 11% 的糙米在 100% 的相对湿度中吸湿 2 h，全部爆腰。爆腰就是在米粒上出现一条或多条横裂纹或纵横裂纹。裂纹越多，表示爆腰越严重。爆腰的原因：在急速干燥的情况下，米粒外层干燥快，米粒内部的水分向外转移慢，内外层干燥速率不一，体积收缩程度不同，外层收缩大，内层收缩小，因而造成爆裂。在急速吸湿情况下，米粒外层膨胀快，内层膨胀慢，内外层膨胀率不同，因而也造成爆裂。

由于这些不良因素的存在，所以大米储藏稳定性差，较稻谷难保管。

8.3.2.4 大米在储藏期间变化

（1）热霉变 大米发热霉变与含水量、糠粉和碎米含量有关。加工精度低、糠粉和碎米含量高的，吸湿能力强，很容易发热。据实践经验，大米中含糠率超过 0.3% 时，就容易发热，因为糠粉阻塞米堆孔隙，积热不易散发，糠粉本身又含有大量的脂肪，容易分解氧化。

大米粮堆发热霉变的起始部位：米质均匀的，一般先出现于粮堆上层，包装的先出现于包心和袋口之间；米质不均匀的，一般出现于质量较差的部位；粮堆向阳或阳光直射部位，也容易出现发热霉变。发热霉变的深度，散堆多发生于粮面以下 10 ~ 30 cm，包装粮堆多发生于上层 2 ~ 3 包，然后逐渐向外扩散。

大米发热霉变的早期现象比较明显，主要有水分增加，硬度、散落性降低，色泽鲜明，有轻微霉味等。感官可以察觉的还有：

1）出汗 由于大米吸湿性强，带菌量多，粮食微生物的呼吸强烈，局部水分积聚，米粒表面微觉潮润，通常称为出汗。

2）起毛 米粒潮润，黏附糠粉，或米粒上未碾尽的糠皮浮起，显得毛粗、不光洁，又称起毛。

3）起眼 胚部组织较松，含糖、蛋白质、脂肪较多，菌落首先从胚部出现，使胚部变色，通称起眼。留胚的，先变化，色加深，类似咖啡色；去胚的，先是白色消失，出现菌丝体，然后变黄色，再发展变成灰绿色。

4)起筋 米粒侧面与背面的沟纹呈白色,继续发展呈灰白色。通风散热之后愈加明显。此时,米的光泽减退发暗。

大米如果出现起眼和起筋现象,说明发热霉变已是早期现象的末期,如再不及时处理,就会出现严重霉变。

(2)大米的陈化 大米随着储藏时间的延长逐渐陈化。由于大米没有皮壳保护,胶体物质易受外界不良条件的影响,加速分解变性,所以大米的陈化发展比稻谷快。大米陈化到一定程度,就会出现陈米气(一种陈米特有的糠酸气),同时食味变劣。

影响大米陈化的条件和因素,主要是水分、温度和储藏时间,其他如加工精度、糠粉含量及虫霉危害也会影响陈化速度。如水分大、温度高、精度差、糠粉多、陈化进展就快;反之就慢。大米陈化主要表现在色泽逐渐变暗、香味消失、出现糠酸味、酸度增加、黏性下降、煮稀饭不稠汤、食用品质降低。

陈化大米具有特有的"陈米臭",其主要原因是大米陈化过程挥发性羰基化合物含量增加。戊醛和己醛是形成陈米气的主要成分。在常温条件下,储藏7个月和1年的大米,其乙醛含量减少,戊醛、己醛含量增加的情况见表8.2。

表8.2 储藏7个月和一年的大米羰基化合物变化 %

种类	储藏7个月	储藏1年
乙醛	63	24
丙醛	2	1
丙酮	5	24
丁酮	1	2
丁醛	1	1
戊醛	4	8
己醛	24	39

新米饭中低沸点挥发性羰基化合物(如乙醛)含量较高,而陈米中高沸点挥发性羰基化合物含量较高,其中戊醛、己醛较为明显,其含量比新米高2倍以上。由此可以推断戊醛和己醛是大米陈化、品质下降、影响米饭风味的主要成分。

8.3.2.5 大米的主要储藏措施

(1)清除糠杂、控制水分 大米中糠粉含量不超过0.1%,长期储存的大米,水分应控制在13.5%以内。

(2)冷凉入仓、合理堆装 新加工的热机米,应冷却后入仓。粮堆高度应根据水分和粮质情况而定。水分低、质量好的大米,散装可堆高1.5~2 m,包装一般不超过10包高。水分大、粮质差的,还应适当降低高度。

(3)低温储藏 其温度要求需根据大米的含水量来确定,水分15.5%左右,控制在15 ℃以下;水分在15%以内,控制在18 ℃左右;如水分16%,仓温需控制在5~10 ℃,或粮堆辅以塑料薄膜密封,形成低温低氧的环境,也能取得较好的效果。

实现低温的方式可以是自然低温、机械通风或机械制冷,根据当地的自然条件和气候条件而定。

(4)气调储藏 气调储藏是延缓大米陈化的重要、有效的措施之一,其中有自然降氧储藏,充氮、充二氧化碳储藏等。另外,利用气调和低温措施对大米储藏来说是非常有效的。

8.3.3 玉米的储藏

玉米是我国主要的粮食作物之一,储存量大。玉米耐储性较差,极易发生发热霉变与低温冻害等,是较难保管的粮种之一,通常不适宜作长期储藏。

8.3.3.1 玉米的储藏特性

(1)原始含水量高,成熟度不均匀 玉米的生长期长,我国主要玉米产区在北方,收货时天气已冷,加之果穗外面有苞叶,在植株上得不到充分的日晒干燥,故原始含水量较大,新收获的玉米水分往往为20%~35%,在秋收日照好、雨水少的情况下,玉米含水量也在17%~22%。

玉米授粉时间较长,同一果穗的顶部与基部授粉时间长达7~10 d,因而果穗基部是成熟籽粒,而顶部则往往是未成熟的籽粒。故同一果穗上籽粒的成熟度很不均匀。未成熟的籽粒未经充分干燥,脱粒时容易受损伤。因此,玉米的未成熟粒和破损粒较多,这些籽粒极易遭受害虫与霉菌侵害,甚至受黄曲霉菌侵害而污染带毒不能食用,造成很大损失。

(2)胚部很大,吸湿性强 玉米的胚部很大,几乎占整个籽粒体积的1/3,占籽粒质量分数的8%~15%玉米籽粒其他部分质量分数:果皮与种皮2%~5%,胚乳80%~90%。胚中含有30%以上的蛋白质和较多的可溶性糖,故吸湿性强,呼吸旺盛。正常玉米的呼吸强度比正常小麦的呼吸强度大8~11倍。玉米胚部组织疏松,周围具有疏松的薄壁细胞组织,在大气相对湿度高时,这一组织可使水分迅速扩散于胚内;而在大气相对湿度低时,则容易使胚内的水分迅速散发于大气中。因此,玉米吸收和散发水分主要是通过胚部进行的。通常干燥玉米的胚含水量小于整个籽粒和胚乳,而潮湿玉米的胚含水量则大于整个籽粒和胚乳。但是,玉米的吸湿性在品种类型之间是有差异的,通常硬粒型玉米的粒质结构紧密、坚硬,角质较多,故其吸湿性比马齿型和半马齿型玉米小。

玉米穗轴含水量的变化比玉米籽粒大,其吸收和散发水分的速度均比籽粒快。玉米果穗的孔隙很大,收获后可以充分利用这一特点,进行自然通风干燥,降低水分后再进行脱粒储藏。

(3)胚部含脂肪多,容易酸败 玉米胚部富含脂肪,占整个籽粒中脂肪含量的77%~89%,在储藏期间胚部甚易遭受虫霉侵害,酸败也首先从胚部开始,故胚部酸度的含量始终高于胚乳,增加速度也很快。玉米在温度13 ℃、相对湿度50%~60%的条件下,存放30 d,胚乳酸度为26.3(酒精溶液,同下),而胚部酸度则为211.5;在温度25 ℃、相对湿度90%的条件下,胚乳酸度为31.0,而胚部酸度则高达633.0。由此可见,玉米的胚部甚易酸败变质,导致种子生活力降低。特别是在高温、高湿条件下储藏,种胚的酸败比其他部位更明显。

(4)胚部带菌量大,容易霉变 玉米胚部营养丰富,微生物附着量较大。据测定,经过一段储藏期后,玉米的带菌量比其他禾谷类粮食高得多。正常稻谷上霉菌孢子 1 g 干样约在 95000 孢子个数以下,而正常干燥玉米 1 g 干样却有 98000 ~ 147000 孢子个数。一般来说,玉米的带菌量比其他粮种都多。玉米胚部吸湿后,在适宜的温度下,霉菌即大量繁育,开始霉变,故玉米胚部甚易发霉。

玉米生霉的早期症状是,粮温逐渐升高,粮粒表面发生湿润现象(出汗),用手插入粮堆感觉潮湿,玉米的颜色较前鲜艳,气味发甜。继而粮温迅速上升,玉米胚变成淡褐色,胚部及断面出现白色菌丝(俗称"长毛"),接着菌丝体再发育生成绿色或青色孢子,在胚部十分明显,通称"点翠",这时会出现霉味和酒味,玉米的品质已变劣。再继续发展,玉米霉烂粒就不断增多,霉味逐渐变浓,最后造成霉烂结块,不能食用。

(5)易遭受低温冻害 越冬储藏时,玉米水分高于 17% 时易受冻害,发芽率迅速下降。

8.3.3.2 玉米的储藏方法

玉米的储藏原则与稻谷、小麦相同,也是"干燥、低温、密藏"。但由于我国玉米主产区北方各省在玉米收获期气温已很低,一般不易保持干燥,较难实现上述原则,加之玉米的耐贮性较差,容易遭受虫蚀霉烂损失,故玉米比稻谷、小麦更难保管,储藏方法也不同于稻谷和小麦。常用的储藏方法如下。

(1)降水 由于降低玉米水分对安全储藏关系十分密切,而且又不完全与降低稻谷、小麦水分相同,为了叙述方便,特将降水列为储藏方法一并介绍。常用的降水方法有以下几种:

1)田间扒皮晒穗 田间扒皮晒穗即站杆扒皮晒穗,通常是在玉米生长进入成熟中、末期(定浆)包叶呈现黄色,捏破籽粒种皮籽实呈现蜡状时进行。田间扒皮晒穗的时间性很强,要事先安排好劳力,适时进行扒皮。扒皮时用手把果穗上的包叶扒掉,让玉米果穗暴露在外,充分利用日光曝晒(晒 15 d 左右),使果穗的水分迅速降低。这种降水方法已在东北各地广泛应用,一般可使玉米水分比未扒皮晒穗的降低 5% ~7%,并能促使玉米提前 7 ~8 d 成熟,使其营养成分逐渐增加,籽粒饱满,硬度增强,脱粒时不易破碎,明显提高质量和产量。实践证明,推行田间扒皮晒穗,玉米成熟早、质量好、产量高、水分低,是实行科学种田,促使庄家早熟、增产增收的一项重要措施。

田间扒皮晒穗的玉米,其水分比未扒皮晒穗的平均多降低 6.5% ~7.1%;千粒重增加 5% ~6%;容重增加 5.4% ~6%;主要营养成分增减变化趋势与通常不同成熟期的玉米成分变化趋势相同,即脂肪、淀粉增加,粗蛋白相对减少,淀粉增加幅度达 4.69% ~5.99%,品质明显改善,质量等级大大提高。

2)通风栅降水 采用特制的通风栅储存高水分玉米,利用自然降低玉米水分的方法。

通风栅多采用角钢做成长 30 cm、高 4 cm、宽 0.8 m 的骨架,组装成一个长方形整体,四周储藏玉米穗,穗储多用于农村小量储藏。

(2)玉米粒储藏 玉米安全储藏的原则是干燥、低温、密闭。玉米的储藏技术有常规储藏、温控储藏、气控储藏、三低储藏等。

由于玉米主产区在我国北部,主要采用的储藏技术是常规储藏和温控储藏(包括通风)。

1)常规储藏 玉米多采取常规储藏,具体操作方法概括起来是:先把玉米晾晒到安全标准水分,除杂提高入库粮质,入仓做到"五分开",入仓后加强管理,防止发热结露,可适时进行通风,密闭。为防止生虫可在入库时施拌防护剂,或生虫后进行熏蒸杀虫。

2)低温密闭 根据玉米的储藏特性,除常规储藏外,最适合于低温、干燥储藏,其方法有:①干燥低温密闭;②低温冷冻密闭。南方地区收获后的玉米有条件进行充分干燥,在降到安全水分以后除杂入仓,通风降温密闭储藏。东北地区玉米收获后受到气温限制,高水分玉米降到安全水分比较困难。除了对部分玉米烘干降水外,基本上是采用低温冷冻密闭储藏。其做法是利用严冬天气(12～2月),将玉米摊晾冷冻,粮温一般降至-10 ℃以下(对高水分玉米也能降低部分水分),然后趁低温采用囤垛密闭储藏。

高水分玉米低温储存,粮食安全储藏是暂时的,在气温回升季节,必须及时烘晒降水。对不同水分的玉米,粮温必须控制,将玉米烘晒到安全标准水分,这样才能确保粮食安全,品质正常。玉米干燥后,降杂降温入仓进行常规储藏或低温储藏。

(3)玉米果穗储藏 玉米果穗储藏时一种比较成熟的经验,很早为我国农民广泛采用。玉米果穗储藏法是典型的通风储藏,由于果穗堆内空气流动大(孔隙度51.7%),在冬春季节长期通风中,玉米果穗也可以逐渐干燥。东北经验:收获时籽粒水分为20%～23%,经过150～170 d穗储后,水分降至14.5%～15%,即可脱粒转入粒储。

玉米果穗储藏还有许多优于粒储的地方,穗储时籽粒胚埋藏在穗轴内,仅有籽粒顶部角质暴露在外,对虫霉侵害有一定保护作用。此外,穗轴与籽粒仍保持联系,穗轴内养分在初期仍可继续输送到籽粒内,增加籽粒养分。

但此种方法占用仓容较多,增加运输量,因此不适合国家粮库,农村可以广泛采用。

果穗储藏容易降低水分,但从六月开始,由于多雨,空气相对湿度高,致使玉米很快吸湿增加水分,所以应掌握水分降到安全标准即可适时脱粒。

玉米带穗入囤时,常常容易带进脱落的籽粒和包叶等,阻塞粮堆孔隙,因此入囤前必须做好挑选清理工作,才能起到穗藏效果。

8.3.4 其他谷物的储藏

(1)大麦 大麦的物理、化学性质以及储藏特点,大体与小麦相似,储藏方法也基本相同。只是工业上用的大麦多用于发芽,因此储藏工业用大麦应特别注意保持其发芽力。大麦也可采用热密闭的储藏方法,但高温密闭的时间不能超过1个月,否则,将会影响其发芽力,降低经济价值。

(2)高粱 高粱果皮呈角质,种皮中含有单宁,有防霉作用,有利于储藏。但高粱往往含杂较多,在北方产区晚秋收获,气温低,不易干燥,新入库的高粱水分一般在16%～25%,仍易发热霉变,使粒面变成深褐色或黑色,并有浓厚的霉味和酒味。针对高粱的储藏特点,要做好储藏工作,必须降低其含水量并趁冷入库。入库时切实做到好次、干湿分开储藏。实践证明,只要认真做好干燥、除杂和晒后摊凉工作,再利用冬季自然通风降温,春暖前进行密闭储藏,一般均可安全度夏。

(3)小米 小米失去了保护层,籽粒较小,粮堆孔隙小,杂质多,内外气体不易交换。小米一般含糠较多,糠内含有较多的脂肪,高温条件下易变质、变味。当温度和水分偏高时,会发热霉变。发热初期粮面湿润,4～5 d后米色显著变浅,失去光泽,并产生脱糠现象,米堆内米粒开始结块,个别米粒开始生霉,粮温上升加快。再经 3~5 天米色即发生霉变,变为褐色,有浓霉味。

小米常采用低温密闭储藏,也可放在阴凉、干燥、通风较好的地方。其安全储藏的水分应控制在 12% 以下。在储藏前水分较大时,不能曝晒,可在库内阴干。入库时应吹风过筛,去除糠杂。入库后加强检查,发现吸湿脱糠、发热时,要及时出风过筛,降糠降温,以防霉变。小米易遭蛾类幼虫等危害,发现后可将上部生虫部分排出单独处理。家中小量存放时,可在容器内放一袋新花椒防虫。

(4)薏苡 薏苡夏季受潮极易生虫和发霉。故应储藏于通风、干燥处。为防止生虫和生霉要在储藏前筛除薏苡仁中粉粒、碎屑,对保管有利。在夏天要进行翻晒 1 次,借此机会筛除粉粒,易过夏。米粒完整,含水量在 8%~10%,环境干燥情况下,就不易生虫发霉。夏天要经常检查,搬运倒垛要轻拿轻放,防止重压和撞击摔打,保持包装物完整并避免薏苡仁的破碎。少量薏苡仁可封闭于缸内或坛中。对已发霉的可用清水洗净后再晒干,如发现害虫要及时用硫黄熏蒸。

大米和小麦粉是世界各国人民的消费主食,对这两种主餐谷物食用品质的研究和鉴定具有十分重要的意义。谷物食用品质的内容和鉴定方法随熟食制作方法而异。大米主要是熟煮成饭,它的食用品质通常又称为蒸煮品质。小麦粉在欧美国家大都用于烘焙制品,在国内和东亚地区主要用于制作蒸煮制品,如馒头、面条、水饺等,所以它的食用品质主要包括烘焙品质和蒸煮品质。根据小麦面粉和大米的用途而进行的烘焙品质和蒸煮品质研究,可为它们的合理储藏、加工以及优质米、面制品的生产提供科学依据,具有十分重要的意义。其他谷物食用品质的研究也是以此为基础进行的。

第 9 章

谷物食用品质

一般而言,食用品质是指谷物在熟食制作过程中所表现的各种性能,以及食用时人体感觉器官对它的反应,例如色、香、味、硬软、黏滞和润滑等。目前,谷物的食用品质主要还是靠感官评定。感官评定是目前最直接、最全面、最可靠的方法。同时也可借助于各种物理的或化学的手段研究谷物食用品质,如质构分析、热分析、微量及超微量分析等,寻找感官评价方法与其他测试方法的相关因子,试图将感官评价方法量化,以提高判断的准确性和科学性。

9.1 小麦粉食用品质

小麦制粉根据其加工用途的不同而对烘焙和蒸煮品质有不同的要求,小麦粉的食用品质可通过烘焙试验、蒸煮试验等直接评定,此外也可用多种间接方法进行预测,如小麦粉的外观和理化指标、面团的物理性质、面糊的黏度特性、发酵特性等。直接方法较之面粉化学品质和面团加工品质测试,更为直观,更简便易行,能最充分地表现出小麦粉的食用品质特性。因此,烘焙、蒸煮、煎炸试验等也就成为评定小麦粉食用品质的最重要、最有效的方法,是食品工业中不可缺少的环节。不同食品对小麦粉的品质特性要求不同,因此,要有针对性地开展烘焙、蒸煮、煎炸等试验。

9.1.1 面团的物理性质

影响小麦面粉及其制品的最重要因素是面筋的含量和质量,面筋的含量可以经湿面筋含量测定法得到,而面筋质量则与面团的物理特性相关,它不仅决定了食品加工各工艺过程中面团的操作性能,而且对最终食品的品质具有重要的影响。面团物理特性的实质是面团流变学特性,它是指半流体物质的弹性、塑性、韧性以及发生形变时的各种特性。面团的一系列特性属于流变学特性,如面团的揉混特性、延展特性、发酵特性等。通过面团流变学特性的测定可以了解小麦粉和小麦的品质,可直接指导小麦粉加工、决定小麦搭配比例和小麦粉搭配比例、制定各种专用粉标准和用途、保证小麦粉质量等。目前用于测定面团物理特性的仪器,国际上较为通用的包括粉质仪(Farinograph)、面团拉伸仪(Extensograph)、吹泡示功仪(Alveograph)、Chopin 面团发酵仪和 Brabender 发酵仪等。

9.1.1.1 面团流变学特性

面团是面粉加水揉合而成的具有黏弹性的半流体物质,无法用固相和液体的物理学规律进行表达和解释。在面团特殊的负载曲线中,应力、应变与时间之间的关系所导致的弹性、塑性、韧性以及形变的各种特性称为面团的流变学特性。其特性具体表现在水合、面团揉制(形成)、醒发和崩解 4 个阶段中。

(1)水合作用 当小麦粉与水按不同比例混合时,会出现各种情况,水分过量时形成浓浆,小麦粉过量时形成稍有黏合力而粗糙干硬的物料,加水量合适时比较容易形成具有黏弹性、表面光滑的面团。

小麦粉中的主要成分淀粉和蛋白质,对水分都有一定的亲和力。往小麦粉中加水并连续搅拌即混合时,小麦粉颗粒表面迅速水合(因为与颗粒表面相比,水大大过剩),小麦粉颗粒消失。此时,由于水分主要集中在小麦粉颗粒的表面,混合体系呈现相当大的流动性,具有黏性,所产生的抗延阻力不大,这就是搅拌开始时所观察到的粗糙而黏湿的面块。由于小麦粉颗粒稠密,而水向颗粒中心渗透的唯一动力是扩散,速度是相当缓慢的,但是随着搅拌的进行,由于水合颗粒相互之间的摩擦,及其与混合机筒体或混合搅拌叶片的摩擦作用,颗粒失去其水合表面,从而将新的颗粒层暴露给过量的水,颗粒被层层剥落。如此重复多次,小麦粉颗粒就逐渐消失,即水合了。

(2)面团揉制　面团在揉合时,面粉中的面筋蛋白质颗粒互相结合在一起,最后形成连续的基质从而使面团具有黏弹性。在揉制过程的某一阶段,随着用于水合蛋白质和淀粉的游离水越来越少,混合体系的抗延阻力会越来越大,面团中缠结在一起的网络结构在强度上达到一个最大值,这就是面团的峰值。形成良好的面团,用手拉伸时,可形成均匀透明的薄膜状。借助扫描电子显微镜观察冷冻干燥后的最佳混合面团,看到的并非完整的小麦粉颗粒,而是一种蛋白纤维与黏附在其上面的淀粉粒的混合物。

面团形成过程离不开搅拌混合,正是由于其机械物理作用,产生物理和化学反应,促进面团的形成。搅拌过程伴随着空气不断地进入面团内,产生各种氧化作用,其中最为重要的是氧化蛋白质内的硫氢基(—SH)成为分子间双硫键(—S—S—),使原来杂乱无章的蛋白质分子相互连接成在三维空间的网状结构即面筋网络,增加蛋白质分子链的胶连,因而能够保持气体并使面团膨大疏松。面团搅拌成为食品生产特别是面包生产中的第一个关键步骤,粉质仪(结构组成见图9.1)是分析面团揉混特性的专用仪器,用于测定小麦粉的吸水量和揉混面团时的稳定性,比较不同小麦粉的面筋特性,还可以了解小麦粉组分以及添加物如糖、盐、乳化剂、氧化剂、酶制剂对面团形成的影响。

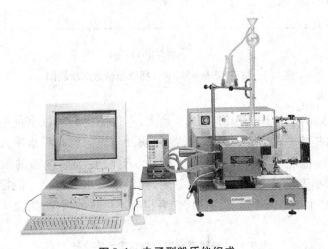

图9.1　电子型粉质仪组成

将定量的小麦粉置于揉面钵中,用滴定管滴加水,在定温下开机揉成面团,根据揉制面团过程中动力消耗情况,仪器自动会出一条特性曲线即粉质曲线(见图9.2)。它反映揉制面团过程中,混合搅拌刀所受到的综合阻力随搅拌时间的变化规律,以作为分析面团内在品质的依据。粉质特性曲线表征了面团的耐搅拌特性,可提供量化指标评价被测试小麦粉的质量。

1)吸水率　它是指面团最大稠度处于 500 B. U. 时所需的加水量,以占14% 湿基小麦粉重量的百分数表示,准确到 0.1%。以正式滴注时一次加水(25 s 内完成)量为依据。如果曲线峰值偏离了 500 B. U. 标线,则应校准到 500 B. U. 时的加水量。

粉质仪测出的吸水量是指含有 14% 水分的小麦粉所能吸收的水量,是在特定面团黏度基础上的吸水率。以"X"表示面团最大稠度集中到 500 B. U. 标线时所消耗水分的毫升(ml)数,以"Y"表示测试用小麦粉的克(g)数(相当于 14% 湿基时 300 g 或 50 g 小麦粉),则粉质曲线吸水率 A 为:

$$A = (X+Y-300)/3(大号揉面钵) \tag{9.1}$$

$$A = 2(X+Y-50)(小号揉面钵) \tag{9.2}$$

粉质仪测定吸水率把所有小麦粉都校正到 14% 湿基,测定结果具有可比性。

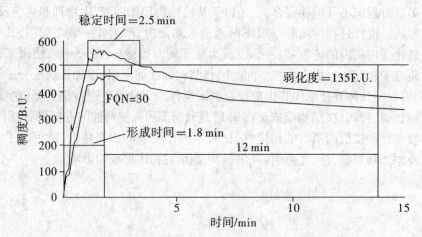

图 9.2 按照 Brabender-ICC 标准分析方法粉质图

小麦粉的吸水率高,制作面包时的加水量大,不仅能提高单位重量小麦粉的面包出品率,而且能做出疏松柔软、存放时间较长的优质面包。但也有吸水率大的小麦粉做出的面包品质不良的情况,并非吸水率越高越好。美国要求面包粉的吸水率为 60% ± 2.5%。一般来讲,小麦粉粉质曲线的吸水率高,其烘焙吸水率也高。但粉质吸水率与烘焙面包时的实际吸水率是两个概念,有时,二者也有不一致的情况,如表 9.11 所示。

表 9.11 粉质吸水率与烘焙吸水率比较

小麦品种	济南 17	高优 503	豫麦 47	兰考 906	豫麦 34
粉质吸水率/%	62.4	60.6	66.8	66.1	62.6
烘焙吸水率/%	62	60	62	55	55

小麦粉吸水率与蛋白质质量、含量及破损淀粉含量有关。蛋白质有很强的水合能力,他可以吸收其本身重量 2 倍的水。往小麦粉中加谷朊粉(活性面筋粉),添加量越大,小麦粉吸水率越高。不同品质的蛋白质,其水合能力也不一样。一般硬麦粉吸水率在 60%

左右,软麦粉吸水率在 56% 左右;破损淀粉吸水量比未破损淀粉吸水量高 2~2.5 倍;正常未破损淀粉吸水量约为本身重量的 1.0 倍;小麦粉中破损淀粉率越高,其吸水量越大。

2)形成时间　它是指开始加水直到面团稠度达到最大时所需揉混的时间,准确到 0.5 min。此时间也叫峰值时间。有时观察到两个峰,此时第二个峰应用来确定面团的形成时间。

制作食品时,峰值时间长,面团相应需要较长的和面时间。一般软麦粉面团的弹性差,形成时间在 1~4 min 之间,不适宜做面包。硬麦粉面团弹性强,形成时间在 4 min 以上。美国面包粉的形成时间要求为(7.5±1.5) min。当然,峰值时间太长,对面包加工工艺是不利的,面包房不喜欢形成时间过长的面包粉。

3)稳定性,也称稳定时间　它是指稳定时间上边缘首次达到 500 B.U. 标线和离开 500 B.U. 标线两点之间的时间差异,准确到 0.5 min。如果曲线的最大稠度不是准确集中在 500 B.U. 标线,如在 510 或 490 B.U.,则必须在 510 或 490 处划一条平行于 500 B.U. 的水平线,用这条水平线代替 500 B.U. 标线来确定交叉点。稳定时间也可定义为粉质曲线的上边缘与 500 B.U. 标线第一次和第二次相交点之间的时间差。

到达时间:从加水开始到粉质曲线上边缘到达 500 B.U. 标线所需要的时间。

离开时间:从加水开始到粉质曲线上边缘离开 500 B.U. 标线所需要的时间,也称衰减时间。

稳定性是指小麦粉形成面团时耐受机械搅拌的能力,这是小麦粉内在质量中十分重要的指标。面团稳定时间长,说明小麦粉筋力强,反映出其对剪切力降解有较强的抵抗耐力,也就意味着其麦谷蛋白的二硫键结合牢固,不易打开,或者说这些二硫键处在十分恰当的位置上。面团的稳定性说明面团的耐搅拌强度。稳定时间越长,韧性越好,面筋的强度越大,面团操作性能越好。稳定性是粉质仪测定的最重要的指标。美国面包粉的稳定时间要求为(12±1.5) min。

此外,曲线的宽度也反映面团或其中面筋的弹性,墨线越宽,表明面团对搅拌叶片的撕裂作用的抵抗力越大,面团的弹性、韧性越强。但是,曲线的宽度与阻尼调节有关,要求不同的检测仪器调整为相同的阻尼时间。稳定性也受曲线宽度的影响,不正确的缓冲调节会产生不正确的稳定数值。

4)弱化度　又称软化度,它是指曲线峰值中心与峰值过后 12 min 的曲线中心两者之差,用 B.U. 或 F.U. 表示。弱化度表明面团在搅拌过程中的破坏速率,也就是对机械搅拌的承受能力,也代表面筋的强度。弱化度越大,面筋越弱,面团越易流变,操作性能越差。美国面包粉的弱化度要求为 20~50 B.U.。与面团弱化度相关的表示指标还有:机械软化指数,也称公差指数、机械耐力指数,是指峰值过后 5 min 处曲线中心与峰值中心之间的差值。

10 min 或 20 min 后弱化指数,又称衰减,是指加水揉面 10 min 或 20 min 后所测定的曲线中心与峰值中心之间的 B.U. 差值。

5)断裂时间　它是指从加水搅拌开始到从峰值处降低 30 B.U. 单位的时间。其测定方法是在峰顶经过曲线中心绘制一条水平线,然后在 30 个单位低水平处再画一条平行线。于是从开始搅拌直到曲线中心下降穿过低水平线的时间,就是"断裂时间"。

6)粉质曲线质量指数(简称 FQN)　断裂时间以分(min)计,质量指数在数值上是断裂时间的 10 倍,无单位。弱力粉的粉质曲线质量指数低,而强力粉具有较高的粉质曲线质量指数。在几个样品的 FQN 值相近时,具有较高吸水率的结果较好。

7)评价值 使用评价值,将粉质曲线形状综合为一个数值来进行评价,这个数值成为评价值。该数值与面团形成时间、稳定时间和弱化度都有联系,曲线开始下降至其后 20 min 曲线下降程度是非常重要的。理论上讲,评价值最小为 0,最大为 100。

(3)面团的崩解 在面团揉合所受的阻力达到最高值,即面团完全形成后,继续揉合,阻力又减小,称为面团崩解。崩解的原因是在过度揉合情况下,面团网络结构的缠结处开始滑移松弛,而且由于同向分子越来越多,这种滑移松弛作用即被促进并致使发生崩解。崩解现象中,一种是可逆的,另一种是不可逆的。如果停止揉合并将面团放置一段时间,大部分面团特性将渐渐恢复,为可逆性崩解;但并非面团全部特性都可恢复,如果面团强度不能恢复属于不可逆性崩解。

(4)面团醒发 面团醒发又称为静置,醒发的实质是恢复面团的膨胀性,调整面团的延伸性,使面团得到松弛缓和,促进酵母产气性,增强面团持气性。Moss 等人用显微镜观察面团醒发的不同阶段发现:面筋在剪切力作用方向上形成束状和条状。分子质量低的麦醇溶蛋白可减少面团的醒发时间并加快面团的崩解速度;分子质量高的麦谷蛋白的作用正好相反。仅有麦醇溶蛋白存在时,无面团醒发阶段,制品是一种有极大的塑性但无弹性的胶黏物质;仅有麦谷蛋白存在时,面团也不能醒发,在正常揉合条件下仍然是一团不能伸展的物质。

面团在外力作用下发生变形,外力消除后,面团会部分恢复原状,表现出塑性和弹性。不同品质小麦粉形成的面团,变形的程度以及抗变形的阻力差异很大,这种物理特性称之为面团的延展特性。硬麦粉形成吸水率高、弹性好、抗变形阻力大的面团;相反,软麦粉形成吸水率低、抗变形阻力小、弹性弱的面团。不同食品对面团延展特性的要求不同,制作面包要求强力的面团,能保持酵母生成的二氧化碳气体,形成良好的结构和纹理,以生产松软可口的面包;制作饼干要求弱力的面团,便于延展成型,保持清晰、美观的花纹、平整的外形和酥脆的口感。拉伸仪(结构组成见图 9.3)记录面团伸展至断裂为止的负荷延伸曲线,测试面团放置一段时间后的抗拉伸阻力和拉伸长度,研究面团形成后的延展特性。而吹泡示功仪则是模拟面团发酵过程中面泡的膨胀情况,使面团在空气压力的作用下向多维方向扩展,记录面团变形时空气的压力变化,直至面泡破裂,据此分析面团的弹韧性、延展性、烘焙性能等。

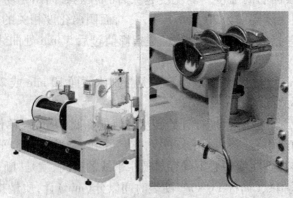

图 9.3 拉伸仪组成图

对同一块面团,可以得到醒面 45 min、90 min、135 min 三个阶段的拉伸曲线,对拉伸曲线的评价,必须指明相应的时间。从拉伸曲线(见图 9.4)可分析得到下列参数。

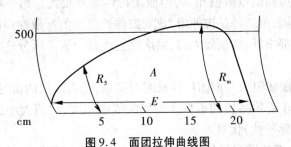

图 9.4 面团拉伸曲线图

延伸性(E);抗延伸性(R_5);最大抗延伸性(R_m);能量(A)

1)拉伸曲线参数。

①抗延伸性也称抗延展性、延伸阻力或拉伸阻力,它是指曲线开始后在横坐标上到达 5 cm 位置的高度,单位用 B. U. 或 E. U. 表示。

②最大抗延展性,它是指曲线最高点的高度,以 B. U. 或 F. U. 计。图中 R_m 表示最大抗延展性。

③延伸性,也称延展性,是指面团拉伸至断裂时的拉伸长度,亦即拉伸曲线在横坐标上的总长度,以 cm 表示。图中 E 表示延展性。能量,也称粉力,是指拉伸曲线与基线所包围的总面积,用 cm² 表示。可用求积仪求出曲线所包围的面积。实际上,面积表示拉伸面团时所做的功,表征面团强度。如图 9.4 所示,曲线面积 $A = \int_0^L Y dx = \int_0^L r dl = W(\text{功})$,其中 Y 表示拉伸长度 X 处曲线高度,即拉伸阻力 r,L 表示拉伸长度;d x 或 d l 表示拉伸时的微小位移。

④拉伸比值,也称比值、形状系数,是指面团抗延展性与面团延伸性之比,单位为 B. U. /mm 或 E. U. /mm。

2)拉伸曲线参数与小麦粉品质关系。拉伸曲线表示面团在拉伸过程中力的变化行为,即面团拉伸阻力与距离之间的关系。拉伸曲线可反映麦谷蛋白赋予面团的强度和延伸阻力,以及麦醇溶蛋白提供的易流动性和延伸性所需要的黏合力。

①抗延展性表征面团的强度和筋力,阻力越大,表示面团越硬。拉伸阻力与面团发酵过程中其持气性有关系。只有当面团有一定的抗延展性时,才能保持住 CO_2 气体,如果面团拉伸阻力太低,则面团中的 CO_2 气体易冲出气泡的泡壁形成大的气泡或由面团的表面逸出。

②拉伸长度表征面团延展特性和可塑性。延展性好的面团易拉长而不易断裂。它与面团成型、发酵过程中气泡的长大及烘烤炉中面包体积增大等有关。

③能量即拉伸曲线所包围的面积,是面团拉伸过程中阻力与长度的乘积,他代表了面团从开始拉伸到拉断为止所需要的总能量。强筋力的面团拉伸所需要的总能量大于弱筋力的面团。

实际上,反映小麦粉特征最主要的指标是能量与比值。面团能量数值提供了面团强度的信息和小麦粉烘焙的特性。但是,具有相反特性的两个面团可以有相同的能量数值。例如,拉伸阻力大而拉伸长度短的面团可以和拉伸阻力小而拉伸长度长的面团能量相等。这两个面团虽然能量数值相等,但面团特性差异很大。第一种是拉伸阻力大、拉伸长度短的脆性面团,第二种是拉伸阻力小、拉伸长度长的流散性面团。此外,还有一种面团,弹性、延伸性都很好,能量较大,其烘焙性能优良。为了区分这三种面团,可同时用拉伸比值表示。

拉伸比值表示曲线阻力与面团拉伸长度的关系,是将面团的抗延伸性与延伸性两个指标综合起来判断小麦粉品质的指标。拉伸曲线面积大、比值大小适中的面团品质好,其黏弹特性(弹性、延伸性)优良。

拉伸比值过小,意味着阻抗性小,延伸性大,这样的面团发酵时会迅速变软或流散,面包或馒头会发生塌陷现象,瓤发黏,触感差,缺乏弹性;若拉伸比值过大,意味着阻抗性过大,弹性大,延伸性小,发酵时面团膨胀会受阻,起发不好,面包或馒头体积小,内芯干硬。

9.1.1.2 面团发酵特性

面团发酵的实质是在酵母的作用下产生 CO_2 气体,利用气体的胀松作用,获得疏松多孔柔软似海绵组织结构面团的过程。为获得性能良好的发酵面团,必须研究发酵时发生的生物化学反应中的一系列问题。例如,从和面开始到最后"成熟"的过程 CO_2 放出的强度、发酵产物中乙醇的数量以及面团滞留气体的能力;发酵全过程的糖类消耗量以及它与工艺过程主要参数的关系;不同工艺流程与发酵时面团中各种糖类的变化关系、酸的产生;发酵过程中以及在各种因素作用下的面团流变学性质的变化;发酵全过程的工艺损耗等。

面团发酵过程中,面筋不断发生结合和切断。蛋白质分子也不断发生着疏基和二硫基的相互转换,面团的延伸性变得更强。发酵中的氧化作用可促进面筋结合,但过度氧化又会使面筋衰退或硬化;蛋白质在酶的作用下发生分解,分解结果使面筋变稀、变弱,使面团软化,引起面筋物理性质变化,延伸性增强。发酵过程也导致了蛋白质溶解度的增加,最终生成的氨基酸既是酵母的营养物质,又是发生美拉德反应的基质;酵母菌产生的二氧化碳气体被保留在蛋白质三维空间的网状结构中。当发酵产生更多的气体时,在蛋白质膜中的气泡得以伸展,使蛋白质网状结构的机械作用能引起键合的变化。当面团发酵成熟时,蛋白质网状结构在弹韧性和延伸性之间处于最适平衡状态,此时为发酵完成阶段。如果继续发酵,就会破坏这一平衡,使面筋蛋白质网状结构断裂,二氧化碳气体逸出,面团发酵过度;面团发酵除酒精发酵外,还有乳酸发酵、乙酸发酵和其他发酵等。酒精发酵是酵母菌将糖转化为二氧化碳和酒精的过程。乳酸与酒精发酵中产生的酒精发生酯化作用,形成面包的芳香物质,增加了面包的风味。但温度过高,发酵时间过长,会使面团产生异臭的酸败味;完整淀粉粒在常温下不受淀粉酶作用,而破损的淀粉粒在常温下受淀粉酶作用,分解成糊精或麦芽糖。由破损淀粉糖化而产生的麦芽糖随发酵作用的进行而逐渐增加,它对面团的整形、醒发速度以及入炉后的膨胀都有积极的作用;面团发酵的另一作用是形成风味物质。形成的风味物质大致有以下几类:酒精、有机酸、酯类、羟基化合物(包括醛类、酮类等)及其他醇类(丙醇、丁醇、异丁醇、戊醇和异戊醇等)。酵母产生的各种芳香物质,在各种面包中至少鉴定出 211 种。

面团发酵成熟时,蛋白质及淀粉粒充分吸水,面团具有薄膜状伸展性,具有最大气体保持力和适宜风味。发酵恰到好处时,表现为膨松胀发,软硬适当,具有弹性,酸味正常,用手抚摸质地柔软光滑;用手按下的坑能慢慢鼓起;用手拉带有伸缩性,有丝;用手拍敲嘭嘭作响;切开面团,内有很多小而均匀的空洞;有酸味和酒香气味;色泽白净滋润。若发酵不足时,死板不松软,没弹性,内无空洞。发酵过度时,表现软榻、无筋丝,酸味浓烈呛鼻。

9.1.1.3 面团的其他特性

(1)面团炉内起涨特性 发酵好的面团,进入烤炉后体积会膨胀。不同的面团,烤炉内增加的体积差异较大,这种现象称为面团的炉内起涨特性。研究的仪器主要有Brabender炉内起涨记录仪,它模拟面团进入烤炉后体积膨胀的过程。

(2)面团表面黏性 面团的表面黏性主要影响面团的机械操作性能。目前市场上出现的某些小麦,尽管面团稳定时间不短,湿面筋含量也高,但面团的操作性能很差。表现在机械加工过程中面团稀软极为黏滞,流态化严重,缺乏弹性,特别是现代化食品加工厂里,在面团搅拌、机械分割、压片、揉圆成型等一系列工序中黏机严重,给机械化连续生产造成很大困难。目前,对面团表面黏性的评价方法基本上是感官评定,在样品数多,特别是彼此黏性相差不悬殊的情况下,无法提出量化指标。为能客观而定量地描述面团表面黏性,可开发仪器测定面团表面黏性,对面团表面黏性的评价提出量化指标。

9.1.2 面糊黏度特性

淀粉与在一起加热所表现出来的种种变化是造成许多食品具有独立特性的原因。对烘烤食品来说,淀粉变化的影响虽然不是很明显,但却是同样重要的,因为所有的烘烤食品都要"凝固",也就是说,随着温度的增加产生气体压力,达到一定的温度时,面团或面糊不再膨胀从而定形。至少可以说,淀粉所表现出来的变化是造成烘烤食品凝固的部分原因。很多学者已经注意到了,除蛋白质特性外,淀粉特性,如面糊黏度特性等与加工食品品质关系也很大,特别是馒头、面条、方便面等蒸煮类食品,这方面的深入研究才刚刚起步。

测定面糊黏度最主要的仪器主要有两种,一种是黏焙力测定仪亦称糊化仪,另一种是黏度测定仪。这两种仪器用于测定小麦粉式样中淀粉的糊化性质(糊化温度、最高黏度、最低黏度及面粉糊回生后黏度增加值等)和α-淀粉酶活性。黏度仪测定淀粉的流变学特性,可反映温度连续变化时,体系黏度变化状态。

由黏度仪测定面糊的黏度特性时,其最高黏度值随着小麦粉破损淀粉的增加而下降,同时发现,α-淀粉酶活力较低时,破损淀粉值的微小变化都会使最高黏度值发生较大的变化。

9.1.3 小麦粉烘焙品质

小麦粉的烘焙品质是指面粉在制作面包、饼干及蛋糕等焙烤类食品过程中体现出来的、影响最终面制食品质量的品质性状。在某种程度上,烘焙品质是各种加工品质的综合体现,常采用烘焙试验对其进行测定。烘焙试验一般是指烘烤面包的试验,它能较好地反映小麦粉品质,因此面包烘焙试验占有独特的地位。各国结合本国的特点,制定有相应的标准方法,在试验步骤、仪器设备、品质指标等方面侧重点不同。

烘烤食品除面包外,还有饼干、酥饼、蛋糕、烧饼、月饼等,对这一类食品的烘焙试验也是非常必要的。目前,对蛋糕、自然发酵饼干等食品,有的国家也制定了统一的试验方法和规范,但还有许多烘烤类食品尚没有统一遵循的方法。因此,各个企业在开发专用粉时,如果条件允许,可以自行制定试验方法。

9.1.3.1 面包烘焙试验

面包烘焙试验对于所使用的小麦粉、操作方法、外部条件以及最终产品都有一定的规定和要求。具体做法可参照国标或其他标准。

生产优质面包的小麦粉应该蛋白质含量高,面筋筋力强,面团物理性状平衡,吸水率高,耐搅拌,具有一定的抗延展性和良好的延展性,发酵性能好,不易流变,不黏器械等。焙烤出的优质面包应体积大;面包芯空隙小而均匀,壁薄、结构匀称,松软有弹性,洁白美观;面包皮着色深浅适度,无裂缝和气泡、美味可口等。

进行烘焙试验时,对外界条件和加工操作的要求比较严格,很多因素都可能影响试验结果。表征烘焙品质的指标很多,主要有面包体积、比容、面包芯纹理结构、面包评分等。

(1)面包体积 用不同小麦粉制作的面包体积差异较大,同一品种小麦粉在不同烘焙条件下面包体积也不相同。具有良好加工品质的优质小麦面粉所烤制的面包,不仅其内部质地良好,也有较大的体积(100 g 小麦粉面包体积在 750 mL 以上)。面包体积间接地反映了小麦粉组成上的差异,小麦粉的烘焙品质最客观的衡量指标首先是面包体积。面包体积也不是越大越好,体积过大内部可能会出现过多的气孔,组织不均匀,结构粗糙。

面包体积的测定,目前主要采用油菜籽置换法。将待测面包放进体积测量装置中,再装进菜籽,利用菜籽排空原理测得面包体积,以 cm^3 或 mL 表示。

(2)比容 比容是面包体积(mL)与质量(g)之比,也是评价面包焙烤品质的重要指标之一。面包体积越大,比容越大。面包比容一般在 4.0～6.0 之间。

(3)面包评分 面包评分是根据面包体积、皮色、形状、芯色、面包切面的平滑度、面包瓤的弹性、纹理结构、口感等多项指标决定的。一般来说,外观与内质的比值比例是 3:7,但各国不完全一样。世界各国评分标准虽不一样,但均以体积为主,如我国面包评分的标准按总分 100 分计,其中体积占 35%,表皮色泽占 5%,表皮质地和面包形状占 5%,包芯色泽占 5%,平滑度占 10%,纹理结构占 25%,弹柔性占 10%,口感占 5%。

9.1.3.2 糕点类食品的烘烤试验

为了区别于面包的烘焙试验,将饼干、酥饼、蛋糕等食品的烘焙试验称为烘烤试验,相应的食品称为烘烤食品。一般来讲,像饼干、蛋糕这一类烘烤食品大都以软质小麦粉为原料,要求小麦粉蛋白质、面筋质及灰分含量低,色泽白,颗粒细腻,且面筋的弹性要好。

烘烤食品的种类很多,不同国家和地区对这类食品质量的要求不同,带有较多的习惯性和主观性。由于缺乏有关制作各种制品确定的理化性质的信息,这类小麦粉食用品质的研究相对复杂。

烤蛋糕要求外形完整,块形整齐,大小一致;表皮略鼓,底面平整;无破损,无粘连,无塌陷,无收缩;外表应呈金黄至棕红色,无焦斑,剖面淡黄,色泽均匀。松软有弹性,剖面蜂窝状小气孔分布较均匀;带馅类的馅料分布适中;无糖粒,无粉块,无杂质;爽口,甜度适中;有蛋香味及该品种应有的风味,无异味;外表和内部均无肉眼可见的杂质。

优质酥饼要求折断强度小(表示酥脆),比容大,直径与厚度比值(扩展指数)大,外形完整,表面纹理清晰,不鼓,不塌,不变形,呈浅棕黄色,内部孔泡均匀,层次分明,质地酥脆,入口后无粗糙感,不硬,口感纯正,味美甜鲜,其中以酥脆为主。优质蛋糕要求体积大,比容大,表色亮黄,正常隆起,底面平整,不收缩,不塌陷,不溢边,不黏,外形完整,内部颗粒细,孔泡小而均匀,孔壁薄,柔软,湿润,瓤色白亮略黄,口感绵软,细腻,味正,无粗糙感。比容与外形、内部结构和口感的变化有一致性,反映其柔软性,是蛋糕品质的重要指标。饼干则要求色泽均匀,呈金黄色或褐黄色,花纹清晰,外形完整,厚薄均匀,无气泡,不凹底,断面结构有层次(韧性饼干)或内部呈多孔性组织(酥性或甜酥性饼干),不黏牙,无异味,口感松脆或酥松。

烘烤类月饼要求外形完整、丰满,表面可略鼓,边角分明,底部平整,不凹底,不收缩,不露馅,无黑泡或明显焦斑,不破裂;具有该品种应有的色泽且均匀有光泽;饼皮薄厚均匀,皮馅比例适当,馅料饱满,软硬适中,不偏皮,不空腔,不黏牙;味纯正,具有该品种应有的口感和风味,无异味;正常视力无可见杂质。

总之,烘焙品质是一综合性状,既受蛋白质和面筋含量的影响,也受蛋白质和面筋质量制约。进行烘焙试验时,首先测定小麦粉和面团的理化指标,了解蛋白质含量水平和面团流变学特性,再制定烘培方案、进行烘焙试验。

9.1.4 小麦粉蒸煮品质

小麦粉蒸煮品质是指小麦粉在制作馒头、面条、水饺等蒸煮类食品过程中体现出来的、影响最终面制食品质量的品质性状。在某种程度上,蒸煮品质也是各种加工品质的综合体现。表征蒸煮品质的指标很多,但要通过蒸煮试验来获得。对于蒸煮试验目前尚处于研究探索阶段,成熟的方法还比较少。

关于馒头的蒸制试验,近年来已有不少研究,结果表明,影响馒头质量的小麦粉品质性状有蛋白质、湿面筋含量、直链淀粉含量、直链淀粉的比值、沉降值、降落数值、面团的吸水量、发酵成熟时间、发酵成熟体积等。优质北方馒头要求小麦粉的蛋白质和面筋含量中上等,弹性和延伸性较好,筋力过强、过弱的小麦粉制作的馒头质量均不理想。优质南方馒头的配方中含糖量(15%～20%)较高,要求小麦粉的出率低、蛋白质和面筋含量低,灰分低,白度高,吸水率强,其面筋具有较好的弹性。对馒头的要求为:形态完整,色泽正常,表面无皱缩、塌陷,无黄斑、灰斑、黑斑、白毛和粘斑等缺陷,无异物;质构特征均一,有弹性,呈海绵状,无粗糙大孔洞、局部硬块、干面粉痕迹及黄色碱斑等明显缺陷,无异物;无生感,不黏牙,不牙碜;具有小麦粉经发酵、蒸制后特有的滋味和气味,无异味。

面条是在常温下压切或拉制的,面条种类很多,对面团的适应性广。各国对面条各种类及质量要求不同。如朝鲜干面条蛋白质含量较高,不易断条,但口感柔软度较差,故蛋白质含量与总评分及柔软度均为显著负相关。日本面条要求柔软而洁白,稍有黏性无妨,面条评分标准包括柔软度、黏弹性、塑性、表面光滑度、煮后光泽、煮后黄色度、生面颜色等。东南亚各国要求面条以鲜亮、浅黄色、不发暗、不变色者为佳,此外吃起来筋道、爽口,有弹性。中华面条,外观必须具有吸引力,不仅新鲜的如此,即使经 24 h 或更长一些时间放置也是这样。我国传统的河北宫面,需蛋白质含量高、面筋强度大的小麦粉。优质面条煮熟后应色泽白亮,结构细密,光滑,爽口,硬度适中,有韧性,有咬劲,富有弹性,不黏牙,具麦清香味。

与面条品质有关的小麦粉品质性状有蛋白质和面筋的量和质、淀粉性质、色素含量、酶活性、脂类组成等。不同面条对小麦粉的要求不同,一般硬质或半硬质的、面团延伸性好而强度中等或稍小的小麦粉适宜做面条。优质面条要求小麦粉色白,麸星和灰分少,面筋含量高,强度较大,但面条对小麦粉品质性状的要求范围较宽。淀粉的吸水膨胀和糊化特性可使面条具有可塑性,煮熟后有黏弹性,其中支链淀粉含量多一些,比较柔软适口。小麦粉中的色素(类胡萝卜素和黄酮类化合物)和酶类(α-淀粉酶、蛋白水解酶、多酚氧化酶类)含量应尽量低,以保持面条色白,不流变,不黏。非极性脂类对增加煮面表面强度和色泽有利,极性脂类可显著增加挂面的断裂强度。

9.1.5　影响小麦粉食用品质的主要因素

9.1.5.1　小麦粉的加工精度

(1)粉色和麸星　国家标准中规定按实物标准样品对照检验粉色、麸星来评价小麦粉的加工精度。粉色是指小麦粉对不同波长光线的反射量或吸收量,麸星是指小麦粉中碎麸屑的含量。小麦粉粉色主要取决于下列因素的影响:一是小麦粉等级,不同等级的小麦粉,其中的麸星比例是不同的。小麦粉等级越低,麸星比例越大,粉色越差。麸星含量少的小麦粉色泽好。二是胚乳本身的颜色,不同品种的小麦其纯净胚乳的色泽差异悬殊。小麦胚乳中含有一种橘黄色素,它会转变为商品小麦粉的淡黄色,这种淡黄色不仅与叶黄素、叶黄素酯、胡萝卜素及某些天然物质的数量有关,还与这些物质被人工漂白的程度有关。三是小麦的软硬、红白,通常软麦的粉色好于硬麦的粉色。四是小麦粉的粗细度,小麦粉研磨得越细,越显现出亮色。五是小麦加工前外来污染和黑穗病孢子等的存在。

粉色是影响小麦粉食用品质的因素之一,这与我国大量消费的传统的馒头、面条等蒸煮类食品有关。毋庸置疑,对同样的小麦原料,在同样的加工工艺和不含添加剂的前提下,小麦粉越白,加工精度越高,其食用品质越好。从这个角度上看,消费者可以认为越白的小麦粉质量越好。洁白细腻的馒头、面条确实能增加人的食欲,但我国消费者在小麦粉白度方面的认识存在一些误区而片面追求小麦粉的白度。不同的小麦品种之间纯胚乳的色泽之间差异悬殊,小麦粉生产厂家注意区分籽粒的皮色但更应重视小麦胚乳的颜色。

(2)流散性　小麦粉的流散性主要与其含水量和原料籽粒的硬度有关。商品小麦粉的水分差异较小,而小麦籽粒的硬度与其蛋白质含量和成品小麦粉的食用品质有一定的相关性。一般来讲,高筋小麦粉(如面包粉)用手不易抓成团状,流散性好,面团吸水率高。低筋小麦粉(如糕点粉)用手易抓成团状,较为膨松,密度较小,黏附性强,流散性差,面团吸水率低。国内生产的有些小麦粉,尽管水分含量不高,面筋数量不低,但流散性很差,和面时加水量较少。

9.1.5.2　小麦粉的理化性质

（1）水分　水分是小麦粉最重要的储藏品质指标之一。我国气候环境条件南北方气温差异悬殊,食品的工业化水平较低,手工作坊生产方式居多,小麦粉销售也是全国性的大流通格局,我国规定小麦粉水分含量的最高限量为14.0%(质量分数)。小麦粉厂在保证储藏品质的前提下尽可能提高小麦粉的水分含量。实际上,对同样的小麦原料,在同样的加工精度和不含任何添加剂的前提下,小麦粉的水分含量越低,其食用品质越好。

（2）灰分　判断小麦粉的灰分含量可以通过间接的方法来衡量,如通过粉色的深浅、出粉率的高低等。准确的方法是进行灰分测定,通常是将小麦粉置于指定高温的电炉中灼烧,小麦粉燃烧后所剩下的灰烬的量即为灰分,用百分比表示。

制粉的目的是将麸皮、麦胚和胚乳相互分开,然后,将胚乳颗粒研磨成粉。由于麸皮的矿物质含量约为胚乳中含量的20倍,所以灰分测定基本上反映了小麦粉的纯度或麸皮、麦胚与胚乳分离的彻底性。在制粉行业中灰分测定比任何其他测定对控制制粉操作更具有重要性。无论从实用角度还是从加工优质小麦粉的角度,都希望小麦粉中的灰分尽量低。灰分高则面粉中纤维含量也高,会影响制品的质量和口感。

（3）粗细度　由于小麦粉的质量和用途不同,对其粒度要求也不一样,国家标准是:特制一等粉粒度不超过160 μm、特制二等粉粒度不超过200 μm、标准粉粒度不超过330 μm。对某些专用小麦粉的粒度是根据它的成品要求而定,如沙子粉要求粒度比较均匀,一般为250～350 μm。

小麦粉的粗细度主要与原料小麦的硬度(质地)、加工工艺和小麦粉的等级有关。在同样的加工条件下,硬麦粉比软麦粉中粗粉的比例大。对同样的小麦原料,在同样的加工精度和不含任何添加剂的前提下,小麦粉的粒度越粗,其食用品质越好。

（4）面筋质量数与质量　和蛋白质含量类似,可根据面筋质的数量来粗分小麦粉的用途,如湿面筋的含量高于32%的小麦粉有制作面包的潜能;湿面筋含量低于22%的小麦粉有可能用来制作糕点类食品。至于小麦粉的最终用途,主要还取决于面筋质的质量。小麦品种间麦胶蛋白和麦谷蛋白在面筋中所占的比例差异很大,形成面筋强度不同,所以小麦粉品种间麦胶蛋白和麦谷蛋白在面筋中所占的比例差异很大,形成面筋强度不同,所以小麦粉品质也存在很大的差异性。根据面筋强度大小可将小麦粉分为强力粉、中力粉、弱力粉。评定面筋质量和工艺性能的指标有延伸性、可塑性、弹性、韧性和比延伸性。

面筋指数是用面筋测定仪测定小麦粉湿面筋含量时得到的反映面筋内在质量的一个指标。把用洗涤机洗好的两个湿面筋块放到离心机上,离心脱水后收集穿透过离心筛网和留存在离心筛网上的湿面筋,面筋指数定义为留存筛网上的湿面筋数量占总湿面筋数量的百分比。面筋弹性越强,面筋指数越大;反之,面筋流散性越强,面筋指数越小。也可利用Brabender面筋仪研究面筋质的塑性、弹性、韧性等物理特性。

（5）破损淀粉含量　破损淀粉(又称损伤淀粉)是指小麦在加工过程中,由于机械力的作用,致使小麦胚乳中完整的淀粉粒产生的外形上和结构上的破坏。破损后的淀粉粒,其物理和化学性质都发生了变化。破损淀粉有3个重要的特征:对淀粉酶作用的敏感性增加即易被酶在常温下水解;在冷水中可溶解性增加;吸收水分的能力增加。

由于破损淀粉的特殊性能,面制食品的制作都希望在原料小麦粉中含有一定比例的破损淀粉,以使小麦粉能吸收更多的水分,重要的是,在较低淀粉酶活力的条件下,提供酵母发酵所需要的糖量,从而提高发酵食品的产气量和质量。但是,破损淀粉的大量存在,又会使淀粉酶的分解作用增大,造成面团流散度的变化,降低面团的耐揉性,从而影响面包体积的增加,而且使面包纹理变粗,结构不匀,降低了加工品质。面包粉要求有一定含量的破损淀粉,过高、过低都对面包品质不利。高破损淀粉的小麦粉会明显降低曲奇饼干的扩展度,使饼干扩展面积下降。

因此,正确认识破损淀粉的特点,测定破损淀粉的含量,探讨破损淀粉的微结构等是十分必要的。研究结果表明:小麦粉的破损淀粉值与小麦硬度存在十分明显的相关性。硬质麦胚乳中淀粉粒与蛋白质基质密结,胚乳粒(渣)在心磨系统中较困难被研细而达到粒度要求,在同样的加工条件下,硬麦粉中的破损淀粉含量高于软麦粉。

(6)酶活性 小麦粉中有淀粉酶、蛋白酶、脂肪酶、脂氧合酶、植酸酶等,其中淀粉酶和蛋白酶的活性对于小麦粉的烘焙性能和品质影响最大。

小麦粉中的淀粉酶主要是 α-淀粉酶和 β-淀粉酶。正常的小麦粉含有足够的 β-淀粉酶,而 α-淀粉酶含量则不足。为了利用 α-淀粉酶以改善面包的质量、皮色、风味、结构,增大面包体积。可在面团中加入一定数量的 α-淀粉酶制剂或加入占小麦粉重量 0.2% ~0.4% 的麦芽粉。而 α-淀粉酶和 β-淀粉酶对面条专用粉是不利的,淀粉酶会分解淀粉,导致面团黏度降低,产品浸泡时糊汤。因此,要求面条专用粉的淀粉酶含量尽量低一些。降落数值仪是利用淀粉悬浮液黏度变化的原理测定 α-淀粉酶活力的。降落数值 250 s 的小麦粉,其淀粉酶活力适中,可以烘焙出质量优良的面包。降落数值低于200 s 的小麦粉,淀粉酶活性太高,制作的面包其内心黏湿、纹理结构差、有大孔洞。降落数值 400 s 以上的小麦粉,淀粉酶活性太低,面包心发干,体积小。

小麦粉中含有蛋白分解酶,最适 pH 值接近 4.1。在面团中加入半胱氨酸、谷胱甘肽等硫氢化合物能激活小麦蛋白酶,水解面筋蛋白质,而使面团软化或最终液化。出粉率高、精度低的小麦粉或用发芽小麦磨制的小麦粉,因含激活剂或较多的蛋白酶,会使面筋软化而降低小麦粉的烘焙性能。另一方面,溴酸钾、碘酸盐、过硫酸盐等氧化剂都可抑制面团中蛋白酶的活性,从而改善面团的烘焙性能,得到坚韧硬稠的面团。在使用筋力过强的小麦粉制作面包时,可加入适量的蛋白酶制剂,以降低面筋的强度,有助于面筋完全扩展,并缩短搅拌时间。但蛋白酶制剂的用量必须严格控制,而且仅适合于用快速法生产面包的情况。蛋白酶对面条专用粉是不利的。蛋白酶会分解蛋白质,影响湿面筋的数量和质量,不但会降低面团的加工性能,而且产品口感较差。与淀粉酶相比,蛋白酶对面条专用粉的副作用更大。

9.2 大米食用品质

大米可制作米饭、米粉、年糕、点心等多种食品,米饭是人们食用主食的主要形式。大米的食用品质是指大米在米饭制作过程中所表现出的各种性能,以及食用时人体感觉器官对它的反应,如色泽、滋味、软硬等。大米食用品质包括蒸煮品质与食味两个方面。

9.2.1 大米的蒸煮品质

制作米饭通常有"煮"和"蒸"两种方法,都是先将大米洗净,放入锅中,或装入饭钵中,加水适量,然后加热煮熟,或上笼蒸熟。"蒸"或"煮"制作米饭的方法,都是将大米加水一次做成米饭。此外,还有一种"捞饭"的做饭法,先煮后蒸,做法是:先将大米洗净放入锅中,加较大量的水,用旺火煮沸,待米粒开花(米粒膨胀,表面裂开)至六七成熟时,捞出大米,沥去米汤。稍冷后,再将捞出的大米装入蒸笼中蒸(或在锅中加少量水焖),直至蒸熟(或焖熟)。

大米的蒸煮食用品质指大米在蒸煮和食用过程中所表现的各种理化及感官特性,如吸水性、溶解性、糊化性以及热饭和冷饭的柔软性、弹性、香、色、味等。由于食味是人们对米饭的物理性食感,通常由其理化特性值和感官检验的结果进行评价。优良食味的大米有以下表现:白色有光泽、咀嚼无声音、咀嚼不变味,有一种油香带甜的感觉,且米饭光滑有弹性,即通过人的五官能感受到米饭的好坏。但由于参评者所在地域的食俗不同,往往可能得出几乎相反的结论,如早稻区的人们喜欢食用不黏发硬的大米,而粳米区的人则相反,觉得黏软的米饭可口。这种评价上的差异,造成米饭品尝测定的困难和复杂化。因此,鉴定米饭的蒸煮食用品质需要辅以稻米的一些理化性状、流变学特性的测定,使评定更加科学、合理。评价稻米食用及蒸煮品质的主要理化性状是糊化温度、直链淀粉含量、胶稠度等。日本农林水产省食品综合研究所同时做了与食感关系最密切的大米理化性质和食味评比试验,发现两者有密切的相关性,其中与食味品质密切相关的指标有:属于煮饭特性的加热吸水率和体积膨胀率;属于淀粉黏度的糊化温度、淀粉破损值、米饭的黏性和弹性等,称为食味六要素。糊化温度、直链淀粉含量、胶稠度、米粒延伸率、大米食味品质和稻米的蒸煮特性是大米蒸煮品质主要测试指标,另外大米蒸煮品质与煮熟大米黏性有关,用质构仪测定此性状指标的大小也能说明大米蒸煮品质的优劣。

为了研究大米在大量水中加热时米粒的变化情况,把 8 g 大米放入高 10 cm、直径 4 cm 的圆柱形金属笼内,将金属笼悬挂在盛有 160 ml 蒸馏水的烧杯(200 ml)中。先用猛火煮沸 1 min,然后用文火煮 28 min(水温 90 ℃)。取出金属笼,沥米汤 2 min。测定下列 5 个项目,以反映出大米的蒸煮品质。

(1)加热吸水率 先称取金属笼重量,然后把蒸煮后的米饭和金属笼一起称重,按下式计算倍数。

$$加热吸水率 = 米饭的重量/大米的重量 \tag{9.3}$$

(2)膨胀容积 测定金属笼中米饭的高度,依下列公式求出膨胀体积。

$$膨胀体积 = \pi r^2 h \tag{9.4}$$

式中 r——金属笼的直径,cm;

h——米饭的高度,cm。

(3)米汤的 pH 值 将残留在烧杯中的米汤冷却至室温后,使用 pH 计测定 pH 值。

(4)米汤的碘显色度 将烧杯中的米汤移至 200 ml 容量瓶中,用蒸馏水洗涤烧杯,定容至 200 ml。取其 1 ml 和碘溶液(2 g 碘和 200 g 碘化钾溶于 1 L 蒸馏水中)2 ml,置于 100 ml 容量瓶中。用蒸馏水定容至 100 ml。此外,用蒸馏水将 2 ml 碘溶液定容至

100 ml,以此作为标准溶液。使用分光光度计以 600 nm 测定米汤的蓝色显色度,以吸光度表示。

（5）米汤中的固体溶出物 量取定容至 200 ml 的米汤 10 ml,置于玻璃称量管中,于 100~110 ℃下干燥 8 h,最后得到的固体物量乘以 20,就是 8 g 大米的固体溶出物。

以上指标与米饭的食味品质有关,关系如表 9.2 所示。

表9.2 米饭食味和蒸煮特性的关系

项 目	食味好	食味不好
加热吸水率	小	大
膨胀体积	小	大
米汤干物质	大	小
米汤碘蓝值	大	小

9.2.2 大米的食味

食味不仅能够使人们在感官上愉快,而且也直接影响着大米的消化、吸收。随着生活水平的提高,人们对大米的食味越来越关注。在大米的生产、流通、销售以及其相应的科学研究领域内,如何客观、科学地评价大米食味已日趋显得重要。

评价大米食味的有效项目主要如下:

（1）化学成分 如大米的蛋白质、脂类、直链淀粉;氨基酸中的丙氨酸、谷氨酸、异亮氨酸、苏氨酸;脂肪酸中的油酸、棕榈酸、亚油酸、硬脂酸、亚麻酸;无机成分中的磷、钙;米汤的碘显色度。

（2）物理性质 如黏度仪测定的最高黏度、最低黏度;质构仪测定的黏度、硬度、咀嚼性、黏着力;大米的精度、水分。

（3）感官指标 如香气、黏度、硬度、味道、综合评价等。米饭的香气与其挥发性羰基化合物的组成成分和含量有关,且主要积累于稻米的外层。对香米香味的主要成分鉴定为2-乙酰-1-吡咯啉,有些水稻品种可能是α-吡咯烷酮,不过都受到其他一些挥发性羰基化合物的影响。

基于以上各个有效项目,评价大米食味的方法可分为两种。一种是以品尝人员的感觉为计量器,用语言或文字报告评定结果的感官评价法。另一种是借助仪器测定大米或米饭的某些理化特性,用图或数字表示评定结果。

感官评价大米食味过程一般如下:大米经一定程序加工为成品米饭后,由特定人品评米饭的气味、色泽、外观结构、适口性及滋味等项目,是评价大米蒸煮食用品质最直接的方法。气味、色泽、外观结构、适口性及滋味的分值分别为25、10、10、30、25分,总分100分。评价结果60分为品质一般,61~70分为优于一般,71~80分为较好,90分以上为优良,具有不正常气味可评定为50分以下,有严重异味者可评为零分。凡综合评分在60分以上的大米为大多数消费者能够接受,60分以下者则不能接受。

用于测定米饭理化特性的仪器有:改进型托盘天平(测定黏着性)、质构仪(测定硬度、黏度、弹性、咀嚼性)、平行板塑性仪(测定黏性、弹性)等,以其测得的数值表示米饭食味的优劣。例如,质构仪测得米饭的硬度与黏度分别为 H 与 H',则利用其比值 H/H'表示米饭的食味。一般情况下,比值越大,食味越好。目前,国外尤其是日本,食味评价装置逐渐得到了推广应用。

9.2.3 影响大米食用品质的主要因素

(1)大米类型、品种 从已有的许多实验结果来看,大米各类型、品种之中,除少数例外,一般籼型大米的加热吸水量都较高,膨胀率较大,对碱液浸泡实验的反应小,淀粉糊化温度较高,最终黏度较大。籼型大米其淀粉粒热变形较难,碘蓝值较低,含直链淀粉较多,煮饭所需时间较长,米汤固形物少。粳型大米则相反,其加热吸水量较低,膨胀率较小,对碱液浸泡实验的反应大,淀粉糊化温度较低,最终黏度较小。粳型大米热变形较易,碘蓝值较高,煮饭所需时间较短,米汤固形物较多。

从米饭的特性来看,一般籼米饭比较干,饭粒比较完整,同时容易散开,翻动时有轻松柔软的感觉;但经过几小时冷却后,饭粒即行硬化(回生)。粳米饭比较湿,饭粒周边不保持完整,互相粘连不易散开,翻动时有黏重的感觉;但煮饭时沥去米汤可使饭粒分散而不致粘得很紧,冷却后饭黏不易变硬。

由此可见,籼米饭和粳米饭的适口性显然不同。由于个人口味爱好和习惯不同,很难说它们的食用品质孰优孰劣。但是就同一类型而言,不同品种之间仍然有品质优劣程度上的差别。例如,一般早籼米的品质总比晚籼米差。就我国消费者而言,大多喜食较柔软的米饭

(2)大米加工工艺 大米的加工工艺不同,其食用品质亦有很大差别。例如蒸谷米的出饭率比普通大米高36%～37%,但米饭的黏性较差,色香味亦较差。如果采用合理的加工工艺,例如适当缩短浸泡、蒸汽的时间,可一定程度上改善蒸谷米的色香味。如果再结合化学处理方法。例如在浸泡时加极少量的食盐调节 pH 值,对于蒸谷米的色泽和黏性会有所改进。

大米加工的精度对食用品质亦有很大影响。大米的精度高,米饭外观和食用品质均好,但维生素及矿物质等营养成分的损失比较大。糙米虽然含有较多的维生素及矿物质,但口感粗糙,食味差。不合理的加工工艺也会影响大米的食用品质。例如,大米中碎米较多,则食味下降。

(3)大米新陈度 大米陈化劣变的主要原因是微生物侵害和脂质氧化。一般来说,陈米的加热吸水率比新米高;在吸水量相同的情况下,陈米膨胀率也比新米大;陈米饭松而不黏,新米饭黏性较强;从陈米饭沥出来的米汤比较稀,米汤固形物含量和 pH 值都减小。而从新米饭沥出来的米汤则比较浓而且黏,固形物含量也比陈米汤高。总而言之,新米食味较好。

储藏稻米陈化后,加热吸水率和米饭膨胀体积增加;非水溶性物质增加;米饭黏度降低、膨松性提高。Ye Landur(1978)研究提出,稻米在 96 ℃和 80 ℃条件下蒸煮时的吸水性随着储藏时间的延长而增高。米汤中可溶性固形物减少与稻米储藏温度有很大关系,储藏时间越长,稻米越陈化,蒸煮中可溶性固形物越少。Chrastil(1994)认为大米陈化过程中直链淀粉含量增加,但增加量很小。不溶性直链淀粉含量与米饭特性比全部直链淀

粉有更好的相关性。不溶性直链淀粉促使形成较硬淀粉粒,使米饭口感较硬,黏性下降。Halick 等(1959)报道:品质好的大米米汤中,其淀粉与碘生成的蓝色较深,透光率较低,蒸煮时米汤稠,米饭亦黏,从而显示出较好的适口性和黏弹性。反之,品质差的大米米汤中,其淀粉与碘生成的蓝色较浅,透光率高,蒸煮时米汤稀,米粒之间松散,适口性和黏弹性均差。

(4)糊化温度与黏度特性　大米的糊化温度一般介于 50～79 ℃之间,大约可划分为三级:低糊化温度(55～69 ℃)、中糊化温度(70～74 ℃)和高糊化温度(75～79 ℃)。目前利用碱性扩散值预测淀粉的糊化温度最为简易,即当米粒受碱液作用程度越高,其值越大,表示糊化温度越低(表9.3)。由于糊化温度直接影响煮饭时米粒的吸水率、膨胀容积及米粒伸长,故可用其估计大米的蒸煮性能。高糊化温度大米,蒸煮时需较长的煮饭时间及较多的水,适用加工罐制米或点心食品。低、中糊化温度的大米则适合作为蒸煮米饭。

表9.3　米粒碱性扩散值与其糊化温度的关系

等级	特　性	糊化温度	碱扩散值
1	米粒完全不受影响	高糊化温度(GT>74 ℃)	1～2
2	米粒膨胀		
3	米粒膨胀且产生白边	中高糊化温度	3
4	米粒除膨胀有白边外,也变得完整、宽大	中糊化温度	4～5
5	米粒膨胀破裂,白边完整而宽大	(GT70～74 ℃)	
6	米粒破裂且分散,被白边吞没		
7	米粒完全分散且混合成透明状	低糊化温度(GT<70 ℃)	6～7

大米的黏度特性可用 Brabender 黏度仪测定,图9.5 是大米的黏度曲线示意图,黏度值单位为 B.U. 或 V.U. 。

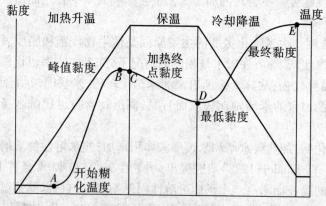

图9.5　黏度曲线示意图

1) 开始糊化温度　加热大米粉–水悬浮液,首先淀粉粒中心出现空洞,并逐渐增大,其周围的双折射消失,开始糊化,糊化继续进行,淀粉粒膨胀,并相互摩擦,糊化黏度上升,这就是图中 A 点,此时的温度称为开始糊化温度。生淀粉起始黏度值很低,黏度曲线不变,随温度升高,淀粉开始糊化,黏度上升。糊化开始温度实际上比淀粉澎润温度要高。

2) 最高黏度　随着温度升高,淀粉粒整体充分膨胀,成为膨胀粒,这种膨胀粒相互摩擦,增加糊液的抵抗,黏度值上升,达到最高值,这就是图中的 B 点,称为最高黏度值。也称顶峰黏度值或峰值黏度。淀粉糊化的难易决定于淀粉分子间的结合力,直链淀粉结合力较强,故糊化需要较长时间。即达到最高黏度的时间较长。

3) 最高糊化温度　黏度曲线在加热过程中到达峰值时的温度,以℃表示。

4) 最低黏度值　在最高黏度值后,保温(92 ~ 95 ℃)一定时间(10 ~ 16 min,根据具体目的而定)并继续搅拌,膨润粒胀至极限后破裂。它一旦破裂,就不再相互摩擦,因此糊化温度急剧下降,即图中 B 点黏度骤跌至 D 点,达到最低黏度值。时间越长,黏度值下降越显著。黏度的下降是因为淀粉混合物在受到搅拌的情况下,可使淀粉分子自身定向排列而引起的。这一现象也称稀懈或切变稀释,是淀粉糊的一个重要特征。

5) 最终黏度值　最高与最低黏度值之差称为淀粉粒崩解值。然而,糊化液进一步冷却又因淀粉的回生而黏度上升,最终达到图中 E 点,成最终黏度值。最终黏度值与最低黏度值之差称为回冷恢复值。

淀粉糊逐渐冷却至30 ℃(实际多在50 ℃,宜标明)时,由于温度降低,分子运动减弱,淀粉分子重新组成无序的混合微晶束,与生淀粉结构类似,故称为回生(老化)。回生后的黏度增加因品种而异,如含直链淀粉多,回生程度就大。

一般认为,糊化温度低,最高黏度大,淀粉粒崩解值大,最终黏度小,回冷恢复值小的米饭食味好。反之,米饭食味就不好。长粒型大米的最终黏度以及回冷恢复值都比中粒型和短粒型大米为高。

(5) 直链淀粉含量　直链淀粉含量系指直链淀粉占精米粉干重的百分率,是影响大米食用品质的重要因素。凡直链淀粉含量高的大米,蒸煮时膨胀率高,米饭干燥膨松,黏性差。反之,凡直链淀粉含量低的大米,蒸煮时膨胀率低,米饭湿而黏性强。

国际水稻研究所将大米按直链淀粉含量分为以下4个等级。

高直链淀粉大米:直链淀粉含量高于25%,米粒胀性好,米饭干而松散,冷后变硬,较难消化。

中直链淀粉大米:直链淀粉含量20% ~ 50%,米饭有一定黏性,较膨松而黏软。

低直链淀粉大米:直链淀粉含量10% ~ 20%,米粒胀性小,米饭黏软含水多,较易消化。

极低直链淀粉大米:直链淀粉含量低于9%,米粒胀性差,米饭湿黏有光泽。

除糯米(直链淀粉含量低于2%)外,一般大米的直链淀粉含量变异于6% ~ 34%。

我国大米的直链淀粉含量变幅于0 ~ 34%范围内,平均值为20.4%。其中籼米的直链淀粉含量变幅于2.1% ~ 30%之间,平均值为24.1%;粳米的直链淀粉含量变幅于2.1% ~ 28%间,平均值为19.4%;籼糯米和粳糯米的直链淀粉含量变幅于0 ~ 8%间,平均值分别为2.2%和1.9%。就同一类型的籼米而言,一般早籼大于杂交籼,杂交籼又大于中晚籼,其含量分别为 26.2%±1.9%、24.8%±0.6% 及 24.4%±2.1%。就粳米而言,早中粳的直链淀粉含量比晚粳平均约高 1%。

优质稻谷(GB/T 17891—1999)规定:我国优质籼米的直链淀粉含量变幅应为 15%～24%,优质粳米的直链淀粉含量变幅为 15%～20%,糯米的直链淀粉含量应低于 2.0%。

大米在蒸煮过程中吸水量和体积膨胀的大小,直接受直链淀粉含量多少的影响。糯性大米在蒸煮过程中膨胀最小,其米饭容重最大。米饭的耐破坏能力也与直链淀粉的含量有关。直链淀粉含量高的米饭,耐力大;而糯米饭的耐力较小。

由于直链淀粉含量不同,米饭的体积膨胀也不同,反映出的光泽也有所不同。糯性米饭光泽较好,似乎外面涂了一层油,但米饭白色度较差。高直链淀粉米饭由于高度膨胀,外观阴暗,但色泽较白。直链淀粉的含量还与大米的食味关系密切,当大米中的直链淀粉含量低于 2% 时,大米呈糯性,煮后软而黏;中等直链淀粉含量(20%～24%)大米,煮后米饭柔软,但黏性不大;高直链淀粉含量(>25%)大米,煮后米饭松散。

淀粉碘蓝值直接反映大米淀粉中直链淀粉的含量。大米淀粉的碘蓝值,是鉴定大米蒸煮品质的简易、快速的方法,它与直接蒸煮实验有很好的相关性。碘蓝值越低,则直链淀粉含量越高,蒸煮过程中米粒不易破碎,出饭率高,米饭干松,黏性差。碘蓝值高者,蒸煮时米粒易破碎,出饭率低,米饭黏性强。

(6)胶稠度 胶稠度系指精米粉碱糊化后的米胶冷却后的流动长度,是用来评价稻米品质的一项指标。可分软(61～100 mm)、中(41～60 mm)、硬(25～40 mm)三等。一般中等或低等直链淀粉含量的品种都是软胶稠度,其差异主要存在于高直链淀粉含量品种之间。同是高直链淀粉含量品种中,以软胶稠度稻米食味较好。

我国籼米和粳米的胶稠度的变幅都很宽,分别为 25～100 mm 和 27～100 mm,但籼米胶稠度的平均值(49 mm)比粳米的(63 mm)小得多,糯米品种间胶稠度的变幅较窄,为 51～100 mm,籼糯米的平均值为 91 mm,粳糯米为 94 mm。

优质稻谷(GB/T 17891—1999)规定:我国优质籼米的胶稠度不得低于 50 mm,优质粳米的胶稠度不得低于 60 mm,糯米的胶稠度不低于 100 mm。

(7)蛋白质含量 蛋白质含量与米饭的胶凝度有较好的正相关性,蛋白质会阻碍水的扩散作用而影响蒸煮作用,故一般蛋白质含量高的大米,其蒸煮时需较多的水和较长的蒸煮时间,且米饭质地较硬。蛋白质是决定大米营养价值的最主要的因素,尤其是氨基酸中赖氨酸的含量。一般大米中含有 5%～14% 的蛋白质(12% 水分),主要由谷蛋白构成,其他如醇溶蛋白、清蛋白和球蛋白的含量则较少。1986 年,农业部曾对我国种植面积在 10 万亩(666.67 hm^2)以上的主要栽培品种的米质进行调查,结果表明,不同品种的稻米之间蛋白质含量有较大的差异。粳稻的蛋白质含量变化于 6.44%～11.41% 之间,籼稻变化于 6.8%～13.87% 之间。籼稻蛋白质的平均值(9.81%)比粳稻的高(8.5%),我国南方稻区稻米的蛋白质含量也明显高于北方稻区。

谷物和淀粉围绕生产和生活的需要，广泛地渗透到粮食、食品研究的各个领域。谷物加工范围广，从传统的碾磨、蒸煮、焙烤加工，到现代淀粉的深加工、植物蛋白产品的开发和加工副产物的综合利用等。由谷物加工制造成的谷物食品品种繁多，如面包、饼干、各类糕点、各种面类、米粉、膨化谷物、谷物饮料、谷物早餐食品和谷物婴儿食品等。谷物食品在从原料到成品的加工过程中，常常涉及发酵、蒸煮、膨化、延展等工序，伴随着复杂的物理、化学及生物反应，使最终产品在质构、组成、表现等理化特性及营养上发生很大变化。

第10章

谷物食品加工过程中的理化变化

10.1 主食方便食品

方便食品是指经加工后部分或完全制作好,食用前只需短时间内稍加处理或完全不需处理即可食用的食品。包括面包、饼干、膨化果、方便面、方便米饭、方便米粉(条)等多个品种。其中方便面、方便米饭、方便米粉条的制作原理基本相同,而且用作主食,因此统称为谷物主食方便食品。

主食方便食品是为适应现代社会人们生活节奏加快的需要而出现,并随着食品加工工业的发展而发展起来的。从总体来看,我国方便面产业发展形势良好,进入了千家万户。相对而言,以米为主要原料的方便食品的种类和数量还都较少。但近年来,米制方便主食已经在市场上崭露头角,随着我国科学技术和国民经济的进一步发展,方便主食新的品种还会不断出现,并将越来越多地进入人们的日常生活。本节中主要介绍方便面及方便米饭的生产工艺及其理化变化。

10.1.1 生产工艺简介

10.1.1.1 方便面的生产工艺

(1)工艺流程

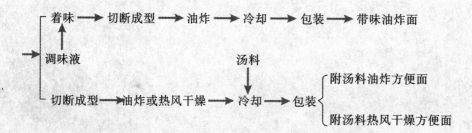

(2)操作要点

1)和面 和面又叫合面、揉面,是将原辅料放入调粉机中,经过一定时间的搅拌而形成面团的过程。它是面条生产的头道工序,其效果优劣直接影响下几道工序的操作和产品质量。因此,必须准确控制加水量、加盐量、和面时间和温度。方便面面团加水量一般在28%~38%,和面时面团温度应在 20~25 ℃,搅拌速度 70 r/min,和面时间 15~20 min。

和面的工艺要求:面粉中的蛋白质、淀粉均匀充分地吸水,料坯应呈松散而具有一定黏性的豆腐渣状的颗粒、干湿一致、色泽均匀、不含生粉,手握成团,轻轻揉搓又能散开。

2)熟化 熟化俗称"醒面"或"存粉",是在低温下"静置"0.5 h 左右,以改善面团的黏性、弹性和柔软性。通过熟化,使水分最大限度地渗透到蛋白质胶体粒子的内部,使之充分吸水膨胀,互相粘连,形成较好的面筋网络组织,进一步改善面团的工艺性质;通过低速搅拌或者静置,消除面团的内应力,使面团内部结构稳定;促进蛋白质和淀粉之间的水分自动调节,达到均质化,起到对粉粒的调质作用;对复合压片工序起到均匀喂料的作用。

熟化是在熟化机中进行的。生产上为保证连续生产和防止面团结块,一般都采用低速搅拌的方法。熟化时间为 15 ~ 45 min,多为 30 min。

3)复合压延　熟化后的面团先通过两组轧辊压成两条面带,再通过复合机合并为一条面带,这就是复合压延。通过复合压延,使面带成型,面筋的网络组织达到均匀分布,面带具有一定的强度和韧性,以保证面条的质量。

合片后面带由 5 ~ 6 组直径逐步缩小、转速逐步增加的压延轧辊进行连续压延到所需厚度(0.8 ~ 1.0 mm)。面片通过每组轧辊,厚度逐步减小,面团组织逐步分布均匀,强度逐步提高。

压延后的面片应是:厚薄均匀,平整光滑,完整无破边,色泽均匀,具有一定的韧性和强度。复合压延对于保证生产稳定和产品质量具有重要的作用。复合压延过程见图10.1所示。

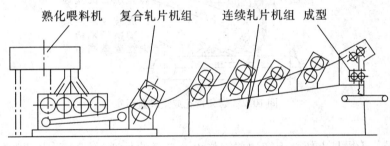

图 10.1　复合压延过程示意

4)切条折花　是生产方便面的关键工序之一。经该工序制成波峰竖起、彼此紧靠的块状面条,不仅形状美观,而且脱水干燥快,切断时碎面少,在储藏和运输中不易破裂;食用时复水时间短,对包装也有利。

其基本原理是在切条机(面刀)下方,装有一个精密设计的波浪形成型导箱。切条后的面条进入导箱后,与导箱的前后壁发生碰撞而遇到抵抗阻力,又由于导箱下部的成型传送带的线速度慢于面条的线速度,从而形成了阻力面,使面条在阻力下弯曲折叠成细小的波浪形花纹。由于存在速度差,使通过导箱的面条受到一定的阻力而前后往复摆动,扭曲堆积成一种波峰竖起,由于波形传送带的连续移动就连续形成花纹。面条线速度和波形传送带线速度的速比将影响波纹的大小,速比大,波纹就小,反之,波纹就大。一般速度比为(6 ~ 8):1。

切条折花成型装置示意如图10.2所示。

5)蒸面　蒸面是在连续式自动蒸面机上进行的。它是使波纹面层在一定温度下适当加热,在一定时间内使生面条中的淀粉糊化,蛋白质热变性,由生面制成熟面。面条的糊化度应达到80%以上。适当延长蒸面时间,提高面条糊化度,可改善面条的食用品质。

蒸面时间须掌握好,时间不足或过长都会影响面条的韧性。一般蒸面时蒸汽压力 1.5~2 kg/cm²,温度96~98 ℃,时间60~90 s。实际生产中,一般要在90~120 s,气压在1~3 kg/cm²,以保证糊化程度在80%以上。

6)定量切断成型 方便面的定量切断是将重量转换成一定的长度(双折)来计量的。每块面的重量随花纹的紧密或稀松而变化,花纹密则重,反之则轻。因此,要求面块花纹的紧密和稀松程度保持稳定,以免给定量工作带来不良影响。

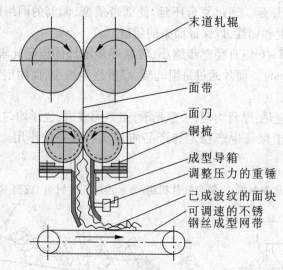

图10.2 切条折花成型装置示意

7)干燥 干燥是方便面生产的关键技术。其目的是通过快速脱水,固定 α-淀粉结构,防止面条回生,同时固定组织和形状,便于保存和运输。干燥方法有油炸干燥与热风干燥两种。前者属于高温短时干燥,产品膨松,多微孔,复水性好,食用时口感好;后者干燥温度较低,干燥时间较长,产品没有膨化现象,无微孔,复水性差,食用时需要较长的浸泡时间,此法所得制品在储藏中不会因油脂氧化而变质。

油炸干燥是将面块放入油槽中,面块被高温油所包围,面条内水分迅速汽化逸出,一般油温控制在145~150 ℃,油炸时间70~80 s。油炸工艺要求:油炸均匀,色泽一致,面块不焦不枯,水分在10%左右,含油率20%左右;热风干燥是用低湿度的热空气使面条中的水分汽化。一般干燥机内温度为70~90 ℃,相对湿度低于70%,干燥时间35~45 min,干燥后方便面的水分为12.5%左右。

8)冷却与包装 为了便于包装和储藏,防止产品变质,干燥后的面块须进行冷却才能进行包装。冷却方法有自然冷却和强制冷却两种,在连续生产中多使用后者。

冷却后的产品温度接近室温或稍高时,进行质检,合格者配上汤料,再进入自动包装机中包装。一般,袋装面常用玻璃纸和聚乙烯复合塑料薄膜,也可用聚丙烯和聚酯复合塑料薄膜作为包装材料,杯装方便面常用聚丙烯塑料。

10.1.1.2 方便米饭的生产工艺

方便米饭经热水浸泡或短时间加热后便可食用,其品种多,生产工艺也各异。目前开发出 α 脱水米饭、软罐头米饭、冷冻饭团及蒸煮袋米饭等品种。迄今为止,仅 α 脱水米饭制备的方法就有十多种。然而由于米饭品质受工艺条件的影响较大,脱水米质量难以很好地控制,如复水时间长,复水米饭缺乏新鲜米饭的香味,口感,黏弹性等问题,一直都是研究的重要课题。

(1)速煮米饭　速煮米饭又称 α 化米饭、脱水米饭,是第二次世界大战期间作为战备物资而开发的一种方便食品,只需稍加烹饪或直接用开水冲泡即可食用。其工艺流程如下:

精白米──→清理──→淘洗──→浸泡──→加抗黏剂──→搅拌──→蒸煮──→冷却──→离散──→干燥──→冷却──→检验──→计量包装──→成品──→入库

(2)保鲜米饭　保鲜米饭是以一般意义上的米饭为最终形态的一种方便大米食品,只需简单加热就可食用,食用品质与新鲜米饭基本一致。保鲜米饭的主要形式有以下几种:

1)高温杀菌米饭　又称罐头米饭。是以大米为原料,利用高温灭菌原理,在高温灭菌的同时,破坏原料中的酶系,并使原料熟化。其生产工艺流程:

精白米──→清理──→淘洗──→浸泡──→预煮──→漂洗──→控水──→搅拌──→定量装罐──→排气──→封口──→杀菌──→冷却──→保温观察──→检验──→成品──→入库

2)无菌包装米饭　将加工好的米饭,在无菌的环境中直接密封入包装容器,并保证容器内没有受到细菌的污染,从而不必再经高温杀菌就可达到长期保存的目的。其生产工艺流程:

精白米──→清理──→淘洗──→浸泡──→控水──→大米定量充填──→高压瞬时杀菌──→定量充填炊饭水──→炊饭──→封口──→冷却──→金属及重量检测──→成品──→入库

3)冷冻米饭　即将蒸煮好的米饭在-40 ℃的环境中急速冷冻并在-18 ℃以下冻藏。现在随着微波炉的普及,该产品市场正逐步扩大。其生产工艺流程:

精白米──→清理──→淘洗──→浸泡──→控水──→大米定量充填──→定量充填水及辅料──→蒸饭──→封口──→速冻──→检验──→成品──→入库

(3)方便米饭生产关键技术

1)选料　大米品种对速煮米饭的质量影响很大。如果以直链淀粉含量较高的籼米为原料,制品复水后,质地较干硬,口感不佳;若用支链淀粉含量高的糯米为原料,则加工时黏度大,米粒易黏结成块,不易分散,影响加工操作和产品质量。因此,生产速煮米饭应依据产品质量要求,科学合理选用不同品种的大米原料,一般选用精白粳米。

2)清理和淘洗　大米中常混有米糠、尘土、石块、金属等杂质,因此必须对大米进行清理,为整个工序提供优质原料。可采用风选、筛选和磁选等方法去除杂质。经清理后的大米在洗米机中用水淘洗,将附着在大米表面的霉菌等微生物和其他附着物淘洗掉。常用设备有射流式洗米机和螺旋式连续洗米机。

3)浸泡　浸泡是大米吸水并使自身体积膨胀的过程。其目的是使大米吸收适量的水分,为大米淀粉在蒸煮时充分糊化创造必要条件。若大米吸收水分低于30%,则在蒸煮过程中,由于水分过少,大米蒸不透,而直接影响米饭质量。浸泡后大米含水量约35%。浸泡方法有常温浸泡和高温浸泡两种。常温浸泡是将已淘洗大米放入冷水中并在常温下浸泡30 min 左右;高温浸泡则是将已淘洗大米放入70 ℃热水中浸泡15 ~ 20 min。

4)加抗黏剂　大米经蒸煮后有较大的黏性,饭粒之间常常相互粘连甚至结块,影响饭粒的后续均匀干燥和颗粒分散,导致成品复水性降低。为此,在蒸煮前应加入抗黏剂。该工序用齿轮泵抽送,将抗黏剂均匀洒向原料。

5)蒸煮、冷却 即用蒸汽进行汽蒸,使大米在有充足水分的条件下加热,吸收水分,使淀粉糊化,蛋白质变性,从而使大米熟化。大米的蒸煮时间与加水量对米饭品质有较大的影响,一般料水比控制在 1.4 ~ 1.7,蒸煮时间为 15 ~ 20 min。

6)离散 虽然蒸煮前加了抗黏剂,但由于米粒表面糊化后的黏性仍会有粘连。为使米饭能均匀干燥,必须使结团的米饭离散。离散的方法有多种,如冷水冷却法、喷淋离散液的方法、机械法及冻结法等。

7)干燥、杀菌 干燥是是生产脱水米饭的一道重要工序。是将充分糊化的米饭颗粒脱水,使糊化淀粉保持原型被固定下来,并长期保持 α 化状态,有利于保持制品的食用品质。干燥方法有热风干燥法和微波干燥法两种。干燥后米粒含水量为 8% ~ 10%。

非脱水米饭要求严格杀菌。因为米饭中残留着相当数量的微生物,且米饭中有的搭配了动、植物菜类(即套餐化),要想长期保存,杀菌就不容忽视。试验表明,方便米饭的杀菌对象菌是嗜温厌氧芽孢杆菌中的梭状芽孢杆菌和肉毒杆菌。方便米饭属低酸性食品,按高温杀菌公式进行杀菌。软罐头方便米饭可采用蒸煮杀菌。

10.1.2 加工过程中的理化变化

10.1.2.1 方便面加工过程中的理化变化

方便面生产中的理化变化是多方面的,对生产操作、产品质量影响最明显的是水分和油脂含量的变化。

(1)水分含量

1)和面工序中的含水量变化 面粉一般含水 12% ~ 14%,和面后面团含水达到 30% ~ 32%。

含水的多少直接影响面团的流变学特性。含水太高面团黏度增加,可能影响连续压片和折花成型;含水太低会降低面团的延伸性、黏弹性,不利于其他工序的进行。和面工艺会影响水在面团中的存在形式,如温度低、和面时间短,则加入的水附在面粉颗粒表面,而没被蛋白质、淀粉完全吸收,其结果是虽然加水量足够,但面团的加工性能仍较差,而且黏度大。

面团的性能不但决定于其含水量,而且还取决于水分活度 A_w。水分活度随着温度的增加而增加。和面时一般要求 A_w 为 0.8 左右,这时分子动能较大,有利于淀粉、蛋白质吸水;若和面温度偏低,A_w 值变小,面团性能则较差。

2)熟化工序中的含水量变化 此工序中水分含量的变化有两个方面,一是由于熟化机是敞口的,将会有部分水分挥发;二是面团内部水分迁移,面粉颗粒表面的水分渗透到其内部,被面筋蛋白质、淀粉吸收,会进一步提高湿面筋的数量和质量。

3)蒸煮工序中的含水量变化 低温的面条刚进入隧道式蒸面机,部分蒸汽会在面条表面冷凝下来,面条可以吸收蒸汽中较多的水分,这对面条糊化是有利的。

4)油炸工序中的含水量变化 油炸干燥时,面块被高温的油包围,所含水分迅速逸出,水分含量由 35% 左右逐步降低到 8% 以下。在油炸过程中,脱水速度是不断变化的。

(2)含油量 在油炸工序前,面条中的含油量是基本稳定的,若生产中不添加含油成分,其中的含油量就是原料面粉中的含油量。尽管在和面、熟化、压片及蒸煮中有水分的变化,但面其干基含油是基本不变的,为 0.9% ~ 1.8%。在油炸工序中,面块含油由 0.9% ~ 1.8% 逐步增加到 20% 左右。面条中含油量增加的速度与脱水速度有密切关系,只要油炸时间一定,适当降低初期阶段的脱水速度,使产品出锅时达到产品含水要求即可,这可以降低产品含油。控制产品含油不仅可以减少产品成本,同时提供低含油食品也是消费者健康的需要。

(3)淀粉糊化　湿面条进入蒸面机后,淀粉会逐步糊化,糊化度在 85% 以上,面条基本成熟;油炸时淀粉继续糊化与固化。理想油炸工艺能使面条淀粉糊化度比半成品增高 9% ~ 11%。

影响糊化的因素是多方面的,除了湿面条含水量、蒸煮时间、加热温度之外,糖会降低淀粉糊化速度,双糖比单糖的作用更明显。糖类具有增塑作用,并对淀粉分子之间形成结点区的干扰从而使凝胶程度降低;由于脂肪能与部分淀粉形成络合物阻止颗粒溶胀而能影响淀粉糊化。变性蛋白质和凝胶淀粉具有一定的弹性,冷却后黏度较低。方便面蒸煮后其花纹相对固定就是基于这一原理。

(4)蛋白质　蛋白质在蒸面过程中由于受热而部分变性,蒸好的面块在进行油炸时蛋白质发生不可逆变性。

(5)酶　面粉中含有的酶主要有淀粉酶、蛋白酶、脂肪酶等。

淀粉酶在和面、熟化及蒸煮过程中,由于水分的加入及搅拌等作用会使其活性增强,能够水解淀粉,尤其是损伤淀粉,从而会降低面团黏度,影响加工性能,同时会使面粉中水溶性物质增加,产品浸泡时出现浑汤。α-淀粉酶加热到 70 ℃仍然具有较强的活性,在一定范围内,温度越高,活性越强;当温度超过 95 ℃时,α-淀粉酶才会被彻底钝化,而 β-淀粉酶的稳定性较差,当加热至 70 ℃时,其活力减少 50%,几分钟后即被钝化。发芽小麦生产的面粉中淀粉酶含量较高,在原料选择时应给以足够的重视。

在和面及熟化过程中,当有蛋白酶激活剂存在时,小麦面粉中的蛋白酶活性大大增强,能够水解部分蛋白质,导致湿面筋含量减少,面团软化以及黏度降低,这对生产面条是十分不利的。出粉率高、加工精度低的面粉或发芽小麦面粉中常含较多的蛋白酶及其激活剂,若以其为原料生产方便面,则压片时易碎片,食用时筋力差,严重时难以生产出面条。蛋白酶随着蒸煮、油炸时温度的升高而被钝化。

(6)非酶褐变　面粉中含有的蛋白质和单糖,在一定条件下会发生美拉德反应,使产品显黄色,并产生一定香味。油炸前,在面条表面喷洒葡萄糖和部分氨基酸溶液,产品呈金黄色并具有芳香气味,其理论依据就是美拉德反应。

面粉中存在糖类,除了可能发生美拉德反应,还有可能发生焦糖化反应。该反应在酸性或碱性条件下都能进行,但反应速度不同。方便面生产中面块一般呈碱性,发生焦糖化反应的可能更大。方便面油炸时,当油温超过 150 ℃时,面块呈黄色,这是美拉德反应和焦糖化反应综合作用的结果。

(5)面条的外观变化　经过蒸面工序,面条体积膨胀、颜色变深、黏弹性增强;经过油炸干燥后,面条外观变化。

10.1.2.2　方便米饭加工过程中发生的理化变化

在方便米饭从原料到成品的加工过程中,经历了多次的湿热处理和脱水等过程,在这些过程中,稻米得以吸水润胀、糊化和脱水定型。在湿热处理和脱水过程中,稻米的许多物化特性、组成等发生了较大变化,掌握和控制好这些变化特性,对方便米饭的生产、储藏等都有较大意义。

(1)大米在浸泡过程中主要变化　大米在浸泡过程中受水、热和时间三个因素的影响。大米在水中浸泡,随着浸泡时间的延长,水分慢慢向籽粒内部渗透,使大米籽粒内部发生多方面的变化。

1)营养成分的变化　大米中许多营养成分留在皮层和米胚中,其中有很多成分呈水溶性。大米在浸泡过程中,胚乳吸收了水分,同时也吸收了糙米皮层和米胚中一部分水溶性的营养成分。同时,这些水溶性的营养成分也有可能溶解到浸泡水中,造成营养成分的损失。因此,应尽量缩短浸泡时间。

2)大米籽粒强度变化　大米吸收水分,使籽粒结构力学性质发生很大变化,主要表现在爆腰率增加上。

大米浸泡后爆腰率增加的主要原因是:大米籽粒表面具有密集的毛细管,毛细管呈楔形,直径较大的一端暴露在籽粒的表面。当水分通过毛细管向籽粒内部渗透时,由于毛细管本身直径减小,阻碍水分继续向内部渗透,于是在毛细管中形成一种吸附层边界。沿着这个边界,被吸附水分子力图继续向内渗透,对籽粒产生一个"楔压力",这相当于籽粒上增加一个外部压力,从而使籽粒形成爆腰。

高温浸泡的大米,除了受到水和时间的影响以外,还有热的作用。所以,其爆腰率的变化与常温浸泡有所不同。一般,随着水温的升高,爆腰率的增加更为迅速。用70 ℃的热水浸泡1 h,爆腰率急剧地上升到最高峰,2 h后,爆腰率就开始下降,而且下降的速度也比较迅速,3 h已低于大米原始爆腰率,4 h后,爆腰率进一步下降;而采用40 ℃水浸泡时,开始阶段爆腰率的升高也较迅速,但是,浸泡8 h后,爆腰率仍超过大米原始爆腰率。高温浸泡时爆腰率下降的原因,可能与可溶性淀粉的增加有关,特别是70 ℃水浸泡时,这一温度已经达到了淀粉开始糊化的温度,产生黏度很大的糊化淀粉,而将稻米爆腰的裂缝填充。所以,浸泡水温越高,爆腰率下降越快,而且低于大米的原始爆腰率。

此外,由于大米其他内部化学成分的不同,如淀粉和蛋白质,它们的吸水速度不同,吸水后的膨胀情况也不同,这也是产生爆腰的原因。研究表明,水温为50 ℃,浸泡30 min时,大米不会产生爆腰。在浸泡条件相同的情况下,经过干燥的大米要比未经干燥的大米产生的爆腰率高。

3)米色变化　大米经过浸泡后,制成的米饭的颜色将不同程度加深,从而降低米饭商品价值。米色变化常用白度表示。

米粒的白度随浸泡时间的延长而下降,即米色加深;当浸泡温度超过70 ℃以后,米粒的白度迅速下降,米色变深。

大米在浸泡过程中,米色加深的原因很复杂。据分析,浸泡时由于酶(特别是淀粉酶)的活化,糖(尤其是葡萄糖)与米粒中的氨基酸发生美拉德反应,生成棕色甚至黑色的物质(类黑精),加深了米粒的颜色。在浸泡过程中,米粒的白度是随淀粉酶的活化而下降的。

米粒的颜色还取决于浸泡水的 pH 值。如浸泡水的 pH 值为 5 时,米粒的白度最高,米色最浅。pH 值增加,米色加深。所以,合理地改变浸泡水的 pH 值,可以改善米粉的色度。

10.2　焙烤食品

焙烤食品泛指用面粉及各种粮食及其半成品与多种辅料相调配,经过发酵或直接用高温焙烤,或油炸而成的一系列香脆可口的食品,它是当今社会的时尚食品,品种花色多,营养丰富,风味诱人,食用方便。有的可做主食,有的主副兼用。主要包括饼干、面包、糕点、月饼、方便面、膨化食品等。焙烤制品具有下列特点:

(1)所有焙烤制品均应以谷类原料(特别是小麦粉)为基础原料;

(2)大多数焙烤制品应以油、糖、蛋等作为主要辅助原料,或其中 1~2 种。

(3)所有焙烤制品的成熟和定型均采用焙烤工艺。

(4)焙烤制品不需调理就能直接食用,是一种冷热皆宜的方便食品。

(5)所有焙烤制品均属固态食品。

焙烤食品工业在食品工业中占有一定的重要地位,其产品直接面向市场,直观反映人民饮食文化水平及生活水平的高低。在世界绝大多数国家中,无论是主食还是副食品,焙烤食品都占有十分重要的位置。

10.2.1　生产工艺简介

10.2.1.1　饼干生产工艺

饼干是以小麦粉(可添加糯米粉、淀粉等)为主要原料,加入(或不加入)糖、油脂及其他原料,经调粉(或调浆)、成型、烘焙(或煎烤)等工艺制成的口感酥松或松脆的食品。从食用角度和方便性来说,饼干是一营养价值高、食用方便的大众食品。目前,我国已对饼干分类进行了规范,标准中按加工工艺把饼干分为了 13 类:酥性饼干、韧性饼干、发酵饼干、薄脆饼干、曲奇饼干、夹心饼干、威化饼干、蛋圆饼干、粘花饼干、蛋卷、煎饼、水泡饼干及其他。

(1)饼干基本工艺流程如下。

原辅材料的选择与处理 ➡ 面团调制 ➡ 辊轧 ➡ 成型 ➡ 焙烤 ➡ 冷却 ➡ 包装 ➡ 成品

各种类型的饼干生产工艺差别较大,这里主要介绍韧性饼干、酥性饼干、苏打饼干的生产工艺。

1)韧性饼干生产工艺流程　韧性饼干在国际上被称为硬质饼干,一般采用中筋小麦粉制作,面团中油脂与砂糖的比率较低,为使面筋充分形成,需要较长时间调粉,以形成韧性极强的面团。

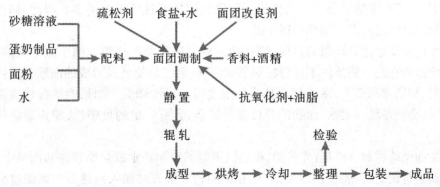

2)酥性饼干生产工艺流程 酥性饼干外观花纹明显,结构细密,孔洞较为显著,呈多孔性组织,口感酥松,属于中档配料的甜饼干。

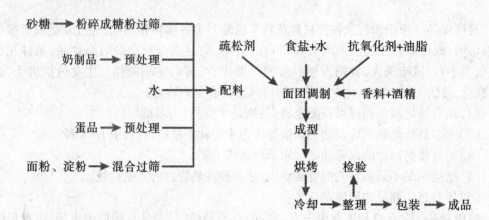

3)苏打饼干生产工艺流程

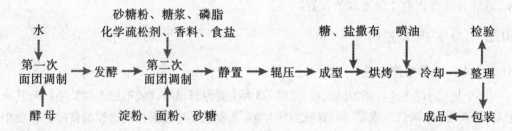

(2)面团调制 面团调制就是将生产所需的各种原辅材料按照要求进行配合,在调粉机中进行搅拌混合形成所需面团的过程。面团调制是饼干生产中最关键的一道工序,面团调制的得当与否,关系到成品的花纹、形态、酥松度、表面光滑程度及内部结构等,对成型操作能否顺利进行也有很大影响,甚至是决定性影响。饼干面团的调制过程中,面筋蛋白并没有完全形成面筋,不同的饼干品种,面筋形成量是不同的,而且阻止面筋形成的措施也不一样。

1)韧性面团的调制 韧性面团俗称热粉,这是因为调制完毕的面团温度较酥性面团高而得名。韧性面团的调制方法采用的是热粉韧性操作法。

韧性面团要求在蛋白质充分水化的条件下调制,具有较好的延伸性、适度的弹性、柔软而光润,一定程度的可塑性。韧性饼干的胀润率较酥性饼干大得多。因此,韧性饼干的容重轻,口感松脆,但不如酥性饼干酥。

韧性产品要想达到理想的目的,则在面团调制阶段要严格控制两个关键性的问题:第一是使面粉在适宜的条件下充分胀润形成面筋;第二是使已经形成的面筋在搅拌浆的不断撕裂、切割和翻动下,逐渐超越其弹性限度而使弹性降低。如果能掌握好这两个关键,面团就会变得较为柔软,面筋的弹性显著减弱,具有一定的可塑性,即为最佳状态的面团。

韧性面团的调制方法是:先将油、糖、乳、蛋等辅料加热水或热糖浆在和面机中搅匀;再加面粉进行调制(如要使用改良剂,应在面团初步形成时加入);然后在调制过程中分先后加入膨松剂与香精,继续调制,直至面团达到要求时即可进入下道工序。

在调制过程中,为保证获得良好的工艺性能,面团含水量应保持在18% ~21%,这样就可达到韧性饼干面团的要求,即韧性面团要柔软;韧性面团的温度较高,常控制在38 ~ 40 ℃;常需使用一定量的淀粉水填充剂,用量为5% ~10%;一般调制时间较长,约40 min以上,较长的调制时间可保证蛋白质充分胀润,形成面筋后再经机械拉伸而失去筋力,可以防止面坯收缩变形。调制成熟后,需静置15 ~20 min,以降低面团弹性。如调粉不足,面团的弹性大,成型后饼干易变形;调粉过度,面团的延伸性和表面的光洁度受破坏,成品的表面不平没有光泽。

2)酥性面团的调制 酥性面团要求温度低,酥性面团的调制俗称冷粉。酥性面团的调制方法采用的是冷粉酥性操作法。

酥性面团要求在控制蛋白质水化条件下调制,有较大程度的可塑性和略有黏弹性;成品有良好的花纹,不变形,烘烤后具有一定的胀发性。要达到上述目的,最主要的是在面团的调制过程中控制面团的吸水率,使面筋具有有限的胀润,以保证产品的质量和生产的顺利进行。调制酥性的同时,要求严格控制加水量和面团的温度、搅拌的时间等。水量稍多、温度稍高、搅拌的时间稍长都能破坏面团的酥性结构。

酥性面团的调制方法:将油、糖、乳品、蛋品及膨松剂等辅料与适量的水充分搅拌均匀形成乳浊液;再将面粉加入,调制6 ~12 min;香精要在调制成乳浊液之后或在加面粉的同时加入,以免香味过量挥发损失。

在调制过程中,须注意投料顺序,以限制面筋蛋白质吸水,控制面筋形成程度;一般面团温度控制在26 ~30 ℃,面团水分含量一般为13% ~18%为宜,且调粉时添加水要一次加足,不可随便加水;调粉时间和静置时间:调粉时间一般为5 ~10 min,静置时间为10 ~15 min。

3)苏打饼干面团的调制 苏打饼干面团的调制有其特殊性,因要进行酵母发酵,因此在调制时其工艺条件应注意对酵母发酵的影响,一般采用二次发酵法发酵。

第一次调粉和发酵:第一次调粉面粉量占总量的40% ~50%,酵母量0.5% ~0.7%,加水量占面粉的40% ~45%,调4 min和制成团,温度冬天为28 ~32 ℃,夏天为25 ~28 ℃。第一次发酵的目的是为了恢复和增强酵母发酵活力,并使其充分繁殖,为第二次发酵做好充足准备,缩短二次发酵时间;酵母的呼吸作用和发酵作用所产生的CO_2使面团疏松,呈海绵状结构,使面团的弹性降低到理想状态。第一次发酵时间4 ~10 h,应根据情况决定。

第二次调粉和发酵:将其余面粉和油、盐、饴糖、奶粉、鸡蛋和其他原辅料,加入发酵完成的面团中进行第二次调粉,至均匀,一般5 min即可。第二次调粉终了粉温应保持在冬天:30 ~33 ℃,夏天:28 ~30 ℃。使用的粉应为弱质粉,用水量应根据第一次进行调整。第二次发酵虽然面团中油、盐、糖、碱等存在限制了酵母活力,但由于酵母量很大,发酵潜力也很强,故发酵时间一般仅3 ~4 h即可完成。其主要目的是使面团在酵母发酵产气作用下,形成疏松的海绵状组织,进一步降低面筋的弹性使饼干制品口感松、酥、脆、香。

(2)面团辊轧 调制后要经辊轧,将面团经多道压辊、多次折叠、转向90°压制成一定厚度的面带,便于冲印或辊印成型,并通过机械作用使面带发生物理变化,改善面带品质。烘烤后饼干形态完整,质地均匀,口感疏松。苏打饼干必须经过辊轧,韧性面团有的需要辊轧,有的不需要辊轧,而酥性和甜酥性饼干采用辊印成型而省略了这一工序。这是因为酥性面团是软性或半软性面团,面团中含油、糖量多,弹性极小,可塑性较大,所以可以直接用成型机辊筒压成面片,同时辊压会增加面团的机械硬化,致使制品的酥松度降低,所以酥性面团一般不采用这道工序。

辊压时,面团因受压力向纵向延伸。如果始终朝一个方向来回辊压,面团的纵向张力会大大超过横向张力,将会使成型后的饼坯纵向发生收缩变形。所以,辊压时面片要多次拆叠并旋转 90°角,使面片的纵向和横向张力一致。保证成型后饼干不收缩,不变形。

对韧性饼干而言,辊压次数一般为 9~13 次,并多次折叠,同时旋转 90°,才符合工艺要求。苏打饼干对辊轧要求较高,一般来回辊轧 11 次,共折叠 4 次,其中转折 3 次。在辊轧时还在面层中包进油酥面,一般包两次,每次包两层。

(3)成型

1)冲印成型 它是适用较为广泛的成型方法,其适应性强,能适应多种大众化产品的生产。如粗饼干、韧性饼干、苏打饼干,对于低油脂的酥性饼干也可生产。

其工作过程是用帆布带输送面片经过冲模,冲头下冲后完成饼干成型,并使饼干坯与冲头分离。对冲印成型的要求增高,面片不粘辊筒,不粘帆布、冲印清晰,头子分离顺利,饼干坯落下时无卷曲现象。

2)辊印成型 是适合于生产高油脂品种的成型方法,不适合生产韧性和苏打饼干。此法生产效率较高,没有头子,设备占地面积小,噪音小,但适应生产范围较小,仅适于生产含油脂在 12% 以上的饼干。

3)辊切成型 是综合前两种方法的优点而发展起来的成型方法。其前半部分采用冲印成型的多道压延辊。成型机构是由印花辊、切块辊及橡胶辊组成。此成型方法具有广泛的适应性,可用来生产苏打、韧性、酥性、甜酥性等多种不同类型的品种。

(4)烘烤 是饼干制作中重要的工序之一。成型以后的饼坯,移入烤炉,经过高温短时间加热后发生一列变化,使生坯变成烘烤熟的具有多孔海绵状的松脆产品,体积增大,色泽诱人,香味扑鼻。

烘烤的温度和时间,随饼干品种与块形大小的不同而异。一般烘烤温度保持在 230~270 ℃,不得超过 290 ℃。如果烘烤炉的温度较高,可以适当缩短烘烤时间。炉温过高或过低,都会影响成品质量,过高容易烤焦,过低会使成品不熟,色泽发白。韧性饼干宜采用较低温度、较长时间的烘烤,一般为 4~6 min;酥性饼干及甜酥性饼干采用高温短时间,一般为 3.5~4.5 min,对于油糖辅料较多的酥性饼干,在入炉初期的膨胀、定型需要高温,后期的脱水、上色宜采用低温;苏打饼干则入炉初期,底火大,上火低,进入烘烤中区,要求上火渐升而底火渐小,最后阶段,炉温低于前面各区域。

(5)冷却、包装 烘烤完毕的饼干,其表面层与中心部的温差很大,外温高,内温低,温度散发迟缓。为了防止饼干外形收缩与破裂,必须冷却后再包装。在夏秋春季,可采用自然冷却法。如要加速冷却,可以使用吹风,但空气的流速不能超过 2.5 m/s。空气流速过快,会使水分蒸发过快,饼干易破裂。冷却最适宜的温度是 30~40 ℃,室内相对湿度 70%~80%。

10.2.1.2　面包生产工艺

（1）面包的概念及分类　面包是以小麦面粉为主要原料，以酵母、食盐、鸡蛋、油脂等为辅料加水调制成面团，经过发酵、整形、成形、烘烤、冷却等工序而制成的组织松软、富有弹性的烘焙食品。其营养丰富，组织膨松，易于消化吸收，芳香可口，食用方便，易于机械化和大批量生产，深受广大消费者的喜爱。

面包种类繁多，分类方式也多。按消费习惯可分为主食面包、花色面包和调理面包；按其柔软度可分为软式面包和硬式面包；按加入糖和食盐量的不同分为甜面包和咸面包；按成型方法的不同分为听形面包和非听形面包；按添加的特殊原料可分为果子面包、夹馅面包、油炸面包及全麦面包、杂粮面包等；按地域用料特点分为法式面包、意式面包、德式面包、俄式面包、英式面包、美式面包。

（2）面包基本生产工艺　根据发酵方法的不同，目前生产面包的工艺有一次发酵法、二次发酵法、快速发酵法、冷冻面团法、液种发酵法等，如果不考虑发酵方法，面包基本生产工艺流程相同：

原辅材料处理 ➡ 面团调制 ➡ 发酵 ➡ 整形 ➡ 醒发 ➡ 烘烤 ➡ 冷却 ➡ 包装 ➡ 成品

1）原辅料处理　原料经过合理处理后，才能符合生产工艺要求，为提高产品质量创造条件。原辅料处理包括面粉的处理、酵母的活化、水质的调整及其他原辅材料的处理。

面粉的处理：小麦面粉是生产面包的主要原料，其品质的好坏决定面包的生产工艺和面包的质量。在生产前应根据季节不同而适当调节面粉温度，使之适合工艺要求，满足发酵的最佳温度。面粉使用前需过筛吸铁，既可清除杂质，打碎团块，又可混入空气。

酵母的活化：酵母是通过呼吸和发酵作用产生二氧化碳来膨松面团，所以它本身质量的好坏对面包生产有十分重要的影响，而酵母的预处理对产品质量也有密切关系。制作面包常用的酵母有鲜酵母、活性干酵母和即发活性干酵母三种。除即发活性干酵母可直接使用外，鲜酵母和活性干酵母在使用前都需要进行活化处理。

水的处理：面包生产用水一般以中等硬度最为适宜，即 $8 \sim 12 \ ℃$，$pH = 5 \sim 6$，不满足上述条件的水均应进行处理，否则会造成制品的缺陷。对硬度过大或过小的水，可分别加碳酸钠或硫酸钙等来处理。对于不适合面包生产的碱性水和酸性水，可分别用乳酸和碳酸钠进行中和，再经沉淀过滤、调节水温，即可使用。

此外，白砂糖粉碎成糖粉或将其用温水溶化后经过滤再使用；糖浆也需过滤；食盐需用水溶化过滤；普通液态植物油、猪油等可直接使用，而奶油、人造奶油、氢化油等油脂在低温时硬度很高，可用文火加热或搅拌机搅拌使其软化，以加快调面速度，使油脂均匀分布在面团之中。

2）面团调制　面团调制俗称和面或调粉。是指将处理过的原辅料按配方要求用量，并根据一定的投料顺序，调制成具有适宜加工性能面团的操作过程，是生产面包的关键工序之一。通过调制可以使所有的原辅料充分分散和均匀混合，加速面粉吸水形成面筋，促进面筋网络的形成，使面团形成良好的物理性质和组织结构，以利于发酵和焙烤。

调制面团时的投料顺序根据面团的发酵方法来确定。一次发酵法和快速发酵法的面团调制投料顺序是将全部面粉投入和面机内，再将砂糖、食盐的水溶液及其他辅料一同加入和面机内，开始搅拌后加入已准备好的酵母溶液，搅拌均匀后进行发酵；二次发酵法调制面团是分两次投料的,即先是将配方中面粉量的30%～70%、全部酵母溶液和适量的水调制成软硬适当的面团,进行第一次发酵,待其发酵成熟后,进行第二次调制面团,即将第一次发酵成熟的面团和适量的水、剩余的原辅材料投入和面机中搅拌成均匀而有弹性的面团,进行第二次发酵。

3)面团发酵　面团发酵是酵母利用面团中的糖类与其他营养物质进行生长繁殖和新陈代谢,产生大量CO_2气体和其他物质,使面团膨松、富有弹性,并在面团中积累发酵产物,赋予成品特有的芳香和风味以及具多孔性结构的过程,它是继搅拌后面包生产中的第二个关键工序。

将调制完毕的面团置于发酵室内发酵,发酵室温度27～29℃,相对湿度为70%～75%,发酵时间根据采用的发酵方法而定,待面团发酵成熟后即可进入下一道工序。

4)面团整形　将发酵好的面团做成一定形状的面包坯叫作整形,包括分块、称量、搓圆、静置、做形、装盘或装模等工序。整形室所要求的适宜条件为:温度25～28℃,相对湿度60%～70%。

面团的分块和称量是按照成品的重量要求,把发酵好的大块面团分割成小块面团,并进行称量。一般面包坯在烘烤中将有10%～12%的重量损耗,故在分块和称重时,必须把这一重要损耗计算在内。面团在分块和称量期间,面团还继续着发酵过程,面团的气体含量、相对密度和面筋的结合状态都在发生变化,所以在分块工序中最初的面团和最后的面团的性质是有差异的。为了把这种差别限制在最小限度,分块和称量应在尽量短的时间内完成,最理想是15～25 min以内完成。

搓圆是将切块后不规则的小面块搓成圆球状,使面包内部组织结实均匀,表面光滑。再经过12～18 min静置,使紧张面团得以缓和松弛,酵母恢复活性,持气性增强,面团柔软,易于成型,不黏附机器。

做形是将静置后的面团加工成产品要求的形状。操作者根据品种的需要,采用滚、搓、包、捏、卷、擀、箍、挤、切、割、叠、编等不同操作手法,可制作出形态各异、口味不同的面包制品,然后就可装模(或烤盘),进行醒发。

5)醒发　又称成型、最终发酵,即整形完毕后的面包坯再最后一次发酵,是入炉前很重要的工艺。以使其消除在整形过程中产生的内部应力,使面筋进一步结合,增强其延伸性;使面包坯膨胀到应有的体积和形状,符合烘焙要求。

醒发在醒发室中进行。醒发条件为:温度36～38℃,最高不超过40℃,相对湿度80%～90%,以85%为适宜,时间一般为40～60 min。

6)烘烤　醒发后的面包坯应立即送入烤炉进行烘烤。烘焙是决定面包最终价值的关键工序,生产流水线上,其他所有的设备能力均要以烤炉的能力为基准来衡量,因此烤炉是决定产量的主要设备。

面包的烘焙过程一般分为三个阶段:

第一阶段,即面包坯入炉初期。烘烤应在炉温较低而相对湿度(60%～70%)较高的条件下进行。要求这个阶段的炉温是面火要低,以防面包坯表面很快固结,一般面火控制在120℃左右,底火要高,使面包坯底面大小固定,体积增大,在200～220℃,不超过260℃。

第二阶段,本阶段是面包的成熟阶段。此时面火可达270℃,使面包很快定型,面包内部达到 50~60 ℃,面包体积已基本达到成品体积要求,面筋已膨胀至弹性极限,淀粉已糊化,酵母活动已停止。因此,该阶段需要提高温度使面包定型成熟。面火、底火可同时提高,面火为 200~250 ℃,底火可控制在 270~300 ℃。烘焙时间为 3~4 min,使面包定型成熟。

第三阶段,此阶段主要是使面包表皮上色、增加香气,此时,面包已经定形并基本成熟,炉温可降低到面火为 180~200 ℃,底火为 140~160 ℃。

面包坯经过三个阶段的烘焙,即可生成色、香、味俱佳的面包。

烘烤成熟的面包要及时出炉,以免面包表面烤焦,影响成品质量。

7)面包的冷却与包装　出炉后的面包应经过冷却与包装后方可成为商品出售。

刚出炉的面包温度很高,皮温在 180 ℃以上,中心温度达 98 ℃左右,而且皮脆瓤软,没有弹性,经不起压,如果立即进行包装,因受到挤压或机械碰撞,必然会造成面包表皮断裂、破碎或变形。同时,由于温度高,热蒸汽不易散发,易在包装内结成水滴,使皮和瓤吸水变软,则面包不经压,易变形,同时也给微生物的繁殖创造了条件,使面包易变质。因此必须将其中心冷却至接近室温时方可包装。面包冷却机制模型如图 10.3 所示。

冷却的方法有自然冷却和通风冷却两种。由于自然冷却所需的时间太长,所以普遍采用通风冷却。面包冷却场所的适宜条件:温度 22~26 ℃,相对湿度 75%,空气流速 180~240 m/min。冷却后的面包应及时包装,以避免失水变硬,保持面包的新鲜度及其清洁卫生和增进美观。

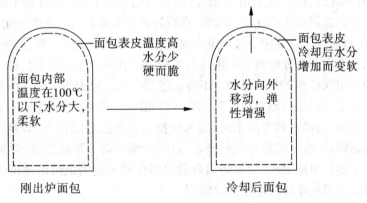

图 10.3　面包冷却机制模型

10.2.2　加工过程中发生的理化变化

10.2.2.1　饼干加工过程中的理化变化

饼干在烘烤中所起变化主要可归纳为物理变化和化学变化。

(1)物理变化

1)水分含量的变化　烘烤前,饼坯由于加水进行面团调制时而含有较高的水分,其水分含量与饼干类别、配方有关。酥性饼干坯含水量为 16%~20%,韧性饼干坯为 20%~24%;烘烤后含水量约为 8%,即水分含量降低了 8%~16%;冷却后饼干含水量 3%~4%。就饼坯到成品饼干的总失水量来说,烘烤过程中的失水量约占 75%,冷却时蒸发 25% 左右。

烘烤阶段,水分减少。按饼干在通过炉膛时的变化,又可分为四个阶段:胀发、定型、脱水、上色。当载体(钢带或网带)将饼坯运入炉口时,由于饼坯温度较低(25~40 ℃),而炉内温度较高,且有大量从饼坯蒸发的水分,因而绝对湿度相当高,当炉内湿热的空气一碰到刚入炉的冷凉饼坯,热空气便在饼坯表面凝结成细小的水珠称为"露滴"现象。随着饼坯向炉内运动,炉内热能通过辐射、传导及对流等方式传给饼坯,使饼坯温度升高。当表面温度达到 100 ℃后,饼坯表面水分开始蒸发,该过程是饼坯烘烤中水分变化的最初阶段。此时排除的水分主要是游离水和吸附水。饼坯进入烤炉后其温度迅速上升,当温度超过炉内水蒸气的露点温度时,饼坯表面的水分便开始蒸发。由于炉内温度很高(200 ℃以上),所以吸湿作用时间很短。

中间阶段,饼坯表面温度进炉后仅 30 s 左右便可达到 100 ℃以上,而内部温度较低,所以表面的水分蒸发大于内部,因此出现了水分梯度,这时水分主要是表层蒸发,即饼坯表层高温区水分的蒸发和内部水分逐渐向表层移动。通过表层蒸发,此阶段中水分下降很大,占到了烘烤总失水量的 50%。中间阶段为快速脱水过程,此阶段排除的水分除游离水和吸附水外,尚有少量结合水。

经过中间阶段的大量失水后,由于水分梯度的存在,水分多的内层水分沿饼坯内的毛细管向水分少的表层扩散,饼坯内部残余的水分继续恒速蒸发,直到烘烤结束。此阶段蒸发速度明显减慢,失水量约为整个烘烤过程的 1/3,主要排出的是结合水。

蛋白质在烘烤过程中,还会由于温度升高促使其在面团调制过程中吸收的水分释出,释出的水分被急剧膨胀的淀粉粒吸收,在饼坯内形成短暂的水分重分配。

饼干烘烤过程中水分变化主要与烘烤温度、相对湿度有关。一般,烘烤温度越高,相对湿度越低,越有利于水分的蒸发。烘烤温度和饼坯烘烤时间随饼干品种、块形、大小不同而异,一般炉温保持到 230~270 ℃,不得超过 290 ℃。因为饼干烘烤的目的不仅是为了脱水,而且还要形成表面颜色和风味,所以烤炉温度还要考虑颜色和风味的因素。

在排除饼坯内游离水和吸附水时,脱水速度与烘烤温度成正比,即温度高,脱水快,因此,在烘烤前阶段,温度需偏高以利于水分排除;而结合水排除困难,限速步骤是内部水分的迁移,主要是恒速脱水,故烘烤后阶段只需保持一定的烘烤温度即可,温度过高,表面就会烤焦,造成色泽较深等质量问题。

其次,面团的性能、饼坯的形态、原料配比以及面团软硬度等对水分变化也起着一定作用。酥性面团含水量较低,面团内结合水较少,故面团内水分蒸发较容易,烘烤时间相对较短;而韧性面团由于面筋充分吸水胀润,以三种形式存在的水分较酥性面团都多,水分蒸发较困难,因此烘烤时间较长。即使是烘烤同一种性质面团,脱水速度也常常不一致。当饼坯厚而块形大时,内部水分蒸发较慢,烘烤时间宜适当延长;反之则快。其他水分蒸发快慢还与烤炉温度、原料配比、面团软硬度等因素有关。例疏松剂在加热分解排出气体时,有利于水分的蒸发。

2)厚度的变化 烘烤过程中,饼坯有一定程度的胀发,主要表现在厚度明显增加,不同的饼干其胀发率也不相同,如酥性饼干一般增长 160%~250%,韧性饼干 200%~300%。其胀发力主要来源于疏松剂受热分解以及饼坯内部水分、酒精和气体等的蒸发。

　　大部分饼干是用如碳酸氢铵或碳酸铵等化学疏松剂来膨松的。在面团调制和成型过程中就有可能分解,产生氨、二氧化碳等气体成分并溶于面团的水中,发酵时产生的气体成分也会溶于面团的水中。当烘烤初期,饼坯中水分温度升高时,这些气体也会很快游离出来,同时,疏松剂也会完全分解,产生大量二氧化碳等气体,这些气体为饼坯的胀发准备了条件。

　　发酵中产生的酒精、乙酸以及饼坯中的水分在烘烤中都可受热而汽化,这些气体与二氧化碳等气体在温度升高时产生热膨胀。饼坯中的面筋便包裹着膨胀的气体,形成无数的气泡。面筋有一定的伸展性和韧性,所以无数的气泡便随温度的升高迅速膨大,使饼干的厚度急剧增加。当气泡的大小达到面筋膜的伸展极限时,气泡破裂,气体逸出,饼坯便停止膨大。

　　此外,饼干的厚度(胀发率)还受面团的软硬度、面筋的抗胀力、疏松剂的产气性能、发酵程度、炉温、炉膛内湿热空气对流等多种因素的影响。较软的面团、较高的烘烤温度和湿热空气流动缓慢的情况下,饼干胀发较大。若面筋的抗胀力过大,那么饼坯就膨松不起来,导致饼干僵硬,而且在载体无孔眼时常会引起底部凹底;相反,如果气体膨胀力过大,饼坯抗胀力较小,那么会使饼干过于松脆易碎。

　　(2)化学变化　烘烤过程中饼坯发生的化学变化主要有:膨松剂的分解、酵母死亡、酶的失活、淀粉的糊化、面筋的热凝固以及表面褐变反应等。

　　1)膨松剂的分解、酵母菌变化　小苏打的分解温度为 60～150 ℃,碳酸氢铵或碳酸铵的分解温度为 30～60 ℃。所以几乎是刚一进炉的几十秒内,碳酸氢铵或碳酸铵首先分解产生大量气体,产生极强的压力。但当它的气压冲破面团抗张力的束缚而膨发逸出时,饼干的面筋蛋白还未来得及凝固,会造成已膨发的组织又塌陷下去,故碳酸铵不能单独使用,多与小苏打配合使用,使得气体的产生和膨胀持续到面筋凝固。

　　韧性饼干和苏打饼干由于面团较软,面筋热凝固所花时间较长,所以常用发酵的办法产生 CO_2 气体,膨松组织。烘烤初期中心层温度逐渐上升,饼坯内酵母菌的作用也逐渐旺盛起来,产生较多的 CO_2,这些 CO_2 与在发酵过程中产生的 CO_2 一起受热膨胀,使饼坯迅速胀发。当饼坯内部温度达到 80 ℃时,酵母菌便会死亡。酵母菌在进炉 1～2 min 内便会因高温死亡,酶同酵母菌一样因蛋白质的变化而失去活力。

　　2)美拉德反应和焦糖化反应　　这是形成饼干外表色泽的重要反应。美拉德反应是指羰氨反应,即饼坯中蛋白质的氨基与糖的羰基在烘烤的高温下发生了复杂的化学反应,生成了褐变物质。饼坯烘烤的后期,水分的蒸发已经极微弱,表面温度上升至 140 ℃以上时,饼坯表面颜色转变为金黄色或棕黄色,这就是饼干的上色。

　　3)酵母菌发酵和酶的作用所引起的面筋软化及淀粉的液化和糖化。烘烤的初期,酵母菌和面团里的蛋白酶、淀粉酶都会因为温度的升高而活动加剧。由于蛋白酶的分解作用,使得面筋抗张力变弱,有利于面团的胀发。当温度达到 80 ℃时,蛋白酶便失去活力。由于饼坯较薄,中心温度升高很快,所以面筋软化反应是微小的。

　　淀粉酶的作用也会在烘烤初期(50～65 ℃)加剧,生成部分糊精和麦芽糖。当达到80 ℃时淀粉酶失去活力。淀粉酶促使淀粉水解为糊精和麦芽糖,蛋白酶分解面筋得到氨基酸等生成物,这些也都给饼干带来良好的风味。

10.2.2.2 面包加工过程中的理化变化

烘焙过程中,面包坯在炉内经高温作用发生一系列的物理、化学变化及微生物学的变化。在这个过程中,直到醒发阶段仍在不断进行的生物活动被终止,微生物及酶被破坏,不稳定的胶体变成凝固物体,淀粉、蛋白质的性质也由于高温而发生凝固变性;焦糖、类黑色素及其他使面包产生特有香味的化合物如羰基化合物等物质生成。这些变化的结果是使面包坯由"生"变"熟",从而使面包坯成为组织膨松、富有弹性、表面呈金黄色、香甜可口的制品。

(1)面团发酵中过程的变化 面团的发酵是个复杂的生化反应过程,此阶段积累了足够的生成物,使最终的制品具有优良的风味和芳香感;使面团发生一系列的物理的、化学的变化后变得柔软,容易延展,便于机械切割和整形等加工;在发酵过程中进一步促进面团的氧化,增强面团的气体保持能力。

1)酵母的变化 面团调制时所加入的酵母数量远不足面团发酵所需,因此采用二次发酵法时,第一次面团发酵的目的就是使酵母大量增殖,为二次发酵、最后醒发积累后劲和发酵力。

从面团调制开始酵母就利用单糖和低氮化合物开始繁殖,生产大量的新芽孢。酵母在发酵过程中生长繁殖所需的能量,主要依靠糖分解时所产生的热能来供应。面团发酵温度控制在 28~30 ℃,利于酵母繁殖。

2)面团发酵过程中可溶性糖的变化 面团内所含的可溶性糖有单糖和双糖。其中单糖类主要是葡萄糖、果糖,双糖主要是蔗糖、麦芽糖、乳糖。一般情况下,面粉中的单糖是很少的,而酵母的发酵仅能利用单糖。面团发酵中所需单糖的来源:一是配料中加入的蔗糖在酵母分泌的转化酶的作用下生成葡萄糖,二是,淀粉经一系列水解成葡萄糖。

第一步是部分淀粉在β-淀粉酶作用下生成麦芽糖,其反应式如下:

$$\underset{\text{淀粉}}{2(C_6H_{10}O_5)_n+2nH_2O} \xrightarrow{\text{淀粉酶}} \underset{\text{麦芽糖}}{n(C_{12}H_{12}O_{11})}$$

第二步是麦芽糖在麦芽糖转化酶作用下生成葡萄糖,其反应式如下:

$$\underset{\text{麦芽糖}}{C_{12}H_{22}O_{11}+H_2O} \xrightarrow{\text{麦芽糖酶}} \underset{\text{葡萄糖}}{2(C_6H_{12}O_6)}$$

此外,在面粉中含有少量蔗糖,部分蔗糖在蔗糖转化酶作用下生成葡萄糖,其反应式如下:

$$\underset{\text{蔗糖}}{C_{12}H_{22}O_{11}+H_2O} \xrightarrow{\text{蔗糖转化酶}} \underset{\text{葡萄糖}}{C_6H_{12}O_6}+\underset{\text{果糖}}{C_6H_{12}O_6}$$

面团发酵中,当各种糖共存时,其被利用的顺序是不同的。酵母首先利用葡萄糖进行发酵,而后才能利用果糖。酵母不能利用乳糖,但乳糖对面包的着色起着良好的作用。

面团在发酵中所积累的气体有两个来源:酵母呼吸作用和酒精发酵。

面团发酵的初期,氧气含量充足,酵母菌以己糖为营养物质,在氧的参与下,将己糖分解为 CO_2 和 H_2O,并放出一定能量:

$$C_6H_{12}O_6+6O_2 \longrightarrow 6CO_2+6H_2O+2.8 \text{ MJ}$$

随着呼吸作用的进行,二氧化碳气体逐步增加,面团的体积逐渐增大,氧气量逐渐降低,酵母的有氧呼吸转变为无氧呼吸,即发酵作用,产生了酒精和部分能量的同时,也产

生少量的 CO_2，这是使面团膨胀、起发所需气体的另一来源。

$$C_6H_{12}O_6 \longrightarrow 2C_2H_5OH + 2CO_2 + 100.5 \text{ kJ}$$

3) 面团发酵中酸度的变化　面团酸度的变化，主要是由乳酸发酵引起的，同时还有乙酸发酵及酪酸发酵。乳酸发酵是面团中经常发生的过程，乳酸虽然增加了面团酸度，但可以与发酵中产生的乙醇发生酯化反应，给面包带来好的风味，是必要的发酵。而高温、长时间发酵时，乳酸大量积蓄，使 pH 值过度降低，不仅使面团物理性质恶化，而且会产生由于乙酸发酵和酪酸发酵带来的刺激性酸味和异臭，因此在面包生产中应尽量避免这两种发酵。

$$C_6H_{12}O_6 \xrightarrow{\text{乳酸发酵}} 2CH_3CHOHCOOH + 83.7 \text{ kJ}$$

面团发酵中的产酸菌主要是嗜温性菌，当面团发酵在 28~30 ℃ 进行时，产酸量不大。如果在高温下发酵，它们的活性增强，会大大增加面包的酸度。而面团的 pH 值与面包的持气性和容积大小密切相关。当 pH 值为 5.5 时，面包容积最佳。故在面团发酵管理上一定要控制 pH 值不低于 5.0，否则面包体积减小。

4) 面团发酵中风味物质的形成　面团发酵的目的之一是通过发酵形成风味物质，在发酵中形成的风味物质大致有以下几类。

酒精：酒精发酵形成，也是面包制作的风味及口味来源之一。

有机酸：以乳酸为主，并含有少量乙酸、蚁酸、酪酸等，是面包味道的来源之一，同时也能调节面筋成熟的速度。乳酸是一种较强的有机酸，且在发酵过程中产量也较多，是使面团的 pH 值在发酵过程降低的重要原因之一。乙酸是存在于面粉内的乙酸菌将酒精转化而成的。乙酸是较弱的有机酸，离解度小，对面团的 pH 值影响比乳酸要小。

酯类：是以酒精与有机酸反应而生成带有挥发性的芳香物质。

羰基化合物：包括醛类、酮类等多种化合物。它们是面包风味重要成分，要经过较长时间才能生成，故二次发酵生产的面包香气充足。

(2) 面包烘烤过程中的变化

1) 温度变化　烘烤过程中面包皮各层温度都达到并超过 100 ℃，最外层可达 180 ℃ 以上，与炉温几乎一致；面包皮与面包瓤分界层的温度，在烘烤将近结束时达到 100 ℃，并且一直保持到烘烤结束；面包心内任何一层的温度直到烘烤结束均不超过 100 ℃，尤以瓤心温度最低。在烘烤中，面包内的水分不断蒸发，面包皮不断形成与加厚以至面包成熟。

2) 水分的变化　在烘焙中，面包水分的变化既以气态方式向炉内扩散，也以液态方式向面包中心转移。至烘焙结束时，使原来水分均匀的面包坯，形成各层水分不同的面包成品。

3) 体积变化　体积是面包的最重要质量指标。面包坯入炉后，面团醒发时积累的 CO_2 和入炉后酵母最后发酵产生的 CO_2 及水蒸气、酒精等受热膨胀，产生蒸汽压，使面包体积显著增加，产生面包蜂窝状结构。随温度提高，面包体积增加速度减慢，最后停止增加。

4)微生物学变化及发生的生化反应

①酵母的活性变化 酵母从发酵活动增强到死亡,产生大量气体,面包体积胀大。

面包生坯入炉后,内部各部位温度均会上升。低于50 ℃时,酵母有个旺盛产气的过程;然后,随着温度的上升,酵母活性降低,直到死亡。这个过程约为5 min,但对面包体积和形状仍有影响。

②二氧化碳 二氧化碳气体受热发生膨胀,面包体积迅速增大而变成膨松状。

③淀粉 淀粉受热糊化,由β-淀粉转变成α-淀粉,部分淀粉水解成糊精和麦芽糖。

水解产生的糖一部分被酵母利用,转化成酒精,经加热而成气体,有助于增大体积,并增加香味。糊精结合大量水,是形成淀粉凝胶并构成面包松软口感的重要因素之一。

④面筋蛋白 面筋蛋白受热而变性凝固,面筋网络组成面包的骨架,受热使面包定型;释放部分涨润时所吸收的水分,形成面包蜂窝或海绵状组织;部分蛋白质在蛋白酶的作用下水解成肽、氨基酸等这些物质与糖发生美拉德反应,使面包皮着色并使成品产生特有的风味。

⑤面包表皮成色 面包在烘焙中产生的金黄色或棕黄色的表面颜色,主要由以下两种途径来实现。

美拉德反应:面包坯中的还原糖如葡萄糖和果糖,与氨基酸之间产生羰氨反应,产生有色物质,这个过程称为美拉德反应。美拉德反应的结果,不仅使表面产生悦目的颜色,而且产生芳香味。这种香味是由各种羰基化合物形成的,其中醛类起着主要作用。在美拉德反应中产生的醛类,包括糠醛、羟甲基糖醛、乙醛、异丁醛、甲醛、苯乙醛、丙酮醛等。醛、醇类物质,受热起化合作用而形成面包特有的风味。

焦糖化反应:糖在高温下发生的变色作用称为焦糖化反应。参加焦糖化反应的糖包括酵母发酵剩余的蔗糖、麦芽糖、果糖、葡萄糖等。

此外,鸡蛋、乳粉、饴糖、果葡糖浆等均有良好的着色作用。

10.3 膨化食品

膨化食品又称挤压食品、喷爆食品、轻便食品等,是近年发展起来的一种新型食品。它是以谷物、豆类、薯类、蔬菜等作为主要原料,利用油炸、挤压、砂炒、焙烤、微波等膨化技术加工而成的,体积有明显增加现象的一种食品。其组织结构多孔膨松、口感酥脆香美、外形精巧,具有一定的营养价值,独具一格地形成了食品的一大类。膨化食品品种繁多,其分类方法有:

(1)按膨化加工的工艺条件分类

1)挤压膨化食品 挤压膨化食品是指将原料经粉碎、混合、调湿,送入螺杆挤压机,物料在挤压机中经高温蒸煮并通过特殊设计的模孔而制得的膨化成型的食品。如麦圈、虾条等。

2)焙烤型膨化食品

①焙烤膨化食品 利用焙烤设备进行膨化生产的食品。如旺旺雪饼、旺旺仙贝等。

②砂炒膨化食品 利用细沙粒作为传热介质进行膨化生产的食品。

③微波膨化食品 利用微波发生设备进行膨化加工的食品。

3)油炸膨化食品　根据其温度和压力,又可分为高温油炸膨化食品和低温真空油炸膨化食品。如油炸薯片、油炸土豆片等。

4)其他膨化食品　如正在研究开发的利用超低温膨化技术、超声膨化技术、化学膨化技术等生产的膨化食品。

(2)按膨化加工的工艺过程分类

1)直接膨化食品　又称一次膨化食品,是指用直接膨化法生产的食品。如爆米花、膨化米果等。

2)间接膨化食品　又称二次膨化食品,是指用间接膨化法生产的食品。如果是利用双螺杆挤压机生产食品毛坯后再加工,则称为第三代挤压食品。

(3)按原料分类

1)淀粉类膨化食品　如玉米、大米、小米等原料生产的膨化食品。

2)蛋白质类膨化食品　如大豆及其制品等原料生产的膨化食品。

3)淀粉和蛋白类混合的膨化食品　虾片、鱼片等原料生产的膨化食品。

4)海藻类膨化食品　在日本很受欢迎,以紫菜、海带为代表的海藻类植物含有人体需要的多种维生素、矿物质,热量低,味道绝美,膨化后膨松,即食性强,合乎孩子的口味。

5)果蔬类膨化食品　如苹果脆片、胡萝卜脆片等,保持了果蔬原有的营养成分、色泽、香味及矿物质,具有低热量、高纤维素和维生素含量丰富等特点,不加任何防腐剂,口味香甜、酥脆。

(4)按生产的食品性状分类

1)小吃及休闲食品类　可直接食用的非主食膨化食品。

2)快餐汤料类　需加水后食用的膨化食品。

(5)按产品的风味、形状分类　按产品的风味、形状分类可分为成千上万种。如从风味上分,可分为甜味、咸味、辣味、怪味、海鲜味、咖喱味、鸡味、牛肉味等膨化食品。从形状上分可分为条形、圆形、饼形、环形、不规则形等膨化食品。

膨化技术虽属于物理加工技术,但不仅可以改变原料的外形、状态,而且改变了原料中的分子结构和性质,并形成了某些新的物质。

膨化食品的加工方法中,因现代营养学提倡低脂食品,故油炸加工存在一定的弊端;热空气加工,由于长时间的高温加热,会造成食品某些不必要的化学反应;微波膨化利用辐射传热,使水分子吸收微波而获得能量,令水产生汽化,带动物料膨化,由于其加热速度快,食品受热时间短,从理论上讲有一定的发展前景,但我国对于微波膨化的应用基础研究和相应的设备开发还很薄弱,有待进一步提高;由于挤压膨化可实现连续化、自动化的操作生产,产量大而稳定,现已被广泛应用于食品工业中,尤其是在生产快餐、早餐食品、固态饮料及小食品等行业上应用较广泛。

10.3.1　膨化食品生产工艺简介

10.3.1.1　工艺流程

(1)挤压膨化食品加工工艺流程

原料粉碎→混合→预处理→喂料→输送→压缩→粉碎→混合加热→
熔融→升压→挤出→切断→烘干(冷却)→调味→成品包装

（2）微波膨化食品加工工艺流程

原料→混合→搅拌→加热→调味→预干燥→微波加热→成品包装

（3）油炸膨化食品加工工艺流程

原料验收→清洗→调整→预处理→油炸→脱油→调味→成品包装

10.3.1.2　膨化原理

膨化是利用相变和气体的热压效应原理，使被加工物料内部的液体迅速升温汽化、增压膨胀，并依靠气体的膨胀力，带动组分中高分子物质的结构变性，从而使之成为具有网状组织结构特征，定型的多孔状物质的过程。

膨化食品的加工原料主要是含淀粉较多的大米、糯米、小麦、豆类、玉米、高粱等。这些原料由许多排列紧密的胶束组成，胶束间的间隙很小，在水中加热后因部分溶解空隙增大而使体积膨胀。当物料通过供料装置进入挤压机套筒后，借助挤压机螺杆对物料的推动力，强制输送。通过压延效应及加热产生的高温、高压，使物料在挤压筒中被挤压、混合、搅拌、摩擦、剪切、熔融和熟化等一系列复杂的连续处理，胶束即被完全破坏形成单分子，淀粉糊化，在高温和高压下其晶体结构被破坏，此时挤压筒内的物料成熔融状态。当物料从压力室通过一定形状的模具口瞬间挤出，此时，由高温高压骤降至常温常压，原料中的过热水分急剧汽化喷射出来，产生似"爆炸"情况，水分子由液态变成气态。产生的巨大膨胀压力不仅破坏了粮粒的外部形态，而且也破坏了原料内在的分子结构，内部组织出现许多喷孔，成为多孔、疏松的海绵状结构。同时，由于在密封的情况下进行高温高压处理，能使淀粉彻底熟化，不易"回生"，而且使一部分长链的淀粉断裂成短链的糊精和麦芽糖，使得食品的不溶性物质减少，可溶性物质增多。

膨化状态的形成主要是靠淀粉完成的。在高温高压状态下，淀粉颗粒首先发生膨化，进而在高温和高剪切力的作用下分子之间相互结合和交联，形成网状的结构。该结构在物料被挤出迅速降温后，固化定形，成为膨化食品结构的骨架，其他原料中的成分填充于其中。

在实际生产中一般还需将挤压膨化后的食品再经过烘焙或油炸等处理以降低食品的水分含量，延长食品的保藏期，并使食品获得良好的风味和质构；同时还可降低对挤压机的要求、延长挤压机的寿命、降低生产成本。

10.3.1.3　挤压膨化食品加工过程

物料在挤压膨化机中的膨化过程大致可分为输送混合、挤压剪切、挤压膨化三个阶段。

（1）输送混合阶段　物料由料斗进入挤压机后，由旋转的螺杆推进，并进行搅拌混合，螺杆的外形呈棒槌状，物料在推进过程中，密度不断增大，物料温度也不断上升。

（2）挤压剪切阶段　物料进入挤压剪切阶段后，由于螺杆与螺套的间隙进一步变小，故物料继续受挤压；当空隙完全被填满之后，物料便受到剪切作用；强大的剪切主应力使物料团块断裂产生回流，回流越大，则压力越大，压力可达 1 500 kPa 左右。在此阶段物料的物理性质和化学性质由于强大的剪切作用而发生变化。

（3）挤压膨化阶段　物料经挤压剪切阶段的升温进入挤压膨化阶段。由于螺杆与螺套的间隙进一步缩小，剪切应力也急剧增大，物料的晶体结构遭到破坏，产生纹理组织。

将各种不同配比的原料预先充分混合均匀,然后送入挤压机,在挤压机中加入适量水,一般控制总水量为 15% 左右。挤压机螺杆转速为 200 ~ 350 r/min,温度为 120 ~ 160 ℃,机内最高工作压力为 0.8 ~ 1 MPa,食品在挤压机内的停留时间为 10 ~ 20 s。食品经模孔后因水蒸气迅速外逸而使食品体积急剧膨胀,此时食品中的水分可下降到 8% ~ 10%。为便于储存并获得较好的风味质构,需经烘焙、油炸等处理使水分降低到 3% 以下。为获得不同风味的膨化食品,还需进行调味处理,然后在较低的空气湿度下,使膨化调味后的产品经传送带冷却以除去部分水分,再立即进行包装。

10.3.2　加工过程中发生的理化变化

物料在挤压机中经过了从物理变化到化学变化再到生物变化的过程,成为最终产品。在整个挤压过程中,食品物料从质构、组织、外观上及营养上都发生了很大变化。在本节中,我们从食品中碳水化合物、蛋白质及脂肪等在挤压过程中发生的变化和对最终产品的影响上进行简单阐述。

10.3.2.1　碳水化合物在挤压膨化过程中的变化

碳水化合物是食品中的主要组成成分,通常在食品中占 70% 或以上,因此是影响挤压食品特性的主要因素。淀粉、纤维素、葡萄糖和蔗糖等都属于碳水化合物,它们在挤压过程中的变化却又各不相同,下面分别叙述。

(1)淀粉　挤压食品中的主要成分是淀粉,原料中淀粉含量的高低以及淀粉在挤压过程中的变化与产品的质量有十分密切的关系。

淀粉在挤压过程中很快糊化。这是由于在挤压机内,淀粉在升压、升温和剪切的共同作用下,能促使淀粉分子内 $\alpha-1,4$ 糖苷键断裂而生成葡萄糖、麦芽糖、麦芽三糖及麦芽糊精等低相对分子质量产物,致使挤压后产物淀粉含量下降。而挤压对淀粉的主要作用是在高温、高压下,促使其分子间氢键断裂而糊化。挤压过程中淀粉糊化度的大小受挤压温度、物料水分含量、螺杆转速、挤压机结构(螺杆、筒体的形状)、剪切力、淀粉在挤压机内的滞留时间、模头出口形状等因素影响。国内外学者、研究人员采用不同的实验方法和仪器对淀粉在挤压过程中的糊化程度做了观察和探索,结果显示淀粉在挤压过程中由固态经过渡态到熔融态,其中过渡态很短,淀粉的糊化主要发生在熔融态。也有研究人员用可视双螺杆挤压机进行观察,发现淀粉的凝胶化半透明体区域很长,与前者观察到的现象相似。

膨化后淀粉含量有所减少,而糊精和还原糖等小分子物质的含量却有较大的增加,这有利于人体的消化吸收,提高了膨化食品的消化吸收率。膨化处理不同于其他熟化处理,可以使淀粉彻底 α 化,防止了 β 化,有利于食品保持柔软的质地、良好的风味和较高的消化率。

淀粉有直链淀粉与支链淀粉之分,它们在挤压过程中表现出不同的特征。总的趋势是淀粉中直链淀粉含量增加,则膨化度降低。有资料表明,直链淀粉和支链淀粉各占 50% 时,可得到最佳的膨化效果。另外,来源不同的淀粉其挤压效果也存在差异,小麦、玉米、大米中的谷物淀粉具有较好的膨化效果,块茎淀粉不仅具有很好的膨化性能,而且又具有十分好的黏结能力。

(2)纤维素　纤维素也属碳水化合物,膳食纤维包括有纤维素、半纤维素和木质素。

目前不少保健食品生产厂家都把它作为添加剂添加到食品中来生产保健食品。而由于用于挤压的纤维原料及挤压采用的设备和工艺条件不同,对挤压过程中纤维素的变化研究报道差异较大。较为一致的看法是纤维素经挤压后,其可溶性膳食纤维的量相对增加,一般增加量在3%左右。这可能是挤压加工中的高温、高压再加上高剪切作用,促使纤维分子间价键断裂、分子裂解和分子发生极性变化所致。挤压技术是使食品发生这种质构上的变化的一种很好的手段。由于可溶性膳食纤维对人体健康具有特殊的生理作用,因此采用挤压手段开发膳食性纤维无疑是一个很好的方法。

在挤压过程中纤维素含量主要是影响食品的膨化度:在挤压过程中,原料中的纤维素含量增加,则膨化度降低;纤维素的来源不同或纤维素的纯度不同,均对膨化度的影响有明显差异。其中以豌豆和大豆纤维的膨化能力为好,它们在以淀粉为主原料的食品中添加量达到30%,对最终产品的膨化度也无显著影响;而像燕麦麸及米糠,由于它们含有较高的蛋白质及脂肪,其膨化能力就很差。

(3)葡萄糖、蔗糖等 糖具有亲水性,在挤压过程中将调控物料的水分活度,从而影响淀粉的糊化。由于挤压过程中高温、高剪切的作用还能使糖分解成羧基化合物,它同物料中的蛋白质发生美拉德反应,从而使产品的颜色变深,影响产品的颜色。如前所述,淀粉经挤压后可转化成葡萄糖、麦芽糖等,所以,一些膨化食品在挤压过程中虽然未加甜味剂,但吃起来却有甜味。

另外,在挤压过程中添加一定量的糖能有效地降低物料的黏度,提高物料在模口出口时的膨化效果。因此,在挤压食品中糖除了起提供能量作用外,主要是作为一种风味剂、甜味剂、质构调节剂、水分活度与产品着色调控剂而被应用。通常使用的糖有蔗糖、糊精、果糖、淀粉糖浆、果汁、糖蜜、木糖和糖醇等。

10.3.2.2 蛋白质在挤压膨化过程中的变化

从物理特性来说,挤压使蛋白质转变成一种均匀的结构体系;从化学观点来说,挤压过程是以某种方式将储藏性蛋白质重新组合成有一定结构的纤维状蛋白体系。此外,挤压过程还会引起蛋白质营养的变化。

富含蛋白质的食品原料在高温、高压、高剪切的挤压机内,蛋白质分子结构伸展、重组,表面电荷重新分布趋向均化,分子间氢键、二硫键等部分断裂,导致蛋白质最终变性。当物料被挤压经模具时,绝大多数蛋白质分子沿物料流动方向成为线性结构,并产生分子间重排,富含蛋白质的各种植物原料经挤压膨化后转变成纤维状食品,这些食品主要是类肉物和挤出物。蛋白质变性的程度与挤压过程中的一些参数有密切的关系。在一定范围内,挤压温度升高,蛋白质变性程度大,组织化程度好。

不同来源的蛋白质物料在经过挤压加工后,由于其结构变化而易受酶的作用,故消化利用率均明显提高,蛋白质的品质也获得改善,所以,挤压加工为开发低品质蛋白源以提高其营养价值提供了加工手段。

10.3.2.3 脂类物质在挤压膨化过程中的变化

脂肪在食品的挤压生产过程中是一种敏感物料,对食品的质构重组、成型、口感等影响较大。首先,在高温、高压和高剪切条件下,三酰甘油(甘油三酯)会部分水解,产生甘油单酯和游离脂肪酸,这两种产物与直链淀粉会形成络合物,影响挤压过程中的膨化,导致最终产品中淀粉的溶解性和消化率降低。特别是对一些单螺杆挤压机来说,无法加工高脂肪含量的物料,因为高脂肪含量的物料与筒体之间的摩擦因数小造成打滑,所以不能实现挤压生产。它要求原料中的脂肪含量低于 12%,这样才对挤压效果无大影响。有资料表明,脂肪含量大于 12% 以上,每增加 1%,产品的体积质量就增加 16 g/L;当脂肪含量超过 22% 时,原料就失去了膨化特性。因此,生产挤压膨化食品的原料的含油量低才好。

食品物料中脂类的稳定性在挤压膨化过程中大大降低。通常温度在 115～175 ℃ 的范围内,随着温度上升,脂类的稳定性下降。

在挤压过程中,原料中绝大多数脂肪能够与淀粉和蛋白质形成复合物,降低了挤出物中游离脂肪的含量,而降低了挤压产品在保存时的氧化现象,所以在一定程度上起到了延长产品货架期的作用。研究发现,复合体生成量与挤压温度有直接关系,在较低的温度下(100 ℃ 以下),随挤压温度的升高,复合体生成量略有增多,但在高温下(100 ℃ 以上),随着温度升高,复合体生成量反而有较明显的下降。挤压温度和水分含量是影响复合体生成量的主要因素,螺杆转速对复合体生成量的影响较小。挤压温度越高,挤出样品中的游离脂肪含量就越高,复合体的生成量越小。与此相仿,水分含量越高,挤出样品中的游离脂肪含量也越高,复合体的生成量也越小。挤出产品的游离脂肪含量高,易发生脂肪氧化酸败现象,缩短产品的货架期。

注意挤压过程中,虽然脂肪复合体的生成,降低了产品在保存过程中的氧化程度,延长了产品的货架期,但不能彻底防止脂肪的氧化酸败,产品在保存过程中仍会发生氧化现象,有时氧化现象仍较强烈。加入抗氧化剂可以帮助解决氧化现象的发生。

10.3.2.4　其他

(1)维生素在膨化过程中的变化　挤压膨化加工条件不同,对食品维生素的破坏作用也不同。温度升高、水分含量降低及螺杆速度加快都会导致维生素含量降低。谷物是 B 族维生素的主要来源,挤压过程容易导致维生素 B_1、维生素 B_6、维生素 B_{12} 及维生素 C 的破坏。但是,相对于食品加工的其他方法而言,挤压是一个高温短时过程,物料在挤压腔内与氧接触较少,因此,挤压过程中维生素的损失相对较少。

(2)水分的变化　挤压膨化原料水分含量 8%～40%,在膨化瞬间,随着高压变为常压的巨大能量释放,使物料膨胀,其中的水分急速蒸发并冷却,产品水分含量下降至 5%～8%,有利于较长时间的存放。

(3)组织结构的变化　原有结构破坏,形成多孔状海绵结构

10.4　速冻食品

速冻是近代食品工业中发展迅速的一种新技术,以迅速结晶的理论为基础,是一种快速冻结的低温保鲜法,速冻保藏是当前食品加工保藏技术中能最大限度地保存其色泽、风味和营养成分较理想的方法,在食品保存方法中占重要地位。速冻食品就是将经预处理过的食品,在 30 min 内迅速通过最大冰晶形成区域(-1～5 ℃)而冻结并在 -18 ℃以下保存的一类食品。

冷冻过程中产生的冰晶是影响冷冻食品品质的主要因素。冰晶分布的状况与冻结

速度有密切的关系,一般冻结速度越快,通过 $-1 \sim -5$ ℃温区的时间越短,食品组织内冰层推进速度大于水分扩散速度,其冰晶数量极多且形状较细小,呈针状结晶,冰晶分布接近新鲜物料中原来水分的分布状态,对组织产生伤害小,营养成分损失少,品质好。

目前,我国速冻食品品种已达几百种,大多以速冻方便食品为主,其中以面粉为原料的食品,按照其加工工艺特点大致分为两类:发酵型速冻面食(馒头、包子、花卷及其他特色面点)和非发酵型速冻面食(饺子、馄饨等)。

10.4.1　生产工艺简介

10.4.1.1　速冻面制品生产基本工艺流程

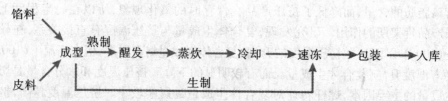

10.4.1.2　速冻面制品生产基本过程

(1)原辅料选择　面粉必须面筋延展性好,破损淀粉少,酶活性低,吸水性较强,此类面粉会使面团具有柔性的同时也具有一定的强度,并且能减少制品在冷冻储藏过程中的生物化学变化。如糖、盐、味精等辅料应按要求选择和使用高质量的产品。

(2)面团调制　面粉在拌和时一定要做到计量准确,加水定量,适度拌和,以利于成型。调制好的面团可用洁净湿布盖好防止面团表面风干结皮,静置 5 min 左右,以更好地生成面筋网络,提高面团的弹性和滋润性,使制成品更爽口。面团的调制技术是成品质量优劣和生产操作能否顺利进行的关键。

(3)发酵　若生产发酵类速冻面制品,发酵温度为 $20 \sim 25$ ℃,低温能使面团冻结前尽可能降低酵母的活性,还有利于成型。发酵 30 min 左右,短时间发酵既保证冻藏期间酵母损失少,又增加了面团的柔韧性。

(4)醒发　成型后的面团变得紧张僵硬,这可能会使解冻后的制品醒发困难,因此,在速冻前需要适度醒发,使面团柔软。一般醒发温度为 $30 \sim 35$ ℃,时间为 $15 \sim 20$ min。

(5)速冻　食品速冻就是食品在 30 min 内迅速通过最大冰晶体生成带($-1 \sim -5$ ℃)。经速冻的食品中所形成的冰晶体较小而且几乎全部散布在细胞内,细胞破裂率低,从而才能获得高品质的速冻食品。当制品在速冻间中心温度达 -18 ℃即速冻好。目前我国速冻产品多采用鼓风冻结、接触式冻结、液氮喷淋式冻结等。

(6)冻藏　包装好的产品必须储于 -18 ℃的低温库中,而且要求库房温度稳定,少波动,并且不应与其他有异味的食品混藏。

在冻藏过程中,未冻结的水分及微小冰晶会有所移动而接近大冰晶与之结合,或互相聚合而形成大冰晶。这个过程很缓慢,但若库温波动则会促进这一过程,大冰晶成长加快,这就是重结晶现象。

10.4.2　加工过程中发生的理化变化

10.4.2.1　食品在速冻时的理化变化

（1）物理变化　物理变化中最有代表性的是食品物料体内水分的结晶。当食品温度降低到低于组织液汁冻结点时，食品开始结晶。快速冻结所形成的晶体小且均匀地分布在整个组织中。

1）体积膨胀的变化　0 ℃时冰比水的体积增大约9%。冰的温度每下降1 ℃其体积收缩0.01% ~ 0.005%。两者相比膨胀比收缩大得多，所以含水多的食品冻结时体积会膨胀。并且冻结时表面水分首先成冰，然后冰层逐渐向内部延伸。当内部的水分因冻结而膨胀时，会受到外部冻结层的阻碍，于是产生内压，即所谓的冻结膨胀压。当食品外层受不了较大的内压时便通过破裂的方式来释放内压。如在采用温度较低的液氮冻结时，冻品厚度较大时产生的龟裂就是内压造成的。对含馅类的食品，因皮和馅的水分含量不同以及皮的厚度与馅料的含量不恰当时，则速冻后会导致产品表皮的龟裂或蒸煮后产品裂口，使产品品质下降。

在食品通过-1 ~ -5 ℃最大冰晶生成带时，膨胀压曲线升高达到最大值。当食品厚度大、含水率高、表面温度下降极快时易产生龟裂。此外，结晶后，冰的膨胀使体内液相中溶解的气体从液体中分离出来，而使体积膨胀数百倍，亦会加大食品内部压力。

2）热物理性质的变化　在冻结过程中，食品的热物理参数如食品的比热容、导热系数及导温系数等参数值在冻结点前后发生明显的变化。随着温度的降低，其比热容下降，导热系数、导温系数增大。这些热物理参数的变化，表明食品在冻结状态下的热传递能力增大，有利于品温快速降低，缩短冻结时间，减少产品重量和质量方面的损失。发生这一变化的主要原因是食品中含有大量的水分，当品温低于冻结点时，食品中的游离态水分变成冰结晶，这一相态的改变伴随着其热物理性质的改变，如固态冰的比热容为液态水的1/2，而导热系数为4倍。

（2）组织学变化　食品冻结时，其组织将发生变化，但是动物性食品和植物性食品发生的变化是不同的。

植物细胞的构造与动物细胞不同。植物组织的细胞内有大的液泡，使植物组织水分含量高，易冻结成大的冰晶体，产生较大的"冻结膨胀压"，对组织的损伤大；而植物组织的细胞具有的细胞壁比动物组织的细胞膜厚而又缺乏弹性，因而易被大冰晶体刺破或胀破，使细胞受损伤，解冻后组织软化流水。

（3）化学变化

1）蛋白质变性　速冻中的蛋白质是造成食品品质（特别是风味）下降的主要原因。

产品中的结合水是与原生质、胶体、蛋白质、淀粉等结合的，在冻结时，水分从其中分离出来而结冰，这也是一个脱水过程。原生质胶体和蛋白质等分子过多失去结合水，分子受压凝集，结构破坏；或者由于无机盐过于浓缩，产生盐析作用而使蛋白质等变性。这些情况都会使这些物质失掉对水的亲和力，当冻品解冻时，冰体融化成水，如果组织又受到了损伤，就会产生大量流失液，流失液会带走各种营养成分，因而影响了风味和营养。

2）变色　速冻食品在速冻过程中会发生褐变、黑变、褪色等变色现象。变色不仅影响食品外观，而且同时会产生异味，影响速冻制品的质量。各种速冻食品变色的机制不同。

肉的变色主要是肌肉的肌红蛋白受空气中氧的作用所致。新鲜的植物性食品是具有生命力的有机体,在冻结过程中当植物细胞被致死后,氧化酶活性增强而出现褐变。为了保持原有的色泽,防止褐变,植物性食品在速冻前一般要进行烫漂处理以破坏酶的活性。

10.4.2.2 食品在冻藏过程中的理化变化

冻结食品在冻藏过程中,由于冻藏温度的波动,冻藏期长,在空气中氧的作用下会缓慢发生一系列变化,使其品质有所下降。

(1)重结晶 重结晶是指冻藏过程中由于冻藏温度的波动,导致反复解冻和再结晶所出现的冰晶的数量减少、体积增大的现象。

刚生产出的速冻食品具有细微的冰结晶结构,在冻藏过程中,如果冻藏温度经常变动,这种结构就会遭到破坏。当温度上升时,速冻食品细胞内的冰晶融化成水,使液相增加,由于水蒸气压差的存在,水分透过细胞膜分散到细胞间隙中去;当温度又下降时,它们就附着并冻结到细胞间隙中的冰晶上面,使冰结晶成长。因此,当冻藏温度波动时,细胞间隙中的重结晶最为明显。可见,重结晶的程度直接取决于单位时间内温度波动的次数和程度。当温度波动幅度越大,次数越多,重结晶的程度也越深,从而使速冻食品变成像缓冻那样受到严重损伤,即细胞受到机械损伤,蛋白质变性,解冻后液汁流失增加,食品的风味和营养价值都发生下降。所以,应提高控温水平,以降低冻藏室内温度波动的幅度和频率。

(2)干耗 速冻食品在冷却、速冻、冻藏过程中,因食品中的冰晶升华而造成的食品重量减少,俗称"干耗"。若冻藏室的隔热效果不好,外界传入的热量多;冻藏室内空气温度变动剧烈;空气冷却器与冻藏室内空气温度之间的温差太大、储藏了品温较高的冻结食品以及冻藏室内空气流动速度太快都会使冻结食品的干耗加剧。食品冻藏期越长,干耗问题越突出。

当干耗不断进行,食品物料表面的冰晶升华向内延伸,达到深部冰晶升华,造成重量损失,而且由于冰晶升华后的地方成为微细空穴,增加了速冻食品与空气接触面积。在氧的作用下,发生脂肪氧化酸败、表面黄褐色变,使食品外观变差,食味、风味、营养价值均变差,称为冻结烧。

为了避免和减少食品在冻藏中的干耗和冻结烧,重要的问题是要防止外界热量的传入,提高冷库外围结构的隔热效果,提高冷库的相对湿度,隔绝空气与速冻食品的接触,采用包装或穿冰衣的方法。如果冻品温度能与库温保持一致的话,可基本上不发生干耗。

(3)脂类的氧化和降解 脂肪的分解氧化作用在速冻时并不明显,而在冻藏期间较突出。冻藏过程中食品物料中的脂类会发生自动氧化作用而酸败;此外,脂类在脂酶和磷脂酶作用下水解为游离脂肪酸,其含量会随着冻藏时间的增加而增加。

风味和营养成分变化。大多数食品在冻藏期间会发生风味的变化,尤其是脂肪含量高的食品。多不饱和脂肪酸经过一系列化学反应发生氧化而酸败,产生许多有机化合物,如醛类、酮类和醇类。醛类是使风味异常的主要原因。冻结烧、铁分子、铜分子、血红蛋白也会使酸败加快。添加抗氧化剂或采用真空包装可防止酸败。对于未包装的腌肉来说,由于低温浓缩效应,即使低温腌制,也会发生酸败。

(4)蛋白质的变化　冻藏过程中蛋白质会发生冻结变性。冻藏温度低,蛋白质冻结变性的程度小;冻藏温度波动以及冰晶长大,会增加蛋白质变性的程度;蛋白质种类不同,冻结变性的程度有很大的差异;另外,水溶性无机盐会促进蛋白质的冻结变性,而磷酸盐、糖类及甘油可减少其变性。

10.5　谷物早餐食品

谷物早餐食品是以玉米、大米、小麦、燕麦等谷物为主要原料,经过加工制得的一种新型的早餐食品。这类早餐食品天然、营养、食用方便、卫生安全,很有市场前景。谷物早餐食品主要包括两类:一类为需蒸煮的谷物早餐食品,是指食用前需用沸水冲泡或经短时间烹煮的谷类早餐,它是欧美国家最传统的谷物早餐食品;另一类为加工完好、可随时食用的即食谷物早餐食品,现在所说谷物早餐食品通常是指即食谷物早餐食品。

目前,在早餐谷物中,即食谷物早餐占了很大的市场比例。这是因为即食谷物食品食用前几乎不需要花费什么时间准备,而且即食制品品种很多,风味也各异,能满足不同人群的需求。因所用的原料不同,即食早餐谷物的外观、口味和成分各不相同,一般可分为压片类、膨化类、压丝类和颗粒类四种,其中以前两类最为普遍。

10.5.1　生产工艺简介

10.5.1.1　谷物早餐食品加工工艺原理

最初的谷物早餐是采用蒸煮、压片、焙烤工艺生产的燕麦片。欧美发达国家于 20 世纪 70 年代开始运用挤压技术生产谷物早餐食品,并且谷物早餐食品得到了迅速的发展;我国于 20 世纪 80 年代初才开始研究食品挤压技术,主要将挤压技术用于生产膨化休闲食品及组织蛋白,而用于谷物早餐食品的生产还处在起步的阶段。目前,谷物早餐食品加工工艺有间歇式湿热蒸煮加工工艺、传统的喷爆加工工艺、压片蒸煮加工工艺、谷物破碎蒸煮加工工艺、焙烤和气流膨化加工工艺、挤压膨化加工工艺和微波真空膨化加工工艺等。

从各种谷物早餐食品加工过程来看,所有产品都经历蒸煮糊化、质构转化和特定工艺成型等基本单元操作步骤。为了使产品有脆性,所有谷物均会经历某种形式的质构变化,而变形成为一种孔状松脆的结构;谷物中大量淀粉颗粒加水蒸煮后就会破裂,淀粉糊化后形成一种胶黏化淀粉基质,包围和维系着谷物中其他化学成分和各种加入组分,这种半均相物质在适当温度和水分下,由特定工艺(如辊压)处理直接形成所需形状,并且通过其他如焙烤等工艺使产品中水分汽化而形成多孔状。

10.5.1.2　常用的谷物早餐食品生产工艺

(1)传统的焙烤和气流膨化工艺　传统的谷物早餐类食品的加工主要利用的是焙烤和气流膨化的方法,其生产工艺如下:

谷物胚乳颗粒 → 筛分 → 蒸汽蒸煮 → 排气冷却(间隙操作) → 带式干燥 →
缓苏 → 压片 → 烘烤 → 调味 → 包装

采用这种类似工艺生产的食品在市场上常见的有玉米片、小麦片、大麦片、大米片等。用这种方法生产量小,加工时间长,耗能较大。而用挤压加工技术生产谷物早餐食品需要的时间短,能耗少,可以加工各种形状的产品。现在已用挤压加工方法逐渐取代了传统的焙烤和气流膨化加工方法来生产谷物早餐类食品。

(2)挤压膨化工艺 食品挤压加工概括说就是将食品物料置于挤压机高温高压状态下,然后突然释放至常温常压,使物料内部结构和性质发生变化的过程。针对早餐谷物,挤压加工技术可分为直接挤压膨化与间接挤压膨化两种不同方式。其工艺流程如下。

原辅料→粉碎→混合调理→输送→喂料→挤压膨化→切割整形→焙烤→喷油调味→包装

1)原辅料选择 根据不同的需要和条件选择原料组成,挤压加工谷物早餐食品可以利用当地的任何谷物,其加工原理基本相同。原料选取需要根据营养平衡和调味的需要综合考虑。原料组成、原料含水率和温度是挤压膨化谷物早餐食品生产过程中的主要影响因素。

2)粉碎 为了使物料混合均匀、挤压蒸煮时淀粉充分糊化,各物料粉碎至 30 ~ 40 目(0.55 ~ 0.38 mm)颗粒大小,双螺杆挤压机的用料粉碎至 60 目(0.25 mm)以上。

3)混合调理 在 0.4 MPa(绝)的净化水和 0.6 MPa(绝)的水蒸气的作用下,物料在预调制器内吸水、糊化、混合调理,时间控制在 100 s,温度控制在 60 ℃,再依据温度将物料水分控制在 13% ~ 18%。

4)挤压膨化 挤压膨化是整个流程的关键,直接影响到产品的质感和口感。影响挤压膨化的参数较多,包含物料的水分含量、挤压过程中的温度、压力、螺杆转速、物料的种类及其配比等。挤压机出口温度控制在 150 ~ 190 ℃,螺杆转速 90 ~ 150 r/min(DS32 型挤压机)。同时,物料的成分对膨化效果的影响也是比较大的,支链淀粉含量高的原料,膨化后产品的 α 度高,膨化效果较佳;原料中蛋白质及脂肪含量不同也对膨化效果产生影响,蛋白质含量高的原料膨化率低;脂肪含量超过 10% 时,会影响到产品的膨化率,而一定量的脂肪可以改善产品的质构和风味。不同类型和型号的挤压机,其挤压膨化的最佳工艺参数也有不同。

5)切割、整形 膨化物料从模孔挤出后,经紧贴模孔的旋转刀具切割成型或经牵引至整形机,经辊压成型后,有切刀切成长度一致、粗细厚度均匀的不同形状的膨化食品。

6)焙烤、冷却 膨化食品进入浮化床干燥器中依次经烘干、冷却两个过程,通过调节液化石油气燃烧气流的温度使烘干温度控制在 120 ℃,并采用通空气冷却至室温,干燥后成品水分含量控制在 2% ~ 4%,以延长保质期,同时烘烤后产生一种特殊的香味,提高品质。

7)调味 按一定比例混合的植物油和奶油加温至 80 ℃ 左右,通过雾状喷头使油均匀地喷洒在随调味机旋转而翻滚的物料表面,随后喷洒调味料,经装有螺杆推进器的喷粉机将粉末状调味料均匀洒在不断滚动的物料表面,即得成品。调味在旋转式调味机中进行。为了防止受潮,保证酥脆,调味后的产品应及时包装。

(3)喷枪膨化工艺 这种工艺是通过压力变化产生膨化的典型例子,这种方法通常将小麦或大米颗粒装入喷枪(即间接式膨化器)中,密封旋转加热至 425 ℃、压力上升至 14 kg/cm²,然后打开关闭的阀门,物料即喷爆而出,干燥冷却后即为成品。这种产品膨化度很大,为原物料的 15 ~ 20 倍,产品十分酥松,但脆性不够。使用这种工艺生产的产品形状单一,受颗粒物料形状限制。这种工艺方法也具有加工时间长,能耗大,产量小的缺点。

(4)微波膨化工艺 微波膨化与挤压膨化一样都是新型的食品加工工艺,生产出来的谷物早餐食品都具有很高的营养价值。它就是利用微波的内部加热特性,使得物料的内部迅速受热升温产生大量的蒸汽,内部的大量蒸汽向外冲,形成无数的微小孔道,使物料组织膨胀、疏松。其加工工艺主要分为:原料预处理、微波膨化及喷强化剂三个步骤。

1)原料预处理 称取一定量的玉米原料放入装有水的烧杯中,浸泡 24 h 后取出,放入干燥箱中,烘至水的质量分数为 11.5% 后进行均湿处理,重复三次。

2)微波膨化 物体吸收微波能量转化成热量后,物体温度升高,物体内含的水分蒸发,脱水,干燥;若适当地控制脱水速度,就能让物体的结构疏松、膨化。

3)喷强化剂 根据需要可喷涂营养素、糖、风味剂等,制成无论从口味、外观和营养价值上都是人们喜爱的谷物早餐食品。

10.5.2 加工过程中发生的理化变化

10.5.2.1 挤压膨化过程中的变化

蛋白质在挤压过程中会发生很多变化,如功能性变化、营养性变化、在水和稀盐溶液中溶解性下降、赖氨酸损失、组织结构化、可消化性提高等,其中蛋白质变性是最重要的。高温、高压、高剪切作用使蛋白质的分子结构发生伸展、重组,分子表面的电荷重新分布,分子间氢键、二硫键部分断裂,导致蛋白质变性,但蛋白质的消化率明显提高。

淀粉在挤压膨化过程中,主要发生了两方面的变化。一方面是淀粉糊化,其本质是水分进入微晶束结构,拆散淀粉分子间的缔合状态,淀粉分子或其聚集体经高度水化形成胶体体系。另一方面是淀粉降解,在高温和高剪切环境条件下,淀粉链被部分打断,淀粉主要发生降解现象,生成小分子寡糖(产生麦芽糖、糊精等小分子物质)。淀粉的糊化过程主要表现为晶体融化崩溃现象,其实质就是自由水分子作用下氢键大量断裂,半晶体解体过程。

脂肪在挤压膨化过程中水解生成单甘油和游离脂肪酸,这两种产物与直链淀粉、蛋白质形成了复合物,从而降低挤出物中游离脂肪酸的含量,同时还使原料中脂氧酶、脂解酶钝化,对提高食品储藏的稳定性非常有利。同时,Venou 等研究认为挤压可提高蛋白质和脂类的可吸收性。

维生素 C 和维生素 A 在挤压膨化过程中变化较大,但由于腔体高温作用时间短,与氧接触机会少,而成品在被挤出模具的瞬间,温度急骤降低,所以仍有约 70% 的维生素 C 和 50% 以上的维生素 A 被保留下来。挤压膨化过程中发生的美拉德反应也是膨化食品风味的来源之一。

10.5.2.1 微波膨化过程中的变化

物料经微波膨化处理后,内部形成无数的微小孔道,使组织膨胀、疏松。微波膨化常作为加工工艺的后续工艺使用,生产的谷物早餐食品咀嚼性都比较好,特别是燕麦片具有很好的咀嚼性,克服了一般加工工艺所存在的谷物早餐浸泡后易烂的缺点,使谷物早餐有较好的咀嚼口感。

微波膨化工艺既可将原料中的脂肪氧化酶钝化,又使淀粉糊化,形成胶凝状,能最大限度地保持谷物早餐营养和风味。微波膨化后,谷物早餐食品的淀粉含量减少,低聚糖含量增加,蛋白质含量无变化,提高淀粉的消化率,同时能使谷物早餐具有更好的可冲调性,克服了谷物早餐复水难的缺点,同时原料中具有更多的膳食纤维,可使微波膨化后的谷物早餐食品具有更好的咀嚼性。

10.6　组织化蛋白

组织化蛋白是指以植物或动物蛋白为原料,添加一定的水及添加剂混合均匀,经加温、加压、成型等机械或化学的方法改变蛋白质组织结构,使蛋白质分子重新排列定向,形成具有同方向的新的组织结构,同时膨化、凝固,形成纤维状蛋白,使之具有与肉类相似的咀嚼感的蛋白食品。

组织蛋白原料的来源非常丰富,也非常广泛,一般为食品工业的副产品。如生产组织化植物蛋白的原料有脱脂大豆粉、薄片和颗粒,大豆浓缩蛋白和分离蛋白,花生蛋白,葵花籽蛋白,玉米蛋白,小麦蛋白(谷朊粉),豌豆蛋白等。世界上大豆供应充足、分布广泛,且价格相对便宜,因此,在传统组织化植物蛋白产品的生产中,是将大豆蛋白作为蛋白源,组织化植物蛋白也常指组织化大豆蛋白。大豆组织化蛋白的特点是组织化,即有瘦肉状纤维结构,复水后有一定弹性、韧性,有咀嚼感;经加工后营养成分保持基本不变以及有一定的膨化度,以利于吸水软化。

组织蛋白的种类有很多,有不同的形状、质地、组织状态、不同的原料等。根据组织蛋白的使用方式大致可以分为两类:低水分组织蛋白和高水分组织蛋白。人们通常所看到的是低水分组织蛋白,使用前需要进行复水;而高水分组织蛋白通常指的是含水量大于65%的组织蛋白,此类产品不用复水,可直接作为肉类的替代品使用。

10.6.1　生产工艺简介

植物蛋白组织化的方法有多种,如挤压膨化法(加水、加热、挤压膨化成型,呈多孔粒状产品),纺丝黏结法(用碱液拌和、酸溶解后延伸加热成型,呈纤维状),湿式加热法(用酸性液拌和、高温切断、加热固定呈结构状产品),冻结法(加水、加热、冷冻浓缩、冻结成型,呈海绵状)以及胶化法(加水、加热、高浓度加热、加热成型,呈凝胶状)等,其中以挤压膨化法和纺丝黏结法应用最为广泛。

10.6.1.1　挤压膨化法

组织化蛋白生产方法主要采用挤压膨化法,它又分为一次膨化法和二次膨化法。

(1)一次膨化工艺　就是将预处理好的大豆蛋白粉,只经过一次膨化制得大豆蛋白产品。

原料━━▶粉碎━━▶调和━━▶挤压膨化━━▶切割成型━━▶干燥冷却━━▶拌香着色━━▶包装

1)原料与粉碎　原料选取上以蛋白质蛋白质变性程度低、氮溶解指数高、含脂量低的为好,易于组织化和生产。

可用于组织化大豆蛋白生产的原料很多,如低温脱脂大豆粕、高温脱脂大豆粕、冷榨豆粕、脱皮大豆粉、大豆浓缩蛋白和分离蛋白等。其中以低变性脱脂豆粕是制取组织蛋白的理想原料。由于蛋白质变性(PDI 值在 50% 以上)，碳水化合物含量高(20% ~ 30%)，含脂肪低(1% 以下)，因此在膨化成形过程中易形成胶融态，成性好，产品色泽浅、细洁、咀嚼感与吸水性均优，而且豆粕价格较低，适用性较大，而浓缩蛋白、分离蛋白这两种原料由于成本高，一般只作配料。

在调配前，原料需进行粉碎使其粒度为 40 ~ 100 目(0.35 ~ 0.15 mm)。

2)调和　粉碎后的原料粉加水、改良剂、调味剂和成面团。加水是调和工序的关键，水加得适量，挤压膨化时进料顺利，产量高，组织化效果好。不同设备对水分要求不同。生产中常用的组织改良剂主要是碱，使用最多的是碳酸氢钠和碳酸钠，添加量一般在 1.0% ~ 2.5%，粉料的 pH 值调至 7.5 ~ 8.0，这样既可改善产品的组织结构，又不影响口感。常用调味料有食盐、味精、酱油、香辛料等。

3)挤压膨化　挤压膨化是生产过程中最关键的工序，要想生产出质量好、色泽均一、无硬芯、富有弹性、复水性好、组织性强的组织化大豆蛋白，除了要选好机型、原料，调好水分外，必须控制好挤压工序的加热温度和进料量。一般挤压机的出口温度不应低于 180 ℃左右，入口温度应控制在 80 ℃左右。

此外，进料量及均匀度也影响产品的质量，进料量要注意与机轴转速相配合，特别注意不能空料，否则，不但产品不均匀，而且易喷爆、焦糊。

挤压膨化机出口处装有旋转切割刀，可将喷爆成形的物料切割成所要求的形状。

4)干燥　经挤压后的大豆组织蛋白产品经水平带式冷却器，干燥、包装出厂。

干燥时，一般将温度控制在 70 ℃左右，产品最终水分需要控制在 8% ~ 10%。常用干燥设备有普通鼓风干燥，真空干燥机等。

(2)二次膨化工艺　如果对产品质量有更高的要求，还可以采用二次膨化。

所谓二次膨化工艺，是将预处理好的大豆蛋白粉经第一次膨化后，立即排除水分，然后进入二次膨化机进行高温、快速膨化，这样得到的产品在口感上更接近于肉制品，因此，广泛用于仿肉制品的生产。但其动力消耗大，操作要求高。

10.6.1.2　纺丝黏结法

纺丝黏结法也称纤维化法，利用该法生产组织化大豆蛋白质，是以大豆蛋白纤维的制作为基础的。它是将高纯度的大豆分离蛋白溶解在碱溶液中，大豆蛋白分子发生变性，次级键断裂并在碱液中伸展开，形成具有一定黏度的纺丝液，然后使其通过有数千个小孔的隔膜，挤入含有食盐的乙酸溶液中，使蛋白质以丝状凝固析出，成丝状的同时，使其延伸，蛋白质分子发生一定程度的定向排列，从而形成蛋白纤维。这种制品纤维的粗细、软硬可以根据不同食品的要求来调整。将蛋白纤维黏结压制，即得到口感类似于肉制品的组织化大豆蛋白。此法成本较高，另外，在强碱溶液中有可能生成溶胞丙氨酸等有毒性物质。

纺丝黏结法生产组织化大豆蛋白关键工序为调浆、纺丝及黏结成型。其工艺流程为：

辅料　→　调糊

分离大豆蛋白　→　调浆　→　挤压喷丝　→　凝固拉伸　→　黏结　→　压制　→　干燥(或冷藏)

10.6.2 加工过程中发生的理化变化

富含蛋白质食品原料在高温、高压、高剪切的食品挤压机内,蛋白质分子结构伸展、重组,表面电荷重新分布趋向均化,分子间氢键、二硫键等部分断裂,导致蛋白质最终变性,消化率则明显提高,蛋白质的品质也获得改善。

挤压对蛋白质最大的影响在于,首先分离它们,然后又将其重新组合成一种经调整的纤维状结构。"人造肉"就是一种用挤压机将蛋白质变性后的产品,所以它也被称之为蛋白肉。利用挤压后蛋白质消化率明显提高的特点挤压加工制造婴幼儿食品和老年食品,是一种很好的加工手段。但也应注意,蛋白质在挤压过程中能与原料中的其他成分如脂肪氧化酶等反应,影响产品风味。所以,在挤压蛋白质时,原料中蛋白质含量、氮溶指数、纤维含量、脂肪含量等均符合一定要求才能得到较好的产品。

大豆蛋白在组织化的过程中都伴有不同程度的膨化,在组织蛋白内部形成微孔气室,使组织蛋白在加工过程中可以吸收水分和大量风味物质,便于调味增香处理。另一方面,由于组织化过程中的短时高温、高水分与压力条件下的加工,消除了大豆中的抗营养因子,例如胰蛋白酶抑制素、脲素酶、皂素以及血球凝集素等,显著提高了大豆蛋白的消化吸收率,所以,组织化过程实际上能使大豆蛋白的营养价值提高。

膨化时,由于出口处迅速减压喷爆,因而易去除大豆制品中产生不良气味的物质,脱出了大豆中固有的豆腥味及臭味,可将产品制成纤维状、多孔质结构状、海绵状等特殊构造的产品。特别是在现有的具有纤维状构造的大豆组织蛋白的制品中,添加部分大豆分离蛋白、马铃薯淀粉和油脂或含有油脂的材料(全脂大豆粉)以及着香料、调味料等所制取的纤维状产品可以作为肉类的替代品。

在挤压过程中,这些天然的球状蛋白在挤压过程中改性,有利于大豆蛋白吸水软化,建立肉状纤维组织结构,并具有较好的咀嚼感。

天然蛋白质在挤压机内受到热和剪切挤压的综合作用,使蛋白质三级和四级结构的结合力变弱。在模具中流动的过程中,蛋白质分子由折叠状变为直线状(发生变性作用),由于蛋白质种类、相对分子质量和氨基酸组成的不同,使得这种变化非常复杂。蛋白质变性后,原封闭在分子内的氨基酸残基暴露在外,可与还原糖及其他成分发生反应。而暴露在分子外的疏水基团会降低挤压蛋白水合体系的溶解性,蛋白质分子间的化学键在挤压过程中产生变化,形成新的稳定的化学键。

大豆中的碳水化合物主要为膳食纤维和低聚糖其在挤压过程中的变化较为复杂。比较一致的结论是:挤压加工可显著增加水溶性膳食纤维的含量。这主要是由于高温高压高剪切的作用使纤维分子间化学键裂解导致分子的极性发生变化所致。通过豆渣在挤压前后的变化认为,所增加的可溶性膳食纤维主要是从半纤维素和纤维素降解而来,但纤维素的降解比半纤维素的降解要难。

一般,挤压处理对维生素影响较其他加工方法要小,只对热敏性维生素有较大的影响;挤压过程中矿物质稳定无大变化。

➡ 参考文献

[1]陆勤丰.谷物制品营养强化及品质改良新工艺技术[M].北京:化学工业出版社,2008.

[2]杜连起.谷物杂粮食品加工技术[M].北京:化学工业出版社,2004.

[3]张有林.食品科学概论[M].北京:科学出版社,2006.

[4]杂粮主食品及其加工新技术[M].北京:中国农业出版社,2002.

[5]于国萍,吴非.谷物化学[M].北京:科学出版社,2010.

[6]刘英,黄学林,秦先魁.谷物加工工程[M].北京:化学工业出版社,2005.

[7]刘志皋.食品营养学[M].2版.北京:中国轻工业出版社,2004.

[8]李凤林,夏宇.食品营养与卫生学[M].北京:中国轻工业出版社,2008.

[9]塞泽尔.营养学:概念与争论[M].8版.王希成译.北京:清华大学出版社,2004.

[10]陈辉.食品原料与资源学[M].北京:中国轻工业出版社,2007.

[11]易美华.生物资源开发与加工技术[M].北京:化学工业出版社,2009.

[12]刘润平.谷物杂粮食品构建国民膳食营养体系新格局[J].农产品加工,2009,(1):13-15

[13]刘晓涛.玉米的营养成分及其保健作用[J].中国食物与营养,2009,(3):60

[14]郑宝东.谷物杂粮与中国公共营养的现状与未来[J].中国食物与营养,2009,(3):58-59

[15]谭斌,谭洪卓,刘明,等.粮食(全谷物)的营养与健康[J].中国粮油学报,2010,25(4):100-106

[16]BRIGID MCKEYITH. Nutritional aspects of cereals[J]. British nutrition foundation Nutrition bulletin,2004,29:111-142

[17]JOANNE LS, DAVID J, LEN M. Grain processing and nutrition[J]. Critical reviews in food science and nutrition,2000,40(4):309-326

[18]姚惠源.我国谷物加工学科的发展新走向[J].粮食加工,2010,35(1):10-13

[19]李奎,冯杰,许梓荣.谷物的营养价值及其影响因素[J].饲料博览,2004,(6):12-14

[20]凌俊红,王金辉,王楠,等.大麦芽的化学成分[J].沈阳药科大学学报,2005,22(4):267-270

[21]陈秀真,陈友订.功能性稻米研究与现代营养医学[J].中国食物与营养,2005,(9):41-43

[22]赵则胜.初论功能性稻米[J].上海农业学报,2002,18(增刊):1-4.

[23]胡培松.功能性稻米研究与开发[J].中国稻米,2003,(5):3-5.

[24]陈秀真.黑色稻米的营养特点与保健功能[J].中国食物与营养,2006,(10):41-43

[25]ZHANG M W, SUN L, CHI JW, et al. Summary of the nutritional composition and

utilization of specialty black cereal and oil crops. Proceedings of the 1st International Conference Asian Food Product Development. Science Press, New York, 1998:6-12.

[26]罗志刚,杨连生,高群玉.米糠功能成分的研究与开发.粮油加工与食品机械[J]. 2003,(12):50-52

[27]顾华孝.米糠的食用性和在保健功能食品上的应用.粮食与饲料工业[J].2001,5:46-48

[28]吴忠坤.营养功能稻米及其开发前景[J].中国食物与营养,2007,(4):16-18

[29]岳向峰,张健,黄承钰.生物强化谷物铁营养状况评价及品种筛选[J].现代预防医学,2008,35(5):862-865

[30]白云.论食品的营养强化与发展[J].内蒙古财经学院学报(综合版),2010,8(2):85-86

[31]石史.营养强化大米发展概况和展望[J].农产品加工,2009,(1):29-30

[32]殷继永,黄建,霍军生.食品营养强化原则的比较研究[J].中国食品卫生杂志,2009, 21(6):523-528

[33]邢栋,张传君.从面粉强化到主食营养强化的可行性研究[J].粮食加工,2009,34 (4):31-32

[34]贾爱霞,王晓曦,王绍文等.小麦的营养组分及加工过程中的变化[J].粮食与食品工业,2010,17(2):4-6,17.

[35]孔令瑶,汪云,曹玉华.黑米色素的组成与结构分析[J].食品与生物技术学报,2008, 27(2):25-29.

[36]刘影,董利.燕麦的营养成分与保健作用[J].中国食物与营养,2009(3):55-57.

[37]薛月圆,李鹏,林勤保.小米的化学成分及物理性质的研究进展[J].中国粮油学报, 2008,23(3):199-203.